学科試験

〔科　目〕
1．電気に関する基礎理論
2．配電理論及び配線設計
3．電気応用
4．電気機器・蓄電池・配線器具・電気工事
　　用の材料及び工具並びに受電設備
5．電気工事の施工方法
6．自家用電気工作物の検査方法
7．配線図
8．発電施設・送電施設及び変電施設の基礎
　　的な構造及び特性
9．一般用電気工作物等及び自家用電気工作
　　物の保安に関する法令

〔試験形式〕
　　一般問題40問，配線図問題10問の計50問の
四肢択一方式で，試験時間は**2時間20分**（140
分）．マークシートに記入する筆記方式とパソ
コンを用いて行うCBT方式のいずれかを選
択して受験します（上期はCBT方式のみ）．

■受験資格
　　受験資格の制限はありません（第一種電気
工事士の資格は，第二種電気工事士の上位資
格ですので，第二種の資格若しくは知識及び
技能があればベターでしょう）．

■試験日程
〔上期〕
学科試験：4月上旬〜5月上旬※1（CBT方式のみ）
技能試験：7月上旬の土曜日
〔下期〕
学科試験：9月上旬〜中旬※2（CBT方式）
　　　　　10月上旬の日曜日※3（筆記方式）
技能試験：11月下旬の日曜日
※1，2　所定の期間内に試験会場，試験日時を選択・変
　　　更することが可能．
※3　筆記方式は下期午前の1回のみ実施．

技能試験

　　次に掲げる事項の全部又は一部について行
われます．
①電線の接続
②配線工事
③電気機器・蓄電池及び配線器具の設置
④電線管・線樋・ダクトその他の配線器具並びに電気工
　事用の材料及び工具の使用方法
⑤コード又はキャブタイヤケーブルの取付け
⑥接地工事
⑦電流・電圧・電力及び電気抵抗の測定
⑧自家用電気工作物の検査
⑨自家用電気工作物の操作及び故障箇所の修
　理

〔試験形式〕
　　持参する工具により，**配線図で与えられた
問題を，支給された材料で一定時間内に完成
させる方法で実施**．試験問題の元になる候補
問題10問が事前に公表され，そのうちの1問
が出題されます．試験時間は**1時間**（60分）．

■受験申込
　　申込み方法は，原則，**インターネット申込
み**（受付初日の10時から最終日の17時まで）．
書面申込み（受付最終日の消印有効）を希望す
る場合は，下記問い合わせ先まで連絡のこと．
　　受験申込受付期間
　　〔上期〕2月上旬〜下旬
　　〔下期〕7月下旬〜8月中旬

■受験地
　　学科試験・技能試験とも，47都道府県のす
べてに設けられます．

　　試験に関する情報は変更される可能性があ
ります．受験する場合は必ず，電気技術者試
験センターが公表する最新情報をご確認くだ
さい．

問い合わせ先
●一般財団法人 電気技術者試験センター●
TEL.03-3552-7691　FAX.03-3552-7847
＊9時から17時15分まで（土・日・祝日を除く）
https://www.shiken.or.jp/

2024年版

第一種電気工事士
学科試験
完全解答

オーム社 編

Ohmsha

はしがき

　第一種電気工事士試験がスタートして，2024年度の試験で37回目を迎えます．過去30回以上の試験が行われたことになり，約30万人弱の合格者が誕生しています．

　第一種電気工事士の資格は，第二種電気工事士が一般用電気工作物等を対象とするのに対して，その一般用電気工作物等はもとより500kW未満の自家用電気工作物までを対象とする，電気設備工事技術者のための国家資格です．

　本書は，この第一種電気工事士試験のための受験書で，いわゆる学科試験のための過去問題集です．受験準備の最終の総仕上げ（過去問で学習確認）としてご利用いただくために，次のような構成で編集したものです．

第1編　学科試験の要点整理
第2編　過去10年間の学科試験の問題と解答・解説

　第1編は，学科試験に出題される内容の要点を整理し，まとめたものです．あくまでもこれまで第一種のテキスト等で学習された知識の整理，あるいは確認のために付したものです．わずか60ページの要点だけですので，より詳しい内容の学習については，ほかのテキスト（例：『第一種電気工事士筆記試験完全マスター（改訂4版）』等）で学習したうえで本書をご利用いただければ，より効果的かと思います．

　第2編は，令和5年度から平成26年度までの過去10年間の学科試験問題とその解答・解説をまとめたものです．解答・解説については，本書ならではのていねいで，かつ詳細な解説に努めています．

　以上，過去問題集である本書を十分に利用・活用されて，みごと合格されることをお祈りいたします．

オーム社

学科試験の出題傾向と分析

第一種電気工事士の試験は，昭和63年度から実施されており，平成17年度から新しい試験制度で実施されています．従来技能試験で実施されていた「等価実技試験」の内容が，学科試験に取り込まれるようになりました．新制度で実施された過去10年間の学科試験の全問題について，出題傾向と分析の結果を示します．

1　学科試験の試験科目と出題傾向

学科試験の試験科目と出題傾向を，以下の表に示します．

学科試験の試験科目と出題傾向

試験科目	平成 26年度	27年度	28年度	29年度	30年度	令和 元年度	2年度	3年度午前	3年度午後	4年度午前	4年度午後	5年度午前	5年度午後	平均出題数	出題率[%]
電気に関する基礎理論	5	6	5	5	5	6	5	5	6	5	7	5	6	5.5	10.9
配電理論・配線設計	3	7	2	4	4	2	4	5	2	4	2	4	3	3.5	7.1
電気応用	1	2	1	0	1	1	2	2	2	1	0	2	1	1.2	2.5
電気機器，蓄電池，配線器具，電気工事用材料・工具，受電設備	7	4	8	7	6	8	7	8	5	6	9	4	5	6.5	12.9
電気工事の施工方法（一般）	5	4	5	4	5	4	5	4	5	4	4	4	4	4.5	8.9
電気工事の施工方法（施工図）	5	5	5	5	5	5	5	5	5	5	5	5	5	5.0	10.0
自家用電気工作物の検査方法	2	1	2	2	2	1	2	3	2	2	2	2	2	1.9	3.8
発電設備・送電設備・変電設備	4	3	3	4	4	4	3	2	3	4	3	5	4	3.5	7.1
保安に関する法令	3	3	3	3	3	3	3	3	3	3	3	3	3	3.0	6.0
鑑別	5	5	5	6	5	5	5	5	6	5	6	5	5	5.4	10.8
高圧受電設備の結線図	5	10	5	10	10	5	5	10	10	10	5	10	5	7.7	15.4
電動機の制御回路	5	0	5	0	0	5	5	0	0	0	5	0	5	2.3	4.6
計	50	50	50	50	50	50	50	50	50	50	50	50	50	50	100

（左端区分：一般問題／配線図）

　過去10年間に出題された全問題を試験科目別・出題内容別に示します．各表中の
○等が出題問題を表しています．

①電気に関する基礎理論		出題年度													出題数	
		平成					令和									
		26年度	27年度	28年度	29年度	30年度	元年度	2年度	3年度午前	3年度午後	4年度午前	4年度午後	5年度午前	5年度午後		
電線の抵抗			○												1	
電熱線の発生熱量			○						○		○				3	
直流回路	抵抗の直・並列回路	○	○		○	○	○	○	○	○	○	○	○	○	10	13
	ブリッジ回路			○					○						2	
	キルヒホッフの法則		○												1	
磁気	磁束	○													1	6
	円筒コイル				○										1	
	電線間に働く電磁力						○								1	
	磁気回路													○	1	
	磁気エネルギー						△		△			△	△		2	
静電気	クーロンの法則								○						1	6
	コンデンサに加わる電圧							○							1	
	静電エネルギー			○		△			△		○	△	△		4	
単相交流回路	正弦波交流	○				○									2	23
	R・L・C直列回路	○		○		○	②					②	②		11	
	R・L・C並列回路		○		○			○			②	○		②	8	
	整流回路の電力			○											1	
	皮相電力												○		1	
三相交流回路	△結線（電流・皮相電力）								○						1	17
	Y結線（電圧・電流・消費電力・無効電力）	○	○				②	○		○		②	○	○	11	
	△結線とY結線の組合せ	○			○	○									3	
	△－Y結線の等価変換									○				○	2	
年度別出題数		5	6	5	5	5	6	5	5	6	5	7	5	6	60	

②配電理論・配線設計

		26年度	27年度	28年度	29年度	30年度	元年度	2年度	3年度午前	3年度午後	4年度午前	4年度午後	5年度午前	5年度午後	出題数	
電力損失	1φ2W式						△								0.5	6.5
	1φ3W式			○											1	
	3φ3W式	○			○	○		○						○	5	
電圧降下	1φ2W式	○	○		○	○	△				○	○			6.5	9.5
	1φ3W式							○							1	
	3φ3W式											○	○		2	
改善力率	コンデンサ容量				○				○	○			○		4	5
	力率改善による影響	○													1	
地絡時の対地電圧				○							○				2	
1φ3W式中性線に流れる電流						○									1	
1φ3W式中性線断線後の電圧			○								○	○	○		4	
電線1線当たりの供給電力									○					○	2	
変圧器にかかる負荷の容量								○							1	
需要率，負荷率，負荷曲線			○					○			○				3	
不等率			○												1	
電線のたるみ			○						○						2	
支線の張力									○						1	
分岐回路			○		○	○	○							○	5	
絶縁電線の許容電流			○						○				○		3	
年度別出題数		3	7	2	4	4	2	4	5	2	4	2	4	3	46	

③電気応用

		26年度	27年度	28年度	29年度	30年度	元年度	2年度	3年度午前	3年度午後	4年度午前	4年度午後	5年度午前	5年度午後	出題数	
照明	LEDランプの発光原理，効率，特長		○								○				2	9
	照度，光度	○		○				○	○	○			○	○	7	
電熱	誘導加熱		○						○	○					3	4
	誘電加熱						○								1	
電動力	揚水ポンプ							○							1	
	巻上機					○							○		2	
年度別出題数		1	2	1	0	1	1	2	2	2	1	0	2	1	16	

④電気機器，蓄電池，配線器具，電気工事用材料・工具，受電設備		出題年度													出題数
		平成					令和								
		26年度	27年度	28年度	29年度	30年度	元年度	2年度	3年度午前	3年度午後	4年度午前	4年度午後	5年度午前	5年度午後	
変圧器	一次電流，二次電圧，短絡電流	○			○						○	○			4
	タップ電圧						○								1
	変圧器の結線			○											1
	V結線の利用率				○							○	○		3
	損失						○		○	○				○	4
	変圧器の並行運転	○										○		○	3
三相誘導電動機	負荷電流						○								1
	出力								○						1
	回転速度			○	○	○						○			4
	トルク曲線				○									○	2
	始動方法	○							○						2
	スターデルタ始動							○							1
	回転方向の変更		○												1
	インバータ								○		○				2
同期発電機の並行運転の条件									○						1
耐熱クラス				○		○									2
トップランナー制度												○			1
蓄電池（鉛，アルカリ）							○	○							3
浮動充電方式		○		○											2
整流回路		○			○				○			○			4
高圧受電設備	キュービクル式高圧受電設備の特徴						○								1
	避雷器			○					○	○					3
	短絡保護装置の組み合わせ				○							○			2
	地絡保護装置の組み合わせ						○								1
	変流器			○			○		○				○	○	5
	遮断器と断路器											○			1
	高圧交流電磁接触器	○							○					○	3
	高調波							○		○					3
	保護協調		○												2
	高圧交流遮断器の遮断容量	○						○	○						4
	%Z			○						○				○	4
	高圧CVケーブルの絶縁体とシース											○			1
	高圧ケーブルの水トリー		○				○								2
低圧材料・工具	スイッチ各種，コンセント	○					○								3
	電線，ケーブルの記号										○	○			2
	低圧CV・CVT接続に必要な工具		○				○					○			3
	工具全般（高速切断機，ノックアウトパンチャ等）						○								1
年度別出題数		7	4	8	7	6	8	7	8	5	6	9	4	5	84

⑤電気工事の施工方法（一般）

	項目	平成26年度	27年度	28年度	29年度	30年度	令和元年度	2年度	3年度午前	3年度午後	4年度午前	4年度午後	5年度午前	5年度午後	出題数	
低圧屋内配線工事	施工場所と工事の種類					○					○				2	27
	低圧配線と弱電流電線と接近・交差													○	1	
	電線の接続		○							○					2	
	金属管工事						○			○					2	
	ケーブル工事			○	○			○	○	○					5	
	合成樹脂管工事					○					○	○	○	○	5	
	金属線ぴ工事		○				○								2	
	バスダクト工事			○					○						2	
	ライティングダクト工事	○				○									2	
	平形保護層工事										○				1	
	特殊場所の工事			○					○				○		3	
高圧配線工事	屋内配線工事の種類	○			○		○					○			4	9
	ケーブル工事による屋内配線											○			1	
	地中電線路		○	○	○			○							4	
支線工事		○						○						○	3	
低圧・高圧架空電線の高さ													○		1	
B種接地工事			○							○			○	○	4	
C種接地工事					○			○						○	3	
D種接地工事		○		○		○			○	○		○			6	
接地極							○				○				2	
接地工事全般		○				○		○							3	
年度別出題数		5	4	5	4	5	4	5	4	5	4	4	4	5	58	

		出題年度													出題数	
		平成					令和									
		26年度	27年度	28年度	29年度	30年度	元年度	2年度	3年度午前	3年度午後	4年度午前	4年度午後	5年度午前	5年度午後		
高圧引込線	CVTケーブル終端接続部		○		○					○	○			○	5	20
	高圧地中引込線の施工方法	○	○				○		○		○	○		○	7	
	高圧架空引込線の施工方法					○									1	
	高圧引込ケーブルの施工方法									○	○	○	○		4	
	ケーブルの太さの検討				○						○				2	
	防水鋳鉄管			○											1	
高圧受電設備等	地絡継電装置付き高圧交流負荷開閉器（GR付PAS）				○			○							2	39
	地中線用地絡継電装置付き高圧交流負荷開閉器（UGS）			○			○				○				3	
	ケーブルシールドの接地方法	○			○			○					○		4	
	機器の接地工事				○			○	○						3	
	断路器							○							1	
	計器用変圧器						○								1	
	変流器												○		1	
	避雷器	○						○					○		3	
	主遮断装置（PF・S形）		○				○		○	○				○	5	
	変圧器の施設方法，結線方法	○			○							○			3	
	直列リアクトル，高圧進相コンデンサの自動力率調整装置	○			○						○	○			4	
	可とう導体		○								○			○	3	
	高圧受電設備の構造（開口部）		○												1	
	高圧屋内受電設備の施設・表示					○									1	
	絶縁耐力試験							○			○				2	
	受電設備の定期点検			○							○				2	
配線 高圧	低圧配線等との離隔距離							○							1	2
	ケーブルラック工事													○	1	
配線 低圧	幹線を保護する過電流遮断器					○									1	4
	ケーブルラック工事			○				○			○				3	
年度別出題数		5	5	5	5	5	5	5	5	5	5	5	5	5	65	

⑦自家用電気工作物の検査方法

項目	平成26	平成27	平成28	平成29	平成30	令和元	令和2	3年度午前	3年度午後	4年度午前	4年度午後	5年度午前	5年度午後	出題数
平均力率を求めるのに必要な計器			○							○				2
低圧電路の絶縁抵抗値, 漏えい電流値	○		○	○	○	○				○	○			7
高圧ケーブルの絶縁抵抗測定		○						○						2
絶縁耐力試験（試験電圧・試験時間）	○			○				○				○	○	5
高圧ケーブルの直流漏れ電流測定												○		1
変圧器油の劣化診断						○			○				○	3
高圧受電設備が完成したときの自主検査							○							1
高圧受電設備の定期点検											○			1
短絡接地器具の取扱い							○							2
過電流継電器の試験に必要な計器等										○				1
年度別出題数	2	1	2	2	2	2	1	2	3	2	2	2	2	25

⑧発電施設・送電施設・変電施設

区分	項目	平成26	平成27	平成28	平成29	平成30	令和元	令和2	3年度午前	3年度午後	4年度午前	4年度午後	5年度午前	5年度午後	出題数	
発電 水力	発電用水の経路						○								1	7
	発電機出力			○	○						○	○		○	5	
	水車の適用落差										○				1	
ディーゼル発電	全般						○				○				2	5
	コージェネレーションシステム	○										○	○		3	
発電 火力	熱サイクル						○								1	
	自然循環ボイラ		○												1	
	大気汚染の防止									○					1	
	コンバインドサイクル発電											○		○	2	
	タービン発電機	○						○							2	
	太陽光発電設備				○										1	
	風力発電設備		○				○						○		3	
	燃料電池発電設備		○	○									○	○	4	
	変電設備				○										1	
	配電用変電所							○							1	
	送電線一般			○											1	
	アーマロッド	○													1	
	ダンパ				○										1	
	スリートジャンプ										○				1	
	多導体方式の特徴										○	○			2	
	高圧ケーブルの電力損失						○							○	2	
	送電用変圧器の中性点の接地					○						○			2	
	調相設備	○											○		2	
	送配電線路の塩害対策							○							1	
	送配電線路の雷害対策			○						○					2	
	アークホーン						○					○			2	
年度別出題数		4	3	3	4	4	4	3	2	3	4	3	5	4	46	

⑨保安に関する法令

分類	項目	平成 26年度	27年度	28年度	29年度	30年度	令和 元年度	2年度	3年度午前	3年度午後	4年度午前	4年度午後	5年度午前	5年度午後	出題数
電気事業法等	電圧の種別				○				○						2
	電路の絶縁抵抗											○			1
	一般用電気工作物の調査	○			○						○				3
電気工事士法	第一種電気工事士に関する全般		○							○			○		3
	第一種電気工事士でなければ従事できない作業			○	○		○				○				4
	電気工事士等でなくても従事できる作業									○				○	2
	特殊電気工事に従事できる者		○					○							2
	軽微な工事，軽微な作業										○				1
電気工事業法	全般	○				○	○	○	○		○				6
	備え付けなければならない器具		○							○	○				3
	主任電気工事士		○					○							2
電気用品安全法	全般		○					○				○			3
	特定電気用品	○		○			○	○	○				○	○	7
	年度別出題数	3	3	3	3	3	3	3	3	3	3	3	3	3	39

出題数合計：12（電気工事士法），39（全体）

⑩鑑別（1）

分類	項目	平成 26年度	27年度	28年度	29年度	30年度	令和 元年度	2年度	3年度午前	3年度午後	4年度午前	4年度午後	5年度午前	5年度午後	出題数
高圧受電設備の機器・材料等	GR付PAS		○				○					○		○	4
	電力需給用計器用変成器		○				○						○		3
	断路器			○							○				2
	計器用変圧器				○									○	2
	真空遮断器				○			○					○		3
	避雷器					○									1
	変流器							○							1
	高圧限流ヒューズ					○					○				2
	高圧カットアウト	○								○					2
	直列リアクトル			○				○				○			3
	高圧進相コンデンサ									○					1
	モールド変圧器				○										1
	高圧耐張がいし									○					1
	ストレスコーン	○													1
	短絡接地器具													○	1
	蓄電池							○							1

出題数合計：29

⑩鑑別（2）

分類	項目	平成26年度	平成27年度	平成28年度	平成29年度	平成30年度	令和元年度	令和2年度	令和3年度午前	令和3年度午後	令和4年度午前	令和4年度午後	令和5年度午前	令和5年度午後	出題数
低圧工事用材料・機器・制御用機器	コンクリートボックス	○													1
	防爆工事用金属管付属品						○								1
	二種金属製線ぴ						○								1
	バスダクト					○						○		○	3
	シーリングフィッチング	○											○		2
	インサート			○										○	2
	アンカー				○										1
	ハーネスジョイントボックス												○		1
	引掛形コンセント		○		○	○									3
	医用コンセント			○							○				2
	コンセント各種											○			1
	ハロゲン電球			○											1
	ダウンライト		○	○											2
	防爆型照明器具											○			1
	漏電遮断器							○				○			2
	サージ防護デバイス								○					○	2
	電磁接触器				○						○				2
	熱動継電器			○							○				2
	三相誘導電動機										○				1
	分電盤											○			1
工具等	パイプベンダ	○													1
	分電盤等を設置するのに使用する工具							○							1
	工具と材料の組み合わせ										○		○		2
	ケーブル延線用工具の組み合わせ		○					○							2
	張線器				○							○			2
	照度計							○							1
年度別出題数		5	5	6	6	5	5	5	4	6	6	5	6	6	70

出題数：低圧工事用材料・機器・制御用機器 32、工具等 9

⑪配線図（高圧受電設備の結線図1）

分類	項目	平成26年度	平成27年度	平成28年度	平成29年度	平成30年度	令和元年度	令和2年度	令和3年度午前	令和3年度午後	令和4年度午前	令和4年度午後	令和5年度午前	令和5年度午後	出題数
図記号から名称・用途等を問う 目的・用途等を問う	地絡方向継電装置付き高圧交流負荷開閉器（DGR付PAS）	○						○					○		3
	零相変流器（ZCT）			○								○			2
	零相基準入力装置（ZPD）			○	○			○						○	4
	ストレスコーン		○								○				2
	電力需給用計器用変成器(VCT)											○			1
	断路器（DS）				○										1

出題数 30

		⑪配線図 (高圧受電設備の結線図2)	平成 26年度	27年度	28年度	29年度	30年度	令和 元年度	2年度	3年度午前	3年度午後	4年度午前	4年度午後	5年度午前	5年度午後	出題数	
目的・用途等を問う	図記号から名称・使用	計器用変圧器（VT）の限流ヒューズ		○				○				○		○		4	
		変流器（CT）				○										1	
		電流計切換スイッチ（AS）										○				1	
		試験用端子										○				2	
		限流ヒューズ付き高圧交流負荷開閉器										○				1	
		直列リアクトル（SR）		○			○			○				○		4	
		不足電圧継電器（UVR）			○					○					○	3	
		配線用遮断器（MCCB）			○											1	
文字記号		地絡方向継電器（DGR）				○				○	△					2.5	4
		電力需給用計器用変成器（VCT）						○								1	
		過電流継電器（OCR）	△													0.5	
図記号を問う		地絡方向継電器（DGR）			○							△	○		○	3.5	7.5
		避雷器（LA）と断路器（DS）		○		△						○				2.5	
		変流器（CT）の端子記号				○										1	
		過電流継電器（OCR）	△													0.5	
接地工事		電力需給用計器用変成器（VCT）の金属製外箱・計器用変圧器（VT）の二次側				○										1	8.5
		変流器（CT）の二次側	○													1	
		変圧器（T）のB種接地工事						○								1	
		変圧器（T）の金属製外箱			○			○								2	
		A種接地工事の接地線の太さ						○								1	
		A種接地工事の保護管											○			1	
		避雷器の接地線の太さ				△		○								1.5	
機器等の選定・定格・その他		VCTからWhまでの電線本数									○					1	23
		計器用変圧器（VT）必要数量						○								1	
		計器用変圧器（VT）の定格電圧							○							1	
		変流器（CT）の結線の複線図	○								○			○		3	
		直列リアクトル（SR）の容量									○					1	
		変圧器（T）の一次側開閉装置	○			○		○					○			4	
		非常用予備発電装置と常用電源のインタロック									○					1	
		点検時に停電するための開路手順										○				1	
		KIPの構造									○					1	
		高圧CVTケーブルの構造			○				○							2	
		低圧CVTケーブルの構造	○										○	○		3	
		低圧電路の地絡警報												○		1	
		動力制御盤から電動機に至る電線本数	○			○						○				3	

⑪配線図（高圧受電設備の結線図3）

	項目	平成 26年度	27年度	28年度	29年度	30年度	令和 元年度	2年度	3年度午前	3年度午後	4年度午前	4年度午後	5年度午前	5年度午後	出題数
写真から選択	地絡方向継電装置付き高圧交流負荷開閉器（DGR付PAS）									○					1
	電力需給用計器用変成器（VCT）			○								○		○	3
	断路器（DS）								○						1
	表示灯（SL）		○								○		○		3
	変流器（CT）の個数			○				○						○	3
	電流計切換スイッチ（AS）						○								1
	電力計（W），力率計（cos φ）					○		○							2
	限流ヒューズ付き高圧交流負荷開閉器				○										1
	計器用変圧器(VT)の限流ヒューズ	○									○				2
	変圧器（T）の△結線の台数	○						○							2
	高圧ケーブルの端末処理に使用する工具		○								○		○		3
	高圧ケーブルの端末処理に使用する材料						○	○							2
	高圧検電器											○			1
	高圧検相器						○								1
	放電用接地棒						○								1
	年度別出題数	5	10	5	10	10	5	5	10	10	10	5	10	5	100

⑫配線図（電動機の制御回路）

	項目	平成 26年度	27年度	28年度	29年度	30年度	令和 元年度	2年度	3年度午前	3年度午後	4年度午前	4年度午後	5年度午前	5年度午後	出題数	
図記号	押しボタンスイッチ（BS）						○							○	2	
	漏電遮断器（ELB）			○								○		○	3	
	限時継電器（TLR）			○				○				○		○	4	13
	熱動継電器（THR）							○							1	
	ブザー			○								○		○	3	
結線図	表示灯回路	○													1	
	押しボタンスイッチの操作順序	○					○								2	
	自己保持回路			○			○					○			3	
	インタロック回路							○							1	11
	OR回路	○													1	
	正逆運転回路の主回路	○					○								2	
	Y－△始動の主回路							○							1	
写真	熱動継電器（THR）	○					○								2	
	限時継電器（TLR）			○								○			2	6
	押しボタンスイッチ（BS）													○	1	
	ブザー							○							1	
	年度別出題数	5	0	5	0	0	5	5	0	0	0	5	0	5	30	

令和6年度 第一種電気工事士試験 受験ガイド

　第一種電気工事士試験は，電気工事士法第6条に基づいて経済産業大臣が行う国家試験です．試験実施については，経済産業大臣から指定試験機関として指定された一般財団法人 電気技術者試験センターが行い，年2回実施されます．

　令和5年から学科試験は，これまでの筆記方式（問題用紙とマークシートを用いて行う試験方式）に加えて，パソコンを用いて行うCBT方式が導入されました．**筆記方式とCBT方式のどちらかを選択して受験することが可能です．**

試験実施日程等

項　目			第一種電気工事士	
			上期試験	下期試験
試　験 実施日	学科試験	CBT方式※1	4月1日（月）〜 5月9日（木）	9月2日（月）〜 9月19日（木）
		筆記方式※2		10月6日（日）
	技能試験		7月6日（土）	11月24日（日）
【受験申込受付期間】 CBT方式・筆記方式・技能試験 （学科試験免除者）共に同じ			2月9日（金）〜 2月29日（木）	7月29日（月）〜 8月15日（木）
受験手数料 （非課税）	インターネット申込み		10 900円	
	郵便による書面申込み		11 300円	

〔注〕

- 申込み方法は，原則，インターネット申込みとなります．インターネット申込みは，申込み初日の10時から最終日の17時までです．
- 学科試験は，CBT方式又は筆記方式のいずれかの受験となります（上期試験を除く）．CBT方式の試験を欠席した場合，筆記方式の試験は受験できません．

※1　**CBT方式**
　　所定の期間内に受験会場，試験日時を選択・変更することが可能です．

※2　**筆記方式**
　　下期午前の1回実施となります．

●一般財団法人 電気技術者試験センター●
TEL.03-3552-7691　FAX.03-3552-7847
＊9時から17時15分まで（土・日・祝日を除く）
ホームページ　https://www.shiken.or.jp/

問い合わせ先

第 1 編

学科試験の要点整理

第2編の過去問題を解く前に，現時点での知識の整理等に活用ください．また，試験直前での確認にも利用できます．

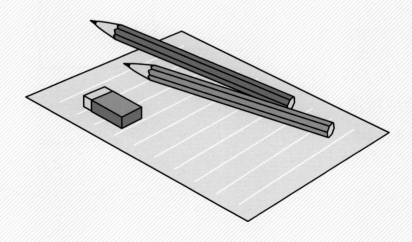

1 一般問題

1 電気に関する基礎理論

❶ 電線の抵抗

- **導体の抵抗**

$$R = \rho \frac{l}{A} \ [\Omega]$$

- **導体の断面積**

$$A = \frac{\pi D^2}{4} \ [\mathrm{mm^2}]$$

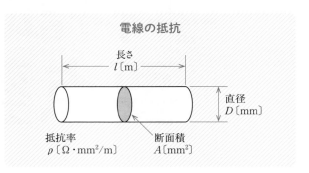

電線の抵抗

長さ l〔m〕
直径 D〔mm〕
抵抗率 ρ〔Ω・mm²/m〕
断面積 A〔mm²〕

- **温度と抵抗**

導　体‥‥温度が高くなると，抵抗は大きくなる．
半導体‥‥温度が高くなると，抵抗は小さくなる．

❷ オームの法則

$$I = \frac{V}{R} \ [\mathrm{A}]$$

$$V = IR \ [\mathrm{V}]$$

$$R = \frac{V}{I} \ [\Omega]$$

I：電流〔A〕
V：電圧〔V〕
R：抵抗〔Ω〕

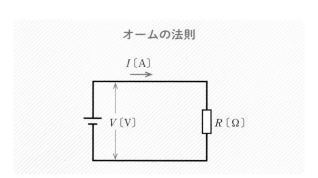

オームの法則

I〔A〕
V〔V〕
R〔Ω〕

❸ 合成抵抗

- **直列接続**

$$R = R_1 + R_2 \ [\Omega]$$

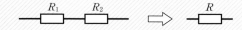

抵抗の直列接続

R_1　R_2　　　R

- **並列接続**

$$R = \cfrac{1}{\cfrac{1}{R_1} + \cfrac{1}{R_2}} = \cfrac{R_1 R_2}{R_1 + R_2} \ \text{〔Ω〕}$$

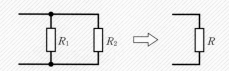

抵抗の並列接続

❹ ブリッジの平衡条件

対辺の抵抗の積が等しいとき,
$R_1 \times R_4 = R_2 \times R_3$
この状態をブリッジが平衡している
といい,抵抗R_5に電流
Iは流れない.

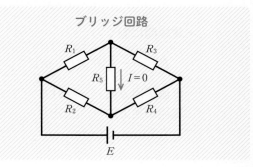

ブリッジ回路

❺ キルヒホッフの法則

- **第1法則**
  ある一点(a点)に流入する
  電流の和は,流出する電流の
  和に等しい.
  $$I_1 + I_2 = I_3 \ \text{〔A〕}$$
- **第2法則**
  閉回路において,電圧降下の
  和は,起電力の代数和に等し
  い.
  閉回路Ⅰ $\quad R_1 I_1 - R_2 I_2 =$
  $\qquad\qquad\qquad E_1 - E_2 \ \text{〔V〕}$
  閉回路Ⅱ $\quad R_2 I_2 + R_3 I_3 = E_2 \ \text{〔V〕}$

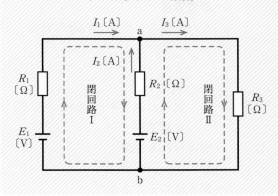

キルヒホッフの法則

❻ 電磁気

- **電流のつくる磁界**
  コイルによる磁界
  $$H = \frac{NI}{2r} \ \text{〔A/m〕}$$
  直線電流による磁界
  $$H = \frac{I}{2 \pi r} \ \text{〔A/m〕}$$

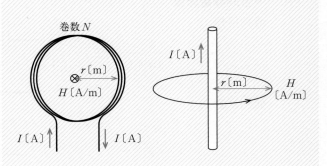

コイルによる磁界　　　直線電流による磁界

● **フレミングの左手の法則**

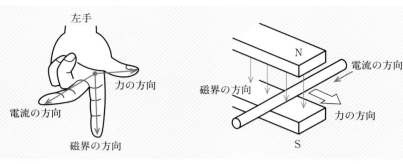

● **電線間に働く力**

$$F = \frac{2I^2}{d} \times 10^{-7} \ \text{〔N/m〕}$$

電流が同方向‥‥吸引力
電流が逆方向‥‥反発力

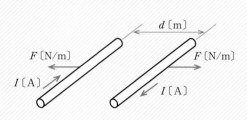

電線間に働く力

❼ コンデンサ回路

● **静電容量**

平行平板コンデンサの静電容量

$$C = \varepsilon \frac{A}{d} \ \text{〔F〕}$$

ε ： $\varepsilon_0 \varepsilon_r$
ε_0：真空の誘電率（$= 8.85 \times 10^{-12}$）
ε_r：比誘電率

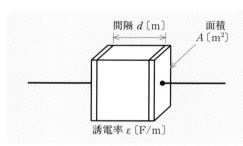

● **蓄えられる電荷**

$$Q = CV \ \text{〔C〕}$$

● **蓄えられるエネルギー**

$$W = \frac{1}{2}CV^2 \ \text{〔J〕}$$

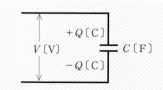

● **合成静電容量**

直列接続

$$C = \frac{1}{\dfrac{1}{C_1} + \dfrac{1}{C_2}} = \frac{C_1 C_2}{C_1 + C_2} \ \text{〔F〕}$$

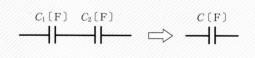

並列接続

$$C = C_1 + C_2 \ \text{〔F〕}$$

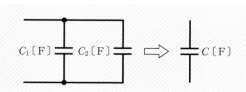

❽ 電力・電力量・熱量

- ### 電 力

$$P = VI = I^2R = \frac{V^2}{R} \ \text{〔W〕}$$

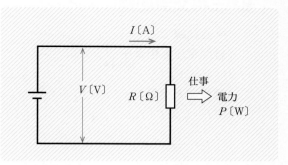

- ### 電力量

$W = Pt$ 〔kW・h〕

P：電力 〔kW〕

t：使用時間 〔h〕

- ### 熱 量

1 〔kW・h〕$= 3\,600$ 〔kJ〕

$Q = 3\,600Pt$ 〔kJ〕

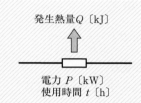

❾ 単相交流回路

- ### 直列回路

電 圧

$$V = \sqrt{V_R{}^2 + (V_L - V_C)^2} \ \text{〔V〕}$$

インピーダンス

$$Z = \sqrt{R^2 + (X_L - X_C)^2} \ \text{〔Ω〕}$$

電 流

$$I = \frac{V}{Z} \ \text{〔A〕}$$

力 率

$$\cos\theta = \frac{R}{Z} = \frac{V_R}{V}$$

電 力

$$P = VI\cos\theta \ \text{〔W〕}$$
$$= I^2R \ \text{〔W〕}$$

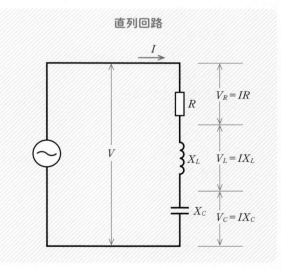

直列回路

- ### 並列回路

各部に流れる電流

$$I_R = \frac{V}{R} \quad I_L = \frac{V}{X_L} \quad I_C = \frac{V}{X_C}$$

全電流

$$I = \sqrt{I_R{}^2 + (I_L - I_C)^2} \ \text{〔A〕}$$

力 率

$$\cos\theta = \frac{I_R}{I}$$

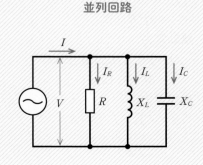

並列回路

❿ 三相交流回路

● △結線

線間電圧と相電圧

$$V = V_l \ 〔\mathrm{V}〕$$

線電流と相電流

$$I_l = \sqrt{3}\ I \ 〔\mathrm{A}〕$$

$$I = \frac{I_l}{\sqrt{3}} \ 〔\mathrm{A}〕$$

力　率

$$\cos\theta = \frac{R}{\sqrt{R^2 + X_L{}^2}}$$

有効電力

$$P = \sqrt{3}\ V_l I_l \cos\theta \ 〔\mathrm{W}〕$$

$$= 3I^2 R \ 〔\mathrm{W}〕$$

無効電力

$$Q = \sqrt{3}\ V_l I_l \sin\theta \ 〔\mathrm{var}〕$$

$$= 3I^2 X_L \ 〔\mathrm{var}〕$$

皮相電力

$$S = \sqrt{3}\ V_l I_l \ 〔\mathrm{V\cdot A}〕$$

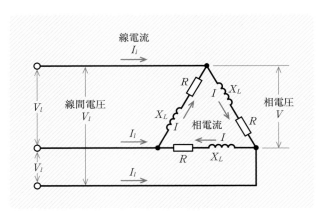

● Ｙ結線

線間電圧と相電圧

$$V = \frac{V_l}{\sqrt{3}} \ 〔\mathrm{V}〕$$

$$V_l = \sqrt{3}\ V \ 〔\mathrm{V}〕$$

線電流と相電流

$$I_l = I \ 〔\mathrm{A}〕$$

力　率

$$\cos\theta = \frac{R}{\sqrt{R^2 + X_L{}^2}}$$

有効電力

$$P = \sqrt{3}\ V_l I_l \cos\theta \ 〔\mathrm{W}〕$$

$$= 3I^2 R \ 〔\mathrm{W}〕$$

無効電力

$$Q = \sqrt{3}\ V_l I_l \sin\theta \ 〔\mathrm{var}〕$$

$$= 3I^2 X_L \ 〔\mathrm{var}〕$$

皮相電力

$$S = \sqrt{3}\ V_l I_l \ 〔\mathrm{V\cdot A}〕$$

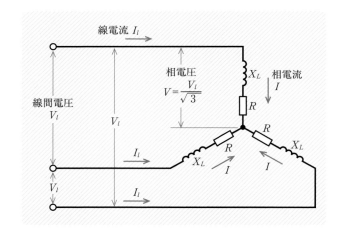

⓫ 有効電力・無効電力・皮相電力

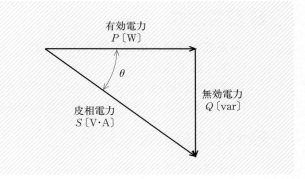

- **皮相電力**

  $S = \sqrt{P^2 + Q^2}$ 〔V·A〕

- **有効電力**

  $P = S\cos\theta$ 〔W〕

- **無効電力**

  $Q = S\sin\theta$ 〔var〕

⓬ △－Ｙ等価変換

（デルタ　スター）

△接続をＹ接続に変換することを△－Ｙ等価変換という.

Ｙ接続の各辺のインピーダンス$\dot{Z}_Y$は, △接続の各辺のインピーダンス$\dot{Z}_\triangle$が等しいとき,

$$\dot{Z}_Y = \frac{\dot{Z}_\triangle}{3} \ 〔\Omega〕$$

となる. したがって, 抵抗R_Y及びリアクタンスX_Yは, 次のようになる.

$$R_Y = \frac{R_\triangle}{3} \ 〔\Omega〕$$

$$X_Y = \frac{X_\triangle}{3} \ 〔\Omega〕$$

Ｙ接続を△接続に変換する場合, これと逆になるので, 各辺のインピーダンス$\dot{Z}_\triangle$は,

$$\dot{Z}_\triangle = 3\dot{Z}_Y \ 〔\Omega〕$$

となり, 抵抗$R_\triangle$及びリアクタンス$X_\triangle$は, 次のようになる.

$$R_\triangle = 3R_Y \ 〔\Omega〕$$

$$X_\triangle = 3X_Y \ 〔\Omega〕$$

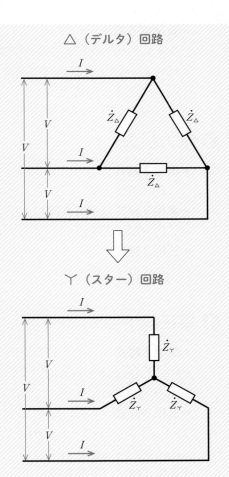

△（デルタ）回路

Ｙ（スター）回路

2 配電理論・配線設計

❶ 配電方式

- **高圧配電線路の非接地方式の利点**
  1 1線地絡電流が小さい.
  2 高低圧混触時の低圧電路の電位上昇が小さい.
  3 1線地絡時の通信線への電磁誘導障害が小さい.

❷ 単相3線式配電線路

- **中性線に流れる電流**
  キルヒホッフの第1法則から,
  $$I_N = I_1 - I_2$$

- **負荷端子電圧**
  キルヒホッフの第2法則から,次式によって V_{ab} 及び V_{bc} を求める.
  $$rI_1 + V_{ab} + rI_N = V_S$$
  $$-rI_N + V_{bc} + rI_2 = V_S$$

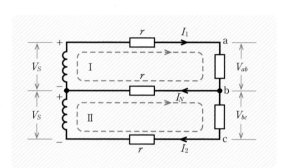

❸ 電力損失

- **単相2線式**
  $$P_l = 2I^2 r \ [\mathrm{W}]$$

- **単相3線式（平衡負荷）**
  $$P_l = 2I^2 r \ [\mathrm{W}]$$

- **三相3線式**
  $$P_l = 3I^2 r \ [\mathrm{W}]$$

P_l：線路の電力損失〔W〕
I：線路に流れる電流〔A〕
r：線路の抵抗〔Ω〕

❹ 電圧降下

- **単相2線式**
  $$v = 2I \left(r\cos\theta + x\sin\theta \right) \ [\mathrm{V}]$$
  $$\sin\theta = \sqrt{1 - \cos^2\theta}$$

- **三相3線式**
  $$v = \sqrt{3}\, I \left(r\cos\theta + x\sin\theta \right) \ [\mathrm{V}]$$
  $$\sin\theta = \sqrt{1 - \cos^2\theta}$$

- **単相3線式（平衡負荷）**
  $$v = 2I \left(r\cos\theta + x\sin\theta \right) \ [\mathrm{V}]$$
  $$\sin\theta = \sqrt{1 - \cos^2\theta}$$

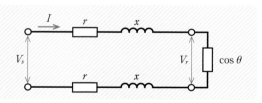

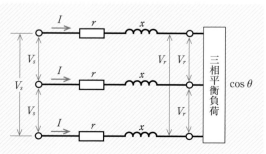

❺ 力率改善

- **力 率**

皮相電力のうち有効に働く割合をいう.

$$力率(\cos \theta) = \frac{有効電力 P}{皮相電力 S}$$

配電線路には，遅れ電流が流れて力率が悪くなるが，これを改善するために高圧進相コンデンサを接続する.

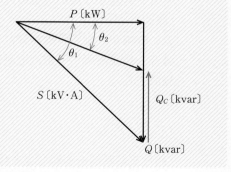

- **コンデンサ容量**

$Q_C = P\tan \theta_1 - P\tan \theta_2 = P(\tan \theta_1 - \tan \theta_2)$〔kvar〕

Q_C：コンデンサの無効電力〔kvar〕（高圧進相コンデンサの容量）

❻ 需要率・負荷率・不等率

- **需要率**

$$需要率 = \frac{最大需要電力〔kW〕}{設備容量〔kW〕} \times 100〔\%〕$$

- **不等率**

$$不等率 = \frac{最大需要電力の和〔kW〕}{合成最大需要電力〔kW〕} \geqq 1$$

- **負荷率**

$$負荷率 = \frac{平均需要電力〔kW〕}{最大需要電力〔kW〕} \times 100〔\%〕$$

❼ 架空電線路の強度計算

- **電線のたるみと張力**

$$D = \frac{WS^2}{8T}〔m〕$$

D：電線のたるみ（弛度）〔m〕

W：電線の1m当たりの重量〔N/m〕

S：電線支持点間の距離（径間）〔m〕

T：電線の水平張力〔N〕

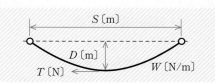

- **支線の張力**

$$T = T_S \sin \theta$$

$$T_S = \frac{T}{\sin \theta}〔N〕$$

$$\sin \theta = \frac{b}{\sqrt{a^2 + b^2}}$$

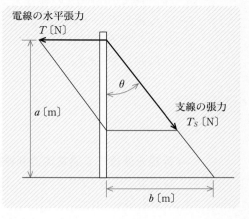

❽ 屋内配線の設計

● 太い幹線から細い幹線の分岐

（原則）

太い幹線から細い幹線へ分岐する場合，接続箇所に過電流遮断器を施設する．

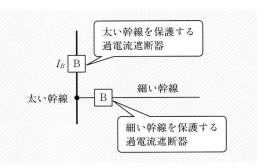

（過電流遮断器を省略できる場合）

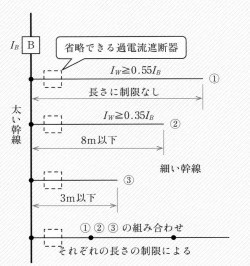

I_B：太い幹線を保護する過電流遮断器の定格電流
I_W：細い幹線の許容電流

● 幹線の許容電流

$I_M \leqq I_H$ の場合

$\quad I_W \geqq I_M + I_H \, 〔A〕$

$I_M > I_H$ で $I_M \leqq 50A$ の場合

$\quad I_W \geqq 1.25 I_M + I_H \, 〔A〕$

$I_M > I_H$ で $I_M > 50A$ の場合

$\quad I_W \geqq 1.1 I_M + I_H \, 〔A〕$

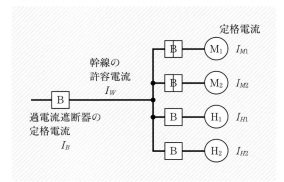

電動機の定格電流の合計　$I_M = I_{M1} + I_{M2}$
電熱器の定格電流の合計　$I_H = I_{H1} + I_{H2}$

● 幹線を保護する過電流遮断器の定格電流

$I_B \leqq 3 I_M + I_H \, 〔A〕$

$I_B \leqq 2.5 I_W \, 〔A〕$

- **幹線からの分岐回路**

分岐回路には，幹線との分岐点から3m以下の箇所に，開閉器及び過電流遮断器を施設しなければならない．
②及び③の場合は，3mを超えて施設することができる．

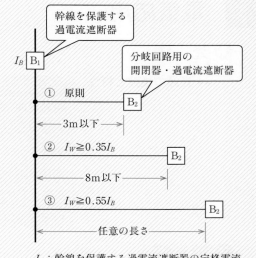

②及び③の場合は，3mを超えて施設することができる．

I_B：幹線を保護する過電流遮断器の定格電流
I_W：分岐回路の電線の許容電流

- **分岐回路の施設**

分岐回路の電線の太さ及び接続できるコンセントの定格電流は，次のように定められている．

分岐回路の種類	軟銅線の太さ	コンセント
15A	1.6mm以上	15A以下
20A配線用遮断器	1.6mm以上	20A以下
20Aヒューズ	2.0mm以上	20A
30A	2.6mm（5.5mm²）以上	20A以上30A以下
40A	8mm²以上	30A以上40A以下
50A	14mm²以上	40A以上50A以下

（注）20Aヒューズ，30A過電流遮断器では，定格電流が20A未満の差込みプラグが接続できるコンセントを除く．

- **電動機の分岐回路**

過電流遮断器の定格電流

負荷側に接続する電線の許容電流の2.5倍（モータブレーカにあっては，1倍）した値（許容電流が100Aを超える場合であって，その値が過電流遮断器の標準定格に該当しないときは，その値の直近上位の標準定格）以下

電線の許容電流

電動機の定格電流の合計を1.25倍（電動機の定格電流の合計が50Aを超える場合は，1.1倍）した値以上

- **許容電流**

電線の発熱により，絶縁物が著しい劣化をきたさない限界の電流値を許容電流という．

3 電気応用

❶ 光　源

● 光源の種類と特性

光源の種類	発光効率〔lm/W〕	寿命〔h〕
白熱電球	10〜15	1 000〜2 000
ハロゲンランプ	15〜20	2 000〜4 000
蛍光ランプ	50〜90	6 000〜12 000
高圧水銀ランプ	30〜60	9 000〜12 000
高圧ナトリウムランプ	60〜130	9 000〜12 000
LEDランプ	60〜110	40 000

❷ 蛍光灯

● **点灯方式**

スタータ形（予熱始動形）

　電極を2〜3秒間予熱して，点灯管と安定器によって始動電圧を印加する．

ラピッドスタート形

　フィラメントを加熱すると同時に，電極間に高電圧が加えられて，スイッチを入れると1秒以内に点灯する．

高周波点灯形（インバータ式）

　スイッチを入れると約1秒で点灯する．高周波点灯により，高効率，低騒音，ちらつきを感じない．

❸ 照度計算

● **照　度**

物体に光束が当たると明るく照らされるが，その程度を表すのが照度である．

$$E = \frac{F}{A} \ \text{〔lx〕}$$

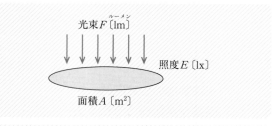

● **点光源の真下の照度**

$$E = \frac{I}{h^2} \ \text{〔lx〕}$$

● **点光源の水平面照度**

$$E_h = \frac{I}{r^2} \cos\theta \ \text{〔lx〕}$$

$$\cos\theta = \frac{h}{r} = \frac{h}{\sqrt{h^2 + d^2}}$$

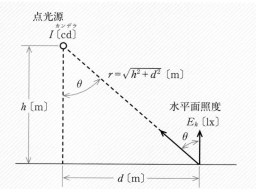

❹ 電　熱

● 誘導加熱と誘電加熱

加熱方式	原理・特長
誘導加熱	渦電流損，ヒステリシス損による発熱を利用したもの．金属の溶融，焼き入れ，電磁調理器などに応用されている．
誘電加熱	絶縁体に高周波を加えて，誘電体損による発熱を利用したもの．物質の内部から加熱でき，食品の調理や材木の乾燥などに応用されている．

● 電気温水器

$3\,600Pt\eta = 4.2M\,(T_2 - T_1)$〔kJ〕

$3\,600$：1時間は3 600秒

1〔W・s〕$=1$〔J〕から，

1〔kW・h〕$=3\,600$〔kJ〕

4.2：1Lの水を1℃だけ温度を上げるのに必要な熱量（4.2kJ）

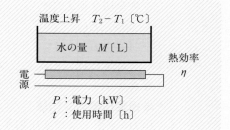

温度上昇　$T_2 - T_1$〔℃〕

水の量　M〔L〕

熱効率 η

電源

P：電力〔kW〕
t：使用時間〔h〕

❺ 電動力応用

● 揚水ポンプ用電動機の所要出力

$P = \dfrac{9.8QH}{\eta_p}$〔kW〕

Q：揚水量〔m³/s〕

H：全揚程〔m〕

η_p：ポンプの効率

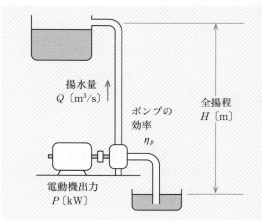

揚水量 Q〔m³/s〕

ポンプの効率 η_p

全揚程 H〔m〕

電動機出力 P〔kW〕

● 巻上機用電動機の所要出力

$P = \dfrac{Wv}{\eta}$〔kW〕

W：巻上荷重〔kN〕

v：巻上速度〔m/s〕

η：巻上機の効率

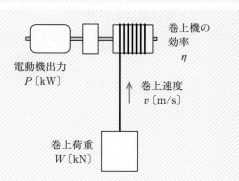

巻上機の効率 η

電動機出力 P〔kW〕

巻上速度 v〔m/s〕

巻上荷重 W〔kN〕

4 電気機器・高圧受電設備等

❶ 変圧器

● タップ電圧

変圧器は，二次側（低圧側）の電圧を適正な電圧（105Vや210V）に維持するため，一次側（高圧側）にタップを設け，これを切り換えている．

$$\frac{V_1}{V_2} = \frac{E_1}{E_2}$$

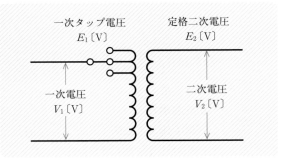

一次電圧に近い一次タップ電圧にすると，二次電圧は定格二次電圧に近い値になる．

● 単相変圧器のV結線

出力＝$\sqrt{3}$×単相変圧器1台の定格容量

$$利用率 = \frac{三相出力}{単相変圧器2台の定格容量} \times 100 = \frac{\sqrt{3}\,VI}{2VI} \times 100 \fallingdotseq 87 〔\%〕$$

● 変圧器の損失

無負荷損

無負荷損＝鉄損＝ヒステリシス損＋渦電流損

負荷電流にかかわらず一定

負荷損

負荷損＝銅損

負荷電流の2乗に比例

効率が最大になる条件

鉄損＝銅損

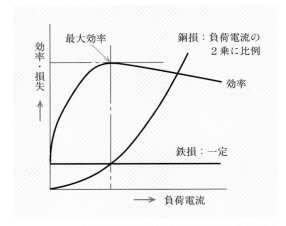

● 短絡電流の計算

$$一次側短絡電流 = \frac{定格一次電流}{\%Z} \times 100 〔A〕$$

$$二次側短絡電流 = \frac{定格二次電流}{\%Z} \times 100 〔A〕$$

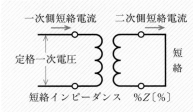

- **入力と出力**

  変圧器の損失を無視すると，入力と出力は等しくなる．

  $$P_i = V_1 I_1 \text{ 〔W〕}$$

  $$P_o = V_2 I_2 = I_2^2 R = \frac{V_2^2}{R} \text{ 〔W〕}$$

  $$P_i = P_o \text{ 〔W〕}$$

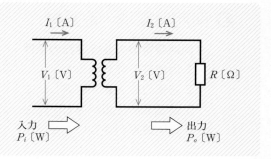

- **変圧器の並行運転の条件**

  1 極性が合っていること．

  2 変圧比が等しく，一次電圧及び二次電圧が等しいこと．

  3 インピーダンス電圧が等しいこと．

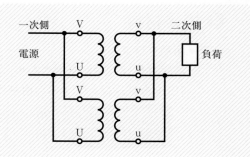

❷ 三相誘導電動機

- **入力と出力の関係**

  $$P_o = P_i \eta$$
  $$= \sqrt{3}\, V I \cos\theta \cdot \eta \times 10^{-3} \text{ 〔kW〕}$$

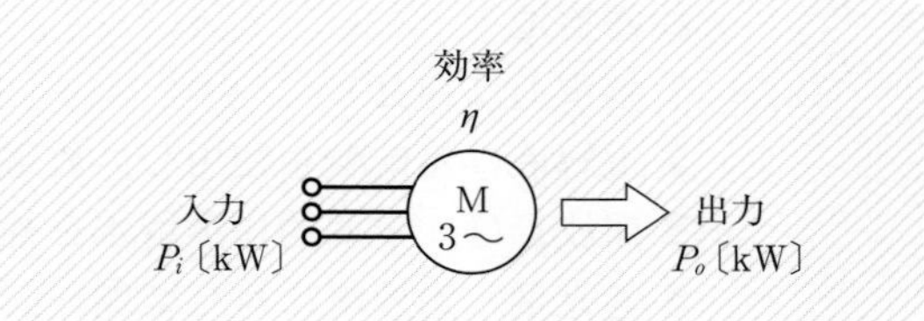

- **同期速度等**

  同期速度

  $$N_s = \frac{120f}{p} \text{ 〔min}^{-1}\text{〕}$$

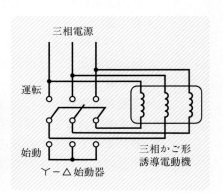

p：極数
f：周波数〔Hz〕

  滑り

  $$s = \frac{N_s - N}{N_s} \times 100 \text{ 〔\%〕}$$

  回転速度

  $$N = N_s \left(1 - \frac{s}{100}\right) \text{ 〔min}^{-1}\text{〕}$$

- **スターデルタ始動法**

  始動時—Ｙ結線

  運転時—△結線

始動方式	始動電流	始動トルク
△結線 全電圧始動	I	τ
Ｙ－△始動	$\dfrac{I}{3}$	$\dfrac{\tau}{3}$

❸ 同期発電機・電動機

- **同期発電機の並行運転の条件**
  1 周波数が等しいこと.
  2 起電力の大きさが等しいこと.
  3 起電力の位相が等しいこと.
  4 電圧波形が等しいこと.

- **同期電動機の特性**
  1 速度が一定.
  2 界磁電流を調整して, 遅れ電流と進み電流を得られる.
  　界磁電流小——遅れ電流
  　界磁電流大——進み電流

❹ 絶縁材料

- **耐熱クラス**
  絶縁材料は, 寿命を保つため, 許容温度以下で用いる必要がある. このため, JISで電気絶縁システムの耐熱クラスが定められている.

耐熱クラス〔℃〕	90	105	120	130	155	180	200	220	250
指定文字	Y	A	E	B	F	H	N	R	—

　　　　＊耐熱クラスは, 絶縁材料の推奨される最高連続使用温度に等しい.

❺ 蓄電池

- **鉛蓄電池**
  1 起電力は約2V.
  2 電解液に希硫酸を使用し, 放電が進むに従って電解液の比重が小さくなる.
  3 開放形は, 定期的に蒸留水を補水する必要がある.
  4 過充電, 過放電に対して弱い.
  5 アルカリ蓄電池より寿命が短い.

- **アルカリ蓄電池**
  1 起電力は約1.2V.
  2 小形密閉化が容易である.
  3 保守が容易である.
  4 過充電, 過放電に耐えられる.
  5 自己放電が少ない.
  6 内部抵抗が高く, 電圧変動率が大きい.

- **容　量**
  アンペア時容量〔A·h〕＝放電電流〔A〕×放電時間〔h〕
  同一の電池で, 放電電流を大きくすると容量は小さくなる.

- **浮動充電方式**
  蓄電池と負荷を並列に接続して, 整流器によって充電する方式. 蓄電池と整流器の容量が小さくて経済的である.

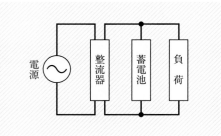

❻ 整流回路

● 基本整流回路

単相半波整流回路

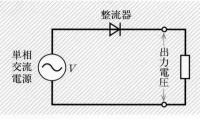
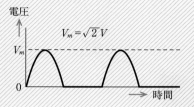

単相全波整流回路

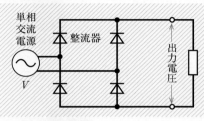
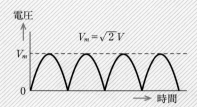

三相全波整流回路

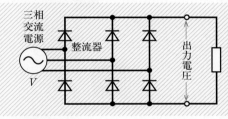
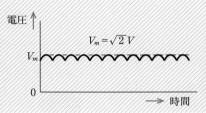

● 平滑回路

単相全波整流回路

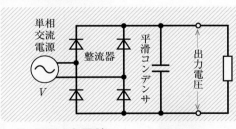
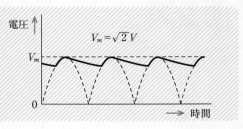

● サイリスタ回路

ゲートからカソードに電流を流すことで，アノードとカソード間を導通させる．

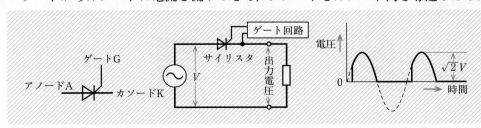

❼ 高圧受電設備の構成

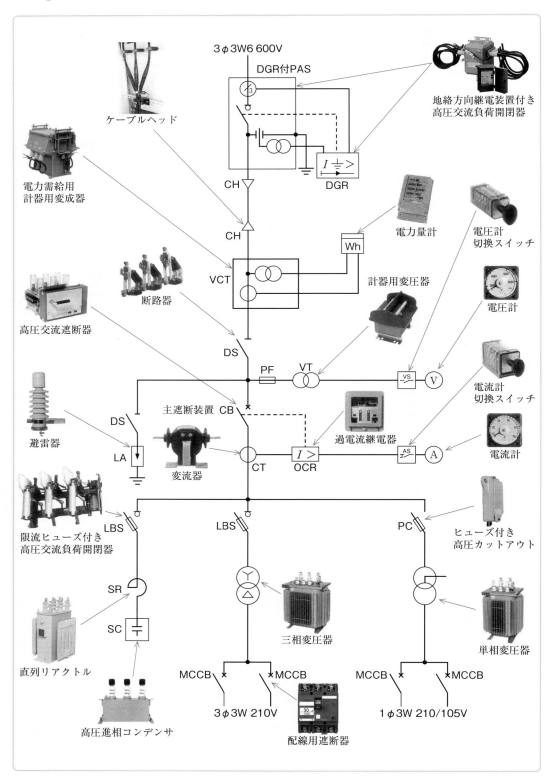

ケーブルヘッド

3φ3W6 600V

DGR付PAS

地絡方向継電装置付き
高圧交流負荷開閉器

DGR

電力需給用
計器用変成器

電力量計

電圧計
切換スイッチ

CH

Wh

断路器

計器用変圧器

電圧計

高圧交流遮断器

VCT

電流計
切換スイッチ

DS

PF

VT

VS

V

避雷器

主遮断装置 CB

過電流継電器

電流計

DS

LA

変流器

CT

OCR

AS

A

限流ヒューズ付き
高圧交流負荷開閉器

LBS

LBS

PC

ヒューズ付き
高圧カットアウト

直列リアクトル

SR

SC

三相変圧器

単相変圧器

高圧進相コンデンサ

MCCB

MCCB

MCCB

MCCB

3φ3W 210V

1φ3W 210/105V

配線用遮断器

❽ 高圧受電設備の主要機器の働き

機　　器	記　号	働　　き
地絡方向継電装置付き 高圧交流負荷開閉器	DGR付 PAS	保守・点検時に電路を開閉でき，地絡事故時には電路を自動的に開放する．
電力需給用 計器用変成器	VCT	高圧を低圧に変圧し，大電流を小電流に変流して電力量計に接続する．
電力量計	Wh	電力の使用量を計測する．
断路器	DS	点検・修理を行うときに高圧電路の開閉を行う．無負荷の状態にして，開閉をする．
高圧交流遮断器	CB	高圧電路の開閉や，過負荷電流・短絡電流を遮断する．
計器用変圧器	VT	高圧を低圧に変圧する．定格二次電圧は110V．
変流器	CT	大電流を小電流に変流する．
過電流継電器	OCR	過電流・短絡時に，高圧交流遮断器を動作させる．
電圧計切換スイッチ	VS	1台の電圧計で，三相の電圧を測定するために切り換える．
電流計切換スイッチ	AS	1台の電流計で，三相の電流を測定するために切り換える．
避雷器	LA	雷のように高い異常電圧が加わった場合に，大地に放電させて過大電圧が機器に加わらないようにする．
限流ヒューズ付き 高圧交流負荷開閉器	LBS	高圧電路に負荷電流を流したままで開閉でき，限流ヒューズで短絡電流を遮断する．
高圧カットアウト	PC	高圧電路の開閉を行う．
変圧器	T	高圧を低圧に変圧する．
直列リアクトル	SR	高圧進相コンデンサに，高調波電流や突入電流が流れるのを抑制する．
高圧進相コンデンサ	SC	高圧電路の力率を改善する．

❾ 高圧受電設備の構造

- **開放形高圧受電設備**
  1 機器の点検に便利．
  2 広い設置面積が必要．
  3 充電部が露出していて危険．
- **キュービクル式高圧受電設備**
  1 接地された金属製の箱に収納されているので安全．
  2 管理された工場生産のため信頼性が高い．
  3 設置面積が少ない．
  4 現地工事が簡単で工期を短縮できる．

❿ 高圧受電設備の主遮断装置の受電設備容量の制限

電路に過電流や短絡電流が流れたとき，自動的に電路を遮断する装置を主遮断装置といい，形式によって受電設備容量が定められている．

施設場所 ＼ 形 式	CB形	PF・S形
箱に収めない屋内式	制限なし	300kV・A以下
キュービクル式 (JIS C 4620)	4 000kV・A以下	300kV・A以下

⓫ 高圧限流ヒューズ

● 特 徴
1 短絡電流を抑制する．
2 小型・軽量で遮断容量が大きい．
3 アークガスの放出がない．

● 種 類

ヒューズの種類	用 途
T種	変圧器用
M種	電動機用
C種	コンデンサ用
G種	一般用

● 許容特性（許容時間－電流特性）
定電流を所定回数繰り返し通電しても溶断しない，限界時間を示す特性である．
定格電流を選定する場合，変圧器の励磁突入電流等が，許容特性より下になるようにする．

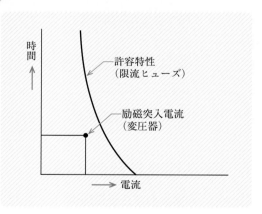

⑫ 地絡継電装置

● 地絡継電装置付き高圧交流負荷開閉器

需要家構内の高圧
ケーブルが長いと
対地静電容量が大
きくなり，構外の
地絡事故でも零相
変流器が地絡電流
を検出して，不必
要動作をする．

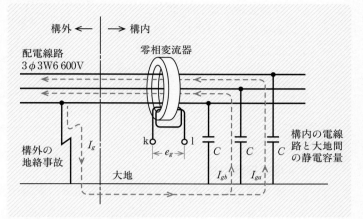

● 地絡方向継電装置付き高圧交流負荷開閉器

需要家構内の高圧ケーブルが長い場合でも，地絡事故が構内で発生したか構外
で発生したかを判別して，構内の地絡事故の場合だけ動作する．

⑬ 変流器

● 変流器の取り扱い

一次側に電流を流した状態で，
二次側を開放してはならない．

● 変流器に流れる電流

定格二次電流は5Aである．

$$\frac{I_1}{I_2} = \frac{定格一次電流}{5}$$

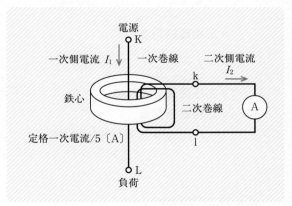

⑭ 高調波対策

● 高調波の発生源

インバータ，整流器，無停電電源装置（UPS），アーク炉

● 高調波抑制対策

1 直列リアクトル

直列リアクトルを高圧進相コンデンサの電源側に施設する．直列リアクトル
は，原則としてコンデンサリアクタンスの6%又は13%とする．

2 交流フィルタ（LCフィルタ）

コンデンサとリアクトルで，高調波電流を吸収する．

3 アクティブフィルタ

発生源と逆位相の高調波を発生させて，高調波を打ち消す．

⑮ 保護協調

● 過電流保護協調

保護装置の動作時間を，負荷に近いものほど短く設定する．

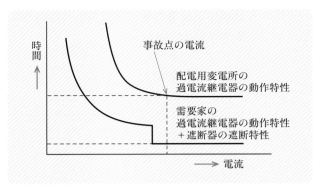

● 地絡保護協調

需要家の地絡継電装置の電流整定値を，配電用変電所の地絡継電装置より小さくする．

⑯ 三相短絡容量・短絡電流

● 三相短絡容量

$$P_s = \frac{P_n}{\% Z} \times 100 \ \text{〔MV·A〕}$$

● 三相短絡電流

$$I_s = \frac{P_s}{\sqrt{3}\ V} \ \text{〔kA〕}$$

● 高圧交流遮断器の定格遮断容量

$$P_{CB} = \sqrt{3} \times 定格電圧〔kV〕 \times 定格遮断電流〔kA〕〔MV·A〕$$

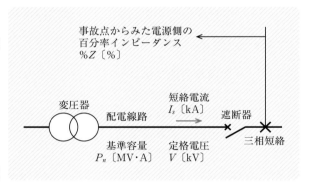

⑰ 高圧配線材料

● 高圧用電線

電　線　の　種　類	記　号
屋外用架橋ポリエチレン絶縁電線	OC
屋外用ポリエチレン絶縁電線	OE
高圧機器内配線用電線	KIC，KIP
高圧引下用絶縁電線	PDC，PDP
高圧架橋ポリエチレン絶縁ビニルシースケーブル	CV
トリプレックス形高圧架橋ポリエチレン絶縁ビニルシースケーブル	CVT

● 高圧ケーブル

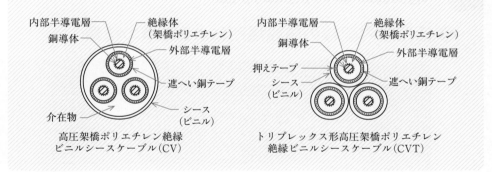

高圧架橋ポリエチレン絶縁
ビニルシースケーブル（CV）

トリプレックス形高圧架橋ポリエチレン
絶縁ビニルシースケーブル（CVT）

半導電層

導体や遮へい銅テープの凸凹をなくし，絶縁体表面の電位傾度を均一にして部分放電を防止する．

ストレスコーン

遮へい銅テープの端に設け，電気力線の集中を緩和して，絶縁破壊を防止する．

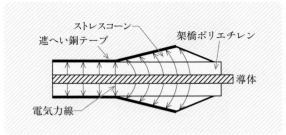

水トリー現象

絶縁体の架橋ポリエチレン内に浸入した微量の水分等と電界によって，小さな亀裂が発生し樹枝状に広がって劣化する現象．ケーブルが絶縁破壊を起こす原因となる．

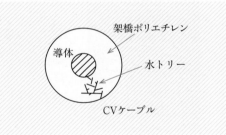

CVケーブル

5 電気工事の施工方法

❶ 低圧屋内配線の施設場所による工事の種類

工事の種類 \ 施設場所の区分	展開した場所		点検できる隠ぺい場所		点検できない隠ぺい場所	
	乾燥した場所	湿気の多い場所,水気のある場所	乾燥した場所	湿気の多い場所,水気のある場所	乾燥した場所	湿気の多い場所,水気のある場所
金属管	◎	◎	◎	◎	◎	◎
ケーブル	◎	◎	◎	◎	◎	◎
合成樹脂管 合成樹脂管（CD管を除く）	◎	◎	◎	◎	◎	◎
合成樹脂管 CD管	□	□	□	□	□	□
二種金属製可とう電線管	◎	◎	◎	◎	◎	◎
がいし引き	◎	◎	◎	◎		
金属線ぴ	○		○			
金属ダクト	◎		◎			
バスダクト	◎	○（屋外用）	◎			
フロアダクト					○	
セルラダクト			○		○	
ライティングダクト	○		○			
平形保護層			○			

（注）◎：使用電圧に制限なし（600 V 以下）.

　　　○：使用電圧300 V 以下に限る.

　　　□：直接コンクリートに埋め込んで施設する場合を除き,専用の不燃性又は自消性のある管などに収める.

❷ 電線の接続

● 絶縁電線相互の接続

1 電線の電気抵抗を増加させない.

2 電線の引張強さを20％以上減少させない.

3 接続部分には, 接続管その他の器具を使用するか, ろう付けをする.

4 接続部分の絶縁電線と同等以上の絶縁効力のある接続器を使用するか, 同等以上の絶縁効力のあるもので十分に被覆する.

❸ 漏電遮断器の施設

- **原　則**

金属製外箱を有する使用電圧が60Vを超える低圧の機械器具に接続する電路には，電路に地絡を生じたときに自動的に電路を遮断する装置を施設しなければならない．

- **省略できる場合**

1 機械器具に簡易接触防護措置を施す場合．
2 機械器具を変電所等に準ずる場所に施設する場合．
3 機械器具を乾燥した場所に施設する場合．
4 対地電圧が150V以下の機械器具を水気のある場所以外の場所に施設する場合．
5 電気用品安全法の適用を受ける二重絶縁構造の機械器具の場合．
6 機械器具を絶縁物で被覆してある場合．
7 機械器具に施されたC種接地工事又はD種接地工事の接地抵抗値が3Ω以下の場合．
8 絶縁変圧器（二次電圧が300V以下のものに限る）を施設し，負荷側の電路を接地しない場合．
9 機械器具内に漏電遮断器を取り付け，電源引出部が損傷を受けるおそれがないように施設する場合．

❹ 低圧屋内配線

- **金属管工事**

電　線

1 絶縁電線（屋外用ビニル絶縁電線を除く）であること．
2 より線又は直径3.2mm以下の単線であること．
3 金属管内では，電線に接続点を設けないこと．

接地工事

1 使用電圧が300V以下の場合：D種接地工事

（省略できる場合）

- 管の長さが4m以下のものを乾燥した場所に施設する場合．
- 対地電圧が150V以下の場合において，管の長さが8m以下のものに簡易接触防護措置を施すとき又は乾燥した場所に施設するとき．

2 使用電圧が300Vを超える場合：C種接地工事（接触防護措置を施す場合は，D種接地工事にできる）

- **金属線ぴ工事**

電　線

1 絶縁電線（屋外用ビニル絶縁電線を除く）であること．
2 線ぴ内で，電線に接続点を設けないこと（2種金属製線ぴで，D種接地工事を施し，電線を分岐して接続点を容易に点検できるように施設する場合を除く）．

線ぴ相互及び線ぴとボックスの接続

　堅ろうに，かつ，電気的に完全に接続すること．

接地工事

　D種接地工事を施すこと．

　（省略できる場合）

- 線ぴの長さが4m以下の場合．
- 対地電圧が150V以下の場合において，線ぴの長さが8m以下のものに簡易接触防護措置を施すとき又は乾燥した場所に施設するとき．

● ケーブル工事

ケーブルの支持

　造営材の下面又は側面に取り付ける場合は，2m以下とすること（接触防護措置を施した場所において垂直に取り付ける場合は，6m以下）．

ケーブルの防護

　重量物の圧力又は著しい機械的衝撃を受けるおそれがある場所に施設する場合は，ケーブルを金属管などに収めて防護すること．

接地工事

　管その他の電線を収める防護装置の金属製部分には，金属管の接地工事と同様に接地工事を施すこと．

● ライティングダクト工事

施設方法

1 支持点間の距離は，2m以下とすること．
2 開口部の向きは下向きが原則．
3 終端部は閉そくすること．
4 造営材を貫通して施設してはならない．
5 漏電遮断器を施設すること．
　簡易接触防護措置を施す場合は省略できる．

● 金属ダクト工事

配　線

1 絶縁電線（屋外用ビニル絶縁電線を除く）であること．
2 ダクト内では，電線に接続点を設けないこと（電線を分岐する場合において，接続点が容易に点検できるときを除く）．
3 ダクトに収める電線の被覆を含む断面積は，ダクトの内部断面積の20%以下であること（制御回路等の配線のみを収める場合は，50%以下）．

支持点間の距離

　3m以下であること（取扱者以外の者が出入りできないように措置した場所において，垂直に取り付ける場合は，6m以下）．

接地工事

1 使用電圧が300V以下の場合　　：D種接地工事
2 使用電圧が300Vを超える場合：C種接地工事（接触防護措置を施す場合は，D種接地工事にできる）

● **バスダクト工事**

支持点間の距離

　　3 m以下であること（取扱者以外の者が出入りできないように措置した場所において，垂直に取り付ける場合は，6 m以下）．

ダクトの構造

　　湿気の多い場所又は水気のある場所に施設する場合は，屋外用バスダクトを使用し，バスダクト内部に水が浸入してたまらないようにすること．

接地工事

　1 使用電圧が300V以下の場合　　：D種接地工事
　2 使用電圧が300Vを超える場合：C種接地工事（接触防護措置を施す場合は，D種接地工事にできる）

❺ 特殊場所の工事

特殊場所	工事の種類
爆燃性粉じんの存在する場所	金属管工事（薄鋼電線管以上の強度を有するもの）ケーブル工事（条件付の外装を有するケーブル又はMIケーブルを使用する場合を除き，管その他の防護装置に収める）
可燃性ガス等の存在する場所	
可燃性粉じんの存在する場所	金属管工事（薄鋼電線管以上の強度を有するもの）ケーブル工事（条件付の外装を有するケーブル又はMIケーブルを使用する場合を除き，管その他の防護装置に収める）
石油類等の危険物の存在する場所	合成樹脂管工事（厚さ2mm未満の合成樹脂製電線管，CD管を除く）

❻ 高圧屋内配線

● **工事の種類**

　　がいし引き工事（乾燥した場所であって展開した場所に限る）
　　ケーブル工事

● **ケーブル工事**

支持点間

　　2 m以下（接触防護措置を施した場所に，垂直に取り付ける場合は6 m以下）

防護装置等の金属体の接地

　　A種接地工事（接触防護措置を施す場合は，D種接地工事にできる）

他の配線等との離隔距離

　　15cm以上

❼ 高圧屋側配線

● **工事の種類**

　　ケーブル工事

　　　接触防護措置を施すこと．

- **支持点間の距離**
  造営材の側面，下面　　　　　　　：2m以下
  垂直（接触防護措置を施した場所）：6m以下
- **防護装置等の金属体の接地**
  A種接地工事（接触防護措置を施す場合は，D種接地工事にできる）
- **他の配線等との離隔距離**
  15cm以上

❽ 地中電線路

- **直接埋設式**

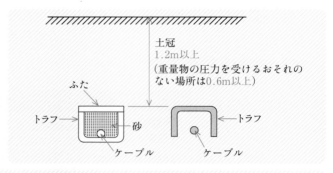

- **需要場所に施設
  する管路式**

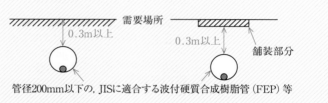

- **高圧地中電線路の表示**
  需要場所に施設する15m以下のものを除いて，おおむね2m間隔で，物件の名称，管理者名，電圧を表示する（需要場所の場合は，電圧のみでよい）.

- **地中電線の被覆金属体等の接地**
  D種接地工事

❾ 高圧機器の施設

- **高圧受電設備の施設**
  1 さく，へい，壁を設ける.
  2 出入口に立入禁止の旨を表示する.
  3 出入口に施錠装置を施設する.

⑩ 高圧架空引込線

● 高圧架空引込線の高さ

施設場所	高さ
道路横断	路面上　6 m以上
道路横断，鉄道・軌道，横断歩道橋の上以外の地上	ケーブル…………地表上3.5m以上 高圧絶縁電線……地表上5 m以上（電線の下方に危険である旨を表示する場合は，3.5m以上）

● 高圧架空引込線と弱電流電線等との離隔距離

高圧架空電線 他の工作物等	高圧絶縁電線	高圧ケーブル
アンテナ，架空弱電流電線	0.8m以上	0.4m以上
植物	接触しないようにする	

● ケーブルのちょう架

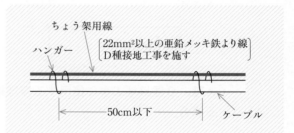

⑪ 接地工事

● 接地工事の種類

接地工事の種類	接地抵抗値		接地線の太さ
A種接地工事	10Ω以下		2.6mm以上の軟銅線
B種接地工事	150/I〔Ω〕以下 （混触時に，1秒を超え2秒以内に遮断する装置を設けるときは300/I〔Ω〕以下，1秒以内に遮断する装置を設けるときは600/I〔Ω〕以下） I：高圧側電路の1線地絡電流〔A〕		2.6mm以上の軟銅線（高圧電路と低圧電路を変圧器により結合する場合）
C種接地工事	10Ω以下	低圧電路において，地絡を生じた場合に0.5秒以内に自動的に電路を遮断する装置を施設するときは，500Ω以下	1.6mm以上の軟銅線
D種接地工事	100Ω以下		

＊接地線は，故障の際に流れる電流を安全に通じることができるものであること．

● 機械器具の鉄台及び外箱の接地

機械器具の使用電圧の区分	接地工事
300 V 以下の低圧	D種接地工事
300 V を超える低圧	C種接地工事
高圧用又は特別高圧	A種接地工事

● 変圧器の低圧側の接地等

接地対象物	接地工事の種類
高圧変圧器の低圧側	B種接地工事
高圧用の計器用変圧器及び変流器の二次側	D種接地工事
高圧架空ケーブルのちょう架用線	D種接地工事
高圧ケーブルの遮へい銅テープ	A種接地工事（接触防護措置を施す場合は，D種接地工事にできる）

● 零相変流器とケーブルの遮へい層の接地線

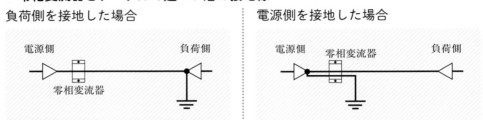

負荷側を接地した場合　　　　　　　　電源側を接地した場合

● A種，B種接地工事に使用する接地線を人が触れるおそれがある場所に施設する場合

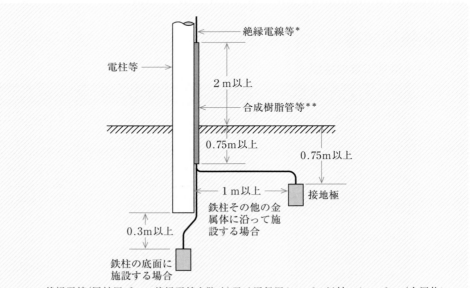

＊ ：絶縁電線（屋外用ビニル絶縁電線を除く）又は通信用ケーブル以外のケーブル（金属体に沿って施設する場合以外は，地表上60cmを超える部分は，この限りでない）.
＊＊：厚さ２mm未満の合成樹脂製電線管及びCD管を除く.

6　自家用電気工作物の検査方法

❶ 電気計器の種類

- **電気計器の種類**

種　類	記　号	使用回路	種　類	記　号	使用回路
永久磁石 可動コイル形		直流	空心 電流力計形		交流 直流
可動鉄片形	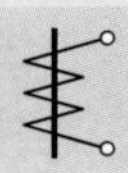	交流	誘導形	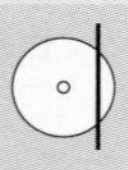	交流
整流形	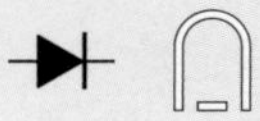	交流	熱電対形	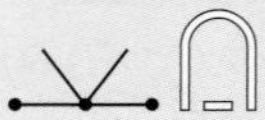	交流 直流

- **姿勢記号**

置き方	記　号
垂直	
水平	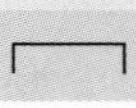

❷ 倍率器と分流器

- **倍率器**

  倍率器は，電圧計と直列に接続して電圧計の測定範囲を拡大する．

  $$I = \frac{v}{R_v} = \frac{V-v}{R_m}$$

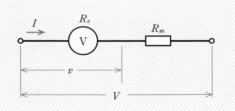

- **分流器**

  分流器は，電流計と並列に接続して電流計の測定範囲を拡大する．

  $$V = (I - I_a)\,R_s = I_a R_a$$

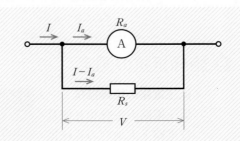

❸ 電力の測定

● 単相電力計の結線

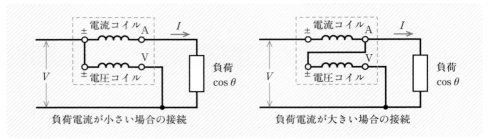

負荷電流が小さい場合の接続　　　　　負荷電流が大きい場合の接続

● 電力量計による負荷電力の測定

$$P = \frac{3\,600N}{KT} \ \text{(W)}$$

K：計器定数〔rev/kW・h〕
N：円板の回転数〔回〕
T：N回転するのに要する時間〔s〕

❹ 接地抵抗の測定

● 測定方法

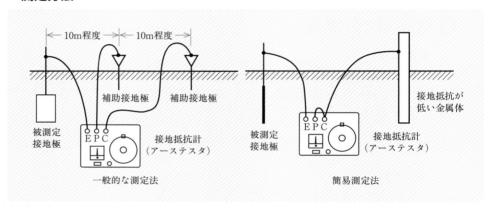

一般的な測定法　　　　　　　　　簡易測定法

❺ 絶縁抵抗の測定

● 低圧電路の絶縁抵抗

低圧電路の電線相互間及び電路と大地間の絶縁抵抗は，開閉器又は過電流遮断器で区切ることのできる電路ごとに絶縁抵抗値が定められている．

電路の使用電圧の区分		絶縁抵抗値
300 V 以下	対地電圧が150 V 以下	0.1 M Ω 以上
	その他の場合	0.2 M Ω 以上
300 V を超えるもの		0.4 M Ω 以上

（絶縁抵抗測定が困難な場合は，漏えい電流が1 mA 以下とする）

- **保護端子（ガード端子）**
  絶縁物の表面漏れ電流による
  誤差を防ぐ.

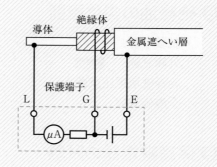

❻ 絶縁耐力試験

- **試験電圧**

交　流

$$試験電圧 = 最大使用電圧 \times 1.5 = 6\,900 \times 1.5 = 10\,350 \ [V]$$

$$最大使用電圧 = 公称電圧 \times \frac{1.15}{1.1} = 6\,600 \times \frac{1.15}{1.1} = 6\,900 \ [V]$$

直　流（ケーブルの場合）

$$試験電圧 = 交流試験電圧 \times 2 = 10\,350 \times 2 = 20\,700 \ [V]$$

- **試験時間**
  連続して10分間

- **試験回路**

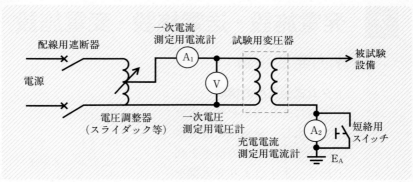

❼ 高圧ケーブルの劣化診断

- **直流漏れ電流測定法**
  ケーブル絶縁体に直流の高
  電圧を印加し，検出される
  漏れ電流の値及び電流の時
  間的変化を測定して絶縁体
  の劣化状況を調べる劣化診
  断法である.

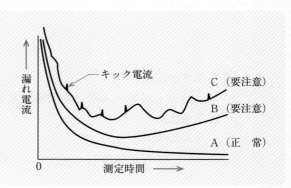

❽ 絶縁油の劣化診断

- **試験項目**

外観試験	水分試験
絶縁破壊電圧試験	油中ガス分析
全酸価試験	

❾ 保護継電器の試験

- **過電流継電器**

動作電流特性試験（限時要素）

1 動作時間目盛を1にして電流を徐々に増加させ，過電流継電器の主接点が閉じ，遮断器が動作したときの電流を測定する．

2 判断基準

整定値±10%以内を良とする．

動作時間特性試験（限時要素）

動作時間目盛10と整定目盛について，整定値の300%（700%）の試験電流を急激に加えたときの動作時間を測定する．

7　発電施設・送電施設・変電施設

❶ 水力発電設備

- **ダム式発電所の構成**

ダムにより河川をせき止めて貯水し，発電時には取水口から水車までの落差を利用し，水圧により発電機を回転させる．

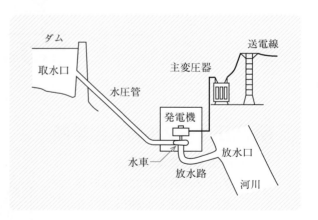

発電用水の経路

取水口→水圧管→水車→放水路→放水口

- **発電機出力**

$$P = 9.8QH\eta_w\eta_g \ \text{〔kW〕}$$
$$= 9.8QH\eta \ \text{〔kW〕}$$

流量　Q〔m³/s〕　　有効落差　H〔m〕

総合効率　$\eta = \eta_w\eta_g$

η_w：水車効率　　　η_g：発電機効率

● 水車の選定

水車の種類	落　差
ペルトン水車	高落差
フランシス水車	中落差
プロペラ水車	低落差

❷ ディーゼル発電

● **熱損失**

排気ガス損失	30〜35〔%〕
冷却水損失	20〜25〔%〕
機械的損失	7〜9〔%〕

● **ディーゼル機関の動作工程**
吸気→圧縮→爆発→排気

● **コージェネレーションシステム**
ディーゼルエンジン等によって
発電し，エンジン等から発生す
る排熱を回収して，給湯や冷暖
房に利用することによって熱効
率を向上させるシステム．

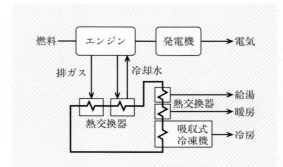

❸ 汽力発電

● **ランキンサイクル**
汽力発電所の基本サイクル
で，水蒸気を作動流体とする
蒸気サイクルである．水及び
蒸気の流れは，次のとおり．
　ボイラ→過熱器→タービン
　→復水器

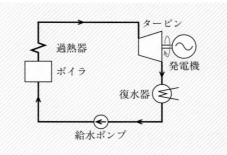

● **再熱サイクル**
高圧タービンの排気を再熱器
で再び加熱し，高温の蒸気と
して低圧タービンに用いるこ
とで，効率を高める．

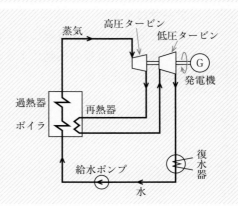

❹ その他の発電設備

- **風力発電**

  風の運動エネルギーを電気エネルギーに変換する方式である．プロペラ形風車は一般的に水平軸形風車で，風速によって翼の角度を変えて出力を調整することができる．

- **太陽光発電**

  半導体のpn接合面に光を当てて，太陽光エネルギーを電気エネルギーに変換する方式である．発電効率は，$150 \sim 200\mathrm{W/m^2}$ 程度．

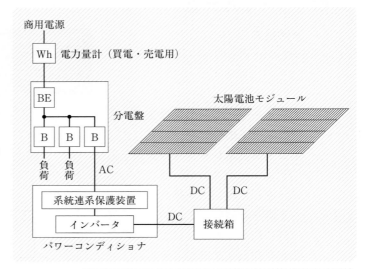

- **燃料電池発電**

  天然ガス等から取り出した水素と空気中の酸素を化学反応させて電気を取り出す方式である．

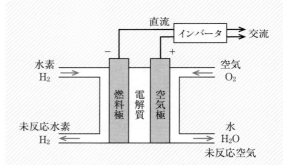

❺ 送電線路

- **アーマロッド**

  電線と同種の金属を電線に巻き付けて補強し，電線の振動による素線切れを防止する．

- **ダンパ**
  電線におもりとして取り付け，微風による電線の振動を吸収し，電線の損傷を防止する．

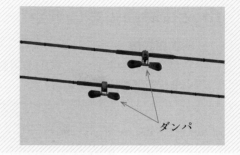

ダンパ

- **多導体方式**
  単導体方式に比べて，電線表面の電位傾度が低下してコロナ放電が発生しにくく，インダクタンスが減少し，静電容量が増加する．

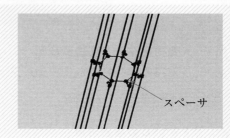

スペーサ

❻ 送電線路に現れる現象

- **表皮効果**
  交流の場合，電線に流れる電流密度が中心より外側のほうが大きくなる．
- **ケーブルの損失**

抵抗損
  電線の抵抗に電流が流れることによって発生する損失．

誘電体損
  ケーブルの絶縁体（誘電体）に，交流を加えることによって発生する損失．

シース損
  ケーブルの金属シースに誘導される電流によって発生する損失．

- **フェランチ現象**
  長距離送電で電線間の静電容量が大きくなり，無負荷や軽負荷時に受電端の電圧が送電端の電圧より高くなる現象．

❼ 送電線路の中性線の接地

- **中性線の接地方式**

接地方式	特　徴
直接接地	中性線を導線で直接接地する方式で，地絡電流が大きい．
抵抗接地	中性線に抵抗を接続して接地する方式で，地絡電流を抑制できる．
消弧リアクトル接地	中性線を送電線路の対地静電容量と並列共振するようなリアクトルを接続して接地する方式．地絡電流が極めて小さく，異常電圧の発生を防止できる．

❽ 送電線路の電圧調整

● 調相設備

無効電力を調節して電圧を調整するもので，分路リアクトル，電力用コンデンサ，同期調相機がある．

分路リアクトル	遅れ無効電力を供給して，電圧を下げる．
電力用コンデンサ	進み無効電力を供給して，電圧を上げる．
同期調相機	遅れ無効電力及び進み無効電力を供給して，電圧を下げたり上げたりする．

● 負荷時タップ切換変圧器

送電した状態で，変圧器のタップを切り換えて，送電電圧を調整する．

❾ 送電線路の保護

● がいしの塩害対策

1 がいし数を直列に増加する．
2 表面漏れ距離の長いがいしにする．
3 がいしを洗浄する．
4 表面にシリコンコンパウンドを塗布する．

● 雷害対策

架空地線
　接地した電線を鉄塔の頂部に設け，直撃雷を架空地線で受け止めて大地に流す．

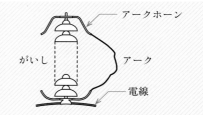

アークホーン
　がいし装置の両端にアークホーンを設けて，異常電圧が侵入してきたら，がいしから離れたアークホーンで放電させ，熱でがいしが破損するのを防止する．

避雷器
　異常電圧を大地に放電させ，変電設備を保護する．

8 保安に関する法令

❶ 電気事業法 他

- **一般用電気工作物**

  次に掲げる電気工作物で，低圧受電電線路以外の電線路により構内以外の電気工作物と接続されていないもの．ただし，小規模発電設備以外の発電設備を同一構内に設置するもの，爆発性若しくは引火性のものが存在する場所に設置するものを除く．

  小規模発電設備（600V以下）

太陽電池発電設備	出力50kW未満
水力発電設備 風力発電設備	出力20kW未満
内燃力発電設備 燃料電池発電設備 スターリングエンジン発電設備	出力10kW未満
上記合計出力	出力50kW未満

  1 低圧で受電して，電気を使用するための電気工作物

  2 小規模発電設備であって，次に該当するもの

太陽電池発電設備	出力10kW未満
水力発電設備	出力20kW未満
内燃力発電設備 燃料電池発電設備 スターリングエンジン発電設備	出力10kW未満

- **小規模事業用電気工作物**

  次の小規模発電設備であって，低圧受電電線路以外の電線路により構内以外の電気工作物と接続されていないもの．ただし，小規模発電設備以外の発電設備を同一構内に設置するもの等を除く．

太陽電池発電設備	出力10kW以上50kW未満
風力発電設備	出力20kW未満

- **自家用電気工作物（小規模事業用電気工作物を除く）**

  1 600Vを超える電圧で受電するもの

  2 小規模発電設備以外の発電設備を同一構内に設置するもの

  3 低圧受電電線路以外の電線路により構内以外の電気工作物と接続されているもの

  4 火薬製造所，石炭坑

- **自家用電気工作物（小規模事業用電気工作物を除く）設置者の義務**

  1 技術基準に適合するように維持する．

  2 保安規程を作成し，使用開始前に届出をする．

  3 電気主任技術者を選任し，届出をする．

- 電圧の種別（電気設備技術基準）

種 別	交 流	直 流
低 圧	600 V 以下	750 V 以下
高 圧	600 V を超え 7 000 V 以下	750 V を超え 7 000 V 以下
特別高圧	7 000 V を超えるもの	

❷ 電気工事士法

- 電気工事士等の作業範囲

電気工作物 / 資 格	自家用電気工作物 (最大電力 500kW 未満の需要設備)			一般用 電気工作物等
		簡易 電気工事	特殊 電気工事	
第一種電気工事士	○	○		○
認定電気工事従事者		○		
特種電気工事資格者			○	
第二種電気工事士				○

　一般用電気工作物等：一般用電気工作物及び小規模事業用電気工作物
　簡易電気工事：最大電力500kW未満の需要設備の600 V以下の電気工事（電線路を除く）.
　特殊電気工事：最大電力500kW未満の需要設備のネオン工事，非常用予備発電装置工事.

- 電気工事士の義務
  1 電気設備技術基準に適合する電気工事をすること.
  2 電気工事の作業に従事するときは,電気工事士免状又は認定証を携帯すること.
  3 第一種電気工事士は，免状の交付を受けた日から5年以内に自家用電気工作物の保安に関する講習を受けること. 講習を受けた日以降についても同じである.

- 電気工事士でなくてもできる軽微な工事
  1 電圧600V以下で使用する差込み接続器，ねじ込み接続器，ソケット，ローゼットその他の接続器又は電圧600V以下で使用するナイフスイッチ，カットアウトスイッチ，スナップスイッチその他の開閉器にコード又はキャブタイヤケーブルを接続する工事
  2 電圧600V以下で使用する電気機器（配線器具を除く），蓄電池の端子に電線をねじ止めする工事
  3 電圧600V以下で使用する電力量計，電流制限器又はヒューズを取り付け，取り外す工事
  4 電鈴，インターホン，火災感知器，豆電球などの施設に使用する小型変圧器(二次電圧が36V以下のもの)の二次側の配線工事
  5 電線を支持する柱，腕木などの工作物を設置し，又は変更する工事
  6 地中電線用の暗渠又は管を設置し，又は変更する工事

- 自家用電気工作物の電気工事で，第一種電気工事士でなければできない作業
  1 電線相互を接続する作業

2 がいしに電線を取り付け，又はこれを取り外す作業

3 電線を直接造営材その他の物件（がいしを除く）に取り付け，又はこれを取り外す作業

4 電線管，線ぴ，ダクトその他これらに類する物に電線を収める作業

5 配線器具を造営材その他の物件に取り付け，若しくはこれを取り外し，又はこれに電線を接続する作業（露出型点滅器又は露出型コンセントを取り換える作業を除く）

6 電線管を曲げ，若しくはねじ切りし，又は電線管相互若しくは電線管とボックスその他の附属品とを接続する作業

7 金属製のボックスを造営材その他の物件に取り付け，又はこれを取り外す作業

8 電線，電線管，線ぴ，ダクトその他これらに類する物が造営材を貫通する部分に金属製の防護装置を取り付け，又はこれを取り外す作業

9 金属製の電線管，線ぴ，ダクトその他これらに類する物又はこれらの附属品を，建造物のメタルラス張り，ワイヤラス張り又は金属板張りの部分に取り付け，又はこれらを取り外す作業

10 配電盤を造営材に取り付け，又はこれを取り外す作業

11 接地線を自家用電気工作物（自家用電気工作物のうち最大電力500kW未満の需要設備において設置される機器であって電圧600V以下で使用するものを除く）に取り付け，若しくはこれを取り外し，接地線相互の接続，接地線と接地極とを接続し，接地極を地面に埋設する作業

12 電圧600Vを超えて使用する電気機器に電線を接続する作業

❸ 電気工事業法

● 電気工事業者の登録

登録機関

　1 二以上の都道府県で営業：経済産業大臣

　2 一の都道府県で営業：都道府県知事

登録の有効期間

　5年

● 主任電気工事士の設置

設置する場所

　登録電気工事業者で，一般用電気工作物等の電気工事を行う営業所ごと

主任電気工事士になれる者

　1 第一種電気工事士

　2 第二種電気工事士で実務経験3年以上の者

● 備付け器具

自家用電気工作物の電気工事を行う営業所

　1 絶縁抵抗計　　　　　**4** 継電器試験装置

　2 接地抵抗計　　　　　**5** 絶縁耐力試験装置

　3 回路計　　　　　　　**6** 低圧・高圧検電器

- **標識の掲示**

掲示する場所 ➡ 営業所及び電気工事の施工場所ごと

- **帳簿の備付け**

備え付ける場所 ➡ 営業所ごと

保　存 ➡ 記載の日から5年間

❹ 電気用品安全法

- **特定電気用品の主なもの**

電　線（100V以上600V以下）

1 絶縁電線（100mm²以下）

2 ケーブル（22mm²以下，7心以下）

3 キャブタイヤケーブル（100mm²以下，7心以下）

ヒューズ（100V以上300V以下）

温度ヒューズ，その他のヒューズ（1A以上200A以下）

配線器具（100V以上300V以下）

1 点滅器（30A以下）

タンブラスイッチ，タイムスイッチ

2 開閉器（100A以下）

配線用遮断器，漏電遮断器

3 接続器（50A以下，5極以下）

差込み接続器，ジョイントボックス

電熱器具（100V以上300V以下，10kW以下）

電気便座，電気温水器

携帯発電機（30V以上300V以下）

- **特定電気用品以外の電気用品の主なもの**

ケーブル（100V以上600V以下，22mm²を超え100mm²以下，7心以下）

電線管及びその附属品

ケーブル配線用スイッチボックス

かご形三相誘導電動機（150V以上300V以下，3kW以下）

単相電動機（100V以上300V以下）

白熱電球，蛍光ランプ（40W以下），LEDランプ（1W以上，1口の口金）

- **電気用品の表示**

特定電気用品　　　　　　　　　　　特定電気用品以外の電気用品

⟨PSE⟩又は＜ＰＳ＞Ｅ　　　　　　　　⑫又は（ＰＳ）Ｅ

- **販売の制限**

電気用品の製造，輸入又は販売の事業を行う者は，所定の表示が付されているものでなければ，電気用品を販売し，又は販売の目的で陳列してはならない。

- **使用の制限**

電気工事士等は，所定の表示が付されているものでなければ，電気用品を電気工作物の設置又は変更の工事に使用してはならない。

2

配線図

1 高圧受電設備

❶ 単線結線図

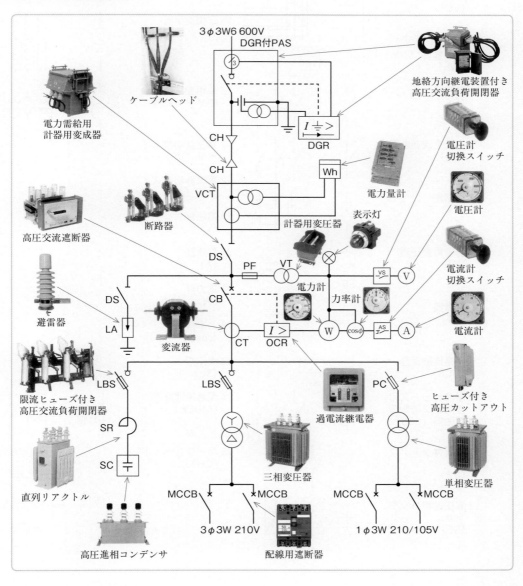

3φ3W6 600V
DGR付PAS

ケーブルヘッド

電力需給用
計器用変成器

地絡方向継電装置付き
高圧交流負荷開閉器

DGR

電圧計
切換スイッチ

CH

CH

Wh

VCT

電力量計

表示灯

電圧計

計器用変圧器

高圧交流遮断器

断路器

DS

PF

VT

電力計

VS

V

電流計
切換スイッチ

避雷器

DS

CB

力率計

cosφ

AS

A

電流計

LA

変流器

CT

OCR

I >

W

LBS

LBS

PC

ヒューズ付き
高圧カットアウト

限流ヒューズ付き
高圧交流負荷開閉器

過電流継電器

SR

三相変圧器

単相変圧器

SC

直列リアクトル

MCCB

MCCB

MCCB

MCCB

3φ3W 210V

1φ3W 210/105V

高圧進相コンデンサ

配線用遮断器

❷ 図記号

名　称 （文字記号）	図記号 単線図	複線図	名　称 （文字記号）	図記号 単線図	複線図
1 地絡方向継電装置付き高圧交流負荷開閉器（DGR付PAS）			13 直列リアクトル（SR）		
2 電力需給用計器用変成器（VCT）			14 中間点引出単相変圧器（T）		
3 電力量計（Wh）	Wh		15 三相変圧器（T）		
4 断路器（DS）			16 単相変圧器2台のV−V結線		
5 高圧交流遮断器（CB）			17 電圧計切換スイッチ（VS）		VS
6 避雷器（LA）			18 電流計切換スイッチ（AS）		AS
7 計器用変圧器（VT）			19 電圧計（V）		V
8 変流器（CT）			20 電流計（A）		A
9 過電流継電器（OCR）	I >		21 電力計（W）		W
10 限流ヒューズ付き高圧交流負荷開閉器（LBS）			22 力率計（cosφ）		cosφ
11 高圧カットアウト（PC）			23 表示灯（SL）		⊗
12 高圧進相コンデンサ（SC）			24 配線用遮断器（MCCB）		
			25 ケーブルヘッド（CH）		3心ケーブル1本 単心ケーブル3本

2 電動機制御回路

❶ 制御回路図

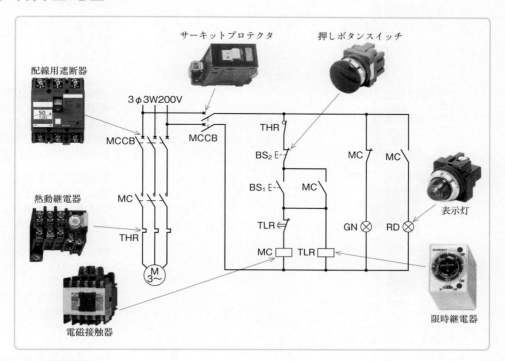

❷ 基本回路

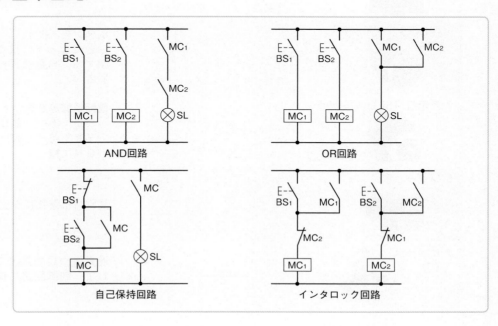

❸ 図記号

名称・外観	図　記　号	用途・機能
1 配線用遮断器 （MCCB） 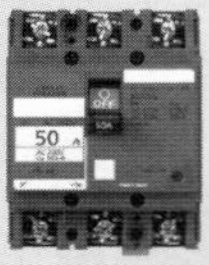	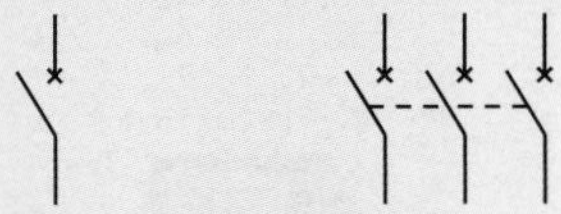 単線図　　　　　複線図	低圧電路の過電流，短絡電流を遮断して電路，機器を保護する．
2 電磁接触器（MC） 	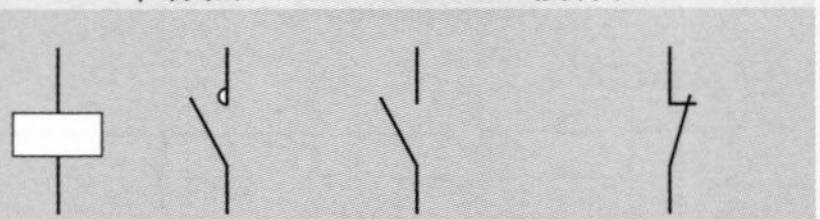 コイル　主接点　補助接点　補助接点 　　　　　　　（メーク接点）（ブレーク接点）	コイルに電圧を印加して，電磁力によって接点の開閉をする．主接点は負荷電流を開閉し，補助接点は制御回路に用いる．
3 熱動継電器（THR） 	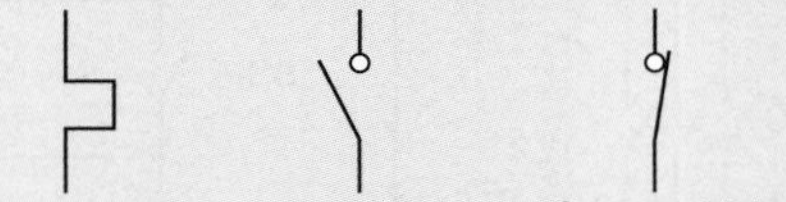 ヒータ　メーク接点　ブレーク接点	電動機に過負荷電流が継続して流れると接点を開閉する．復帰ボタンを押すと接点は元にもどる．
4 限時継電器（TLR） 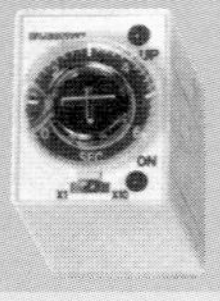	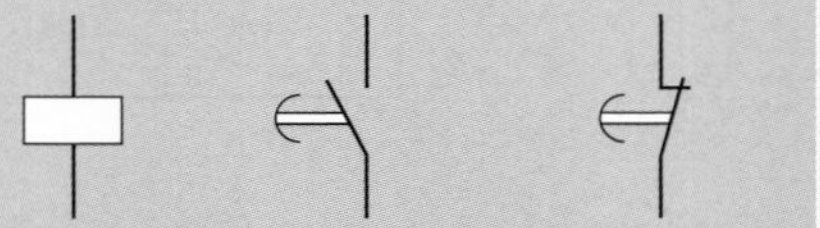 電源部　メーク接点　ブレーク接点	電源部に電圧を加えると，設定時間後に接点が開閉する．電源がなくなると瞬時に復帰する．限時動作瞬時復帰接点という．
5 リミットスイッチ （LS） 	メーク接点　　ブレーク接点	物体の移動をレバーで検知して接点を開閉する．
6 押しボタンスイッチ （BS） 	メーク接点　　ブレーク接点	ボタンを「押す」「離す」ことによって，接点が開閉する．自動復帰接点である．
7 表示灯（SL） 	⊗	運転状態等を表示する． 　RD：赤　　BU：青 　YE：黄　　WH：白 　GN：緑
8 ブザー（BZ） 	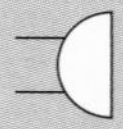	異常時に警報音を出す．
9 ヒューズ （F） 	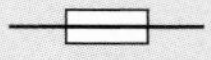	過電流や短絡電流で溶断して，制御回路を保護する．

3 鑑別・選別写真

1 高圧受電設備の機器・材料等

❶ 地絡継電装置付き高圧交流負荷開閉器

地絡事故を検出して，負荷開閉器を開放する．区分開閉器としても施設する．

❷ 電力需給用計器用変成器

高圧電路の電圧と電流を変成し，電力量計に接続して使用電力量を計量する．

❸ 電力量計

電力需給用計器用変成器と接続して，使用電力量を計量する．

❹ 断路器

電路や機器などの点検，修理をするときに，高圧電路を無負荷の状態にして開閉する．

❺ 避雷器

架空電線路に落雷したときに，異常電圧を大地に放電して，高圧機器の絶縁破壊を防ぐ．

❻ 高圧交流遮断器

変流器，過電流継電器と組み合わせて，過電流，短絡電流を遮断する．

❼ 真空バルブ

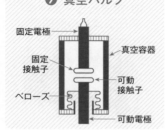

固定電極
真空容器
固定接触子
可動接触子
ベローズ
可動電極

真空遮断器の真空バルブで，真空中で接点の開閉を行う．

❽ 計器用変圧器

高電圧を低電圧に変圧し，電圧計等を動作させる．定格二次電圧は110Vである．

❾ 変流器

高圧電路の大電流を小電流に変流し，電流計等を動作させる．二次側は開放してはならない．

❿ 過電流継電器

変流器からの電流が整定値以上になると，高圧交流遮断器を動作させて電路を遮断する．

⓫ 過電流継電器の電流タップ

過電流継電器の限時動作電流を整定する．

⓬ 零相変流器

高圧電路の零相電流（地絡電流）を検出する．地絡継電器と組み合わせて使用する．

⓭ 地絡継電器

零相変流器からの地絡電流が整定値以上になると，遮断器等を動作させて電路を遮断する．

⓮ 零相基準入力装置

地絡事故が発生したときに，零相電圧を検出する．

⓯ 地絡方向継電器

零相基準入力装置と組み合わせて，需要家以外の地絡事故時の不必要動作を防止する．

⓰ 不足電圧継電器

整定値以下の電圧になると動作する．

⓱ 高圧カットアウト

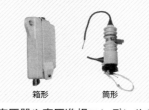

変圧器や高圧進相コンデンサの電源側に設け，開閉器として用いる．

⓲ 高圧カットアウト用ヒューズ

高圧カットアウトのヒューズ筒に収められている．

⓳ 限流ヒューズ付き高圧交流負荷開閉器

高圧交流負荷開閉器により負荷電流を開閉でき，限流ヒューズにより短絡電流を遮断する．

⓴ 消弧室

高圧交流負荷開閉器の消弧室で，開閉時に発生するアークを消弧する．

㉑ 高圧限流ヒューズ

高圧交流負荷開閉器に取り付けて，短絡電流を遮断する．

㉒ 高圧限流ヒューズの ストライカ

ヒューズが溶断すると飛び出して，高圧交流負荷開閉器を開放する．

㉓ 高圧進相コンデンサ

高圧受電設備の高圧側の遅れ無効電力を補償して，力率を改善する．

㉔ 直列リアクトル

高圧進相コンデンサと直列に接続して，高調波電流と突入電流を抑制する．

㉕ 中間点引出単相変圧器

単相3線式用として使用される変圧器である．

㉖ 三相変圧器

三相3線式用として使用される変圧器である．

㉗ 油入変圧器のタップ台

高圧側巻線のタップを切り換えることにより，低圧側の電圧を調整する．

㉘ モールド変圧器

低圧側端子　高圧側端子

タップ台

変圧器の巻線をエポキシ樹脂で含浸モールドさせたもの．

㉙ 電圧計切換スイッチ

電圧計の接続を切り換えて，1台の電圧計でR，S，T相3線間の電圧を測定する．

㉚ 電流計切換スイッチ

電流計の接続を切り換えて，1台の電流計でR，S，T相3線の電流を測定する．

㉛ 電圧計

計器用変圧器を経由して，高圧電路の電圧を測定する．

㉜ 電流計

変流器を経由して，高圧電路の電流を測定する．

㉝ 電力計

計器用変圧器と変流器に接続して，電力を測定する．

㉞ 力率計

計器用変圧器と変流器に接続して，力率を測定する．

㉟ 表示灯

電源や動作状態を表示するのに用いる．

㊱ 差込形試験用プラグ

過電流継電器等の保護継電器の試験を行うための試験用の端子．

㊲ ケーブルヘッド

高圧ケーブルの端末部．

㊳ ストレスコーン

高圧ケーブルの遮へい銅テープ端末部の電位傾度を緩和する．

㊴ 遮へい銅テープ

絶縁体にかかる電界を均一にして耐電圧性能を強化するとともに，感電を防止する．

㊵ 分岐スリーブ

張力のかからない分岐部分の電線の接続に用いる．

㊶ 銅帯クランプ

母線用銅帯の締付け接続に用いる．

㊷ 可とう導体

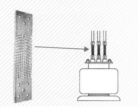

地震時等に変圧器等のブッシングに加わる応力を軽減する．

㊸ 高圧屋内エポキシ樹脂ポストがいし

キュービクル式高圧受電設備の高圧電線の支持に用いる．

㊹ 高圧屋内支持がいし

開放形高圧受電設備のフレームパイプに取り付けて高圧電線を支持する．

㊺ KIP電線

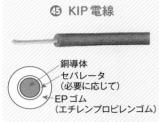

銅導体
セパレータ
（必要に応じて）
EPゴム
（エチレンプロピレンゴム）

高圧機器内配線用の電線である.

㊻ OC電線

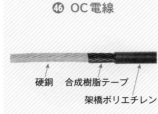

硬銅　合成樹脂テープ
架橋ポリエチレン

高圧架空電線路に用いる絶縁電線で, 絶縁体は架橋ポリエチレンである.

㊼ 高圧引込がい管

引込みの際に, 高圧絶縁電線が壁を貫通する箇所に用いる.

㊽ 高圧中実がいし

がいし上部の溝に, 高圧絶縁電線をはめ込み, バインド線で支持する.

㊾ 高圧耐張がいし

赤色

高圧架空電線を引留めるもので, 矢印に赤色の帯の表示があり, 高圧用であることを示す.

㊿ 引留クランプ

耐張がいしと組み合わせて電線を引留めるのに用いる.

51 絶縁カバー

架空電線引留箇所の引留クランプの絶縁カバーとして用いる.

52 玉がいし

支線の途中に取り付けて, 架空電線が断線した際, 支線に接触しても感電しないようにする.

53 支線アンカー

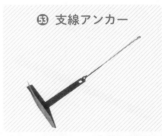

地中に埋め込み, 支線を引留めるために用いる.

54 巻線グリップ

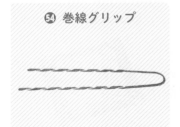

支線棒と支線, 支線と玉がいしなどの取り付けに用いる.

55 管路口防水装置

地中ケーブル保護管の管路口の防水に用いる.

56 防水鋳鉄管

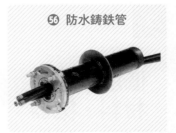

地中線用管路が, 建物の外壁を貫通する部分に用いる.

⑤ 床フランジ

開放形高圧受電設備のフレーム
パイプを，床面に取り付けるの
に用いる．

⑤ クランプ

開放形高圧受電設備のフレーム
パイプが交差，分岐する箇所の
パイプを固定するのに用いる．

⑤ Uボルト

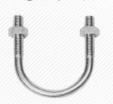

クランプ類とパイプを結合する
のに用いる．

⑥ 保護手袋

高圧作業中に感電防止のために
着用する高圧ゴム手袋の損傷防
止に用いる．

⑥ 短絡接地器具

停電作業時に誤って通電されて
も，感電しないように三相高圧
電路を短絡接地する．

⑥ 放電用接地棒

電源切断後にコンデンサ等に残
留する電荷を，接地して放電す
るのに使用する．

⑥ 高圧カットアウト用
操作棒

高圧カットアウトを開閉するの
に用いる．

⑥ 建設用防護管

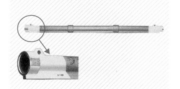

高圧配電線に装着して感電等の
災害を防止する．

⑥ 蓄電池設備

停電時に非常用照明器具などに
電力を供給する．

2 低圧工事用 材料・機器

❶ コンクリートボックス

バックプレートが取り外せる構
造になっており，電線管を接続
する作業が容易である．

❷ ぬりしろカバー

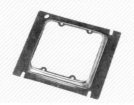

埋込用のボックス表面に取り付
けて，壁の仕上げ面の調整や取
付枠を取り付けるのに用いる．

❸ 合成樹脂製可とう電線管（PF管）

可とう性のある合成樹脂管で，コンクリートに埋設したり露出場所に使用する.

❹ 合成樹脂製可とう電線管（PF管）用ボックスコネクタ

PF管をアウトレットボックスやスイッチボックスに接続するときに用いる.

❺ 合成樹脂製可とう電線管（PF管）用カップリング

PF管相互を接続するときに用いる.

❻ 合成樹脂製可とう電線管（PF管）用エンドカバー

PF管によるコンクリート埋込配管の末端に取り付け，二重天井内の配管に接続する.

❼ 二種金属製線ぴ

4cm 以上
5cm 以下　拡大図

天井に施設して電線を通線し，照明器具やコンセントを取り付ける. 幅が4cm以上5cm以下.

❽ ライティングダクト

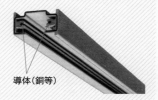

導体（銅等）

本体に導体が組み込まれ，照明器具等を任意の位置に取り付けられる.

❾ バスダクト

低圧配線で，大電流が流れる幹線に用いる.

❿ トロリーバスダクト

絶縁カバー
（硬質塩化ビニル等）

導体
（銅等）

走行クレーン等のように，移動して使用する電気機器に電気を供給する.

⓫ シーリングフィッチング

防爆工事において，可燃性ガスが金属管内部を伝わって流出したり，管内に侵入するのを防ぐ.

⓬ 二種金属製可とう電線管

可とう性のある金属製の電線管で，プリカチューブともいう.

⓭ ボードアンカー

石膏ボードの壁に機器を取り付けるのに用いる.

⓮ アンカー

コンクリート壁や天井に穴をあけて埋め込んで，ボックスや機器を固定する.

⑮ インサート

コンクリート天井等に埋め込んで吊りボルトを取り付ける.

⑯ ハーネスジョイントボックス

フリーアクセスフロア内で，電線を接続するのに使用する.

⑰ 医用コンセント

医療用電気機械器具に使用するコンセントである.

⑱ 2極接地極付15A125V引掛形コンセント

単相100V用の15Aコンセントで，接地極がついている.

⑲ 2極接地極付30A250V引掛形コンセント

単相200V用の30Aコンセントで，接地極がついている.

⑳ ハロゲンランプ

白熱電球の一種で，白熱電球より小形で寿命が長い.

㉑ ダウンライト（S形）

日本照明工業会
SB・SGI・SG形適合品

天井に埋め込んで使用する電灯で，断熱材で覆うことができるタイプである.

㉒ 防爆型照明器具

可燃性のガスが滞留するおそれのある場所に使用する.

㉓ 単相誘導電動機

矢印は，単相誘導電動機の固定子鉄心を示す.

㉔ 三相誘導電動機

矢印は，三相誘導電動機の回転子鉄心を表す.

㉕ 配線用遮断器（電動機保護兼用）

200V2.2kW相当

モータブレーカの機能を兼用した配線用遮断器で，電動機の過負荷保護ができる.

㉖ 漏電遮断器

テストボタン

電路に地絡電流が流れた場合に，回路を遮断する.テストボタンがある.

㉗ サージ防護デバイス

落雷で過電圧が侵入した場合に，雷サージを大地に放電して，機器を雷害から保護する．

㉘ タイムスイッチ

設定した時間だけ電動機を運転したり電灯を点灯する．

㉙ 点灯管（グロースタータ）

与熱始動形蛍光灯の放電を開始させる．

---

3 電動機制御回路用機器

❶ 配線用遮断器

低圧電路に過電流・短絡電流が生じたときに電路を遮断する．

❷ 漏電遮断器

低圧電路に地絡電流が生じたときに電路を遮断する．

❸ 電磁接触器

電磁コイルに電圧を加えて，接点を開閉する．負荷電流を流すことができる．

❹ 熱動継電器

電磁接触器と組み合わせて，電動機の過負荷保護に用いる．サーマルリレーともいう．

❺ 電磁開閉器

電磁接触器と熱動継電器を組み合わせたもので，電動機の開閉器として用いる．

❻ 電磁継電器

制御回路の開閉に用いる．電流容量が小さい．

❼ 限時継電器

電源部に電圧が加わってから，設定した時間後に接点が開閉する．

❽ リミットスイッチ

物体の機械的な力によって接点が開閉する．

❾ 押しボタンスイッチ

ボタンを押すことによって接点が開閉する．

❿ 押しボタンスイッチ
（運転・停止用）

電動機の運転・停止をする押しボタンスイッチで，メーク接点とブレーク接点がある．

⓫ 押しボタンスイッチ
（正転・逆転用）

電動機の正転・逆転・停止を行う押しボタンスイッチである．

⓬ 切換スイッチ

つまみを回転することによって，接点を切り換えるスイッチである．

⓭ 栓形ヒューズ

過電流や短絡電流が流れると溶断して回路を遮断する．

⓮ 表示灯

運転状態や開閉状態を表示するランプである．

⓯ ブザー

異常時に警報音を発するのに用いる．

⓰ フロートレス
スイッチの電極

給水ポンプ等の制御回路で，水位の高さを検出する電極である．

4

工　具

❶ 電工ナイフ

電線の絶縁被覆やケーブル外装をはぎ取るのに用いる．高圧ケーブルの端末処理に用いる．

❷ 金切りのこ

電線管を切断したり，太い電線を切断するのに用いる．高圧ケーブルの端末処理に用いる．

❸ ガストーチランプ

半田こてを加熱するのに用いる．高圧ケーブルの端末処理や合成樹脂管の曲げ加工に用いる．

❹ 半田こて

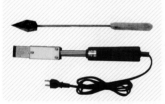

高圧ケーブルの端末処理で，接地線を遮へい銅テープに半田付けをするのに用いる．

❺ 充電式電動ドリル

先端にドリルを取り付けて鉄板等に穴をあけたり，ねじを締め付けるのに用いる．

❻ トルクドライバ

ねじを所定のトルクで締め付けるときに用いる．

❼ トルクレンチ

ボルトやナットを所定のトルクで締め付けるのに用いる．

❽ パイプベンダ

金属管を曲げるのに用いる．

❾ 油圧式パイプベンダ

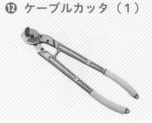

太い金属管を曲げるのに用いる．

❿ 手動油圧式圧着器

手動により，電線相互や電線と端子の圧着接続に用いる．

⓫ 充電式電動圧着器

電動により，電線相互や電線と端子の圧着接続に用いる．

⓬ ケーブルカッタ（1）

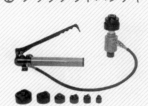

手動式のケーブルカッタで，ケーブルや太い絶縁電線を切断するのに用いる．

⓭ ケーブルカッタ（2）

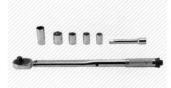

ラチェット式のケーブルカッタで，ケーブルや太い絶縁電線を切断するのに用いる．

⓮ バーベンダ

銅やアルミニウム製の母線用板状導体の曲げ加工に用いる．

⓯ ノックアウトパンチャ

金属製のボックス等に電線管接続用の穴を手動であけるのに用いる．

⑯ 充電式電動ノックアウト
パンチャ

金属製のボックス等に電線管接続用の穴を電動であけるのに用いる.

⑰ 高速切断機

金属管や鋼材を切断するのに用いる.

⑱ ディスクグラインダ

鋼材等のバリ取りや仕上げの際に用いる.

⑲ 呼び線挿入器（通線器）

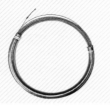

電線管に電線を通線するのに用いる.

⑳ 延線用グリップ

太い電線やケーブルを延線する際に先端に取り付け，引っ張るのに用いる.

㉑ より返し金物

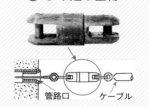

ケーブルを延線する際に，よじれを取るのに用いる.

㉒ 延線ローラ

ケーブルや太い絶縁電線の延線時に，シースや絶縁被覆に傷が付かないようにする.

㉓ ケーブルジャッキ

ドラムに巻いてあるケーブルを延線するとき，ドラムが回転するように持ち上げる.

㉔ 張線器

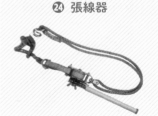

架空電線の張線に用いる.

㉕ 水準器

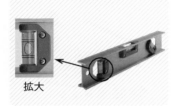

水平・垂直を出すときに用いる.

㉖ 下げ振り

垂直を出すときに用いる.

㉗ レーザー墨出し器

器具等を取り付けるための基準線を投影するために用いる.

5

検査測定用計器

❶ 交流電圧計

交流電圧を測定するのに用いる.

❷ 交流電流計

交流電流を測定するのに用いる.

❸ 回路計

回路の電圧や抵抗の測定, 導通状態を調べるのに用いる.

❹ クランプメータ

電線に流れる負荷電流や漏れ電流を測定する. 電圧, 抵抗も測定できる.

❺ 絶縁抵抗計

絶縁抵抗を測定するのに用いる.

❻ 接地抵抗計

接地抵抗を測定するのに用いる.

❼ 低圧検電器

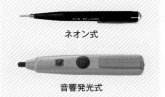

ネオン式

音響発光式

低圧電路の充電の有無を調べるのに用いる.

❽ 高圧検電器

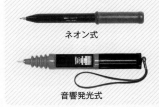

ネオン式

音響発光式

高圧電路の充電の有無を調べるのに用いる.

❾ 低圧検相器（静止形）

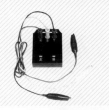

低圧三相交流の相順を調べるのに用いる. ランプの点滅で表示する.

❿ 低圧検相器（回転形）

低圧三相交流の相順を調べるのに用いる. 相順は, 円盤の回転方向で表示する.

⓫ 高圧検相器

高圧電路の相順を確認するのに用いる.

⑫ サイクルカウンタ

継電器試験の際，動作時間を測定するのに用いる．

⑬ 水抵抗器

保護継電器の試験で，電極が水と接触する面積と塩分の濃度を変えて，電流値を調整する．

⑭ 摺動抵抗器

保護継電器等の試験で，電流の調整を行う可変抵抗器として用いる．

⑮ スライダック

交流電圧の調整を行う電圧調整器として用いる．

⑯ 絶縁耐力試験装置

高圧の電路，機器の絶縁耐力試験に用いる．

⑰ 試験用変圧器

絶縁耐力試験で使われる試験用の高電圧を発生する変圧器である．

⑱ 絶縁油耐電圧試験装置

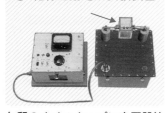

矢印のオイルカップに変圧器等の絶縁油を入れて，絶縁破壊電圧試験を行う．

⑲ 継電器試験装置（１）

過電流継電器，地絡継電器の動作特性試験等に用いる．左が操作部，右が電源部である．

⑳ 継電器試験装置（２）

地絡継電器，地絡方向継電器の動作特性試験に用いる．

㉑照度計

照度の測定に用いる．上が受光部，下が表示部である．

第 2 編

過去10年間の
学科試験の問題と
解答・解説

令和5年度〜平成26年度

令和5年度から平成26年度までの過去10年間の学科試験問題と，その解答・解説をまとめたものです．学科試験対策の総仕上げに活用ください．

第一種電気工事士資格取得フロー（令和6年度）

上期試験，下期試験の両方の受験申込みが可能です．

第一種電気工事士試験 受験希望者

受験手数料 { インターネットによる申込み　10 900円
書面による申込み　11 300円

（上期試験，下期試験それぞれに受験手数料が必要です）

新規受験希望者
（学科試験免除対象者以外の方，なお，資格制限はありません）

学科試験免除対象者
（技能試験からの申込み）
1．前回の学科試験に合格した方（注1）
2．電気主任技術者免状取得者

資格と実務経験による資格の取得希望者

上期試験受験申込み
学科試験からの受験者と技能試験からの受験者（学科試験免除者）と同一期間
2月上旬～下旬

下期試験受験申込み
学科試験からの受験者と技能試験からの受験者（学科試験免除者）と同一期間
7月下旬～8月中旬

CBT方式への変更期間
（3月上旬～下旬）

CBT方式への変更期間
（8月下旬）

CBT方式申請者

学科試験免除対象者

CBT方式申請なし

CBT方式申請者

学科試験免除対象者

学科試験
CBT方式
4月上旬～5月上旬
※令和6年度上期はCBT方式のみ実施

合　格

学科試験
筆記方式
10月上旬（日曜日）

CBT方式
9月上旬～中旬

合　格

技能試験　7月上旬（土曜日）

技能試験　11月下旬（日曜日）

不合格

技能試験に合格し，かつ電気工事に関し，3年以上の実務経験※を有する者
（合格前の実務経験も認められるものがあります）
※令和3年4月1日から適用
大学・高専において電気工事士法で定める課程を修めて卒業した方は3年以上，その他の方は5年以上の実務経験が必要でしたが，令和3年4月1日以降は一律3年以上の実務経験となりました．

電気主任技術者免状取得者 又は 高圧電気工事技術者試験合格者

① 電気主任技術者免状取得者
・主任技術者の免状を取得後電気工作物の工事，維持または運用に関する実務に5年以上従事していた方
② 高圧電気工事技術者試験合格者
・当該試験に合格後3年以上の所定の実務経験のある方
　なお，実務経験についての詳細は，都道府県庁の電気工事士担当窓口にお問い合わせください．

都道府県知事へ 第一種電気工事士免状交付申請
都道府県条例で定める手数料が必要です．

免状交付

第一種電気工事士

(注1)【学科試験免除の取り扱い】
①上期学科試験に合格した場合，学科試験免除の権利は，その年度の下期試験だけに有効となります．
②下期学科試験に合格した場合，学科試験免除の権利は，次年度の上期試験だけに有効となります．
(注)令和5年度の学科試験合格者は，移行期の特例として，学科試験免除の権利を，令和6年度の上期試験又は下期試験のいずれかに行使することができます．

令和5年度
（午前）の問題と
解答・解説

●令和５年度（午前）問題の解答●

問題１．一般問題								問題２．配線図	
問い	答え	問い	答え	問い	答え	問い	答え	問い	答え
1	イ	11	ハ	21	ハ	31	ニ	41	ニ
2	ハ	12	ハ	22	イ	32	ロ	42	ハ
3	ハ	13	ロ	23	ニ	33	イ	43	ロ
4	ロ	14	ハ	24	イ	34	ニ	44	イ
5	ロ	15	イ	25	ハ	35	ニ	45	ニ
6	ロ	16	ロ	26	ロ	36	ニ	46	イ
7	ハ	17	ロ	27	イ	37	イ	47	ハ
8	イ	18	ロ	28	ニ	38	ニ	48	ニ
9	ハ	19	ロ	29	ニ	39	ロ	49	ニ
10	イ	20	ハ	30	ロ	40	ニ	50	ニ

問題1．一般問題 (問題数 40, 配点は 1 問当たり 2 点)

次の各問いには 4 通りの答え（イ，ロ，ハ，ニ）が書いてある。それぞれの問いに対して答えを 1 つ選びなさい。

なお，選択肢が数値の場合は最も近い値を選びなさい。

	問 い	答 え
1	図のような直流回路において，電源電圧 20 V，$R=2\ \Omega$，$L=4\ \mathrm{mH}$ 及び $C=2\ \mathrm{mF}$ で，R と L に電流 10 A が流れている。L に蓄えられているエネルギー $W_L[\mathrm{J}]$ の値と，C に蓄えられているエネルギー $W_C[\mathrm{J}]$ の値の組合せとして，**正しいもの**は。 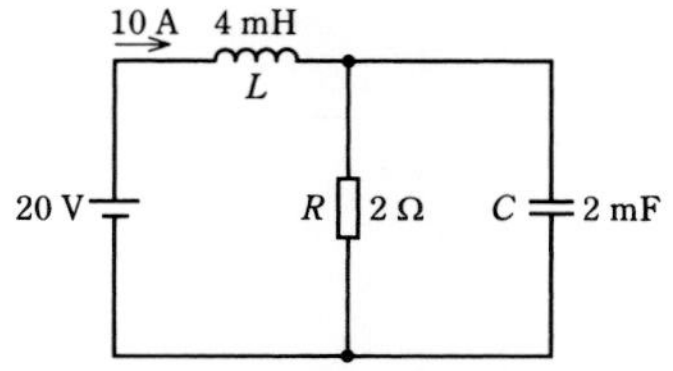 10 A　4 mH L 20 V　R 2 Ω　C 2 mF	イ．$W_L=0.2$　　ロ．$W_L=0.4$　　ハ．$W_L=0.6$　　ニ．$W_L=0.8$ 　　$W_C=0.4$　　　　$W_C=0.2$　　　　$W_C=0.8$　　　　$W_C=0.6$
2	図のような直流回路において，抵抗 3 Ω には 4 A の電流が流れている。抵抗 R における消費電力[W]は。 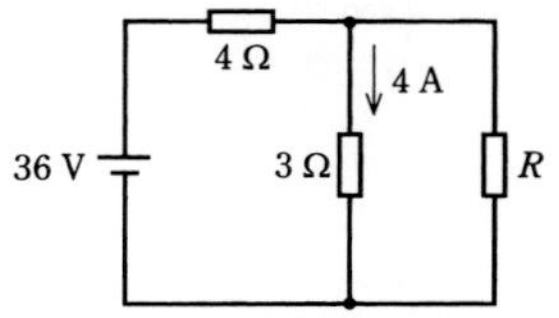 4 Ω　　↓4 A 36 V　3 Ω　R	イ．6　　　　ロ．12　　　　ハ．24　　　　ニ．36
3	図のような交流回路において，抵抗 12 Ω，リアクタンス 16 Ω，電源電圧は 96 V である。この回路の皮相電力[V・A]は。 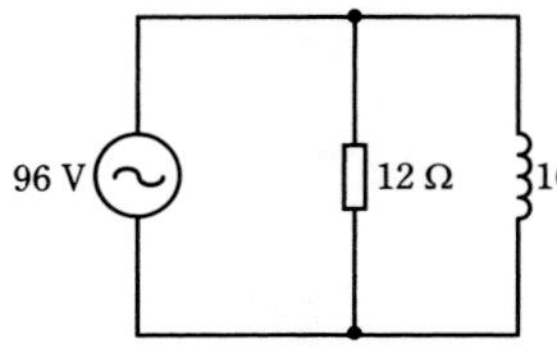 96 V　12 Ω　16 Ω	イ．576　　　　ロ．768　　　　ハ．960　　　　ニ．1 344
4	図のような交流回路において，電流 $I=10\ \mathrm{A}$，抵抗 R における消費電力は 800 W，誘導性リアクタンス $X_L=16\ \Omega$，容量性リアクタンス $X_C=10\ \Omega$ である。この回路の電源電圧 $V[\mathrm{V}]$ は。 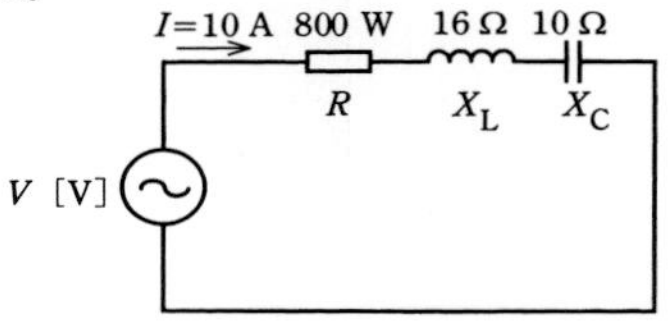 $I=10\ \mathrm{A}$　800 W　16 Ω　10 Ω 　　　R　　X_L　X_C $V[\mathrm{V}]$	イ．80　　　　ロ．100　　　　ハ．120　　　　ニ．200

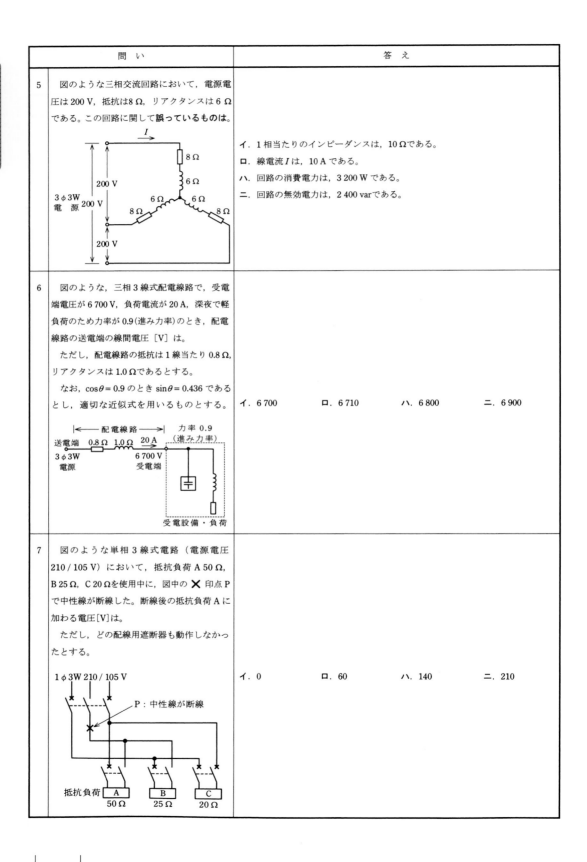

問　い	答　え
5 　図のような三相交流回路において，電源電圧は200 V，抵抗は8 Ω，リアクタンスは6 Ωである。この回路に関して**誤っているもの**は。	イ．1相当たりのインピーダンスは，10 Ωである。 ロ．線電流 I は，10 A である。 ハ．回路の消費電力は，3 200 W である。 ニ．回路の無効電力は，2 400 var である。
6 　図のような，三相3線式配電線路で，受電端電圧が6 700 V，負荷電流が20 A，深夜で軽負荷のため力率が0.9(進み力率)のとき，配電線路の送電端の線間電圧〔V〕は。 　ただし，配電線路の抵抗は1線当たり 0.8 Ω，リアクタンスは1.0 Ωであるとする。 　なお，$\cos\theta = 0.9$ のとき $\sin\theta = 0.436$ であるとし，適切な近似式を用いるものとする。	イ．6 700　　　ロ．6 710　　　ハ．6 800　　　ニ．6 900
7 　図のような単相3線式電路（電源電圧 210 / 105 V）において，抵抗負荷 A 50 Ω，B 25 Ω，C 20 Ωを使用中に，図中の ✖ 印点 P で中性線が断線した。断線後の抵抗負荷 A に加わる電圧〔V〕は。 　ただし，どの配線用遮断器も動作しなかったとする。	イ．0　　　ロ．60　　　ハ．140　　　ニ．210

問 い	答 え
8　図のように，変圧比が6 300 / 210 Vの単相変圧器の二次側に抵抗負荷が接続され，その負荷電流は300 Aであった。このとき，変圧器の一次側に設置された変流器の二次側に流れる電流I[A]は。 ただし，変流器の変流比は20 / 5 Aとし，負荷抵抗以外のインピーダンスは無視する。 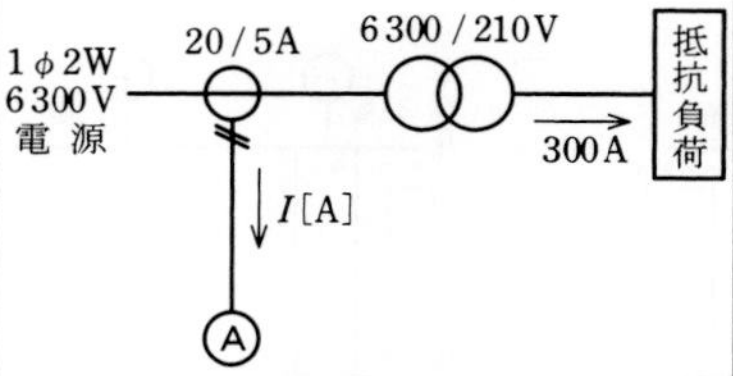 $1\phi2W$　20 / 5A　6 300 / 210V　抵抗負荷 6 300 V 電源 300A I[A] Ⓐ	イ．2.5　　　ロ．2.8　　　ハ．3.0　　　ニ．3.2
9　図のように，三相3線式高圧配電線路の末端に，負荷容量100 kV·A（遅れ力率0.8）の負荷Aと，負荷容量50 kV·A（遅れ力率0.6）の負荷Bに受電している需要家がある。 需要家全体の合成力率（受電端における力率）を1にするために必要な力率改善用コンデンサ設備の容量[kvar]は。 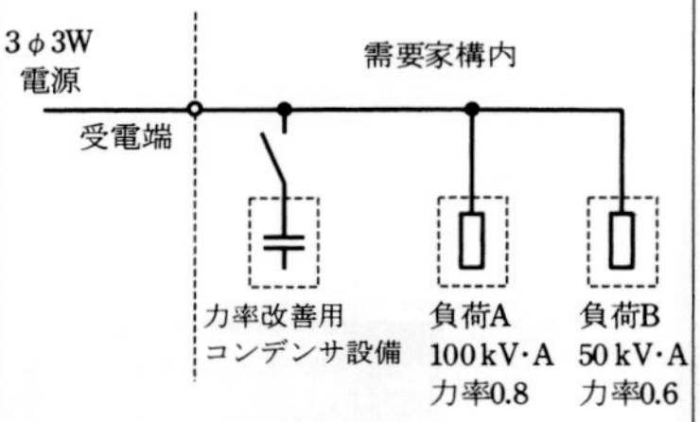 $3\phi3W$ 電源 需要家構内 受電端 力率改善用コンデンサ設備　負荷A 100 kV·A 力率0.8　負荷B 50 kV·A 力率0.6	イ．40　　　ロ．60　　　ハ．100　　　ニ．110
10　巻上荷重W[kN]の物体を毎秒v[m]の速度で巻き上げているとき，この巻上用電動機の出力[kW]を示す式は。 ただし，巻上機の効率はη[%]であるとする。	イ．$\dfrac{100W \cdot v}{\eta}$　　ロ．$\dfrac{100W \cdot v^2}{\eta}$　　ハ．$100\eta W \cdot v$　　ニ．$100\eta W^2 \cdot v^2$
11　同容量の単相変圧器2台をV結線し，三相負荷に電力を供給する場合の変圧器1台当たりの最大の利用率は。	イ．$\dfrac{1}{2}$　　ロ．$\dfrac{\sqrt{2}}{2}$　　ハ．$\dfrac{\sqrt{3}}{2}$　　ニ．$\dfrac{2}{\sqrt{3}}$
12　照度に関する記述として，**正しいもの**は。	イ．被照面に当たる光束を一定としたとき，被照面が黒色の場合の照度は，白色の場合の照度より小さい。 ロ．屋内照明では，光源から出る光束が2倍になると，照度は4倍になる。 ハ．1 m²の被照面に1 lmの光束が当たっているときの照度が1 lxである。 ニ．光源から出る光度を一定としたとき，光源から被照面までの距離が2倍になると，照度は$\dfrac{1}{2}$倍になる。

問 い	答 え

13 りん酸形燃料電池の発電原理図として，正しいものは。

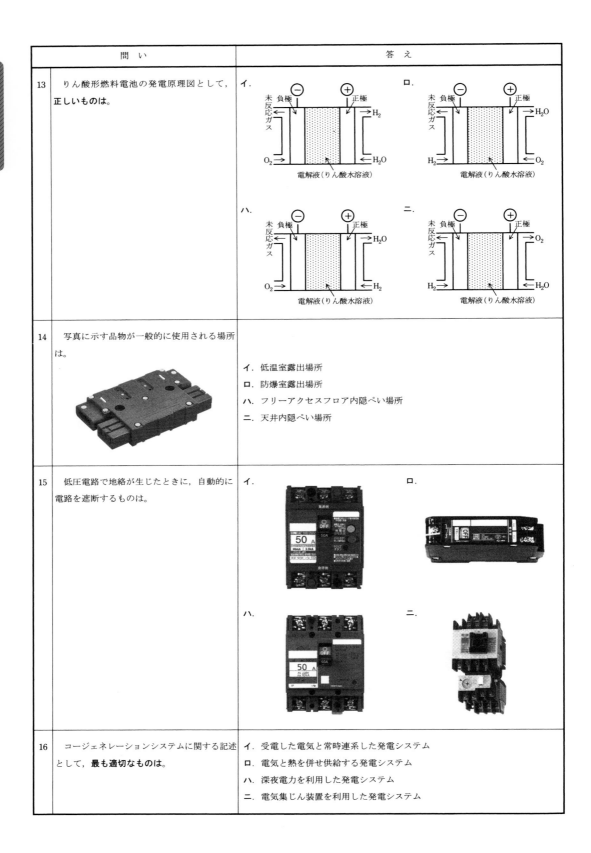

イ.
負極 ー　　正極 ＋
未反応ガス
O₂ →　　← H₂
→ H₂O
電解液（りん酸水溶液）

ロ.
負極 ー　　正極 ＋
未反応ガス
H₂ →　　← O₂
→ H₂O
電解液（りん酸水溶液）

ハ.
負極 ー　　正極 ＋
未反応ガス
O₂ →　　← H₂
→ H₂O
電解液（りん酸水溶液）

ニ.
負極 ー　　正極 ＋
未反応ガス
H₂ →　　← H₂O
→ O₂
電解液（りん酸水溶液）

14 写真に示す品物が一般的に使用される場所は。

イ．低温室露出場所
ロ．防爆室露出場所
ハ．フリーアクセスフロア内隠ぺい場所
ニ．天井内隠ぺい場所

15 低圧電路で地絡が生じたときに，自動的に電路を遮断するものは。

イ.　　　　ロ.

ハ.　　　　ニ.

16 コージェネレーションシステムに関する記述として，**最も適切な**ものは。

イ．受電した電気と常時連系した発電システム
ロ．電気と熱を併せ供給する発電システム
ハ．深夜電力を利用した発電システム
ニ．電気集じん装置を利用した発電システム

問　い	答　え
17　風力発電に関する記述として，**誤っている**ものは。	イ．風力発電装置は，風速等の自然条件の変化により発電出力の変動が大きい。 ロ．一般に使用されているプロペラ形風車は，垂直軸形風車である。 ハ．風力発電装置は，風の運動エネルギーを電気エネルギーに変換する装置である。 ニ．プロペラ形風車は，一般に風速によって翼の角度を変えるなど風の強弱に合わせて出力を調整することができる。
18　単導体方式と比較して，多導体方式を採用した架空送電線路の特徴として，**誤っている**ものは。	イ．電流容量が大きく，送電容量が増加する。 ロ．電線表面の電位の傾きが下がり，コロナ放電が発生しやすい。 ハ．電線のインダクタンスが減少する。 ニ．電線の静電容量が増加する。
19　高調波に関する記述として，**誤っている**ものは。	イ．電力系統の電圧，電流に含まれる高調波は，第 5 次，第 7 次などの比較的周波数の低い成分が大半である。 ロ．インバータは高調波の発生源にならない。 ハ．高圧進相コンデンサには高調波対策として，直列リアクトルを設置することが望ましい。 ニ．高調波は，電動機に過熱などの影響を与えることがある。
20　高圧受電設備における遮断器と断路器の記述に関して，**誤っている**ものは。	イ．断路器が閉の状態で，遮断器を開にする操作を行った。 ロ．断路器が閉の状態で，遮断器を閉にする操作を行った。 ハ．遮断器が閉の状態で，負荷電流が流れているとき，断路器を開にする操作を行った。 ニ．断路器を，開路状態において自然に閉路するおそれがないように施設した。
21　次の文章は，「電気設備の技術基準」で定義されている調相設備についての記述である。「調相設備とは，　　　　を調整する電気機械器具をいう。」 　上記の空欄にあてはまる語句として，**正しいもの**は。	イ．受電電力 ロ．最大電力 ハ．無効電力 ニ．皮相電力
22　写真に示す機器の名称は。  	イ．電力需給用計器用変成器 ロ．高圧交流負荷開閉器 ハ．三相変圧器 ニ．直列リアクトル

問　い	答　え
23　写真に示す機器の文字記号(略号)は。 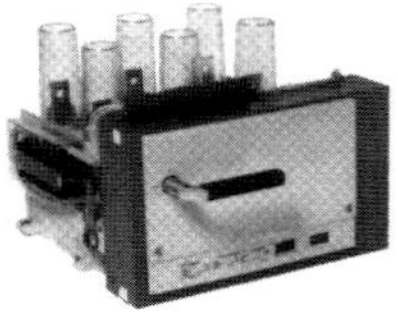 	イ．DS ロ．PAS ハ．LBS ニ．VCB
24　600 V ビニル絶縁電線の許容電流(連続使用時)に関する記述として，**適切なものは**。	イ．電流による発熱により，電線の絶縁物が著しい劣化をきたさないようにするための限界の電流値。 ロ．電流による発熱により，絶縁物の温度が80℃となる時の電流値。 ハ．電流による発熱により，電線が溶断する時の電流値。 ニ．電圧降下を許容範囲に収めるための最大の電流値。
25　写真はシーリングフィッチングの外観で，図は防爆工事のシーリングフィッチングの施設例である。①の部分に使用する材料の名称は。  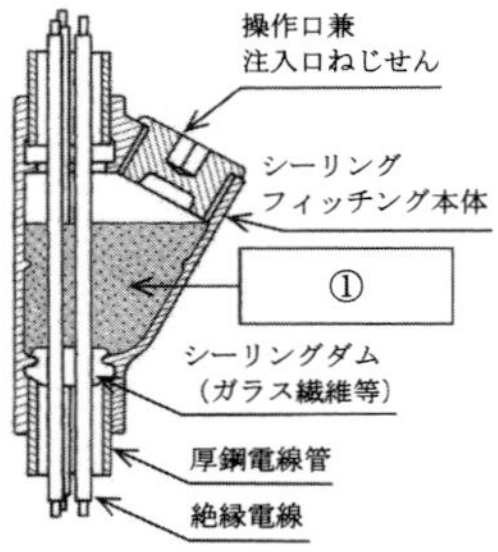 	イ．シリコンコーキング ロ．耐火パテ ハ．シーリングコンパウンド ニ．ボンドコーキング

問い	答え

26 次に示す工具と材料の組合せで，**誤っているものは。**

	工具	材料
イ	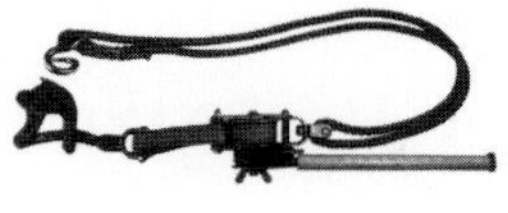	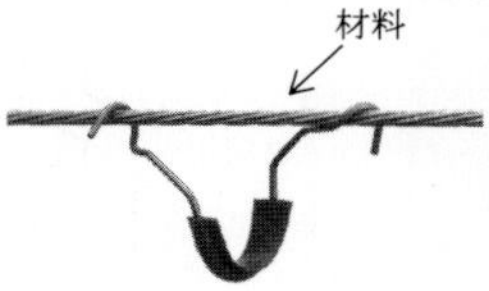 材料
ロ	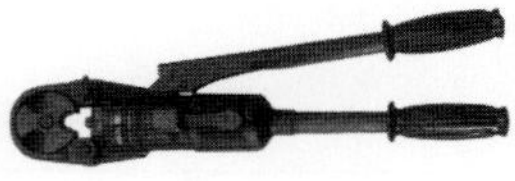	
ハ		
ニ	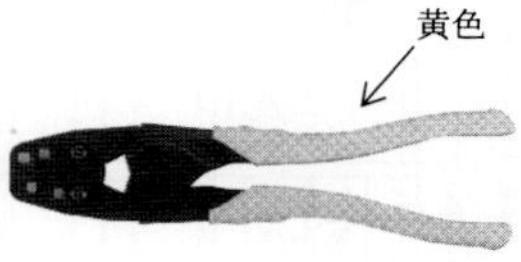 黄色	

27 低圧又は高圧架空電線の高さの記述として，**不適切なものは。**

イ．高圧架空電線が道路（車両の往来がまれであるもの及び歩行の用にのみ供される部分を除く。）を横断する場合は，路面上5m以上とする。

ロ．低圧架空電線を横断歩道橋の上に施設する場合は，横断歩道橋の路面上3m以上とする。

ハ．高圧架空電線を横断歩道橋の上に施設する場合は，横断歩道橋の路面上3.5m以上とする。

ニ．屋外照明用であって，ケーブルを使用し対地電圧150V以下の低圧架空電線を交通に支障のないよう施設する場合は，地表上4m以上とする。

28 合成樹脂管工事に使用できない絶縁電線の種類は。

イ．600V ビニル絶縁電線

ロ．600V 二種ビニル絶縁電線

ハ．600V 耐燃性ポリエチレン絶縁電線

ニ．屋外用ビニル絶縁電線

29 可燃性ガスが存在する場所に低圧屋内電気設備を施設する施工方法として，**不適切なものは。**

イ．スイッチ，コンセントは，電気機械器具防爆構造規格に適合するものを使用した。

ロ．可搬形機器の移動電線には，接続点のない3種クロロプレンキャブタイヤケーブルを使用した。

ハ．金属管工事により施工し，厚鋼電線管を使用した。

ニ．金属管工事により施工し，電動機の端子箱との可とう性を必要とする接続部に金属製可とう電線管を使用した。

問い30から問い34までは，下の図に関する問いである。

　図は，自家用電気工作物構内の受電設備を表した図である。この図に関する各問いには，4通りの答え（イ，ロ，ハ，ニ）が書いてある。それぞれの問いに対して，答えを1つ選びなさい。

〔注〕図において，問いに直接関係のない部分等は，省略又は簡略化してある。

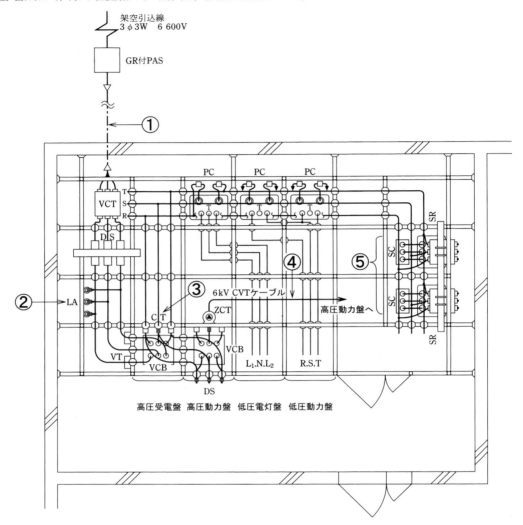

	問　い		答　え
30	①に示す高圧引込ケーブルに関する施工方法等で，**不適切なものは**。	イ．	ケーブルには，トリプレックス形6 600V架橋ポリエチレン絶縁ビニルシースケーブルを使用して施工した。
		ロ．	施設場所が重汚損を受けるおそれのある塩害地区なので，屋外部分の終端処理はゴムとう管形屋外終端処理とした。
		ハ．	電線の太さは，受電する電流，短時間耐電流などを考慮し，一般送配電事業者と協議して選定した。
		ニ．	ケーブルの引込口は，水の浸入を防止するためケーブルの太さ，種類に適合した防水処理を施した。

	問　い	答　え
31	②に示す避雷器の設置に関する記述として，**不適切なものは**。	イ．受電電力 500 kW 未満の需要場所では避雷器の設置義務はないが，雷害の多い地区であり，電路が架空電線路に接続されているので，引込口の近くに避雷器を設置した。 ロ．保安上必要なため，避雷器には電路から切り離せるように断路器を施設した。 ハ．避雷器の接地は A 種接地工事とし，サージインピーダンスをできるだけ低くするため，接地線を太く短くした。 ニ．避雷器には電路を保護するため，その電源側に限流ヒューズを施設した。
32	③に示す機器（CT）に関する記述として，**不適切なものは**。	イ．CT には定格負担（単位[V・A]）が定められており，計器類の皮相電力[V・A]，二次側電路の損失などの皮相電力[V・A]の総和以上のものを選定した。 ロ．CT の二次側電路に，電路の保護のため定格電流 5 A のヒューズを設けた。 ハ．CT の二次側に，過電流継電器と電流計を接続した。 ニ．CT の二次側電路に，D 種接地工事を施した。
33	④に示す高圧ケーブル内で地絡が発生した場合，確実に地絡事故を検出できるケーブルシールドの接地方法として，**正しいものは**。	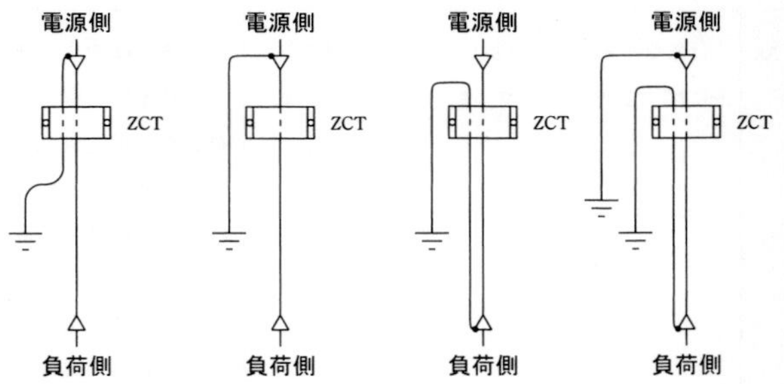
34	⑤に示す高圧進相コンデンサ設備は，自動力率調整装置によって自動的に力率調整を行うものである。この設備に関する記述として，**不適切なものは**。	イ．負荷の力率変動に対してできるだけ最適な調整を行うよう，コンデンサは異容量の 2 群構成とした。 ロ．開閉装置は，開閉能力に優れ自動で開閉できる，高圧交流真空電磁接触器を使用した。 ハ．進相コンデンサの一次側には，限流ヒューズを設けた。 ニ．進相コンデンサに，コンデンサリアクタンスの 5 ％の直列リアクトルを設けた。

問 い	答 え
35　「電気設備の技術基準の解釈」では，C種接地工事について「接地抵抗値は，10 Ω（低圧電路において，地絡を生じた場合に 0.5 秒以内に当該電路を自動的に遮断する装置を施設するときは，[　　　] Ω）以下であること。」と規定されている。上記の空欄にあてはまる数値として，**正しいものは**。	イ．50　　　　　ロ．150　　　　　ハ．300　　　　　ニ．500
36　最大使用電圧 6 900 V の高圧受電設備の高圧電路を一括して，交流で絶縁耐力試験を行う場合の試験電圧と試験時間の組合せとして，**適切なものは**。	イ．試験電圧：8 625 V　　　試験時間：連続 1 分間 ロ．試験電圧：8 625 V　　　試験時間：連続 10 分間 ハ．試験電圧：10 350 V　　試験時間：連続 1 分間 ニ．試験電圧：10 350 V　　試験時間：連続 10 分間
37　6 600 V CVT ケーブルの直流漏れ電流測定の結果として，ケーブルが正常であることを示す測定チャートは。	イ． 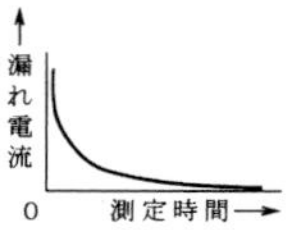　　　　　ロ． 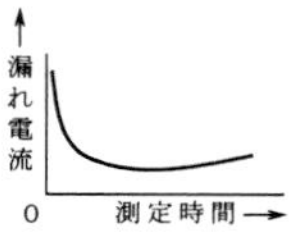　　　　　ハ． 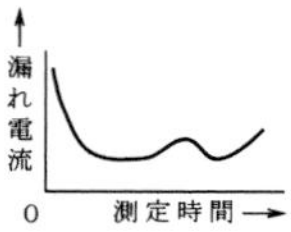　　　　　ニ． 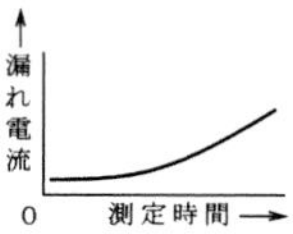 （漏れ電流／測定時間のグラフ 4種）
38　「電気工事士法」において，第一種電気工事士に関する記述として，**誤っているものは**。	イ．第一種電気工事士試験に合格したが所定の実務経験がなかったので，第一種電気工事士免状は，交付されなかった。 ロ．自家用電気工作物で最大電力 500 kW 未満の需要設備の電気工事の作業に従事するときに，第一種電気工事士免状を携帯した。 ハ．第一種電気工事士免状の交付を受けた日から 4 年目に，自家用電気工作物の保安に関する講習を受けた。 ニ．第一種電気工事士の免状を持っているので，自家用電気工作物で最大電力 500 kW 未満の需要設備の非常用予備発電装置工事の作業に従事した。
39　「電気用品安全法」の適用を受ける特定電気用品は。	イ．交流 60 Hz 用の定格電圧 100 V の電力量計 ロ．交流 50 Hz 用の定格電圧 100 V，定格消費電力 56 W の電気便座 ハ．フロアダクト ニ．定格電圧 200 V の進相コンデンサ
40　「電気工事業の業務の適正化に関する法律」において，電気工事業者が，一般用電気工事のみの業務を行う営業所に**備え付けなくてもよい器具は**。	イ．絶縁抵抗計 ロ．接地抵抗計 ハ．抵抗及び交流電圧を測定することができる回路計 ニ．低圧検電器

問題2. 配線図 (問題数10, 配点は1問当たり2点)

　図は, 高圧受電設備の単線結線図である。この図の矢印で示す10箇所に関する各問いには, 4通りの答え (**イ, ロ, ハ, ニ**) が書いてある。それぞれの問いに対して, 答えを1つ選びなさい。

〔注〕図において, 問いに直接関係のない部分等は, 省略又は簡略化してある。

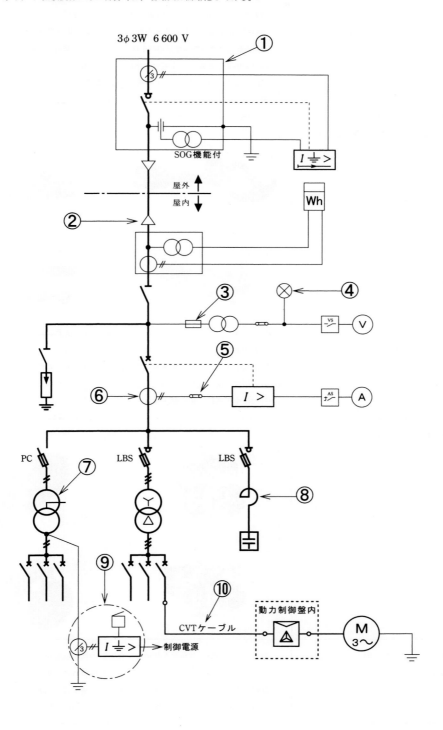

問 い	答 え
41 ①で示す機器の役割は。	イ．需要家側高圧電路の地絡電流を検出し，事故電流による高圧交流負荷開閉器の遮断命令を一旦記憶する。その後，一般送配電事業者側からの送電が停止され，無充電を検知することで自動的に負荷開閉器を開路する。 ロ．需要家側高圧電路の短絡電流を検出し，高圧交流負荷開閉器を瞬時に開路する。 ハ．一般送配電事業者側の地絡電流を検出し，高圧交流負荷開閉器を瞬時に開路する。 ニ．需要家側高圧電路の短絡電流を検出し，事故電流による高圧交流負荷開閉器の遮断命令を一旦記憶する。その後，一般送配電事業者側からの送電が停止され，無充電を検知することで自動的に負荷開閉器を開路する。
42 ②の端末処理の際に，**不要なもの**は。	イ. 　　　　　　　　　　　　ロ.  ハ. 　　　　　　　　　　　　ニ. 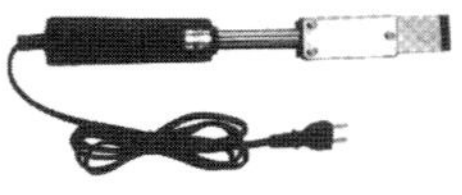
43 ③で示す装置を使用する主な目的は。	イ．計器用変圧器を雷サージから保護する。 ロ．計器用変圧器の内部短絡事故が主回路に波及することを防止する。 ハ．計器用変圧器の過負荷を防止する。 ニ．計器用変圧器の欠相を防止する。
44 ④に設置する機器は。	イ. 　　　　　　　　　　　　ロ.  ハ. 　　　　　　　　　　　　ニ. 
45 ⑤で示す機器の役割として，正しいものは。	イ．電路の点検時等に試験器を接続し，電圧計の指示校正を行う。 ロ．電路の点検時等に試験器を接続し，電流計切替スイッチの試験を行う。 ハ．電路の点検時等に試験器を接続し，地絡方向継電器の試験を行う。 ニ．電路の点検時等に試験器を接続し，過電流継電器の試験を行う。

	問　い	答　え
46	⑥で示す部分に施設する機器の複線図として，**正しいもの**は。	イ. 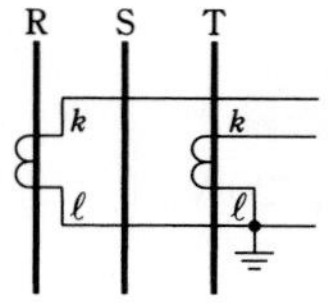 ロ. 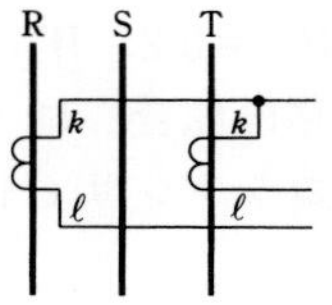 ハ. 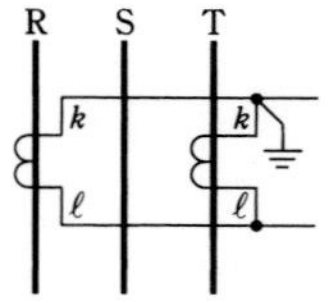 ニ.（R S T 複線図） 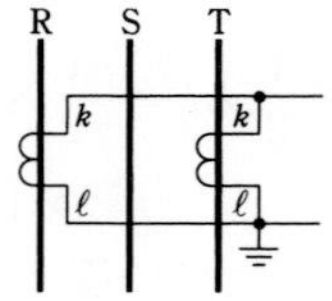
47	⑦で示す部分に使用できる変圧器の最大容量[kV・A]は。	イ. 100　ロ. 200　ハ. 300　ニ. 500
48	⑧で示す機器の役割として，**誤っているもの**は。	イ. コンデンサ回路の突入電流を抑制する。 ロ. 第5調波等の高調波障害の拡大を防止する。 ハ. 電圧波形のひずみを改善する。 ニ. コンデンサの残留電荷を放電する。
49	⑨で示す機器の目的は。	イ. 変圧器の温度異常を検出して警報する。 ロ. 低圧電路の短絡電流を検出して警報する。 ハ. 低圧電路の欠相による異常電圧を検出して警報する。 ニ. 低圧電路の地絡電流を検出して警報する。
50	⑩で示す部分に使用するCVTケーブルとして，**適切なもの**は。	イ.（導体／内部半導電層／架橋ポリエチレン／外部半導電層／銅シールド／ビニルシース） 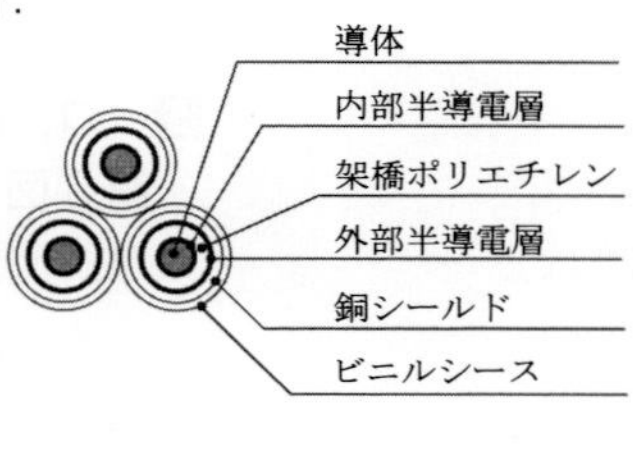 ロ.（導体／内部半導電層／架橋ポリエチレン／外部半導電層／銅シールド／ビニルシース） 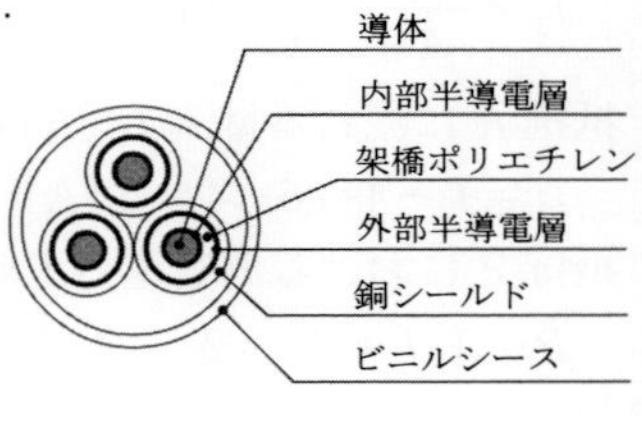 ハ.（導体／ビニル絶縁体／ビニルシース） 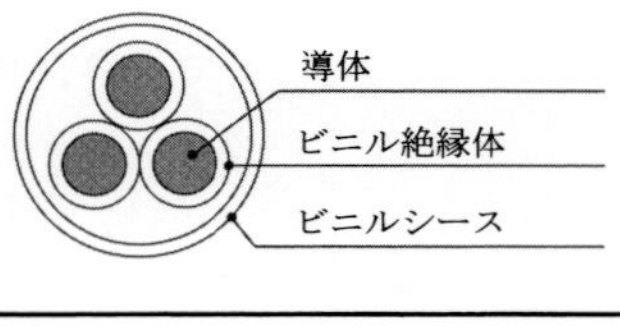 ニ.（導体／架橋ポリエチレン／ビニルシース） 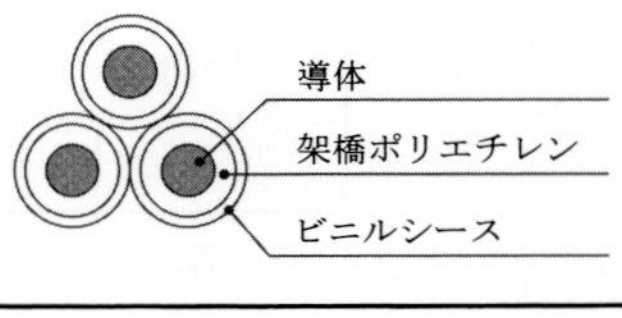

〔問題 1〕 一般問題の解答

1 イ．$W_L = 0.2$ $W_C = 0.4$

直流回路の場合，コイル L による電圧降下はない．コンデンサ C に加わる電圧は，20 V になる．

コイル L に蓄えられるエネルギー W_L〔J〕は，

$$W_L = \frac{1}{2} L I^2 = \frac{1}{2} \times 4 \times 10^{-3} \times 10^2$$
$$= 2 \times 10^{-1} = 0.2 \text{〔J〕}$$

コンデンサ C に蓄えられるエネルギー W_C〔J〕は，

$$W_C = \frac{1}{2} C V^2 = \frac{1}{2} \times 2 \times 10^{-3} \times 20^2$$
$$= 10^{-3} \times 4 \times 10^2$$
$$= 4 \times 10^{-1} = 0.4 \text{〔J〕}$$

2 ハ．24

第 1 図において，抵抗 R に加わる電圧 V_1〔V〕は，

$$V_1 = 4 \times 3 = 12 \text{〔V〕}$$

抵抗 4 Ω に加わる電圧 V_2〔V〕は，

$$V_2 = 36 - V_1 = 36 - 12 = 24 \text{〔V〕}$$

回路全体に流れる電流 I_2〔A〕は，

$$I_2 = \frac{V_2}{4} = \frac{24}{4} = 6 \text{〔A〕}$$

抵抗 R に流れる電流 I_1〔A〕は，

$$I_1 = I_2 - 4 = 6 - 4 = 2 \text{〔A〕}$$

抵抗 R における消費電力 P〔W〕は，

$$P = V_1 I_1 = 12 \times 2 = 24 \text{〔W〕}$$

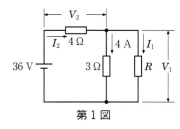

第 1 図

3 ハ．960

第 2 図において，抵抗 12 Ω に流れる電流 I_R〔A〕は，

$$I_R = \frac{96}{12} = 8 \text{〔A〕}$$

リアクタンス 16 Ω に流れる電流 I_L〔A〕は，

$$I_L = \frac{96}{16} = 6 \text{〔A〕}$$

回路全体に流れる電流 I〔A〕は，

$$I = \sqrt{I_R^2 + I_L^2} \text{〔A〕}$$
$$= \sqrt{8^2 + 6^2} = \sqrt{64 + 36} = \sqrt{100} = 10 \text{〔A〕}$$

この回路の皮相電力 S〔V・A〕は，

$$S = VI = 96 \times 10 = 960 \text{〔V・A〕}$$

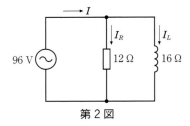

第 2 図

4 ロ．100

抵抗 R に，電流 10 A が流れたときの消費電力が 800 W であることから，抵抗 R の値は，

$$P = I^2 R \text{〔W〕}$$
$$R = \frac{P}{I^2} = \frac{800}{10^2} = \frac{800}{100} = 8 \text{〔Ω〕}$$

回路のインピーダンス Z〔Ω〕は，

$$Z = \sqrt{R^2 + (X_L - X_C)^2} = \sqrt{8^2 + (16 - 10)^2}$$
$$= \sqrt{8^2 + 6^2} = \sqrt{64 + 36} = \sqrt{100} = 10 \text{〔Ω〕}$$

電源電圧 V〔V〕は，

$$V = IZ = 10 \times 10 = 100 \text{〔V〕}$$

5 ロ．線電流 I は，10 A である．

第 3 図において，1 相当たりのインピーダンスは，次式となり，イは正しい．

$$Z = \sqrt{8^2 + 6^2} = \sqrt{64 + 36} = \sqrt{100} = 10 \text{〔Ω〕}$$

相電圧 V〔V〕は，

$$V = \frac{200}{\sqrt{3}} \text{〔V〕}$$

であり，回路の線電流 I〔A〕は，

$$I = \frac{V}{Z} = \frac{\frac{200}{\sqrt{3}}}{10} = \frac{200}{10\sqrt{3}} = \frac{20}{\sqrt{3}} \fallingdotseq 11.6 \text{〔A〕}$$

となる．したがって，ロは誤りである．

回路の消費電力 P〔W〕は，

$$P = 3 I^2 R = 3 \times \left(\frac{20}{\sqrt{3}}\right)^2 \times 8 = 3 \times \frac{20^2}{3} \times 8$$
$$= 400 \times 8 = 3\,200 \text{〔W〕}$$

となり，ハは正しい．

回路の無効電力 Q〔var〕は，

$$Q = 3I^2 X_L = 3 \times \left(\frac{20}{\sqrt{3}}\right)^2 \times 6 = 3 \times \frac{20^2}{3} \times 6$$
$$= 400 \times 6 = 2\,400 \ [\text{var}]$$

となり，ニは正しい．

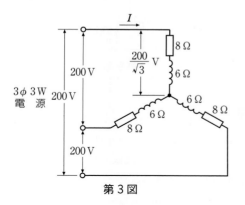

第3図

6 ロ．6 710

進み力率の配電線路の電線1線分の等価回路
及び1線分のベクトル図は**第4図**のようになる．

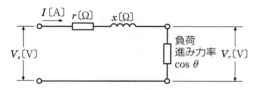

1線分の等価回路

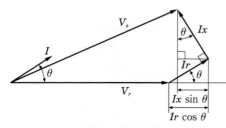

1線分のベクトル図
第4図

ベクトル図から，
$$V_s \fallingdotseq V_r + Ir \cos \theta - Ix \sin \theta \ [\text{V}]$$
電線1線の電圧降下 $v\,[\text{V}]$ の近似式は，
$$v = V_s - V_r = Ir \cos \theta - Ix \sin \theta$$
$$= I(r \cos \theta - x \sin \theta) \ [\text{V}]$$

進み力率の三相3線式配電線路の電圧降下
$v\,[\text{V}]$ は，電線1線当たりの電圧降下の $\sqrt{3}$ 倍
になるので，
$$v = \sqrt{3} \ I(r \cos \theta - x \sin \theta) \ [\text{V}]$$
で計算する．

$$v = \sqrt{3} \times 20 \times (0.8 \times 0.9 - 1.0 \times 0.436)$$
$$= \sqrt{3} \times 20 \times (0.72 - 0.436)$$
$$\fallingdotseq 1.73 \times 20 \times 0.284$$
$$\fallingdotseq 10 \ [\text{V}]$$

配電線路の送電端の線間電圧 $V_s\,[\text{V}]$ は，
$$V_s = V_r + v = 6\,700 + 10 = 6\,710 \ [\text{V}]$$

7 ハ．140

問題の図を書き直すと**第5図**のようになる．

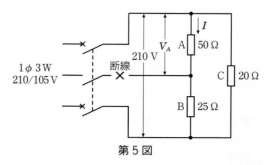

第5図

断線時に抵抗負荷 A(50 Ω) に流れる電流
$I\,[\text{A}]$ は，
$$I = \frac{210}{50 + 25} = \frac{210}{75} = 2.8 \ [\text{A}]$$

抵抗負荷 A(50 Ω) に加わる電圧 $V_A\,[\text{V}]$ は，
$$V_A = 2.8 \times 50 = 140 \ [\text{V}]$$

8 イ．2.5

第6図において，変圧器の一次側に流れる
電流 $I_1\,[\text{A}]$ は，
$$6\,300 \times I_1 = 210 \times 300$$
$$I_1 = \frac{210 \times 300}{6\,300} = 10 \ [\text{A}]$$

変流器の二次側に流れる電流 $I\,[\text{A}]$ は，変流
比が 20/5 A であることから，
$$\frac{I_1}{I} = \frac{20}{5} = 4 \qquad I = \frac{I_1}{4} = \frac{10}{4} = 2.5 \ [\text{A}]$$

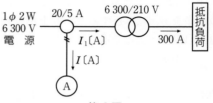

第6図

9 ハ．100

需要家全体の合成力率を1にするためには，
負荷全体の遅れ無効電力と等しい容量の力率改

善用コンデンサを接続すればよい.

第7図から,負荷 A の有効電量 P_A〔kW〕は,

$$P_A = S_A \cos\theta_A = 100 \times 0.8 = 80 \text{〔kW〕}$$

負荷 A の遅れ無効電力 Q_A〔kvar〕は,

$$Q_A = \sqrt{S_A{}^2 - P_A{}^2}$$
$$= \sqrt{100^2 - 80^2} = \sqrt{3\,600} = 60 \text{〔kvar〕}$$

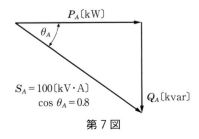

第7図

第8図から,負荷 B の有効電力 P_B〔kW〕は,

$$P_B = S_B \cos\theta_B = 50 \times 0.6 = 30 \text{〔kW〕}$$

負荷 B の遅れ無効電力 Q_B〔kvar〕は,

$$Q_B = \sqrt{S_B{}^2 - P_B{}^2}$$
$$= \sqrt{50^2 - 30^2} = \sqrt{1\,600} = 40 \text{〔kvar〕}$$

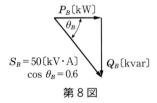

第8図

したがって,需要家全体の合成力率を1にするために必要な力率改善用コンデンサ設備の容量 Q_C〔kvar〕は,

$$Q_C = Q_A + Q_B = 60 + 40 = 100 \text{〔kvar〕}$$

10 イ. $\dfrac{100\,W \cdot v}{\eta}$

第9図のように,巻上荷重 W〔kN〕の物体を v〔m/s〕の速度で巻き上げているとき,巻上機の効率を η（小数）とすると,巻上用電動機の出力 P〔kW〕は次式で示される.

$$P = \frac{Wv}{\eta} \text{〔kW〕}$$

効率 η を%で表すと,次式のようになる.

$$P = \frac{Wv}{\dfrac{\eta}{100}} = \frac{100\,Wv}{\eta} \text{〔kW〕}$$

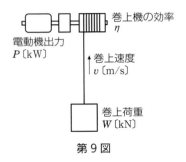

第9図

11 ハ. $\dfrac{\sqrt{3}}{2}$

第10図のように,単相変圧器の定格二次電圧を V〔V〕,定格二次電流を I〔A〕,定格容量を VI〔V·A〕とする.

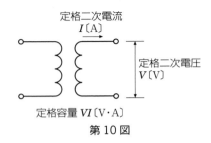

第10図

この単相変圧器を2台使用して,第11図のように V 結線する.

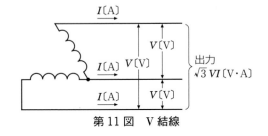

第11図　V 結線

電線に流せる電流は変圧器の定格二次電流 I〔A〕で,電線間の電圧は V〔V〕である.

変圧器2台を V 結線したときの出力〔V·A〕は $\sqrt{3}\ VI$〔V·A〕なので,変圧器の利用率は,

$$\text{利用率} = \frac{\text{出力容量}}{\text{変圧器2台の容量}}$$
$$= \frac{\sqrt{3}\ VI}{2VI} = \frac{\sqrt{3}}{2}$$

12 ハ. $1\,\text{m}^2$ の被照面に $1\,\text{lm}$ の光束が当たっているときの照度が $1\,\text{lx}$ である.

単位面積に入射する光束が照度を表す.面積

を A〔m²〕，入射する光束を F〔lm〕とすると照度 E〔lx〕は，

$$E = \frac{F\,\text{〔lm〕}}{A\,\text{〔m²〕}}\,\text{〔lx〕}$$

被照面に当たる光束が一定であれば，被照面の色に関係なく照度は同じである．屋内照明では，光源から出る光束が2倍になると，照度は2倍になる．光源から出る光度を一定とすると，光源から被照面までの距離が2倍になると，照度は1/4倍になる．

13 ロ．

リン酸形燃料電池は，リン酸を電解質として使用し，天然ガスから取り出した水素ガスと空気から取り出した酸素とを化学反応させて発電するものである．

14 ハ．フリーアクセスフロア内隠ぺい場所

フリーアクセスフロアとは，床下に電源や通信用の配線を収納することのできるフロアのことである．写真に示す品物はハーネスジョイントボックスで，フリーアクセスフロア内の電線を接続するのに使用する．

15 イ．

低圧電路で地絡を生じたときに，自動的に電路を遮断するものは漏電遮断器である．漏電遮断器には，地絡電流が流れたときに正常に動作することを確認するテストボタンがある．

ロはリモコンリレー，ハは配線用遮断器，ニは電磁開閉器である．

16 ロ．電気と熱を併せ供給する発電システム

コージェネレーションシステムは，内燃力発電設備(ディーゼル発電設備，ガスタービン発電設備)によって発電をする一方，発電時に発生する排熱を回収して冷暖房・給湯に利用する発電システムである．熱電併給システムとも呼ばれ，総合的な熱効率を向上させるシステムである．

17 ロ．一般に使用されているプロペラ形風車は，垂直軸形風車である．

一般に使用されているプロペラ形風車は，水平軸形風車である．

18 ロ．電線表面の電位の傾きが下がり，コロナ放電が発生しやすい．

多導体方式(第12図)は，電線表面の電位の傾きを低下させることで，コロナ放電が発生しにくくなる．また，単導体方式に比べて，インダクタンスが減少し静電容量が増加する．

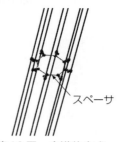

第12図　多導体方式

19 ロ．インバータは高調波の発生源にならない．

整流回路を持つインバータは，電力変換を行う際に高調波を発生する．

20 ハ．遮断器が閉の状態で，負荷電流が流れているとき，断路器を開にする操作を行った．

断路器は，負荷電流が流れている状態で開にするとアークが発生するので，負荷電流が流れていない状態で開にしなければならない．

21 ハ．無効電力

電技第1条(用語の定義)による．

「調相設備とは，無効電力 を調整する電気機械器具をいう．」と定義されている．

調相器は，負荷と並列に接続して，電線路に流れる無効電力を調整して，受電端の電圧を調整する設備である．

22 イ．電力需給用計器用変成器

電力需給用計器用変成器(VCT)で，高圧電路の電圧，電流を低圧，小電流に変成して，電力量計に接続する．

23 ニ．VCB

写真に示す機器は真空遮断器で，文字記号はVCB(Vacuum Circuit Breaker)である．

24 イ．電流による発熱により，電線の絶縁物が著しい劣化をきたさないようにするための限界の電流値．

内線規程1100-1(用語)による．

「許容電流とは，電線の連続使用に際し，絶縁被覆を構成する物質に著しい劣化をきたさないようにするための限界電流をいう．」と定義されている．

㉕　ハ．シーリングコンパウンド

①の部分に，シーリングコンパウンドを充填して，可燃性ガスが金属管内を通じて他の場所に漏れないようにする．

㉖　ロ．

ロの工具は，手動油圧式圧着器で，P形スリーブで電線相互を圧着接続したり，裸圧着端子に電線を圧着接続するものである．また，ロの材料は，ボルト形コネクタで，スパナ等を使用してボルトを締め付け，電線相互を接続するものである．

㉗　イ．高圧架空電線が道路（車両の往来がまれであるもの及び歩行の用にのみ供される部分を除く．）を横断する場合は，路面上5m以上とする．

電技解釈第68条（低高圧架空電線の高さ）による．

高圧架空電線が道路（車両の往来がまれであるもの及び歩行の用にのみ供される部分を除く．）を横断する場合は，路面上6m以上としなければならない．

㉘　ニ．屋外用ビニル絶縁電線

電技解釈第158条（合成樹脂管工事）による．

合成樹脂管工事では，屋外用ビニル絶縁電線を使用できない．

㉙　ニ．金属管工事により施工し，電動機の端子箱との可とう性を必要とする接続部に金属製可とう電線管を使用した．

電技解釈第176条（可燃性ガス等の存在する場所の施設）による．

可燃性ガスが存在する場所に，金属管工事により施工する場合，電動機に接続する部分で可とう性を必要とする接続部には，耐圧防爆型等のフレキシブルフィッチング（第13図）を使用しなければならない．

第13図　耐圧防爆型フレキシブルフィッチング

㉚　ロ．施設場所が重汚損を受けるおそれのある塩害地区なので，屋外部分の終端処理はゴムとう管形屋外終端接続処理とした．

重汚損を受けるおそれのある塩害地区では，

耐塩害屋外終端接続部（第14図）によらなければならない．ゴムとう管形屋外終端接続部は，軽汚損・中汚損地区に使用する．

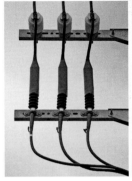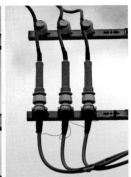

ゴムとう管形屋外終端　　耐塩害屋外終端接続部
接続部

第14図

㉛　ニ．避雷器には電路を保護するため，その電源部に限流ヒューズを施設した．

避雷器にヒューズを施設してはならない．ヒューズが溶断すると，避雷器の役割を果たせなくなる．

㉜　ロ．CTの二次側電路に，電路の保護のため定格電流5Aのヒューズを設けた．

CTの二次側にはヒューズを設けてはならない．ヒューズが溶断すると，二次側に高電圧を発生して絶縁破壊を起こしたり，鉄心が過熱して焼損する場合がある．

㉝　イ．

零相変流器（第15図）が地絡電流を検出できるようにするには，ケーブルシールド（遮へい銅テープ）の接地線を適切に処理しなければならない．

第15図　零相変流器

イの場合（第16図）は，ZCTを通る地絡電流が $I_g - I_g + I_g = I_g$ で，地絡事故を検出できる．

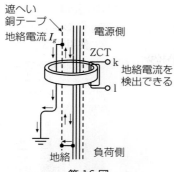

第 16 図

ロの場合（第 17 図）は，ZCT を通る地絡電流が $I_g - I_g = 0$ で，地絡事故を検出できない．

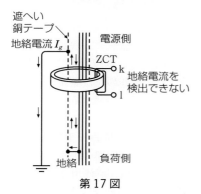

第 17 図

ハの場合（第 18 図）は，ZCT を通る地絡電流が $I_g - I_g = 0$ で，地絡事故を検出できない．

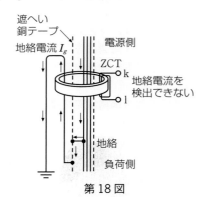

第 18 図

ニの場合は，ケーブルヘッドの両端を接地し，両接地線に流れる地絡電流を ZCT で検出できない配線のため，地絡事故を検出できない．

34　ニ．進相コンデンサに，コンデンサリアクタンスの 5% の直列リアクトルを設けた．

高圧受電設備規程 1150-9（進相コンデンサ及び直列リアクトル）による．

高圧進相コンデンサの電源側に施設する直列リアクトルは，原則としてコンデンサリアクタンスの 6% 又は 13% にする．

35　ニ．500

電技解釈第 17 条（接地工事の種類及び施設方法）による．

C 種接地工事について「接地抵抗値は 10 Ω 以下（低圧電路において，地絡を生じた場合に 0.5 秒以内に当該電路を自動的に遮断する装置を施設するときは，$\boxed{500}$ Ω）以下であること.」と規定されている．

36　ニ．試験電圧：10 350 V　試験時間：連続 10 分間

電技解釈第 15 条（高圧又は特別高圧の電路の絶縁性能）による．

交流で絶縁耐力試験を行う場合の試験電圧は，最大使用電圧 6 900 V の 1.5 倍の 10 350 V である．

試験時間は，連続して 10 分間である．

37　イ．

測定チャート「イ」が正常なケーブルで，直流を加えたときケーブルの静電容量の影響で大きな電流が流れるが，時間の経過に従って減少して，最終的には小さな漏れ電流だけが流れるようになる．

38　ニ．第一種電気工事士免状を持っているので，自家用電気工作物で最大電力 500 kW 未満の需要設備の非常用予備発電装置工事の作業に従事した．

電気工事士法第 3 条（電気工事士等）・第 4 条（電気工事士免状）・第 4 条の 3（第 1 種電気工事士の講習）・第 5 条（電気工事士等の義務），施行規則第 2 条の 2（特殊電気工事）による．

自家用電気工作物で最大電力 500 kW 未満の需要設備の非常用予備発電装置に係る電気工事は，特殊電気工事である．特殊電気工事は，特種電気工事資格者認定証の交付を受けている者でなければ従事することができない．

39　ロ．交流 50 Hz 用の定格電圧 100 V，定格消費電力 56 W の電気便座

電気用品安全法第 2 条（定義），施行令第 1 条の 2（特定電気用品）による．

電気用品安全法の適用を受ける特定電気用品

は，ロの電気便座である．

イの電力量計，ニの進相コンデンサは電気用品の適用を受けない．ハのフロアダクトは，幅が 100 mm 以下のものが特定電気用品以外の電気用品の適用を受ける．

40 ニ．低圧検電器

電気工事業法第 24 条(器具の備付け)，施行規則第 11 条(器具)による．

一般用電気工作物等の電気工事(一般用電気工事)のみの業務を行う営業所が備えなければならない器具は，絶縁抵抗計，接地抵抗計，抵抗及び交流電圧を測定することができる回路計である．

〔問題2〕配線図の解答

41 ニ．需要家側高圧電路の短絡電流を検出し，事故電流による高圧交流負荷開閉器の遮断命令を一旦記憶する．その後，一般送配電事業者側からの送電が停止され，無充電を検知することで自動的に負荷開閉器を開路する．

①で示す機器は，地絡方向継電装置付き高圧交流負荷開閉器(SOG 機能付)である．

短絡事故が発生した場合は，開閉器を一旦ロックして動作しないようにする．一般送配電事業者側からの送電が停止され，無充電を検知することで自動的に負荷開閉器を開路する．

42 ハ．

ハはチューブカッタで，銅管や金属管等を切断する工具で，ケーブルの端末処理には使用しない．

イはケーブルカッタで高圧ケーブルを切断するのに使用し，ロは電工ナイフでケーブルのシースや絶縁被覆を切断するのに使用し，ニは電気半田ごてで接地線を銅遮へいテープに半田付けするのに使用する．

43 ロ．計器用変圧器の内部事故が主回路に波及することを防止する．

③は，計器用変圧器の限流ヒューズを表す．限流ヒューズは，計器用変圧器の内部で短絡事後発生した場合に溶断して，主回路に波及しないようにするためものである．

44 イ．

④で示す図記号 ⊗ の機器は，表示灯を表す．

45 ニ．電路の点検時に試験器を接続し，過電流継電器の試験を行う．

⑤で示す端子は，変流器の二次側に設ける試験用端子(第 19 図)で，過電流継電器の試験を行う場合に計器類を接続する．

第 19 図 試験用端子

46 イ．

⑥に示す部分に施設する機器は，変流器である．R 相に施設した変流器の二次側端子 k，T 相に施設した変流器の二次側端子 k からそれぞれの過電流継電器へ接続する．

47 ハ．

高圧受電設備規程 1150-8(変圧器)による．

⑦で示す部分の変圧器の 1 次側開閉装置に高圧カットアウト(PC)が使用されているので，接続できる変圧器の容量は 300 kV・A 以下である．

48 ニ．コンデンサの残留電荷を放電する．

⑧で示す機器は，直列リアクトルである．

直列リアクトルは，コンデンサへの突入電流を抑制したり，第 5 高調波等がコンデンサに流れるのを抑制して電圧波形のひずみを改善する働きがある．

49 ニ．低圧電路の地絡電流を検出して警報する．

⑨の部分は，中間点引出単相変圧器(単相 3 線式用変圧器)の B 種接地工事の接地線に零相変流器，地絡継電器，ブザーを設置して，低圧電路の地絡電流を検出して大きな地絡電流が流れた場合に警報するものである．

50 ニ．

⑩で示す部分に使用する CVT ケーブルは，低圧用のものである．

イは，銅シールドがあるので高圧 CVT ケーブルである．ロは高圧 CV ケーブル，ハは VVR ケーブルである．

令和5年度
（午後）の問題と
解答・解説

●令和5年度（午後）問題の解答●

問題1．一般問題

問い	答え	問い	答え	問い	答え	問い	答え
1	ハ	11	イ	21	イ	31	ニ
2	ロ	12	ロ	22	イ	32	イ
3	ハ	13	ロ	23	ハ	33	イ
4	ロ	14	ロ	24	イ	34	ハ
5	ロ	15	ニ	25	ロ	35	イ
6	ハ	16	ニ	26	ロ	36	ロ
7	ロ	17	ハ	27	ロ	37	ロ
8	ロ	18	ニ	28	ニ	38	ニ
9	イ	19	ニ	29	ロ	39	イ
10	ハ	20	ハ	30	イ	40	ニ

問題2・3．配線図

問い	答え
41	ニ
42	ハ
43	ニ
44	ロ
45	イ
46	ロ
47	ニ
48	ハ
49	ロ
50	ニ

問題1. 一般問題 （問題数40，配点は1問当たり2点）

次の各問いには4通りの答え（**イ**，**ロ**，**ハ**，**ニ**）が書いてある。それぞれの問いに対して答えを1つ選びなさい。

なお，選択肢が数値の場合は最も近い値を選びなさい。

問 い	答 え
1 図のような鉄心にコイルを巻き付けたエアギャップのある磁気回路の磁束 ϕ を 2×10^{-3} Wb にするために必要な起磁力 F_m[A]は。 ただし，鉄心の磁気抵抗 $R_1=8\times10^5$ H^{-1}，エアギャップの磁気抵抗 $R_2=6\times10^5$ H^{-1} とする。 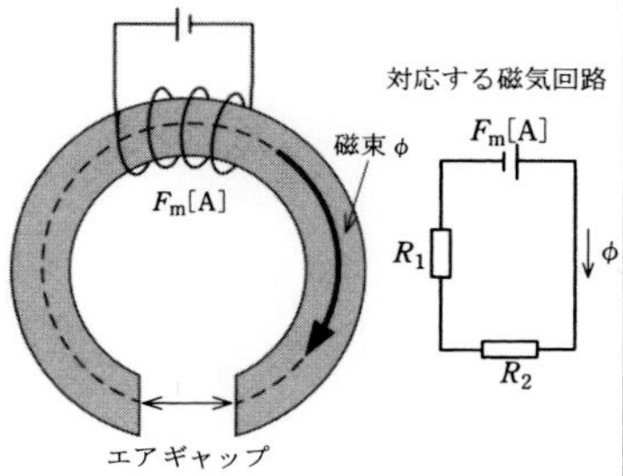 対応する磁気回路 磁束 ϕ　F_m[A]　R_1　R_2　エアギャップ	**イ**. 1 400　　**ロ**. 2 000　　**ハ**. 2 800　　**ニ**. 3 000
2 図のような回路において，抵抗 ▭ は，すべて $2\,\Omega$ である。a-b間の合成抵抗値[Ω]は。 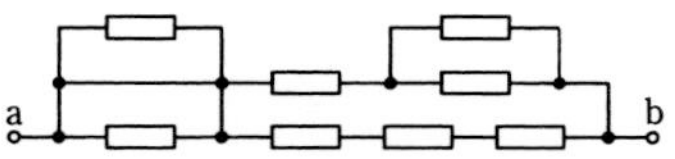 	**イ**. 1　　**ロ**. 2　　**ハ**. 3　　**ニ**. 4
3 図のような交流回路において，電源電圧は 120 V，抵抗は $8\,\Omega$，リアクタンスは $15\,\Omega$，回路電流は 17 A である。この回路の力率[%]は。 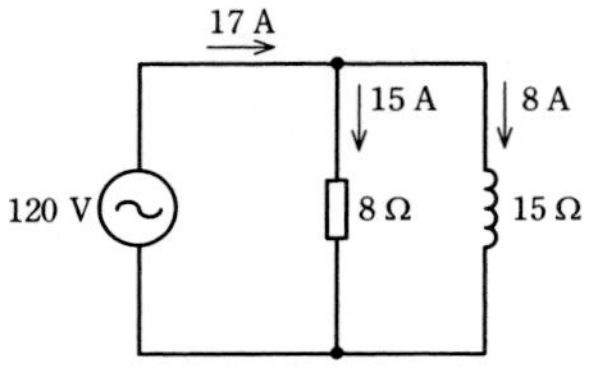 17 A　15 A　8 A　120 V　$8\,\Omega$　$15\,\Omega$	**イ**. 38　　**ロ**. 68　　**ハ**. 88　　**ニ**. 98
4 図のような交流回路において，電源電圧 120 V，抵抗 $20\,\Omega$，誘導性リアクタンス $10\,\Omega$，容量性リアクタンス $30\,\Omega$ である。図に示す回路の電流 I [A] は。 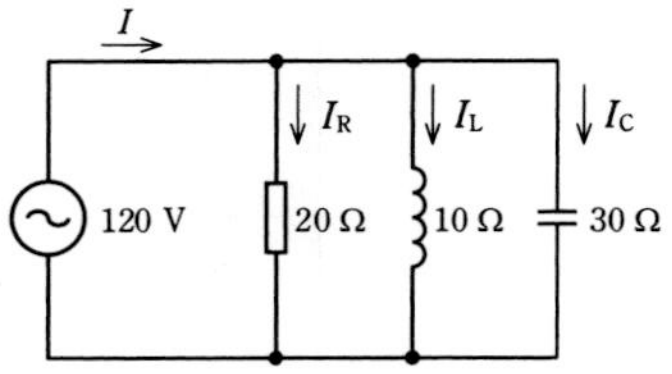 I　I_R　I_L　I_C　120 V　$20\,\Omega$　$10\,\Omega$　$30\,\Omega$	**イ**. 8　　**ロ**. 10　　**ハ**. 12　　**ニ**. 14

問い	答え

5　図のような三相交流回路において，電流 I の値［A］は。

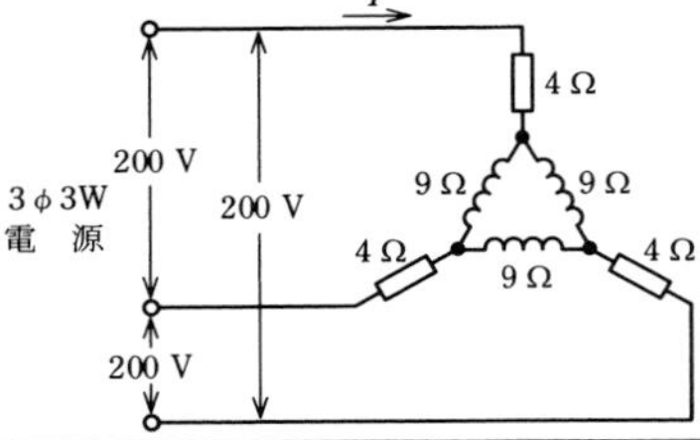

イ．$\frac{200\sqrt{3}}{17}$　　ロ．$\frac{40}{\sqrt{3}}$　　ハ．40　　ニ．$40\sqrt{3}$

6　図 a のような単相 3 線式電路と，図 b のような単相 2 線式電路がある。図 a の電線 1 線当たりの供給電力は，図 b の電線 1 線当たりの供給電力の何倍か。

ただし，R は定格電圧 V［V］の抵抗負荷であるとする。

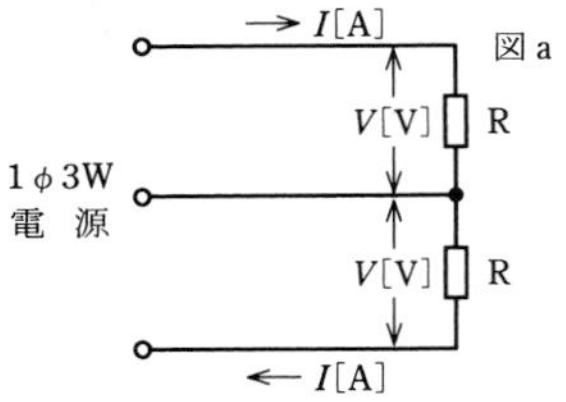

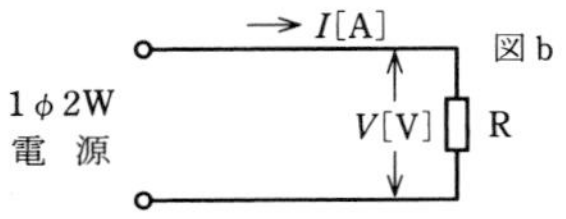

イ．$\frac{1}{3}$　　ロ．$\frac{1}{2}$　　ハ．$\frac{4}{3}$　　ニ．$\frac{5}{3}$

7　図のように，三相 3 線式構内配電線路の末端に，力率 0.8（遅れ）の三相負荷がある。この負荷と並列に電力用コンデンサを設置して，線路の力率を 1.0 に改善した。コンデンサ設置前の線路損失が 2.5 kW であるとすれば，設置後の線路損失の値［kW］は。

ただし，三相負荷の負荷電圧は一定とする。

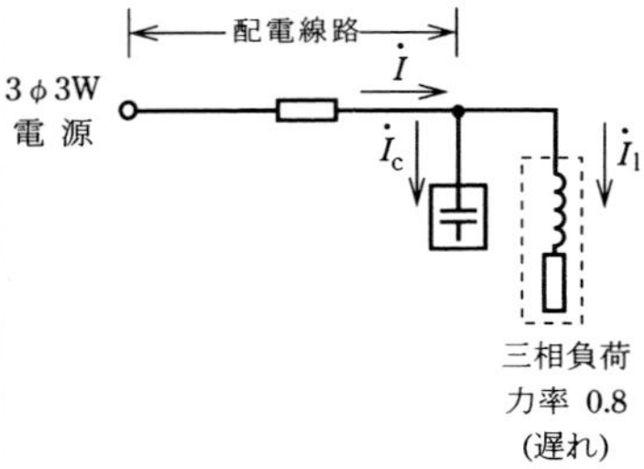

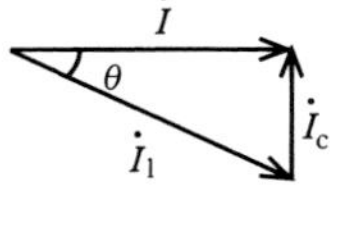

電流のベクトル図

イ．0　　ロ．1.6　　ハ．2.4　　ニ．2.8

	問　い	答　え
8	図のように，配電用変電所の変圧器の百分率インピーダンスは21%（定格容量30 MV·A基準），変電所から電源側の百分率インピーダンスは2%（系統基準容量10 MV·A），高圧配電線の百分率インピーダンスは3%（基準容量10 MV·A）である。高圧需要家の受電点（A点）から電源側の合成百分率インピーダンスは基準容量10 MV·Aでいくらか。　　ただし，百分率インピーダンスの百分率抵抗と百分率リアクタンスの比は，いずれも等しいとする。 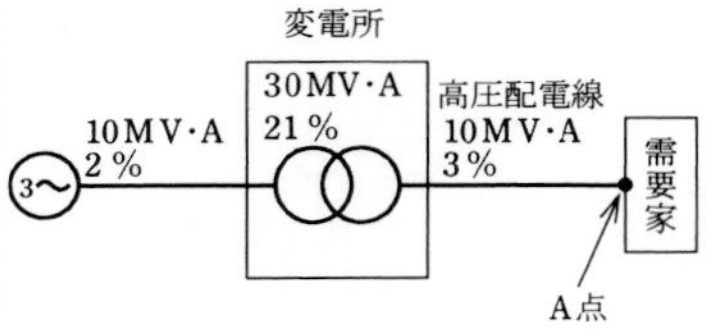	イ. 8 %　　　　　ロ. 12 %　　　　　ハ. 20 %　　　　　ニ. 28 %

変電所

10 MV·A　30 MV·A 21 %　高圧配電線　需要家
3〜　2 %　　　　10 MV·A 3 %
A点

9	図のように，直列リアクトルを設けた高圧進相コンデンサがある。この回路の無効電力（設備容量）[var]を示す式は。　　ただし，$X_L < X_C$とする。	イ. $\dfrac{V^2}{X_C - X_L}$　　　ロ. $\dfrac{V^2}{X_C + X_L}$　　　ハ. $\dfrac{X_C V}{X_C - X_L}$　　　ニ. $\dfrac{V}{X_C - X_L}$

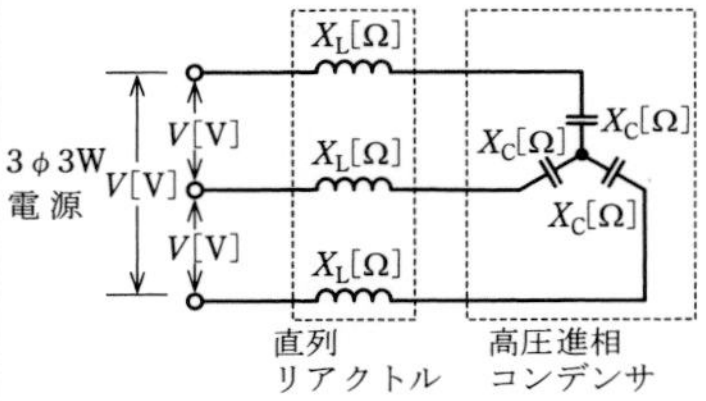

3φ3W電源　$V[V]$　$V[V]$　$V[V]$
$X_L[\Omega]$　$X_L[\Omega]$　$X_L[\Omega]$
$X_C[\Omega]$　$X_C[\Omega]$　$X_C[\Omega]$
直列リアクトル　高圧進相コンデンサ

10	図において，一般用低圧三相かご形誘導電動機の回転速度に対するトルク曲線は。 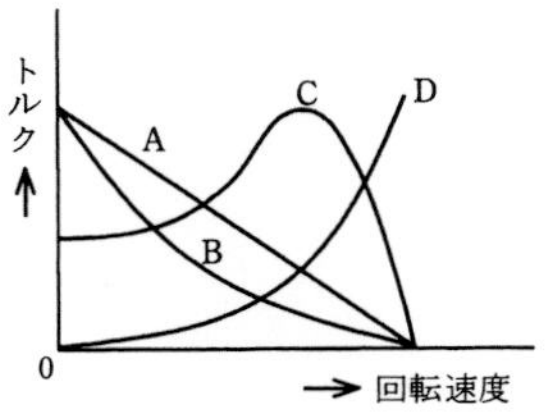	イ. A　　　　　ロ. B　　　　　ハ. C　　　　　ニ. D

トルク↑　A　C　D　B　0　→回転速度

11	変圧器の鉄損に関する記述として，正しいものは。	イ. 一次電圧が高くなると鉄損は増加する。 ロ. 鉄損はうず電流損より小さい。 ハ. 鉄損はヒステリシス損より小さい。 ニ. 電源の周波数が変化しても鉄損は一定である。

問い	答え
12　「日本産業規格(JIS)」では照明設計基準の一つとして，維持照度の推奨値を示している。同規格で示す学校の教室（机上面）における維持照度の推奨値〔lx〕は。	イ. 30　　　　ロ. 300　　　　ハ. 900　　　　ニ. 1300
13　りん酸形燃料電池の発電原理図として，正しいものは。	イ.　（−負極）（＋正極）未反応ガス←　→H₂　O₂←　←H₂O　電解液（りん酸水溶液）　　ロ.　（−負極）（＋正極）未反応ガス←　→H₂O　H₂←　←O₂　電解液（りん酸水溶液） ハ.　（−負極）（＋正極）未反応ガス←　→H₂O　O₂←　←H₂　電解液（りん酸水溶液）　　ニ.　（−負極）（＋正極）未反応ガス←　→O₂　H₂←　←H₂O　電解液（りん酸水溶液）
14　写真に示すものの名称は。 	イ. 金属ダクト ロ. バスダクト ハ. トロリーバスダクト ニ. 銅帯

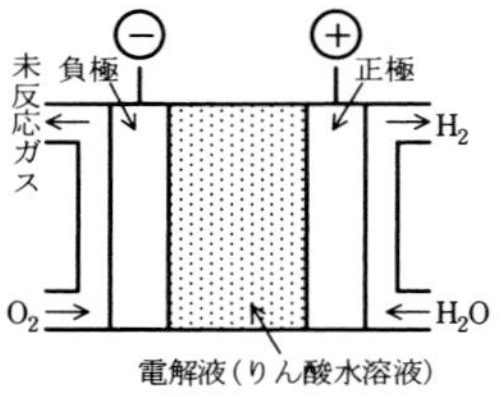

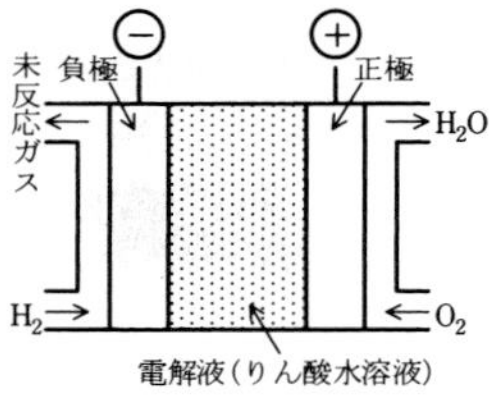

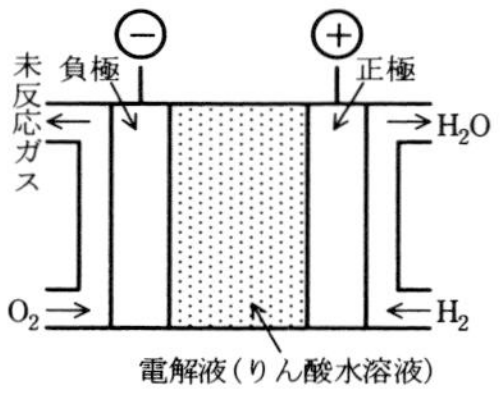

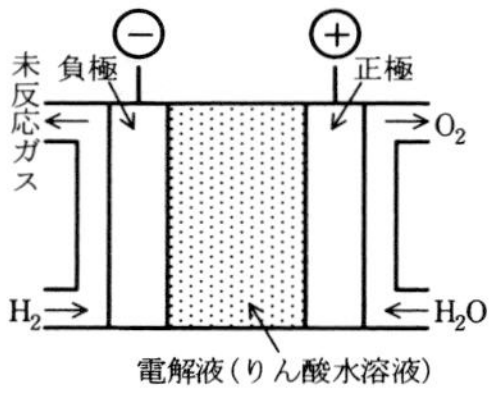

問 い	答 え
15 写真に示す雷保護用として施設される機器の名称は。 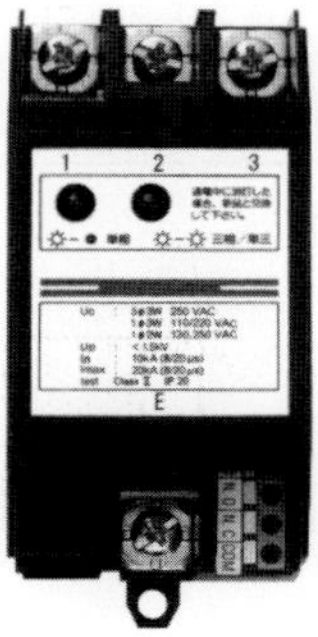 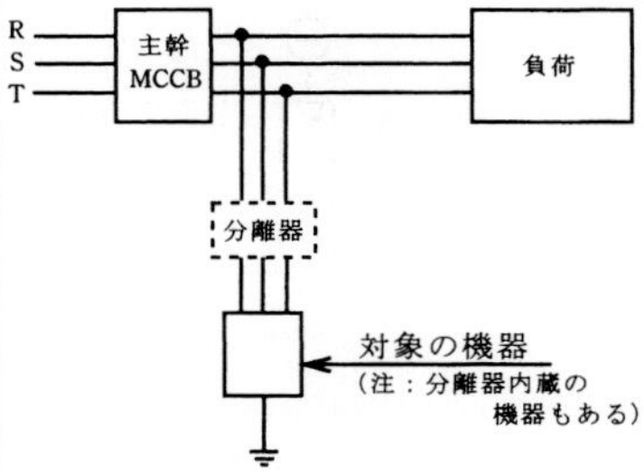 	イ．地絡継電器 ロ．漏電遮断器 ハ．漏電監視装置 ニ．サージ防護デバイス(SPD)
16 図に示す発電方式の名称で，**最も適切なもの**は。 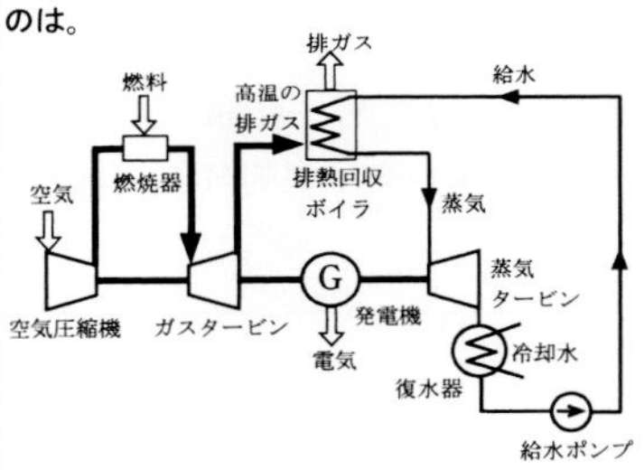 	イ．熱併給発電（コージェネレーション） ロ．燃料電池発電 ハ．スターリングエンジン発電 ニ．コンバインドサイクル発電
17 有効落差 100 m，使用水量 20 m³/s の水力発電所の発電機出力[MW]は。 　ただし，水車と発電機の総合効率は 85 % とする。	イ．1.9　　　ロ．12.7　　　ハ．16.7　　　ニ．18.7
18 高圧ケーブルの電力損失として，**該当しないもの**は。	イ．抵抗損 ロ．誘電損 ハ．シース損 ニ．鉄損
19 同一容量の単相変圧器を並行運転するための条件として，**必要でないもの**は。	イ．各変圧器の極性を一致させて結線すること。 ロ．各変圧器の変圧比が等しいこと。 ハ．各変圧器のインピーダンス電圧が等しいこと。 ニ．各変圧器の効率が等しいこと。

問　い	答　え
20 次の機器のうち，高頻度開閉を目的に使用されるものは。	イ．高圧断路器 ロ．高圧交流負荷開閉器 ハ．高圧交流真空電磁接触器 ニ．高圧交流遮断器
21 B種接地工事の接地抵抗値を求めるのに**必要とするものは。**	イ．変圧器の高圧側電路の1線地絡電流 [A] ロ．変圧器の容量 [kV・A] ハ．変圧器の高圧側ヒューズの定格電流 [A] ニ．変圧器の低圧側電路の長さ [m]
22 写真に示す機器の用途は。  	イ．高電圧を低電圧に変圧する。 ロ．大電流を小電流に変流する。 ハ．零相電圧を検出する。 ニ．コンデンサ回路投入時の突入電流を抑制する。
23 写真に示す過電流蓄勢トリップ付地絡トリップ形(SOG)の地絡継電装置付高圧交流負荷開閉器(GR付PAS)の記述として，**誤っている**ものは。  	イ．一般送配電事業者の配電線への波及事故の防止に効果がある。 ロ．自家用側の高圧電路に地絡事故が発生したとき，一般送配電事業者の配電線を停止させることなく，自動遮断する。 ハ．自家用側の高圧電路に短絡事故が発生したとき，一般送配電事業者の配電線を停止させることなく，自動遮断する。 ニ．自家用側の高圧電路に短絡事故が発生したとき，一般送配電事業者の配電線を一時停止させることがあるが，配電線の復旧を早期に行うことができる。
24 引込柱の支線工事に使用する材料の組合せとして，**正しいものは。** 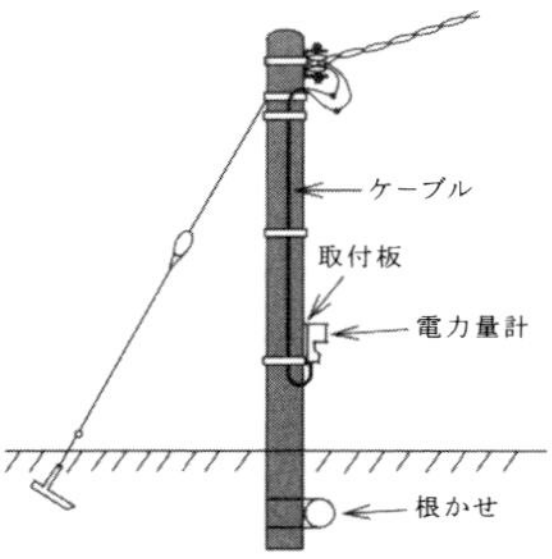 	イ．亜鉛めっき鋼より線，玉がいし，アンカ ロ．耐張クランプ，巻付グリップ，スリーブ ハ．耐張クランプ，玉がいし，亜鉛めっき鋼より線 ニ．巻付グリップ，スリーブ，アンカ

問 い	答 え
25 写真に示す材料の名称は。  	イ．ボードアンカ ロ．インサート ハ．ボルト形コネクタ ニ．ユニバーサルエルボ
26 写真の器具の使用方法の記述として，**正しいもの**は。 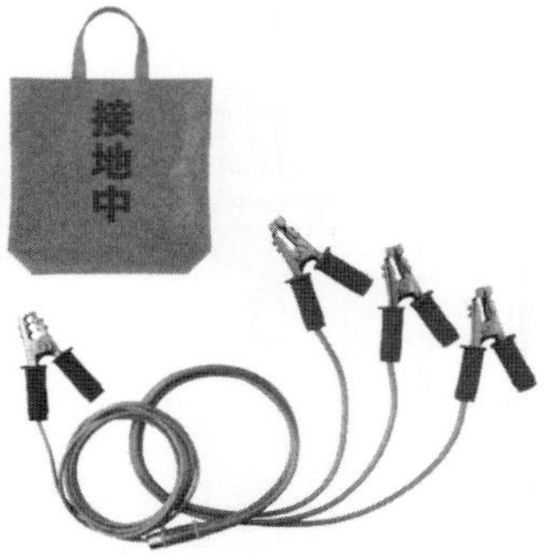 	イ．墜落制止用器具の一種で高所作業時に使用する。 ロ．高圧受電設備の工事や点検時に使用し，誤送電による感電事故の防止に使用する。 ハ．リレー試験時に使用し，各所のリレーに接続する。 ニ．変圧器等の重量物を吊り下げ運搬，揚重に使用する。
27 自家用電気工作物において，低圧の幹線から分岐して，水気のない場所に施設する低圧用の電気機械器具に至る低圧分岐回路を設置する場合において，**不適切なもの**は。	イ．低圧分岐回路の適切な箇所に開閉器を施設した。 ロ．低圧分岐回路に過電流が生じた場合に幹線を保護できるよう，幹線にのみ過電流遮断器を施設した。 ハ．低圧分岐回路に，<PS>Eの表示のある漏電遮断器（定格感度電流が15mA以下，動作時間が0.1秒以下の電流動作型のものに限る。）を施設した。 ニ．低圧分岐回路は，他の配線等との混触による火災のおそれがないよう施設した。
28 合成樹脂管工事に**使用できない**絶縁電線の種類は。	イ．600Vビニル絶縁電線 ロ．600V二種ビニル絶縁電線 ハ．600V耐燃性ポリエチレン絶縁電線 ニ．屋外用ビニル絶縁電線
29 低圧配線と弱電流電線とが接近又は交差する場合，又は同一ボックスに収める場合の施工方法として，**誤っているもの**は。	イ．埋込形コンセントを収める合成樹脂製ボックス内に，ケーブルと弱電流電線との接触を防ぐため堅ろうな隔壁を設けた。 ロ．低圧配線を金属管工事で施設し，弱電流電線と同一の金属製ボックスに収めた場合，ボックス内に堅ろうな隔壁を設け，金属製部分にはD種接地工事を施した。 ハ．低圧配線を金属ダクト工事で施設し，弱電流電線と同一ダクトで施設する場合，ダクト内に堅ろうな隔壁を設け，金属製部分にはC種接地工事を施した。 ニ．絶縁電線と同等の絶縁効力があるケーブルを使用したリモコンスイッチ用弱電流電線（識別が容易にできるもの）を，低圧配線と同一の配管に収めて施設した。

問い30から問い34までは，下の図に関する問いである。

　図は，自家用電気工作物構内の受電設備を表した図である。この図に関する各問いには，4 通りの答え（**イ，ロ，ハ，ニ**）が書いてある。それぞれの問いに対して，答えを 1 つ選びなさい。

〔注〕図において，問いに直接関係のない部分等は，省略又は簡略化してある。

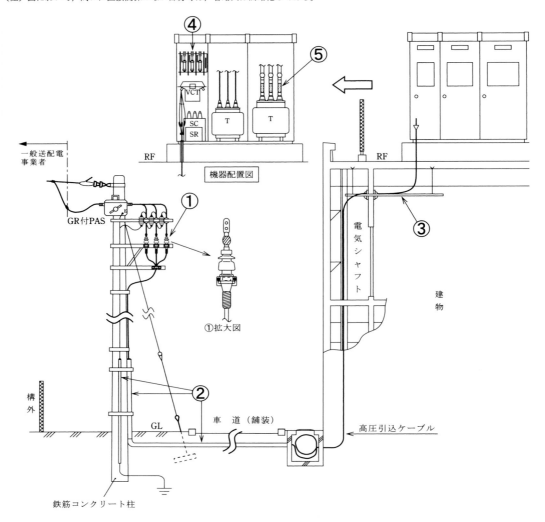

問　い	答　え
30 ①に示す CVT ケーブルの終端接続部の名称は。	イ．耐塩害屋外終端接続部 ロ．ゴムとう管形屋外終端接続部 ハ．ゴムストレスコーン形屋外終端接続部 ニ．テープ巻形屋外終端接続部
31 ②に示す引込柱及び引込ケーブルの施工に関する記述として，**不適切な**ものは。	イ．引込ケーブル立ち上がり部分を防護するため，地表からの高さ2 m，地表下0.2 mの範囲に防護管（鋼管）を施設し，雨水の浸入を防止する措置を行った。 ロ．引込ケーブルの地中埋設部分は，需要設備構内であるので，「電力ケーブルの地中埋設の施工方法（JIS C 3653）」に適合する材料を使用し，舗装下面から30 cm以上の深さに埋設した。 ハ．地中引込ケーブルは，鋼管による管路式としたが，鋼管に防食措置を施してあるので地中電線を収める鋼管の金属製部分の接地工事を省略した。 ニ．引込柱に設置した避雷器を接地するため，接地極からの電線を薄鋼電線管に収めて施設した。
32 ③に示すケーブルラックの施工に関する記述として，**誤っている**ものは。	イ．長さ3 m，床上2.1 mの高さに設置したケーブルラックを乾燥した場所に施設し，A種接地工事を省略した。 ロ．ケーブルラック上の高圧ケーブルと弱電流電線を15 cm離隔して施設した。 ハ．ケーブルラック上の高圧ケーブルの支持点間の距離を，ケーブルが移動しない距離で施設した。 ニ．電気シャフトの防火壁のケーブルラック貫通部に防火措置を施した。
33 ④に示す PF・S 形の主遮断装置として，**必要でない**ものは。	イ．過電流ロック機能 ロ．ストライカによる引外し装置 ハ．相間，側面の絶縁バリア ニ．高圧限流ヒューズ
34 ⑤に示す可とう導体を使用した施設に関する記述として，**不適切な**ものは。	イ．可とう導体を使用する主目的は，低圧母線に銅帯を使用したとき，過大な外力によりブッシングやがいし等の損傷を防止しようとするものである。 ロ．可とう導体には，地震による外力等によって，母線が短絡等を起こさないよう，十分な余裕と絶縁セパレータを施設する等の対策が重要である。 ハ．可とう導体は，低圧電路の短絡等によって，母線に異常な過電流が流れたとき，限流作用によって，母線や変圧器の損傷を防止できる。 ニ．可とう導体は，防振装置との組合せ設置により，変圧器の振動による騒音を軽減することができる。ただし，地震による機器等の損傷を防止するためには，耐震ストッパの施設と併せて考慮する必要がある。

問い	答え
35　「電気設備の技術基準の解釈」において，D種接地工事に関する記述として，**誤っているもの**は。	イ．D種接地工事を施す金属体と大地との間の電気抵抗値が 10 Ω以下でなければ，D種接地工事を施したものとみなされない。 ロ．接地抵抗値は，低圧電路において，地絡を生じた場合に 0.5 秒以内に当該電路を自動的に遮断する装置を施設するときは，500 Ω以下であること。 ハ．接地抵抗値は，100 Ω以下であること。 ニ．接地線は故障の際に流れる電流を安全に通じることができるものであること。
36　公称電圧 6.6 kV の交流回路に使用するケーブルの絶縁耐力試験を直流電圧で行う場合の試験電圧［V］の計算式は。	イ．$6\,600 \times 1.5 \times 2$ ロ．$6\,600 \times \dfrac{1.15}{1.1} \times 1.5 \times 2$ ハ．$6\,600 \times 2 \times 2$ ニ．$6\,600 \times \dfrac{1.15}{1.1} \times 2 \times 2$
37　変圧器の絶縁油の劣化診断に直接関係のないものは。	イ．油中ガス分析 ロ．真空度測定 ハ．絶縁耐力試験 ニ．酸価度試験（全酸価試験）
38　「電気工事士法」において，電圧 600 V 以下で使用する自家用電気工作物に係る電気工事の作業のうち，第一種電気工事士又は認定電気工事従事者でなくても従事できるものは。	イ．ダクトに電線を収める作業 ロ．電線管を曲げ，電線管相互を接続する作業 ハ．金属製の線ぴを，建造物の金属板張りの部分に取り付ける作業 ニ．電気機器に電線を接続する作業
39　「電気用品安全法」において，交流の電路に使用する定格電圧 100 V 以上 300 V 以下の機械器具であって，特定電気用品は。	イ．定格電圧 100 V，定格電流 60 A の配線用遮断器 ロ．定格電圧 100 V，定格出力 0.4 kW の単相電動機 ハ．定格静電容量 100 μF の進相コンデンサ ニ．定格電流 30 A の電力量計
40　「電気工事業の業務の適正化に関する法律」において，**正しいもの**は。	イ．電気工事士は，電気工事業者の監督の下で，「電気用品安全法」の表示が付されていない電気用品を電気工事に使用することができる。 ロ．電気工事業者が，電気工事の施工場所に二日間で完了する工事予定であったため，代表者の氏名等を記載した標識を掲げなかった。 ハ．電気工事業者が，電気工事ごとに配線図等を帳簿に記載し，3 年経ったので廃棄した。 ニ．一般用電気工事の作業に従事する者は，主任電気工事士がその職務を行うため必要があると認めてする指示に従わなければならない。

問題2．配線図1 (問題数5，配点は1問当たり2点)

　図は，三相誘導電動機を，押しボタンの操作により始動させ，タイマの設定時間で停止させる制御回路である。この図の矢印で示す
5箇所に関する各問いには，4通りの答え（イ，ロ，ハ，ニ）が書いてある。それぞれの問いに対して，答えを1つ選びなさい。
　〔注〕図において，問いに直接関係のない部分等は，省略又は簡略化してある。

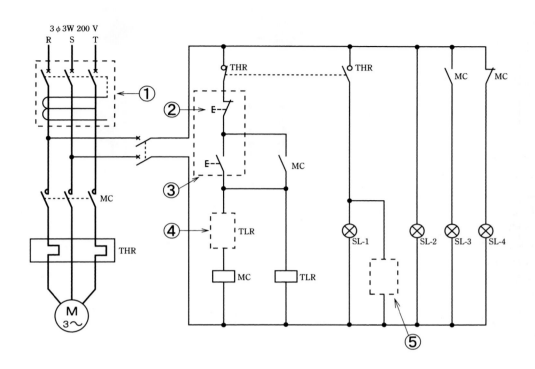

	問　い	答　え
41	①の部分に設置する機器は。	イ．配線用遮断器 ロ．電磁接触器 ハ．電磁開閉器 ニ．漏電遮断器（過負荷保護付）
42	②で示す図記号の接点の機能は。	イ．手動操作手動復帰 ロ．自動操作手動復帰 ハ．手動操作自動復帰 ニ．限時動作自動復帰

問 い	答 え
43 ③で示す機器は。	イ.  ロ.  ハ.  ニ. 
44 ④で示す部分に使用される接点の図記号は。	イ.  ロ.  ハ.  ニ. 
45 ⑤で示す部分に使用されるブザーの図記号は。	イ.  ロ.  ハ. 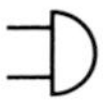 ニ. 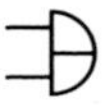

問題3. 配線図2 （問題数5，配点は1問当たり2点）

　図は，高圧受電設備の単線結線図である。この図の矢印で示す5箇所に関する各問いには，4通りの答え（**イ，ロ，ハ，ニ**）が書いてある。それぞれの問いに対して，答えを1つ選びなさい。

〔注〕図において，問いに直接関係のない部分等は，省略又は簡略化してある。

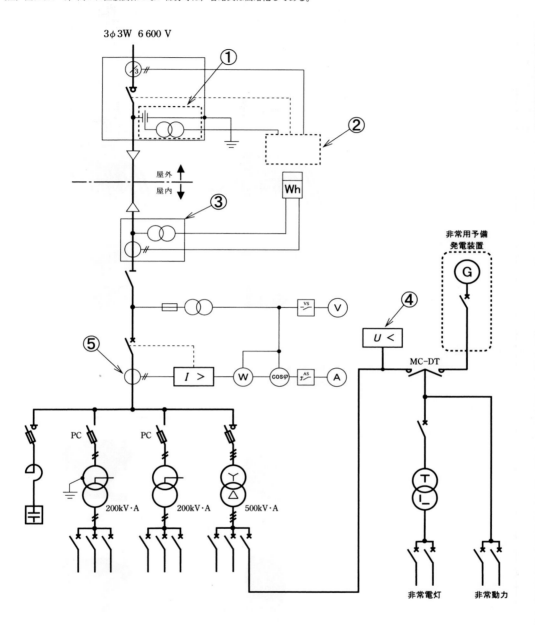

	問　い	答　え
46	①で示す機器を設置する目的として，**正しいものは**。	イ．零相電流を検出する。 ロ．零相電圧を検出する。 ハ．計器用の電流を検出する。 ニ．計器用の電圧を検出する。
47	②に設置する機器の図記号は。	イ． 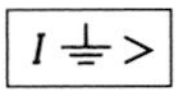 $I \overset{\perp}{=} >$ ロ． 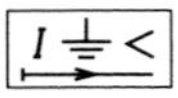 $I \overset{\perp}{=} <$ ハ． $I <$ ニ． $I \overset{\perp}{=} >$ 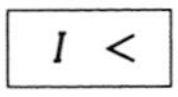 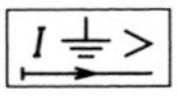
48	③に示す機器と文字記号(略号)の組合せで，**正しいものは**。	イ．  VCT ロ．  PAS ハ．  VCT ニ．  VCB
49	④で示す機器は。	イ．不足電力継電器 ロ．不足電圧継電器 ハ．過電流継電器 ニ．過電圧継電器
50	⑤で示す部分に設置する機器と個数は。	イ．  1個 ロ．  1個 ハ．  2個 ニ．  2個

〔問題 1〕 一般問題の解答

1　ハ．2 800

起磁力 F_m〔A〕，磁束 ϕ〔Wb〕及び磁気抵抗 R_m〔H^{-1}〕の関係は，次の式で表される．

$$F_m = R_m\phi \text{〔A〕}$$

鉄心の磁気抵抗 $R_1 = 8 \times 10^5$〔H^{-1}〕とエアギャップの磁気抵抗 $R_2 = 6 \times 10^5$〔H^{-1}〕の合成磁気抵抗 R_m〔H^{-1}〕は，

$$\begin{aligned} R_m &= R_1 + R_2 = 8 \times 10^5 + 6 \times 10^5 \\ &= 14 \times 10^5 \text{〔H^{-1}〕} \end{aligned}$$

したがって，磁束を $\phi = 2 \times 10^{-3}$〔Wb〕にするために必要な起磁力 F_m〔A〕は，

$$\begin{aligned} F_m &= R_m\phi = 14 \times 10^5 \times 2 \times 10^{-3} \\ &= 28 \times 10^2 \\ &= 2\,800 \text{〔A〕} \end{aligned}$$

2　ロ．2

次の第1図のような手順で解く．

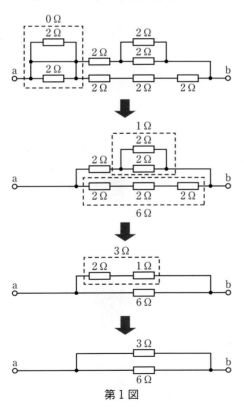

第 1 図

したがって，a−b 間の合成抵抗値 R〔Ω〕は，

$$R = \frac{6 \times 3}{6 + 3} = \frac{18}{9} = 2 \text{〔Ω〕}$$

3　ハ．88

第2図で，回路全体に流れる電流 I〔A〕は 17 A で，抵抗 8 Ω に流れる電流 I_R〔A〕は 15 A である．

力率 $\cos\theta$〔%〕は，

$$\cos\theta = \frac{I_R}{I} \times 100 = \frac{15}{17} \times 100 \fallingdotseq 88 \text{〔%〕}$$

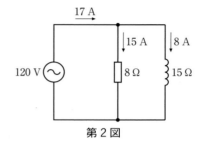

第 2 図

4　ロ．10

第3図において，抵抗 20 Ω に流れる電流 I_R〔A〕は，

$$I_R = \frac{V}{R} = \frac{120}{20} = 6 \text{〔A〕}$$

誘導性リアクタンス 10 Ω に流れる電流 I_L〔A〕は，

$$I_L = \frac{V}{X_L} = \frac{120}{10} = 12 \text{〔A〕}$$

容量性リアクタンス 30 Ω に流れる電流 I_C〔A〕は，

$$I_C = \frac{V}{X_C} = \frac{120}{30} = 4 \text{〔A〕}$$

回路全体に流れる電流 I〔A〕は，

$$\begin{aligned} I &= \sqrt{I_R{}^2 + (I_L - I_C)^2} = \sqrt{6^2 + (12-4)^2} \\ &= \sqrt{36 + 64} = \sqrt{100} = 10 \text{〔A〕} \end{aligned}$$

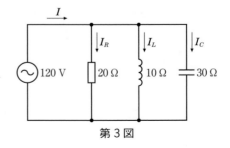

第 3 図

5　ロ．$\dfrac{40}{\sqrt{3}}$

△結線された誘導リアクタンス 9 Ω を，Ｙ結線に等価変換すると，

$$X_Y = \frac{X_\triangle}{3} = \frac{9}{3} = 3\,[\Omega]$$

問題の三相交流回路は，第4図として計算することができる．

1相のインピーダンス $Z\,[\Omega]$ は，
$$Z = \sqrt{R^2 + X_L{}^2} = \sqrt{4^2 + 3^2} = \sqrt{25} = 5\,[\Omega]$$

1相に加わる電圧 $V\,[\mathrm{V}]$ は，
$$V = \frac{200}{\sqrt{3}}\,[\mathrm{V}]$$

電流 $I\,[\mathrm{A}]$ は，
$$I = \frac{V}{Z} = \frac{\dfrac{200}{\sqrt{3}}}{5} = \frac{200}{5\sqrt{3}} = \frac{40}{\sqrt{3}}\,[\mathrm{A}]$$

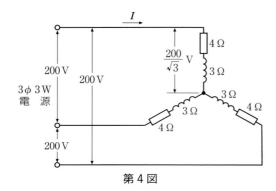

第4図

6 ハ．$\dfrac{4}{3}$

第5図の図aの単相3線式電路の1線当たりの供給電力 $P_a\,[\mathrm{W}]$ は，
$$P_a = \frac{供給電力}{3} = \frac{2VI}{3}\,[\mathrm{W}]$$

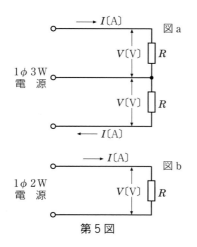

第5図

第5図の図bの単相2線式電路の1線当たりの供給電力 $P_b\,[\mathrm{W}]$ は，
$$P_b = \frac{供給電力}{2} = \frac{VI}{2}\,[\mathrm{W}]$$

したがって，
$$\frac{P_a}{P_b} = \frac{\dfrac{2VI}{3}}{\dfrac{VI}{2}} = \frac{2VI}{3} \times \frac{2}{VI} = \frac{4}{3}\,倍$$

7 ロ．1.6

コンデンサ設置前と設置後の消費電力は同じである．コンデンサ設置前に配電線路に流れる電流を $I_1\,[\mathrm{A}]$，コンデンサ設置後に配電線路に流れる電流を $I\,[\mathrm{A}]$，負荷電圧を $V\,[\mathrm{V}]$ とすると，消費電力は次式のようになる．
$$\sqrt{3}\,VI_1 \times 0.8 = \sqrt{3}\,VI \times 1.0\,[\mathrm{W}]$$

コンデンサ設置後に流れる電流 $I\,[\mathrm{A}]$ は，
$$I = 0.8I_1\,[\mathrm{A}]$$

配電線路の電線1本当たりの抵抗を $r\,[\Omega]$ とすると，コンデンサ設置前の線路損失は，次式で表すことができる．
$$3I_1{}^2 r = 2\,500\,[\mathrm{W}]$$

コンデンサ設置後の線路損失は，
$$\begin{aligned}
3I^2 r &= 3(0.8I_1)^2 r = 3 \times 0.64I_1{}^2 r \\
&= 3I_1{}^2 r \times 0.64 = 2\,500 \times 0.64 = 1\,600\,[\mathrm{W}] \\
&= 1.6\,[\mathrm{kW}]
\end{aligned}$$

8 ロ．12%

基準容量が異なる百分率インピーダンスを合成するには，同一の基準容量の百分率インピーダンスに換算しなけれならない．

第6図のように，変圧器の百分率インピーダンスが $\%Z_2\,[\%]$（基準容量 $P_2\,[\mathrm{MV\cdot A}]$）で，高圧配電線の百分率インピーダンスが $\%Z_1\,[\%]$（基準容量 $P_1\,[\mathrm{MV\cdot A}]$）の場合，A点から電源側の基準容量 $P_1\,[\mathrm{MV\cdot A}]$ における合成百分率インピーダンス $\%Z\,[\%]$ は，次のようにして求める．

基準容量 $P_1\,[\mathrm{MV\cdot A}]$ に換算した変圧器の百分率インピーダンス $\%Z_T\,[\%]$ は，百分率インピーダンスは基準容量に比例するので，
$$\%Z_T = \frac{P_1}{P_2}\%Z_2\,[\%]$$

A点から変電所の電源側の配線までの合成

百分率インピーダンス%Z〔%〕（基準容量 P_1〔MV·A〕）は、次のようになる。

$$\%Z = \%Z_1 + \frac{P_1}{P_2}\%Z_2$$

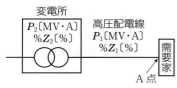

第6図

問題で、受電点（A点）から電源側の合成百分率インピーダンス%Z〔%〕は、基準容量10〔MV·A〕で、

$$\%Z = 3 + \frac{10}{30} \times 21 + 2 = 3 + 7 + 2 = 12 〔\%〕$$

⑨ イ． $\dfrac{V^2}{X_C - X_L}$

第6図のような Y 結線として考える。

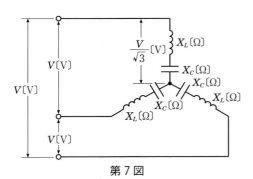

第7図

1相のリアクタンス X〔Ω〕は、
$$X = X_C - X_L 〔Ω〕$$

線間電圧を V〔V〕とすると、1相に加わる電圧 V_0〔V〕は、

$$V_0 = \frac{V}{\sqrt{3}} 〔V〕$$

この回路の無効電力 Q〔var〕は、

$$Q = 3 \times \frac{V_0{}^2}{X_C - X_L} = 3 \times \frac{\left(\dfrac{V}{\sqrt{3}}\right)^2}{X_C - X_L}$$

$$= \frac{V^2}{X_C - X_L} 〔var〕$$

⑩ ハ．C

トルク曲線（第8図）は、電動機の回転速度によってトルク（回転力）がどのように変化するかを表す。

始動時のトルクが始動トルクで、回転速度が大きくなるに従ってトルクが徐々に大きくなる。最大トルクより右の領域では、トルクが変化しても回転速度はあまり変化しない。

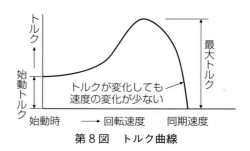

第8図　トルク曲線

⑪ イ．一次電圧が高くなると鉄損は増加する．

変圧器の鉄損は、一次電圧が高くなると電圧の2乗に比例して増加するので、イは正しい。

鉄損は、うず電流損とヒステリシス損を加えたものであるので、ロ及びハは誤りである。

電源の周波数が高くなると鉄損は減少することから、電源の周波数が変化すると鉄損もは変化するので、ニは誤りである。

⑫ ロ．300

JIS Z9110（照度基準総則）による。

学校の教室（机上面）における維持照度の推奨値は、300 lx である。

学校における「学習空間」での維持照度の推奨値は、第1表のようになっている。

第1表　学校の維持照度

製図室	750 lx	図書閲覧室	500 lx
被服教室	500 lx	教室	300 lx
電子計算機室	500 lx	体育館	300 lx
実験実習室	500 lx	講堂	200 lx

⑬ ロ．

リン酸形燃料電池は、リン酸を電解質として使用し、天然ガスから取り出した水素ガスと空気から取り出した酸素とを化学反応させて発電するものである。化学反応を直接電気エネルギーに変えるため、効率が高い。

この発電方式は、発電することによって水（H_2O）を発生するので、炭酸ガス（CO_2）を削減

する効果がある.

14　ロ．バスダクト

バスダクト（第9図）は，導体にアルミ導体又は銅導体を用い，大電流を流す幹線として使用される.

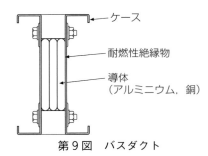

第9図　バスダクト

15　ニ．サージ防護デバイス（SPD）

写真は，分電盤用のサージ防護デバイス（SPD：Surge Protective Device）である．落雷で過電圧が侵入した場合に，雷サージを大地に放電して，雷害から機器等を守る.

16　ニ．コンバインドサイクル発電

コンバインドサイクル発電方式は，ガスタービン発電と汽力発電を組み合わせたものである.

燃料の天然ガスを燃焼させてガスタービンを回転させ，ガスタービンから出た高温の排ガスの熱を利用して，高温・高圧の蒸気を発生させて蒸気タービンを回転させる.

17　ハ．16.7

水力発電所の発電機出力 P〔MW〕は，

$$P = 9.8QH\eta = 9.8 \times 20 \times 100 \times 0.85$$
$$= 16\,660\,\text{〔kW〕} \fallingdotseq 16.7\,\text{〔MW〕}$$

18　ニ．鉄損

鉄損は，変圧器の鉄心に渦電流が流れて生ずる渦電流損等で，電力ケーブルには生じない.

高圧ケーブルの電力損失には，抵抗損，誘電体損，シース損がある.

抵抗損は，電線の抵抗による損失である．誘電体損は，交流電圧を印加することによって絶縁体内で発生する損失である．シース損は，ケーブルの金属シースに誘導される電流による損失である.

19　ニ．各変圧器の効率が等しいこと.

同一容量の単相変圧器2台を並行運転するためには，次の条件が必要である.

(1) 極性が合っていること.
(2) 変圧比が等しいこと.
(3) インピーダンス電圧が等しいこと.

これらの条件を満足しないと，大きな循環電流が流れて巻線を焼損したり，負荷の分担が半分ずつにならないで，片方の変圧器が過負荷になって焼損する場合がある.

20　ハ．高圧交流真空電磁接触器

高圧交流真空電磁接触器（第10図）は，高圧動力制御盤や自動力率改善調整装置など，頻繁に開閉を行う開閉器として使用される.

第10図　高圧交流真空電磁接触器

21　イ．変圧器の高圧側電路の1線地絡電流〔A〕

電技解釈第17条（接地工事の種類及び施設方法）による.

高圧電路と低圧電路を結合する変圧器のB種接地工事の接地抵抗値は，変圧器の高圧側電路の1線地絡電流によって，次のようにしなければならない.

（B種接地工事の接地抵抗値）

I_g：高圧側電路の1線地絡電流〔A〕
①原則　　　　　　　　　　　　　　$150/I_g$〔Ω〕以下
②混触時に，1秒を超え2秒以内に遮断する装置を設ける場合　　　　　$300/I_g$〔Ω〕以下
③混触時に，1秒以内に遮断する装置を設ける場合　　　　　　　　　　$600/I_g$〔Ω〕以下

22　イ．高電圧を低電圧に変圧する.

写真の機器は計器用変圧器で，高圧の6 600 Vを低圧の110 Vに変圧する.

23　ハ．自家用側の高圧電路に短絡事故が発生したとき，一般用送配電事業者の配電線を停止させることなく，自動遮断する.

過電流蓄勢トリップ付地絡トリップ形（SOG）の地絡継電装置付高圧交流負荷開閉器

(GR付PAS)は，短絡事故が発生したとき，開閉器を一旦ロックして動作しないようにする．一般送配電事業者側からの送電が停止され，無充電を検知することで自動的に負荷開閉器を開路する．一般用送配電事業者の配電線路を一旦停止させることがあるが，配電線の復旧を早期に行うことできる．

24 イ．亜鉛めっき鋼より線，玉がいし，アンカ

支線工事に使用する材料は，第11図のとおりである．巻付グリップは，支線と玉がいし，支線とアンカの取り付けに使用する．

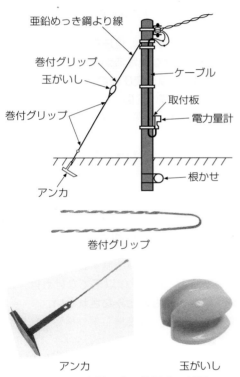

第11図　支線工事に使用する材料

25 ロ．インサート

インサートは，第12図のようにコンクリートスラブやデッキプレートを用いたスラブに吊りボルトを取り付けて，照明器具や配管などを固定するのに使用する金具である．

インサートには，型枠用(問題の写真右)とデッキプレート用(問題の写真左)があり，コンクリートを流し込む前に，前もって型枠やデッキプレートに金具を装着しておく．型枠用はイ

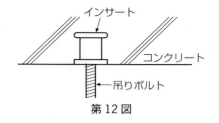

第12図

ンサートを型枠に釘で固定し，デッキプレート用はドリル等でデッキプレートに穴をあけて固定する．

26 ロ．高圧受電設備の工事や点検時に使用し，誤送電による感電事故の防止に使用する．

停電して高圧受電設備の工事や点検をするときに，短絡接地器具で断路器の1次側を短絡・接地して，作業中に誤送電による感電事故を防止する．

27 ロ．低圧分岐回路に過電流が生じた場合に幹線を保護できるよう，幹線にのみ過電流遮断器を施設した．

電技解釈第149条(低圧分岐回路の施設)による．

低圧分岐回路には，過電流が生じた場合に分岐回路の電線を保護するために，幹線との分岐点に過電流遮断器及び開閉器を施設しなければならない．

28 ニ．屋外用ビニル絶縁電線

電技解釈第158条(合成樹脂管工事)による．

合成樹脂管工事では，屋外用ビニル絶縁電線は使用できない．

29 ロ．低圧配線を金属管工事で施設し，弱電流電線と同一の金属製ボックスに収めた場合，ボックス内に堅ろうな隔壁を設け，金属製部分にはD種接地工事を施した．

電技解釈第167条(低圧配線と弱電流電線等又は管との接近又は交差)による．

金属管工事により施設する低圧屋内配線と弱電流電線と同一のボックスに収めた場合は，低圧配線と弱電流電線との間に堅ろうな隔壁を設け，金属製部分にC種接地工事を施さなければならない．

30 イ．耐塩害屋外終端接続部

①に示すCVTケーブルの終端接続部は，海岸に近い地域で使用される耐塩害屋外終端接続

部である.

31 二．引込柱に設置した避雷器を設置するため，接地極からの電線を薄綱電線管に収めて施設した．

電技解釈第17条（接地工事の種類及び施設方法），第123条（地中電線の被覆金属体等の接地）高圧受電設備規程1120-3（高圧地中引込線の施設）による．

避雷器の接地工事はA種接地工事であり，人が触れるおそれがある場所に施設する場合は，接地線の地下75cmから地表2mまでの部分を，電気用品安全法の適用を受ける合成樹脂管（厚さ2mm未満の合成樹脂製電線管及びCD管を除く）等で覆わなければならない（第13図）．

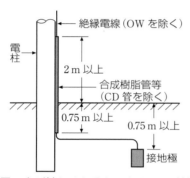

第13図　人が触れるおそれのあるA・B接地工事

32 イ．長さ3m，床上2.1mの高さに設置したケーブルラックを乾燥した場所に施設し，A種接地工事を省略した．

電技解釈第1条（用語の定義）・第168条（高圧配線の施設），内線規程3810-3（ケーブル配線による高圧屋内配線）による．

ケーブルラックが床上2.3m未満の高さに設置してあり，接触防護措置が施されていないので，A種接地工事を施さなければならない．

33 イ．過電流ロック機能

高圧受電設備規程1240-6（限流ヒューズ付き高圧交流負荷開閉器）による．

PF・S形の主遮断装置に用いる限流ヒューズ付き高圧交流負荷開閉器（第14図）は，次に適合するものでなければならない．

①ストライカによる引外し方式のものであること．

②相間及び側面には，絶縁バリアが取付けてあるものであること．

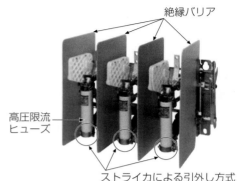

第14図　PF・S形の主遮断装置

34 ハ．可とう導体は，低圧電路の短絡等によって，母線に異常な過電流が流れたとき，限流作用によって，母線や変圧器の損傷を防止できる．

可とう導体（第15図）は，低圧母線に銅帯を使用した場合に，地震等で過大な外力によって，変圧器のブッシング等が損傷しないようにするもので，過電流・短絡保護をすることはできない．

第15図　可とう導体

35 イ．D種接地工事を施す金属体と大地との間の電気抵抗値が10Ω以下でなければ，D種接地工事施したものとみなされない．

電技解釈第17条（接地工事の種類及び施設方法）による．

D種接地工事を施す金属体と大地との間の電気抵抗値が100Ω以下である場合は，D種接地工事を施したものとみなされる．

36 ロ．$6\,600 \times \dfrac{1.15}{1.1} \times 1.5 \times 2$

電技解釈第1条（用語の定義）・第15条（高圧又は特別高圧の電路の絶縁性能）による．

高圧電路で使用するケーブルの絶縁耐力試験を直流で行う場合は，交流で行う試験電圧の2倍の電圧を加えて行う．

交流で行う試験電圧は，最大使用電圧の1.5倍である．

公称電圧 6.6 kV の最大使用電圧は,

$$最大使用電圧 = 6\,600 \times \frac{1.15}{1.1} \,[\text{V}]$$

したがって,直流で行う試験電圧は,

$$直流試験電圧 = 6\,600 \times \frac{1.15}{1.1} \times 1.5 \times 2 \,[\text{V}]$$

37　ロ．真空度測定

変圧器の絶縁油の劣化診断では,真空度測定は行わない.真空度測定は,真空遮断器の真空バルブについて行うものである.

変圧器の絶縁油の劣化診断では,一般的に行う試験は,次のとおりである.

・外観試験
・絶縁破壊電圧試験(絶縁耐力試験)
・酸価度試験(全酸価試験)
・水分試験
・油中ガス分析

38　ニ．電気機器に電線を接続する作業

電気工事士法第3条(電気工事士等),施行規則第2条(軽微な作業)による.

自家用電気工作物(最大電力500 kW 未満の需要設備)において,電圧 600 V 以下で使用する電気機器に電線を接続する作業は,軽微な作業に該当するので,第一種電気工事士又は認定電気工事従事者でなくても従事できる.

39　イ．定格電圧 100 V,定格電流 60 A の配線用遮断器

電気用品安全法第2条(定義),施行令第1条の2(特定電気用品)による.

定格電圧が 100 V 以上 300 V 以下のもので,定格電流 100 A 以下の配線用遮断器は,電気用品安全法の特定電気用品の適用を受ける.

単相電動機は特定電気用品以外の電気用品の適用を受け,電力量計及び進相コンデンサは電気用品の適用を受けない.

40　ニ．一般用電気工事の作業に従事する者は,主任電気工事士がその職務を行うため必要があると認めてする指示に従わなければならない.

電気工事業法第20条(主任電気工事士の職務等)・第23条(電気用品の使用の制限)・第25条(標識の掲示)・第26条(帳簿の備付け等),施行規則第13条(帳簿)による.

電気工事業者は,電気用品安全法の表示が付されている電気用品でなければ,電気工事に使用してはならない.

電気工事業者は,施工期間にかかわらず,営業所及び施工場所に代表者の氏名等を記載した標識を掲げならない.

電気工事業者は,営業所ごとに配線図等を帳簿に記載し,これを5年間保存しなければならない.

〔問題 2〕配線図の解答

41　ニ．漏電遮断器(過負荷保護付)

第16図で,地絡電流を検出する零相変流器があり,接点が遮断器の図記号から,漏電遮断器(過負荷保護付)と判断できる.

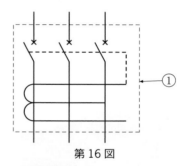

第 16 図

42　ハ．手動操作自動復帰

②で示す図記号の接点は,押しボタンを指で押す(手動操作)と接点が開き,指を離すとスプリングの作用により自動的もとの状態に復帰(自動復帰)して接点が閉じる.

43　ニ．

③で示す機器は,手動操作自動復帰接点のメーク接点(ON)とブレーク接点(OFF)が組み合わされた押しボタンスイッチである.

44　ロ．

タイマの設定時間で停止させる制御回路であることから,限時継電器(TLR)のブレーク接点(第17図)である.

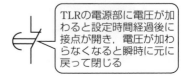

TLRの電源部に電圧が加わると設定時間経過後に接点が開き,電圧が加わらなくなると瞬時に元に戻って閉じる

第 17 図　TLR のブレーク接点

設定した時間に接点が開いて電磁接触器（MC）の自己保持を解除し，電動機を停止させる．

45 イ.

ブザー（第18図）の図記号はイで，ハはベルの図記号である．

第18図　ブザー

46 ロ．零相電圧を検出する.

①で示す機器は零相基準入力装置（ZPD）で，地絡時に発生する零相電圧を検出する．

47 ニ.

②に設置する機器は，地絡方向継電器（DGR）で，方向性制御装置（第19図）に内蔵されている．

第19図　方向性制御装置

48 ハ.

③に設置する機器は，電力需給用計器用変成器（VCT）（第20図）である．

第20図　電力需給用計器用変成器

49 ロ．不足電圧継電器

④で示す図記号 $\boxed{U<}$ の機器は，不足電圧継電器（第21図）である．

不足電圧継電器は，停電や整定値より電圧が低くなったときに動作する継電器である．

問題の高圧受電設備では，停電時に非常電灯と非常動力の電源を双投形電磁接触器（MC-DT）で，常用電源から非常用予備発電装置の電源に切り換えるのに用いている．

第21図　不足電圧継電器

50 ニ.

⑤の部分に設置する機器は変流器（第22図）で，大電流を小電流に変流して電流計などの計器や保護継電器を動作させる．変流器は，R相とT相（第23図）に設置するので2個使用する．

第22図　変流器

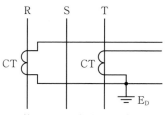

第23図　変流器の設置

令和４年度（午前）の問題と解答・解説

●令和４年度（午前）問題の解答●

問題１．一般問題							
問い	答え	問い	答え	問い	答え	問い	答え
1	イ	11	ハ	21	ハ	31	ニ
2	ニ	12	ニ	22	ニ	32	ロ
3	イ	13	イ	23	ニ	33	イ
4	ニ	14	ニ	24	ハ	34	ロ
5	ロ	15	ロ	25	ハ	35	イ
6	ロ	16	ロ	26	ニ	36	ロ
7	ハ	17	ハ	27	ロ	37	ニ
8	ニ	18	ロ	28	ニ	38	ハ
9	ロ	19	ハ	29	ロ	39	ニ
10	イ	20	イ	30	ハ	40	ニ

問題２．配線図	
問い	答え
41	ハ
42	ロ
43	ロ
44	ロ
45	イ
46	ハ
47	ハ
48	ハ
49	ニ
50	ニ

問題 1．一般問題 （問題数 40，配点は 1 問当たり 2 点）

次の各問いには 4 通りの答え（イ，ロ，ハ，ニ）が書いてある。それぞれの問いに対して答えを 1 つ選びなさい。
なお，選択肢が数値の場合は，最も近い値を選びなさい。

問　い	答　え
1　図のように，面積 A の平板電極間に，厚さが d で誘電率 ε の絶縁物が入っている平行平板コンデンサがあり，直流電圧 V が加わっている。このコンデンサの静電エネルギーに関する記述として，**正しいものは**。 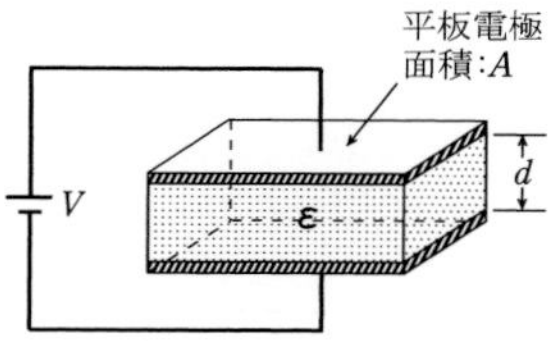 平板電極面積:A 	イ．電圧 V の 2 乗に比例する。 ロ．電極の面積 A に反比例する。 ハ．電極間の距離 d に比例する。 ニ．誘電率 ε に反比例する。
2　図のような直流回路において，スイッチ S が開いているとき，抵抗 R の両端の電圧は 36 V であった。スイッチ S を閉じたときの抵抗 R の両端の電圧[V]は。 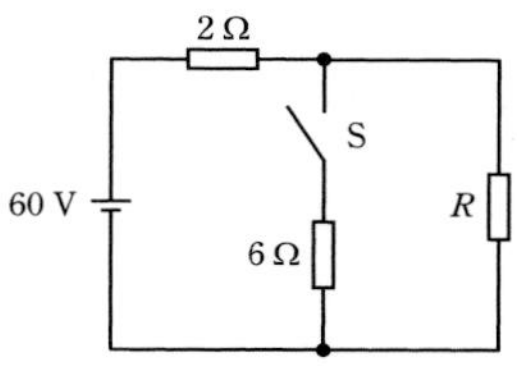 	イ．3　　　ロ．12　　　ハ．24　　　ニ．30
3　図のような交流回路において，電源電圧は 200 V，抵抗は 20 Ω，リアクタンスは X [Ω]，回路電流は 20 A である。この回路の力率[%]は。 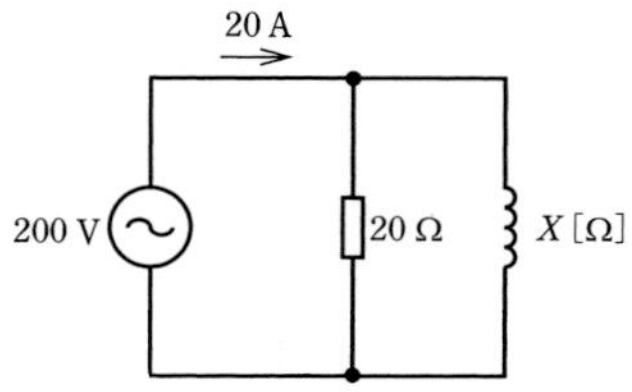 	イ．50　　　ロ．60　　　ハ．80　　　ニ．100
4　図のような交流回路において，抵抗 $R=15$ Ω，誘導性リアクタンス $X_L=10$ Ω，容量性リアクタンス $X_C=2$ Ω である。この回路の消費電力[W]は。 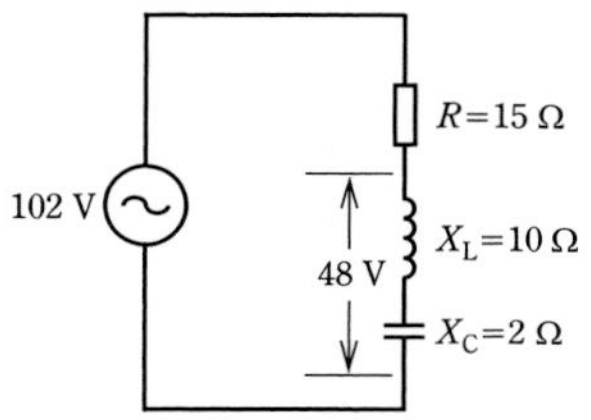 	イ．240　　　ロ．288　　　ハ．505　　　ニ．540

令和4年度（午前）　**111**

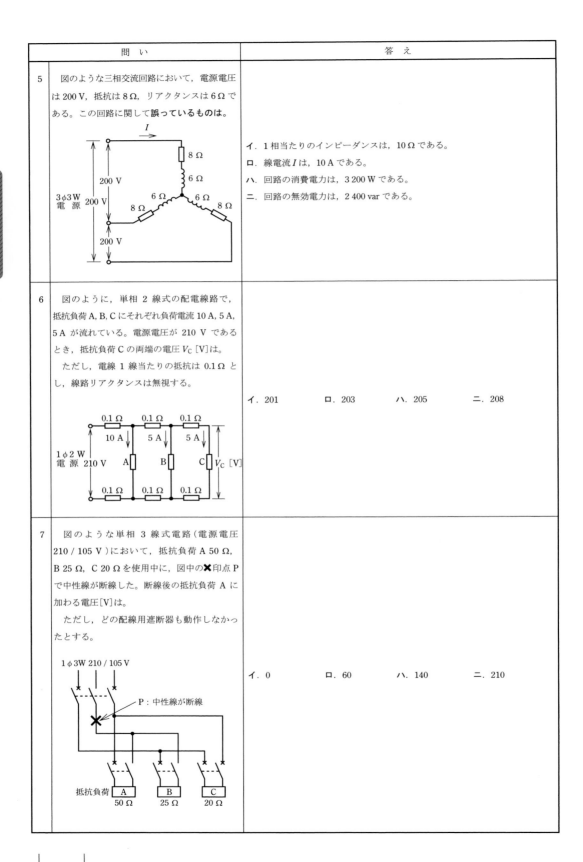

問 い	答 え
5 　図のような三相交流回路において，電源電圧は 200 V，抵抗は 8 Ω，リアクタンスは 6 Ω である。この回路に関して**誤っている**ものは。	イ．1 相当たりのインピーダンスは，10 Ω である。 ロ．線電流 I は，10 A である。 ハ．回路の消費電力は，3 200 W である。 ニ．回路の無効電力は，2 400 var である。
6 　図のように，単相 2 線式の配電線路で，抵抗負荷 A, B, C にそれぞれ負荷電流 10 A, 5 A, 5 A が流れている。電源電圧が 210 V であるとき，抵抗負荷 C の両端の電圧 V_C [V]は。 　　ただし，電線 1 線当たりの抵抗は 0.1 Ω とし，線路リアクタンスは無視する。	イ．201　　　ロ．203　　　ハ．205　　　ニ．208
7 　図のような単相 3 線式電路（電源電圧 210 / 105 V）において，抵抗負荷 A 50 Ω，B 25 Ω，C 20 Ω を使用中に，図中の✕印点 P で中性線が断線した。断線後の抵抗負荷 A に加わる電圧[V]は。 　　ただし，どの配線用遮断器も動作しなかったとする。	イ．0　　　ロ．60　　　ハ．140　　　ニ．210

問　い	答　え
8 設備容量が 400 kW の需要家において，ある 1 日（0〜24 時）の需要率が 60 ％で，負荷率が 50 ％であった。 　この需要家のこの日の最大需要電力 P_M[kW] の値と，この日一日の需要電力量 W[kW・h] の値の組合せとして，**正しいもの**は。	イ．$P_M = 120$ 　　$W = 5\,760$　　ロ．$P_M = 200$ 　　　　　　　　　$W = 5\,760$　　ハ．$P_M = 240$ 　　　　　　　　　　　　　　　　$W = 4\,800$　　ニ．$P_M = 240$ 　　　　　　　　　　　　　　　　　　　　　　$W = 2\,880$
9 図のような電路において，変圧器（6 600 / 210 V）の二次側の 1 線が B 種接地工事されている。この B 種接地工事の接地抵抗値が 10 Ω，負荷の金属製外箱の D 種接地工事の接地抵抗値が 40 Ω であった。金属製外箱の A 点で完全地絡を生じたとき，A 点の対地電圧[V]の値は。 　ただし，金属製外箱，配線及び変圧器のインピーダンスは無視する。 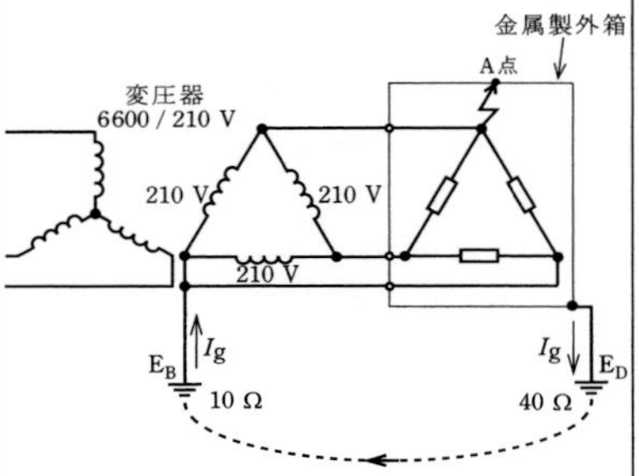	イ．32　　　　　ロ．168　　　　　ハ．210　　　　　ニ．420
10 かご形誘導電動機のインバータによる速度制御に関する記述として，**正しいもの**は。	イ．電動機の入力の周波数を変えることによって速度を制御する。 ロ．電動機の入力の周波数を変えずに電圧を変えることによって速度を制御する。 ハ．電動機の滑りを変えることによって速度を制御する。 ニ．電動機の極数を切り換えることによって速度を制御する。
11 同容量の単相変圧器 2 台を V 結線し，三相負荷に電力を供給する場合の変圧器 1 台当りの最大の利用率は。	イ．$\dfrac{1}{2}$　　　　ロ．$\dfrac{\sqrt{2}}{2}$　　　　ハ．$\dfrac{\sqrt{3}}{2}$　　　　ニ．$\dfrac{2}{\sqrt{3}}$
12 床面上 r [m]の高さに，光度 I [cd]の点光源がある。光源直下の床面照度 E [lx]を示す式は。	イ．$E = \dfrac{I^2}{r}$　　　ロ．$E = \dfrac{I^2}{r^2}$　　　ハ．$E = \dfrac{I}{r}$　　　ニ．$E = \dfrac{I}{r^2}$
13 蓄電池に関する記述として，**正しいもの**は。	イ．鉛蓄電池の電解液は，希硫酸である。 ロ．アルカリ蓄電池の放電の程度を知るためには，電解液の比重を測定する。 ハ．アルカリ蓄電池は，過放電すると充電が不可能になる。 ニ．単一セルの起電力は，鉛蓄電池よりアルカリ蓄電池の方が高い。

問　い	答　え
14　写真に示す照明器具の主要な使用場所は。 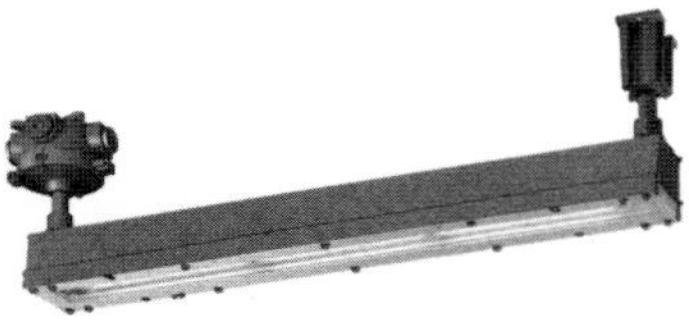 	イ．極低温となる環境の場所 ロ．物が接触し損壊するおそれのある場所 ハ．海岸付近の塩害の影響を受ける場所 ニ．可燃性のガスが滞留するおそれのある場所
15　写真に示す機器の矢印部分の名称は。 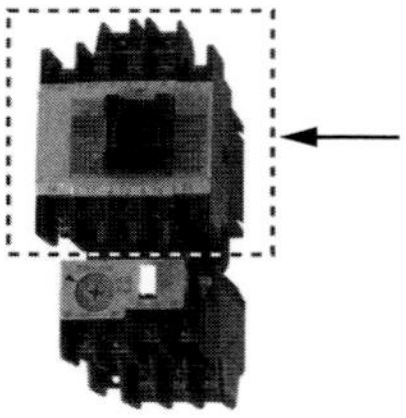 	イ．熱動継電器 ロ．電磁接触器 ハ．配線用遮断器 ニ．限時継電器
16　コージェネレーションシステムに関する記述として，**最も適切なもの**は。	イ．受電した電気と常時連系した発電システム ロ．電気と熱を併せ供給する発電システム ハ．深夜電力を利用した発電システム ニ．電気集じん装置を利用した発電システム
17　有効落差 100 m，使用水量 20 m^3/s の水力発電所の発電機出力[MW]は。 　　ただし，水車と発電機の総合効率は 85 ％とする。	イ．1.9　　　　ロ．12.7　　　　ハ．16.7　　　　ニ．18.7
18　架空送電線のスリートジャンプ現象に対する対策として，**適切なもの**は。	イ．アーマロッドにて補強する。 ロ．鉄塔では上下の電線間にオフセットを設ける。 ハ．送電線にトーショナルダンパを取り付ける。 ニ．がいしの連結数を増やす。
19　送電用変圧器の中性点接地方式に関する記述として，**誤っているもの**は。	イ．非接地方式は，中性点を接地しない方式で，異常電圧が発生しやすい。 ロ．直接接地方式は，中性点を導線で接地する方式で，地絡電流が大きい。 ハ．抵抗接地方式は，地絡故障時，通信線に対する電磁誘導障害が直接接地方式と比較して大きい。 ニ．消弧リアクトル接地方式は，中性点を送電線路の対地静電容量と並列共振するようなリアクトルで接地する方式である。

	問　い	答　え
20	高圧受電設備の受電用遮断器の遮断容量を決定する場合に，**必要なものは。**	イ．受電点の三相短絡電流 ロ．受電用変圧器の容量 ハ．最大負荷電流 ニ．小売電気事業者との契約電力
21	高圧母線に取り付けられた，通電中の変流器の二次側回路に接続されている電流計を取り外す場合の手順として，**適切なものは。**	イ．変流器の二次側端子の一方を接地した後，電流計を取り外す。 ロ．電流計を取り外した後，変流器の二次側を短絡する。 ハ．変流器の二次側を短絡した後，電流計を取り外す。 ニ．電流計を取り外した後，変流器の二次側端子の一方を接地する。
22	写真に示す品物の用途は。 	イ．容量 300 kV·A 未満の変圧器の一次側保護装置として用いる。 ロ．保護継電器と組み合わせて，遮断器として用いる。 ハ．電力ヒューズと組み合わせて，高圧交流負荷開閉器として用いる。 ニ．停電作業などの際に，電路を開路しておく装置として用いる。
23	写真の機器の矢印で示す部分の主な役割は。 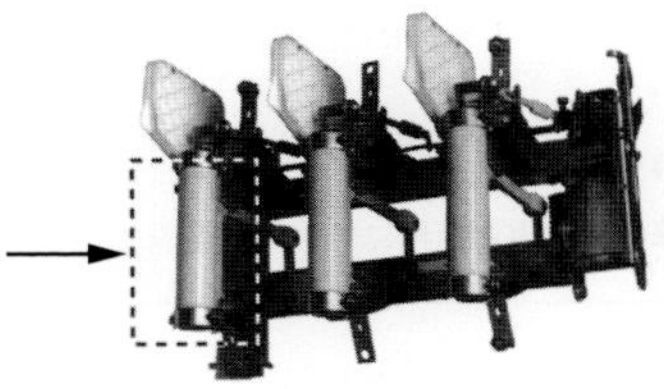	イ．高圧電路の地絡保護 ロ．高圧電路の過電圧保護 ハ．高圧電路の高調波電流抑制 ニ．高圧電路の短絡保護
24	600 V 以下で使用される電線又はケーブルの記号に関する記述として，**誤っているものは。**	イ．IVとは，主に屋内配線に使用する塩化ビニル樹脂を主体としたコンパウンドで絶縁された単心（単線，より線）の絶縁電線である。 ロ．DVとは，主に架空引込線に使用する塩化ビニル樹脂を主体としたコンパウンドで絶縁された多心の絶縁電線である。 ハ．VVFとは，移動用電気機器の電源回路などに使用する塩化ビニル樹脂を主体としたコンパウンドを絶縁体およびシースとするビニル絶縁ビニルキャブタイヤケーブルである。 ニ．CVとは，架橋ポリエチレンで絶縁し，塩化ビニル樹脂を主体としたコンパウンドでシースを施した架橋ポリエチレン絶縁ビニルシースケーブルである。

	問　い	答　え
25	写真に示す配線器具（コンセント）で 200 V の回路に使用できないものは。	イ.  　　　ロ.  ハ.  　　　ニ. 
26	写真に示す工具の名称は。 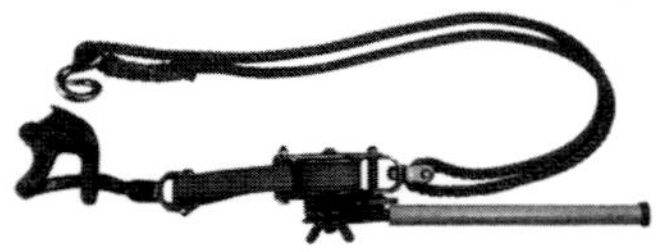 	イ. トルクレンチ ロ. 呼び線挿入器 ハ. ケーブルジャッキ ニ. 張線器
27	平形保護層工事の記述として，誤っているものは。	イ. 旅館やホテルの宿泊室には施設できない。 ロ. 壁などの造営材を貫通させて施設する場合は，適切な防火区画処理等の処理を施さなければならない。 ハ. 対地電圧 150 V 以下の電路でなければならない。 ニ. 定格電流 20 A の過負荷保護付漏電遮断器に接続して施設できる。
28	合成樹脂管工事に使用する材料と管との施設に関する記述として，誤っているものは。	イ. PF 管を直接コンクリートに埋め込んで施設した。 ロ. CD 管を直接コンクリートに埋め込んで施設した。 ハ. PF 管を点検できない二重天井内に施設した。 ニ. CD 管を点検できる二重天井内に施設した。
29	点検できる隠ぺい場所で，湿気の多い場所又は水気のある場所に施す使用電圧 300 V 以下の低圧屋内配線工事で，施設することができない工事の種類は。	イ. 金属管工事 ロ. 金属線び工事 ハ. ケーブル工事 ニ. 合成樹脂管工事

問い30から問い34までは，下の図に関する問いである。

　図は，一般送配電事業者の供給用配電箱（高圧キャビネット）から自家用構内を経由して，地下１階電気室に施設する屋内キュービクル式高圧受電設備（JIS C 4620 適合品）に至る電線路及び低圧屋内幹線設備の一部を表した図である。

この図に関する各問いには，４通りの答え（イ，ロ，ハ，ニ）が書いてある。それぞれの問いに対して，答えを１つ選びなさい。

〔注〕　１．図において，問いに直接関係のない部分等は，省略又は簡略化してある。

　　　　２．UGS：地中線用地絡継電装置付き高圧交流負荷開閉器

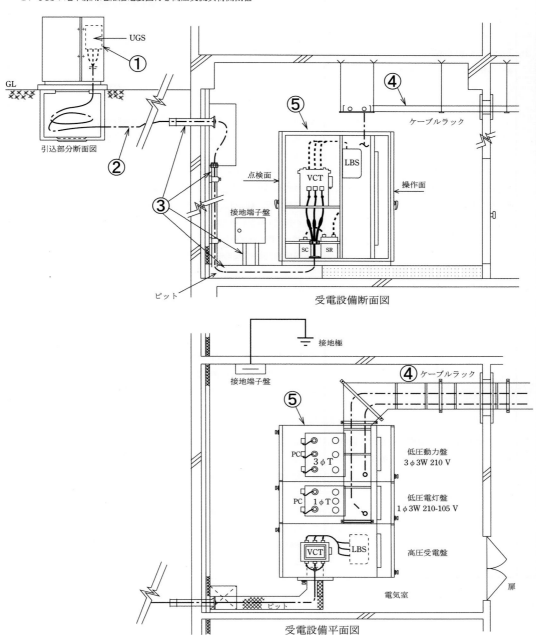

受電設備断面図

受電設備平面図

	問　い	答　え
30	①に示す地絡継電装置付き高圧交流負荷開閉器(UGS)に関する記述として，**不適切なものは**。	イ．電路に地絡が生じた場合，自動的に電路を遮断する機能を内蔵している。 ロ．定格短時間耐電流は，系統（受電点）の短絡電流以上のものを選定する。 ハ．短絡事故を遮断する能力を有する必要がある。 ニ．波及事故を防止するため，一般送配電事業者の地絡保護継電装置と動作協調をとる必要がある。
31	②に示す構内の高圧地中引込線を施設する場合の施工方法として，**不適切なものは**。	イ．地中電線に堅ろうながい装を有するケーブルを使用し，埋設深さ（土冠）を1.2 mとした。 ロ．地中電線を収める防護装置に鋼管を使用した管路式とし，管路の接地を省略した。 ハ．地中電線を収める防護装置に波付硬質合成樹脂管(FEP)を使用した。 ニ．地中電線路を直接埋設式により施設し，長さが 20 mであったので電圧の表示を省略した。
32	③に示す電路及び接地工事の施工として，**不適切なものは**。	イ．建物内への地中引込の壁貫通に防水鋳鉄管を使用した。 ロ．電気室内の高圧引込ケーブルの防護管（管の長さが 2 mの厚鋼電線管）の接地工事を省略した。 ハ．ピット内の高圧引込ケーブルの支持に樹脂製のクリートを使用した。 ニ．接地端子盤への接地線の立上りに硬質ポリ塩化ビニル電線管を使用した。
33	④に示すケーブルラックの施工に関する記述として，**誤っているものは**。	イ．ケーブルラックの長さが 15 mであったが，乾燥した場所であったため，D種接地工事を省略した。 ロ．ケーブルラックは，ケーブル重量に十分耐える構造とし，天井コンクリートスラブからアンカーボルトで吊り，堅固に施設した。 ハ．同一のケーブルラックに電灯幹線と動力幹線のケーブルを布設する場合，両者の間にセパレータを設けなくてもよい。 ニ．ケーブルラックが受電室の壁を貫通する部分は，火災延焼防止に必要な防火措置を施した。
34	⑤に示す高圧受電設備の絶縁耐力試験に関する記述として，**不適切なものは**。	イ．交流絶縁耐力試験は，最大使用電圧の 1.5 倍の電圧を連続して 10 分間加え，これに耐える必要がある。 ロ．ケーブルの絶縁耐力試験を直流で行う場合の試験電圧は，交流の 1.5 倍である。 ハ．ケーブルが長く静電容量が大きいため，リアクトルを使用して試験用電源の容量を軽減した。 ニ．絶縁耐力試験の前後には，1 000 V 以上の絶縁抵抗計による絶縁抵抗測定と安全確認が必要である。

問　い	答　え
35 「電気設備の技術基準の解釈」において，D種接地工事に関する記述として，**誤っているもの**は。	イ．D種接地工事を施す金属体と大地との間の電気抵抗値が 10 Ω 以下でなければ，D種接地工事を施したものとみなされない。 ロ．接地抵抗値は，低圧電路において，地絡を生じた場合に 0.5 秒以内に当該電路を自動的に遮断する装置を施設するときは，500 Ω 以下であること。 ハ．接地抵抗値は，100 Ω 以下であること。 ニ．接地線は故障の際に流れる電流を安全に通じることができるものであること。
36 需要家の月間などの 1 期間における平均力率を求めるのに必要な計器の組合せは。	イ．電力計 　　電力量計 ロ．電力量計 　　無効電力量計 ハ．無効電力量計 　　最大需要電力計 ニ．最大需要電力計 　　電力計
37 「電気設備の技術基準の解釈」において，停電が困難なため低圧屋内配線の絶縁性能を，使用電圧が加わった状態における漏えい電流を測定して判定する場合，使用電圧が 200 V の電路の漏えい電流の上限値[mA]として，**適切なもの**は。	イ．0.1 ロ．0.2 ハ．0.4 ニ．1.0
38 「電気工事士法」において，第一種電気工事士免状の交付を受けている者でなければ**従事できない作業**は。	イ．最大電力 800 kW の需要設備の 6.6 kV 変圧器に電線を接続する作業 ロ．出力 500 kW の発電所の配電盤を造営材に取り付ける作業 ハ．最大電力 400 kW の需要設備の 6.6 kV 受電用ケーブルを電線管に収める作業 ニ．配電電圧 6.6 kV の配電用変電所内の電線相互を接続する作業
39 「電気事業法」において，電線路維持運用者が行う一般用電気工作物の調査に関する記述として，**不適切なもの**は。	イ．一般用電気工作物の調査が 4 年に 1 回以上行われている。 ロ．登録点検業務受託法人が点検業務を受託している一般用電気工作物についても調査する必要がある。 ハ．電線路維持運用者は，調査業務を登録調査機関に委託することができる。 ニ．一般用電気工作物が設置された時に調査が行われなかった。

問 い	答 え
40　「電気工事業の業務の適正化に関する法律」において，**正しいものは**。	イ．電気工事士は，電気工事業者の監督の下で，「電気用品安全法」の表示が付されていない電気用品を電気工事に使用することができる。 ロ．電気工事業者が，電気工事の施工場所に二日間で完了する工事予定であったため，代表者の氏名等を記載した標識を掲げなかった。 ハ．電気工事業者が，電気工事ごとに配線図等を帳簿に記載し，３年経ったので廃棄した。 ニ．一般用電気工事の作業に従事する者は，主任電気工事士がその職務を行うため必要があると認めてする指示に従わなければならない。

問題2. 配線図 (問題数 10, 配点は 1 問当たり 2 点)

　図は, 高圧受電設備の単線結線図である。この図の矢印で示す 10 箇所に関する各問いには, 4 通りの答え (イ, ロ, ハ, ニ) が書いてある。それぞれの問いに対して, 答えを 1 つ選びなさい。

〔注〕図において, 問いに直接関係のない部分等は, 省略又は簡略化してある。

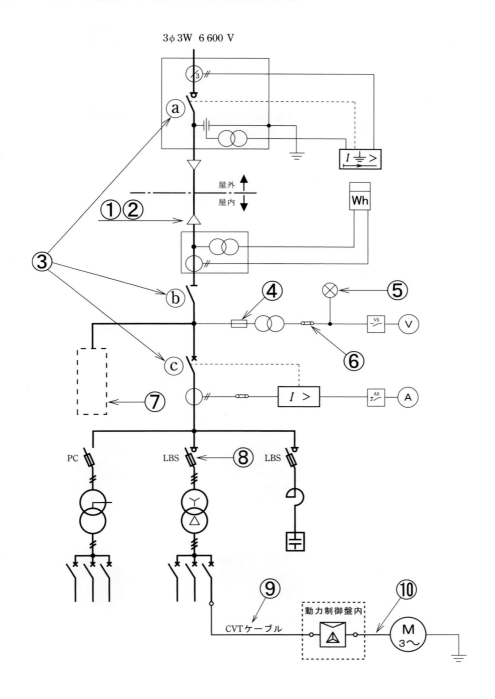

問　い	答　え
41　①の端末処理の際に，**不要なもの**は。	イ. 　　　ロ. 　 ハ. 　　　ニ. 
42　②で示すストレスコーン部分の主な役割は。	イ.　機械的強度を補強する。 ロ.　遮へい端部の電位傾度を緩和する。 ハ.　電流の不平衡を防止する。 ニ.　高調波電流を吸収する。
43　③で示す ⓐ,ⓑ,ⓒ の機器において，この高圧受電設備を点検時に停電させる為の開路手順として，**最も不適切なもの**は。	イ.　ⓐ → ⓑ → ⓒ ロ.　ⓑ → ⓐ → ⓒ ハ.　ⓒ → ⓐ → ⓑ ニ.　ⓒ → ⓑ → ⓐ
44　④で示す装置を使用する主な目的は。	イ.　計器用変圧器を雷サージから保護する。 ロ.　計器用変圧器の内部短絡事故が主回路に波及することを防止する。 ハ.　計器用変圧器の過負荷を防止する。 ニ.　計器用変圧器の欠相を防止する。
45　⑤に設置する機器は。	イ. 　　　ロ. 　 ハ. 　　　ニ. 

問　い	答　え
46　⑥で示す図記号の器具の名称は。	イ．試験用端子（電流端子） ロ．試験用電流切換スイッチ ハ．試験用端子（電圧端子） ニ．試験用電圧切換スイッチ
47　⑦に設置する機器として，一般的に使用されるものの図記号は。	イ． 　　ロ． 　　ハ． 　　ニ． 
48　⑧で示す機器の名称は。	イ．限流ヒューズ付高圧交流遮断器 ロ．ヒューズ付高圧カットアウト ハ．限流ヒューズ付高圧交流負荷開閉器 ニ．ヒューズ付断路器
49　⑨で示す部分に使用する CVT ケーブルとして，**適切なもの**は。	イ．（導体，内部半導電層，架橋ポリエチレン，外部半導電層，銅シールド，ビニルシース） 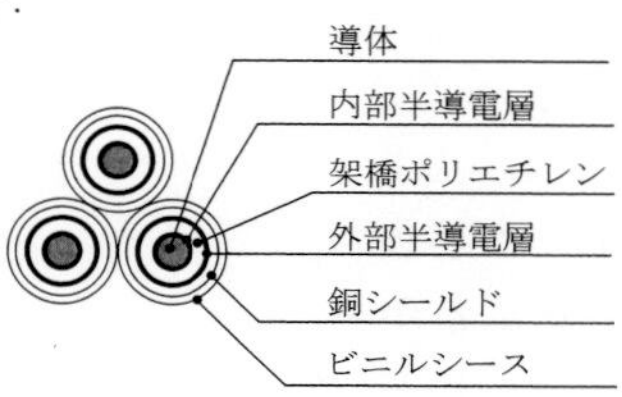 ロ．（導体，内部半導電層，架橋ポリエチレン，外部半導電層，銅シールド，ビニルシース） 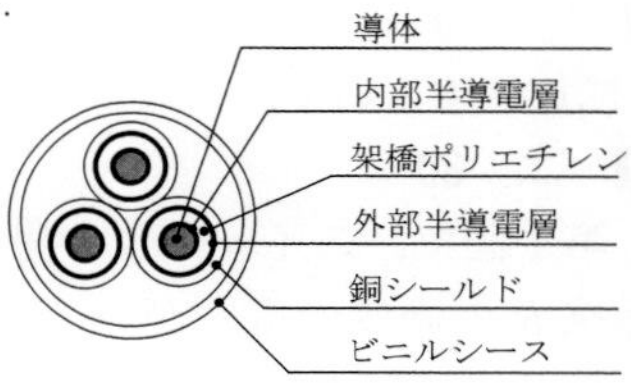 ハ．（導体，ビニル絶縁体，ビニルシース） 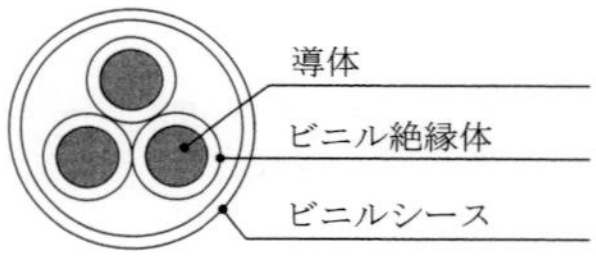 ニ．（導体，架橋ポリエチレン，ビニルシース） 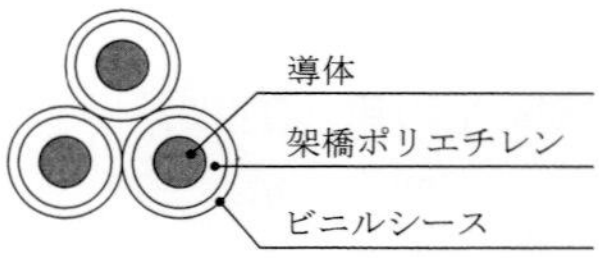
50　⑩で示す動力制御盤内から電動機に至る配線で，必要とする電線本数（心線数）は。	イ．3　　ロ．4　　ハ．5　　ニ．6

［問題1］ 一般問題の解答

1 **イ.** 電圧 V の2乗に比例する.

面積 A〔m^2〕の平板電極間に,厚さが d〔m〕で誘電率が ε〔F/m〕の絶縁物が入っている平行平板コンデンサの静電容量 C〔F〕は,次のようになる.

$$C = \varepsilon\frac{A}{d}\ \text{〔F〕}$$

この静電容量に直流電圧 V〔V〕を加えたときに蓄えられる静電エネルギー W〔J〕は,

$$W = \frac{1}{2}CV^2 = \frac{1}{2}\times\varepsilon\frac{A}{d}\times V^2 = \frac{\varepsilon AV^2}{2d}\ \text{〔J〕}$$

静電エネルギー W は,電圧 V の2乗に比例するので,イは正しい.

静電エネルギー W は,電極の面積 A に比例するので,ロは誤りである.静電エネルギー W は,電極間の距離 d に反比例するので,ハは誤りである.静電エネルギー W は,誘電率 ε に比例するので,ニは誤りである.

2 **ニ.** 30

第1図で,スイッチSが開いているときの,抵抗 R の両端の電圧が 36 V であることから,抵抗 2 Ω に加わる電圧は,$60-36=24$〔V〕である.この回路に流れる電流 I_1〔A〕は,

$$I_1 = \frac{24}{2} = 12\ \text{〔A〕}$$

抵抗 R の値〔Ω〕は,

$$R = \frac{36}{I_1} = \frac{36}{12} = 3\ \text{〔Ω〕}$$

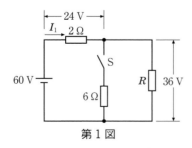

第1図

スイッチSを閉じると,第2図のような回路になる.

抵抗 6 Ω と $R=3$〔Ω〕の合成抵抗 R_0〔Ω〕は,

$$R_0 = \frac{6\times 3}{6+3} = \frac{18}{9} = 2\ \text{〔Ω〕}$$

回路全体に流れる電流 I_2〔A〕は,

$$I_2 = \frac{60}{2+2} = \frac{60}{4} = 15\ \text{〔A〕}$$

抵抗 R の両端の電圧 V〔V〕は,

$$V = I_2 R_0 = 15\times 2 = 30\ \text{〔V〕}$$

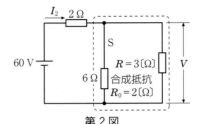

第2図

3 **イ.** 50

第3図で,抵抗 20 Ω に流れる電流 I_R〔A〕は,

$$I_R = \frac{200}{20} = 10\ \text{〔A〕}$$

力率 $\cos\theta$〔％〕は,

$$\cos\theta = \frac{I_R}{I}\times 100 = \frac{10}{20}\times 100 = 50\ \text{〔％〕}$$

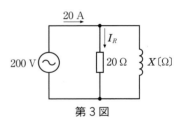

第3図

4 **ニ.** 540

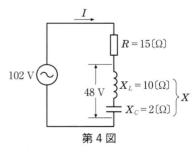

第4図

第4図において,リアクタンス X〔Ω〕は,

$$X = X_L - X_C = 10-2 = 8\ \text{〔Ω〕}$$

回路に流れる電流 I〔A〕は,

$$I = \frac{48}{X} = \frac{48}{8} = 6\ \text{〔A〕}$$

回路の消費電力 P〔W〕は,

$$P = I^2 R = 6^2\times 15 = 36\times 15 = 540\ \text{〔W〕}$$

令和4年度(午前)

5 ロ．線電流 I は，10 A である．

第5図において，1相当たりのインピーダンスは，次式となり，イは正しい．

$$Z = \sqrt{8^2 + 6^2} = \sqrt{64 + 36} = \sqrt{100} = 10 \, [\Omega]$$

相電圧 $V \, [V]$ は，

$$V = \frac{200}{\sqrt{3}} \, [V]$$

であり，回路の線電流 $I \, [A]$ は，

$$I = \frac{V}{Z} = \frac{\dfrac{200}{\sqrt{3}}}{10} = \frac{200}{10\sqrt{3}} = \frac{20}{\sqrt{3}} \fallingdotseq 11.6 \, [A]$$

となる．したがって，ロは誤りである．

回路の消費電力 $P \, [W]$ は，

$$P = 3I^2 R = 3 \times \left(\frac{20}{\sqrt{3}}\right)^2 \times 8 = 3 \times \frac{20^2}{3} \times 8$$

$$= 400 \times 8 = 3\,200 \, [W]$$

となり，ハは正しい．

回路の無効電力 $Q \, [var]$ は，

$$Q = 3I^2 X_L = 3 \times \left(\frac{20}{\sqrt{3}}\right)^2 \times 6 = 3 \times \frac{20^2}{3} \times 6$$

$$= 400 \times 6 = 2\,400 \, [var]$$

となり，ニは正しい．

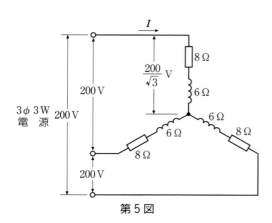

第5図

6 ロ．203

電線の各部分に流れる電流は，第6図のようになる．

電源から抵抗負荷Cまでの電圧降下 $v \, [V]$ は，

$$v = 2 \times 20 \times 0.1 + 2 \times 10 \times 0.1 + 2 \times 5 \times 0.1$$

$$= 4 + 2 + 1 = 7 \, [V]$$

抵抗負荷Cの両端の電圧 $V_C \, [V]$ は，

$$V_C = 210 - v = 210 - 7 = 203 \, [V]$$

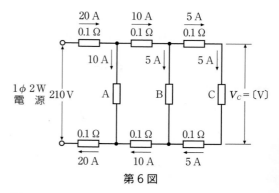

第6図

7 ハ．140

問題の図を書き直すと第7図のようになる．

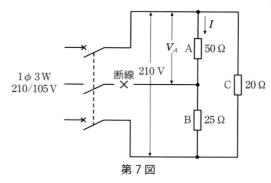

第7図

断線時に抵抗負荷 A(50 Ω) に流れる電流 $I \, [A]$ は，

$$I = \frac{210}{50 + 25} = \frac{210}{75} = 2.8 \, [A]$$

抵抗負荷 A(50 Ω) に加わる電圧 $V_A \, [V]$ は，

$$V_A = 2.8 \times 50 = 140 \, [V]$$

8 ニ．$P_M = 240$　　$W = 2\,880$

$$需要率 = \frac{最大需要電力}{設備容量} \times 100 \, [\%] \ から，$$

最大需要電力 $P_M \, [kW]$ は，

$$P_M = 設備容量 \times \frac{需要率}{100}$$

$$= 400 \times \frac{60}{100} = 240 \, [kW]$$

$$負荷率 = \frac{一日の平均需要電力}{最大需要電力} \times 100 \, [\%] \ か$$

ら，一日の平均需要電力 $P_A \, [kW]$ は，

$$P_A = 最大需要電力 \times \frac{負荷率}{100} \, [kW]$$

$$= 240 \times \frac{50}{100}$$

$$= 120 \text{ (kW)}$$

したがって，一日の需要電力量 $W \text{ (kW·h)}$ は，

$$W = P_A t = 120 \times 24 = 2\,880 \text{ (kW·h)}$$

⑨　ロ．168

　A点の対地電圧 (V) は，第8図の回路で求められる．

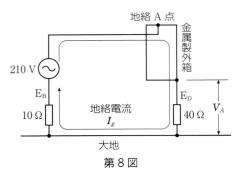

第8図

　A点で完全地絡を生じた場合の地絡電流 $I_g \text{ (A)}$ は，

$$I_g = \frac{210}{10 + 40} = \frac{210}{50} = 4.2 \text{ (A)}$$

　A点の対地電圧 $V_A \text{ (V)}$ は，

$$V_A = I_g \times 40 = 4.2 \times 40 = 168 \text{ (V)}$$

⑩　イ．電動機の入力の周波数を変えることによって速度を制御する．

　かご形誘導電動機の回転速度は，電源の周波数に比例する．インバータによって電動機の電源の周波数を変えることで，回転速度を制御することができる．

⑪　ハ．$\sqrt{3}/2$

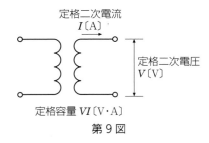

第9図

　第9図のように，単相変圧器の定格二次電圧を $V \text{ (V)}$，定格二次電流を $I \text{ (A)}$，定格容量を $VI \text{ (V·A)}$ とする．

　この単相変圧器を2台使用して，第10図のようにV結線する．

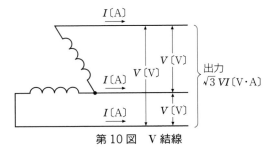

第10図　V結線

　電線に流せる電流は変圧器の定格二次電流 $I \text{ (A)}$ で，電線間の電圧は $V \text{ (V)}$ である．

　変圧器2台をV結線したときの出力 (V·A) は $\sqrt{3}\,VI \text{ (V·A)}$ なので，変圧器の利用率は，

$$利用率 = \frac{出力}{変圧器2台の容量}$$

$$= \frac{\sqrt{3}\,VI}{2VI} = \frac{\sqrt{3}}{2}$$

⑫　ニ．$E = \dfrac{I}{r^2}$

　光源直下の照度 $E \text{ (lx)}$ は，光度を $I \text{ (cd)}$，高さを $r \text{ (m)}$ とすると，次式で示される（第11図）．

$$E = \frac{I}{r^2} \text{ (lx)}$$

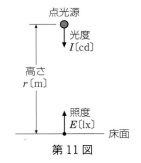

第11図

⑬　イ．鉛蓄電池の電解液は，希硫酸である．

　鉛蓄電池は電解液に希硫酸 (H_2SO_4) を用い，正極には二酸化鉛 (PbO_2)，負極には鉛 (Pb) を使用している．

　アルカリ蓄電池の電解液の比重は，充電・放電によってほとんど変化しないので，比重を測定しても放電の程度を知ることはできない．

　アルカリ蓄電池は，過充電・過放電に耐えられる．単一セルの起電力は1.2Vで，鉛蓄電池の起電力2.0Vより低い．

14 ニ．可燃性のガスが滞留するおそれのある場所

防爆構造の照明器具である．

15 ロ．電磁接触器

写真の機器は電磁開閉器であり，矢印で示す部分の機器の名称は電磁接触器である．電磁接触器の下にある機器は，電動機の過負荷保護をする熱動継電器である．

16 ロ．電気と熱を併せ供給する発電システム

コージェネレーションシステムは，内燃力発電装置（ディーゼル発電装置，ガスタービン発電装置）によって発電をする一方，発生する排熱を回収して冷暖房・給湯に利用する発電システムである．熱・電気併給発電システムとも呼ばれ，総合的な熱効率を向上させるシステムである．

17 ハ．16.7

水力発電所の発電機出力 P〔MW〕は，
$$P = 9.8QH\eta \ \text{〔kW〕} = 9.8 \times 20 \times 100 \times 0.85$$
$$= 16\,660 \ \text{〔kW〕} \fallingdotseq 16.7 \ \text{〔MW〕}$$

18 ロ．鉄塔では上下の電線間にオフセットを設ける．

スリートジャンプとは，架空送電線に付着した氷雪が一斉に脱落して，電線がはね上がる現象である．スリートジャンプによる相間短絡事故を防止するために，オフセット（相対位置の差）を大きくとったり相間スペーサを設置したりして，電線相互が接触しないようにしてる．

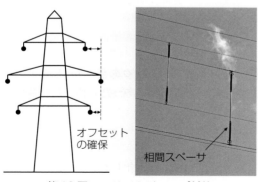

第 12 図　スリートジャンプ対策

19 ハ．抵抗接地方式は，地絡故障時，通信線に対する電磁誘導障害が直接接地方式と比較して大きい．

抵抗接地方式は，中性点を数百 Ω の抵抗を接続して接地する方式で，直接接地方式より地絡電流が小さく，通信線に対する電磁誘導障害が小さい．

20 イ．受電点の三相短絡電流

受電用遮断器の遮断容量は，最も大きな電流が流れる受電点の三相短絡電流を基準にして決定する．

21 ハ．変流器の二次側を短絡した後，電流計を取り外す．

変流器は，一次側（高圧側）に通電したまま二次側を開放してはならない．開放すると，二次側に高電圧を発生して，絶縁破壊を起こすことがある．

22 ニ．停電作業などの際に，電路を開路しておく装置として用いる．

写真の品物は断路器である．断路器は負荷電流や短絡電流を遮断することができないので，変圧器の一次側保護装置，遮断器，高圧交流負荷開閉器として使用することはない．

23 ニ．高圧電路の短絡保護

写真の矢印で示すものは高圧限流ヒューズ（第 13 図）で，高圧交流負荷開閉器と組み合わせて，高圧電路の短絡保護をする．

第 13 図　高圧限流ヒューズ

24 ハ．VVF とは，移動用電気機器の電源回路などに使用する塩化ビニル樹脂を主体としたコンパウンドを絶縁体およびシースとするビニル絶縁ビニルキャブタイヤケーブルである．

VVF は，造営材に固定して使用する電線で，ビニル絶縁ビニルシースケーブル平形である．

25 ハ．

内線規程 3202-4（用途の異なるコンセント）による．

ハは，単相 100 V 用 2 極接地極付 15 A 125 V 引掛形コンセント（第 14 図）である．イは単相 200 V 用 2 極接地極付 15 A 250 V コンセント，ロは三相 200 V 用 3 極接地極付 20 A 250 V 引掛形コンセント，ニは三相 200 V 用 3 極接地極

付 15 A 250 V コンセントである.

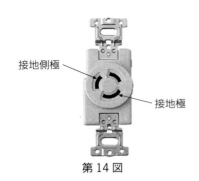

第 14 図

26　二．張線器
　張線器で，架空電線やメッセンジャーワイヤ（ちょう架用線）等の張線に使用する.

27　ロ．壁などの造営材を貫通させて施設する場合は，適切な防火区画処理等の処理を施さなければならない.
　電技解釈第 165 条（特殊な低圧屋内配線工事）による．平形保護層工事は，造営材を貫通して施設することは禁じられている.

28　二．CD 管を点検できる二重天井内に施設した.
　電技解釈第 158 条（合成樹脂管工事）による.
　CD 管は，二重天井内に施設することは禁じられている.
　CD 管は，直接コンクリートに埋め込んで施設するか，専用の不燃性又は自消性のある難燃性の管又はダクトに収めて施設しなければならない.

29　ロ．金属線ぴ工事
　電技解釈第 156 条（低圧屋内配線の施設場所による工事の種類）による.
　金属線ぴ工事は，使用電圧が 300 V 以下で，展開した場所及び点検できる隠ぺい場所であって，乾燥した場所に限り施設できる.
　金属管工事，ケーブル工事，合成樹脂管工事は，使用電圧が 600 V 以下で，施設場所に制限がない.

30　ハ．短絡事故を遮断する能力を有する必要がある.
　地中線用地絡継電装置付き高圧交流負荷開閉器（GR 付 UGS）（第 15 図）は，負荷電流を開閉できる能力があればよく，短絡電流を遮断する能力は必要としない.

第 15 図　地中線用地絡継電装置付き高圧交流負荷開閉器（GR 付 UGS）

31　二．地中電線を直接埋設式により施設し，長さが 20 m であったので電圧の表示を省略した.
　電技解釈第 120 条（地中電線路の施設）・第 123 条（地中電線の被覆金属体等の接地），高圧受電設備規程 1120-3（高圧地中引込線の施設）による.
　需要場所に施設する高圧地中電線路で，電圧の表示を省略できるのは，長さが 15 m 以下のものである.

32　ロ．電気室内の高圧ケーブルの防護管（管の長さが 2 m の厚鋼電線管）の接地工事を省略した.
　電技解釈第 17 条（接地工事の種類及び施設方法），第 168 条（高圧配線の施設）による.
　高圧屋内配線において，高圧ケーブルを収める防護装置の金属製部分の接地工事は省略することはできない．A 種接地工事を施さなければならないが，接触防護措置を施す場合は，D 種接地工事にできる.

33　イ．ケーブルラックの長さが 15 m であったが，乾燥した場所であったため，D 種接地工事を省略した.
　内線規程 3165-2（ケーブルの支持）・3165-8（接地）による.
　長さが 15 m のケーブルラックは，D 種接地工事を省略できない.
　ケーブルラック（第 16 図）については，内線規程で次のように定められている.
　①ケーブルラックは，ケーブルの重量に十分耐える構造であって，かつ，堅固に施設す

ること.

②使用電圧が300 V以下の場合は，ケーブルラックの金属製部分にD種接地工事を施すこと．ただし，次の場合は，D種接地工事を省略できる.

・金属製部分の長さが4 m以下のものを乾燥した場所に施設する場合
・屋内配線の対地電圧が150 V以下の場合において，金属製部分の長さが8 m以下のものを乾燥した場所に施設するとき，又は簡易接触防護措置を施した場合
・金属製部分が，合成樹脂などの絶縁物で被覆したものである場合

③使用電圧が300 Vを超える低圧の場合は，ケーブルラックの金属製部分にC種接地工事を施す(接触防護措置を施した場合はD種接地工事にできる).

また，建築基準法により，ケーブルラックが防火区画等を貫通する場合は，法令で規定された工法で防火措置を施さなければならない.

第16図　ケーブルラック

34　ロ．ケーブルの絶縁耐力試験を直流で行う場合の試験電圧は，交流の1.5倍である.

電技解釈第15条(高圧又は特別高圧の電路の絶縁性能)・第16条(機械器具等の電路の絶縁性能)による.

ケーブルの絶縁耐力試験を直流で行う場合の試験電圧は，交流試験電圧の2倍である.

35　イ．D種接地工事を施す金属体と大地との間の電気抵抗値が10 Ω以下でなければ，D種接地工事施したものとみなされない.

電技解釈第17条(接地工事の種類及び施設方法)による.

D種接地工事を施す金属体と大地との間の電気抵抗値が100 Ω以下である場合は，D種接地

工事を施したものとみなされる.

36　ロ．電力量計　無効電力量計

ある期間の平均力率は，電力量と無効電力量が分かれば，次の計算で求めることができる.

$$平均力率 = \frac{電力量}{\sqrt{電力量^2 + 無効電力量^2}} \times 100〔\%〕$$

37　ニ．1.0

電技解釈第14条(低圧電路の絶縁性能)による.

低圧電路の絶縁抵抗の測定が困難な場合は，開閉器又は過電流遮断器で区切ることのできる電路ごとに，使用電圧が加わった状態における漏えい電流が，1 mA以下であればよいとされている.

38　ハ．最大電力400 kWの需要設備の6.6 kV受電用ケーブルを電線管に収める作業

電気工事士法第2条(用語の定義)・第3条(電気工事士等)，施行規則第2条(軽微な作業)による.

電気工事士法が適用される電気工作物は，一般用電気工作物等と最大電力500 kW未満の需要設備である.

イの最大電力800 kWの需要設備,ロの発電所,ニの配電用変電所は，電気工事士法が適用されないので，第一種電気工事士の免状の交付を受けていなくても作業に従事できる(第17図).

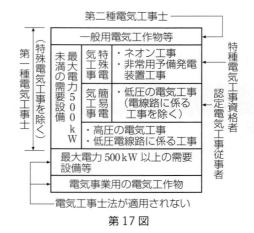

第17図

39　ニ．一般用電気工作物が設置された時に調査が行われなかった.

電気事業法第57条(調査の義務)・第57条の

2(調査業務の委託)，施行規則第96条(一般用電気工作物の調査)による.

一般用電気工作物が設置された時に調査を行わなくてはならない.

電線路維持運用者は，電気を供給する一般用電気工作物が電気設備技術基準に適合しているかどうかを調査しなければならない.調査は，次によって行う.

①一般用電気工作物が設置された時及び変更の工事が完成した時.

②一般用電気工作物は，4年に1回以上行う.

③登録点検業務受託法人が点検業務を受託している一般用電気工作物は，5年に1回以上行う.

40　ニ.一般用電気工事の作業に従事する者は，主任電気工事士がその職務を行うため必要があると認めてする指示に従わなければならない.

電気工事業法第20条(主任電気工事士の職務等)・第23条(電気用品の使用の制限)・第25条(標識の掲示)・第26条(帳簿の備付け等)，施行規則第13条(帳簿)による.

電気工事業者は，電気用品安全法の表示が付されている電気用品でなければ，電気工事に使用してはならない.

電気工事業者は，施工期間にかかわらず，営業所及び施工場所に代表者の氏名等を記載した標識を掲げならない.

電気工事業者は，営業所ごとに配線図等を帳簿に記載し，これを5年間保存しなければならない.

〔問題2〕配線図の解答

41　ハ.

ハは硬質ポリ塩化ビニル電線管を切断する工具で，高圧ケーブルの端末処理には使用しない.

42　ロ.遮へい端部の電位傾度を緩和する.

ストレスコーンは遮へい銅テープ端部への電界集中を防止し，絶縁破壊を防ぐ役割がある.

43　ロ.ⓑ→ⓐ→ⓒ

ⓑは断路器で，負荷電流を開路することはできない.ⓑの断路器を開路する前に，ⓒのCB

を開路するかⓐのDGR付PASを開路しなければならない.

44　ロ.計器用変圧器の内部短絡事故が主回路に波及することを防止する.

④は計器用変圧器に付属している限流ヒューズで，計器用変圧器の内部短絡事故時に溶断して，主回路に波及することを防止する.

45　イ.

図記号⊗は，表示灯である.

46　ハ.試験用端子(電圧端子)

計器用変圧器の二次側に設ける試験用端子(電圧端子)である.指示較正や試験作業に使う.

47　ハ

⑦には，断路器と避雷器を施設するのが一般的である.避雷器には，保安上必要な場合，電路から切り離せるように断路器を施設する.

48　ハ.限流ヒューズ付高圧交流負荷開閉器

変圧器の開閉装置に用いられる限流ヒューズ付き高圧交流負荷開閉器(PF付LBS)である.

49　ニ.

⑨で示す部分は変圧器の二次側の配線で，使用するCVTは600Vトリプレックス形架橋ポリエチレン絶縁ビニルシースケーブルである.

600Vトリプレックス形架橋ポリエチレン絶縁ビニルシースケーブルは，絶縁材料に架橋ポリエチレン，シースにビニルが使用されている単心ケーブルを3本より合わせた構造をしている.

イは，銅シールドが用いられているので高圧用のCVTである.

50　ニ.6

図記号⚠はスターデルタ始動器を表し，動力制御盤内にはスターデルタ始動器がある.したがって，電動機の端子U，V，W及び端子X，Y，Zへの配線6本(第18図)である.

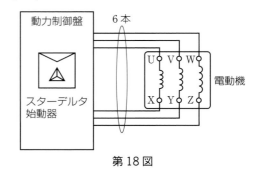

第18図

令和4年度
（午後）の問題と
解答・解説

●令和4年度（午後）問題の解答●

問題1．一 般 問 題								問題2・3．配線図	
問い	答え	問い	答え	問い	答え	問い	答え	問い	答え
1	ハ	11	ハ	21	イ	31	イ	41	ニ
2	ハ	12	ハ	22	ロ	32	ロ	42	ロ
3	ロ	13	ニ	23	ハ	33	ニ	43	ハ
4	ニ	14	ロ	24	ハ	34	イ	44	ニ
5	ニ	15	ロ	25	イ	35	ニ	45	イ
6	ハ	16	ロ	26	ハ	36	ニ	46	ニ
7	ハ	17	イ	27	イ	37	ニ	47	ニ
8	ロ	18	ハ	28	ニ	38	イ	48	ニ
9	ニ	19	ニ	29	ロ	39	ハ	49	イ
10	ニ	20	ニ	30	イ	40	ハ	50	ニ

問題1. 一般問題 （問題数 40，配点は 1 問当たり 2 点）

次の各問いには 4 通りの答え（イ，ロ，ハ，ニ）が書いてある。それぞれの問いに対して答えを 1 つ選びなさい。
なお，選択肢が数値の場合は，最も近い値を選びなさい。

問　い	答　え
1　図のような直流回路において，電源電圧 100 V，$R=10\ \Omega$，$C=20\ \mu\mathrm{F}$ 及び $L=2\ \mathrm{mH}$ で，L には電流 10 A が流れている。C に蓄えられているエネルギー W_C[J] の値と，L に蓄えられているエネルギー W_L[J] の値の組合せとして，正しいものは。 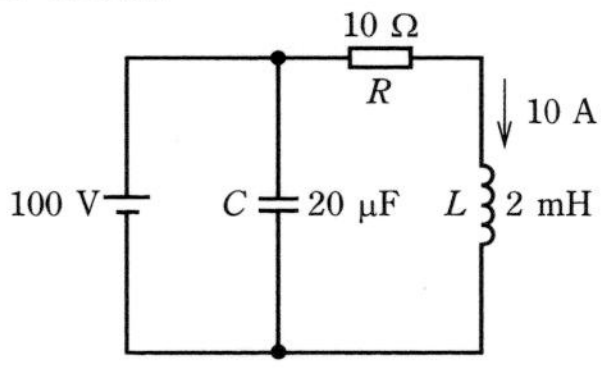	イ．$W_\mathrm{C}=0.001$　ロ．$W_\mathrm{C}=0.2$　ハ．$W_\mathrm{C}=0.1$　ニ．$W_\mathrm{C}=0.2$ 　　$W_\mathrm{L}=0.01$　　　$W_\mathrm{L}=0.01$　　　$W_\mathrm{L}=0.1$　　　$W_\mathrm{L}=0.2$
2　図の直流回路において，抵抗 $3\ \Omega$ に流れる電流 I_3 の値 [A] は。 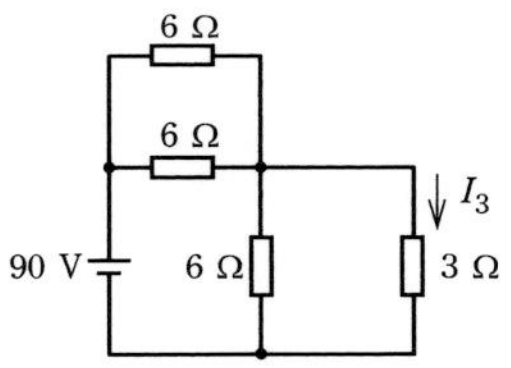	イ．3　　　　ロ．9　　　　ハ．12　　　　ニ．18
3　図のような交流回路において，電源電圧は 100 V，電流は 20 A，抵抗 R の両端の電圧は 80 V であった。リアクタンス X[Ω] は。 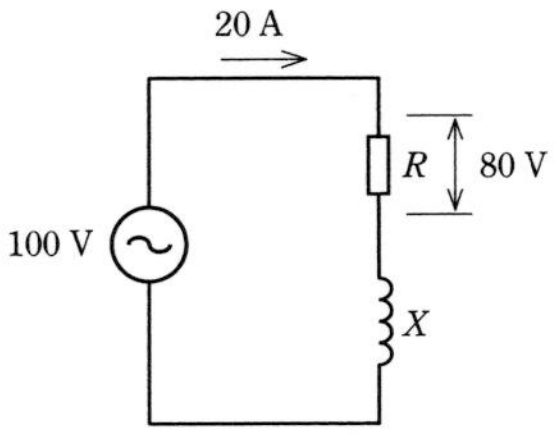	イ．2　　　　ロ．3　　　　ハ．4　　　　ニ．5
4　図のような交流回路において，抵抗 $R=10\ \Omega$，誘導性リアクタンス $X_\mathrm{L}=10\ \Omega$，容量性リアクタンス $X_\mathrm{C}=10\ \Omega$ である。この回路の力率 [%] は。 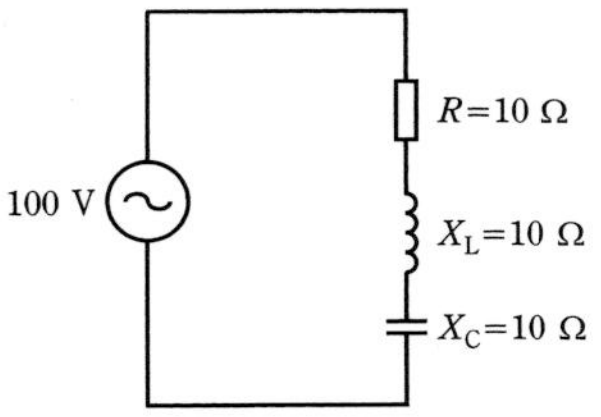	イ．30　　　　ロ．50　　　　ハ．70　　　　ニ．100

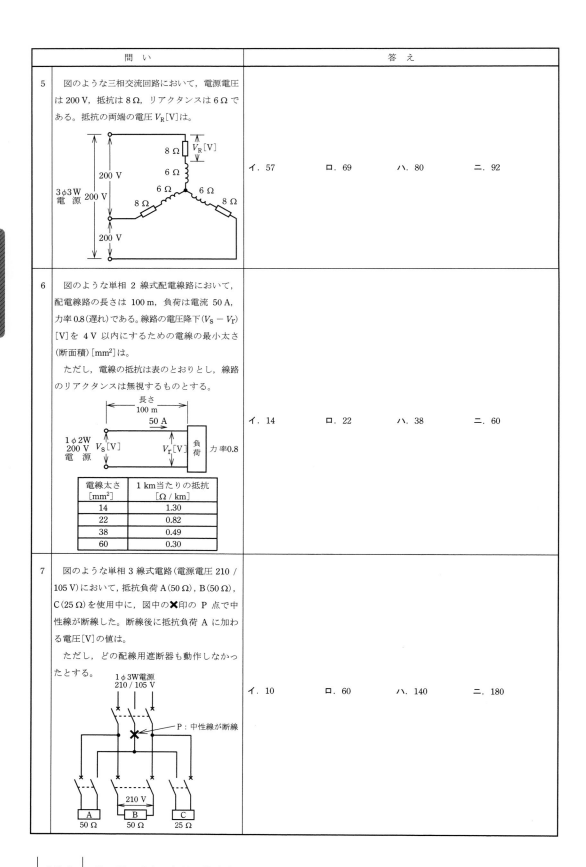

問　い	答　え

5　図のような三相交流回路において，電源電圧は 200 V，抵抗は 8 Ω，リアクタンスは 6 Ω である。抵抗の両端の電圧 V_R[V]は。

イ. 57　　　　ロ. 69　　　　ハ. 80　　　　ニ. 92

6　図のような単相 2 線式配電線路において，配電線路の長さは 100 m，負荷は電流 50 A，力率 0.8（遅れ）である。線路の電圧降下（$V_S - V_r$）[V]を 4 V 以内にするための電線の最小太さ（断面積）[mm²]は。

　ただし，電線の抵抗は表のとおりとし，線路のリアクタンスは無視するものとする。

イ. 14　　　　ロ. 22　　　　ハ. 38　　　　ニ. 60

電線太さ [mm²]	1 km当たりの抵抗 [Ω / km]
14	1.30
22	0.82
38	0.49
60	0.30

7　図のような単相 3 線式電路（電源電圧 210 / 105 V）において，抵抗負荷 A（50 Ω），B（50 Ω），C（25 Ω）を使用中に，図中の✖印の P 点で中性線が断線した。断線後に抵抗負荷 A に加わる電圧[V]の値は。

　ただし，どの配線用遮断器も動作しなかったとする。

イ. 10　　　　ロ. 60　　　　ハ. 140　　　　ニ. 180

問 い	答 え

8　図のような配電線路において，抵抗負荷 R_1 に 50 A，抵抗負荷 R_2 には 70 A の電流が流れている。変圧器の一次側に流れる電流 I [A] の値は。

　　ただし，変圧器と配電線路の損失及び変圧器の励磁電流は無視するものとする。

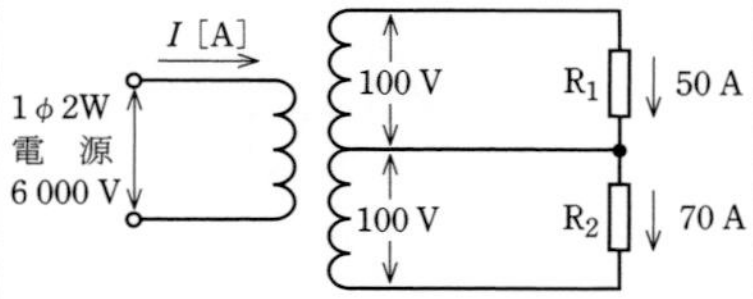

イ．1　　　　ロ．2　　　　ハ．3　　　　ニ．4

9　図のような直列リアクトルを設けた高圧進相コンデンサがある。電源電圧が V[V]，誘導性リアクタンスが 9 Ω，容量性リアクタンスが 150 Ω であるとき，この回路の無効電力（設備容量）[var] を示す式は。

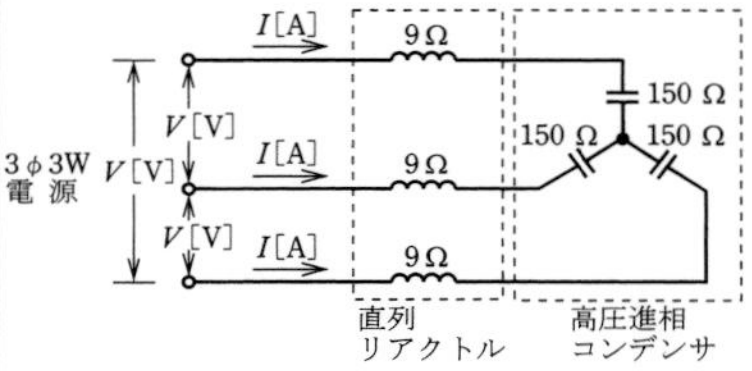

イ．$\dfrac{V^2}{159^2}$　　　ロ．$\dfrac{V^2}{141^2}$　　　ハ．$\dfrac{V^2}{159}$　　　ニ．$\dfrac{V^2}{141}$

10　6 極の三相かご形誘導電動機があり，その一次周波数がインバータで調整できるようになっている。

　　この電動機が滑り 5 %，回転速度 1 140 min^{-1} で運転されている場合の一次周波数 [Hz] は。

イ．30　　　　ロ．40　　　　ハ．50　　　　ニ．60

11　トップランナー制度に関する記述について，**誤っているものは。**

イ．トップランナー制度では，エネルギー消費効率の向上を目的として省エネルギー基準を導入している。

ロ．トップランナー制度では，エネルギーを多く使用する機器ごとに，省エネルギー性能の向上を促すための目標基準を満たすことを，製造事業者と輸入事業者に対して求めている。

ハ．電気機器として交流電動機は，全てトップランナー制度対象品である。

ニ．電気機器として変圧器は，一部を除きトップランナー制度対象品である。

12　定格電圧 100 V，定格消費電力 1 kW の電熱器を，電源電圧 90 V で 10 分間使用したときの発生熱量 [kJ] は。

　　ただし，電熱器の抵抗の温度による変化は無視するものとする。

イ．292　　　　ロ．324　　　　ハ．486　　　　ニ．540

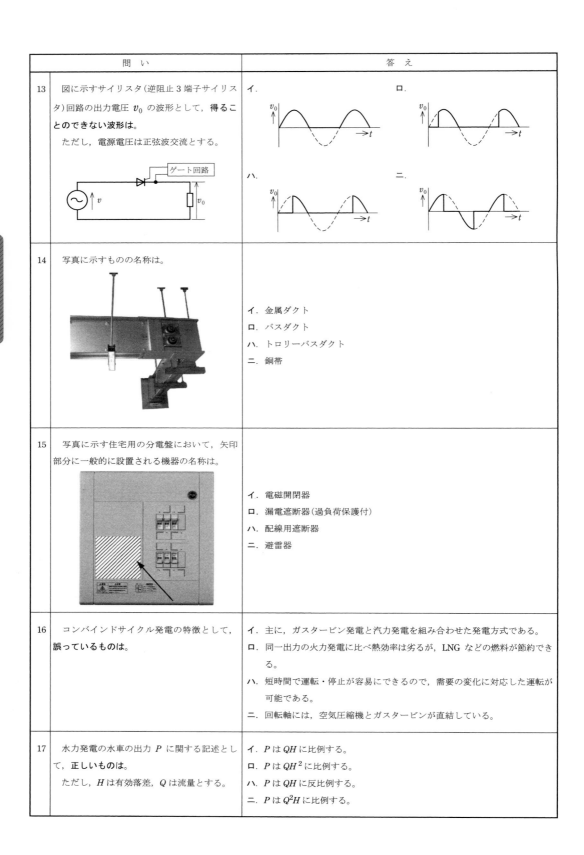

13　図に示すサイリスタ(逆阻止3端子サイリスタ)回路の出力電圧 v_0 の波形として，**得ることのできない**波形は。

　　ただし，電源電圧は正弦波交流とする。

イ.

ロ.

ハ.

ニ.

14　写真に示すものの名称は。

イ. 金属ダクト

ロ. バスダクト

ハ. トロリーバスダクト

ニ. 銅帯

15　写真に示す住宅用の分電盤において，矢印部分に一般的に設置される機器の名称は。

イ. 電磁開閉器

ロ. 漏電遮断器(過負荷保護付)

ハ. 配線用遮断器

ニ. 避雷器

16　コンバインドサイクル発電の特徴として，**誤っているもの**は。

イ. 主に，ガスタービン発電と汽力発電を組み合わせた発電方式である。

ロ. 同一出力の火力発電に比べ熱効率は劣るが，LNG などの燃料が節約できる。

ハ. 短時間で運転・停止が容易にできるので，需要の変化に対応した運転が可能である。

ニ. 回転軸には，空気圧縮機とガスタービンが直結している。

17　水力発電の水車の出力 P に関する記述として，**正しいもの**は。

　　ただし，H は有効落差，Q は流量とする。

イ. P は QH に比例する。

ロ. P は QH^2 に比例する。

ハ. P は QH に反比例する。

ニ. P は Q^2H に比例する。

問 い	答 え
18　架空送電線路に使用されるアークホーンの記述として，**正しいもの**は。	イ．電線と同種の金属を電線に巻き付けて補強し，電線の振動による素線切れなどを防止する。 ロ．電線におもりとして取り付け，微風により生ずる電線の振動を吸収し，電線の損傷などを防止する。 ハ．がいしの両端に設け，がいしや電線を雷の異常電圧から保護する。 ニ．多導体に使用する間隔材で，強風による電線相互の接近・接触や負荷電流，事故電流による電磁吸引力から素線の損傷を防止する。
19　同一容量の単相変圧器を並行運転するための条件として，**必要でないもの**は。	イ．各変圧器の極性を一致させて結線すること。 ロ．各変圧器の変圧比が等しいこと。 ハ．各変圧器のインピーダンス電圧が等しいこと。 ニ．各変圧器の効率が等しいこと。
20　高圧受電設備の短絡保護装置として，**適切な組合せ**は。	イ．過電流継電器 　　高圧柱上気中開閉器 ロ．地絡継電器 　　高圧真空遮断器 ハ．地絡方向継電器 　　高圧柱上気中開閉器 ニ．過電流継電器 　　高圧真空遮断器
21　高圧 CV ケーブルの絶縁体 a とシース b の材料の組合せは。	イ．a　架橋ポリエチレン　　　　　ロ．a　架橋ポリエチレン 　　b　塩化ビニル樹脂　　　　　　　　b　ポリエチレン ハ．a　エチレンプロピレンゴム　　ニ．a　エチレンプロピレンゴム 　　b　塩化ビニル樹脂　　　　　　　　b　ポリクロロプレン
22　写真に示す機器の用途は。  	イ．大電流を小電流に変流する。 ロ．高調波電流を抑制する。 ハ．負荷の力率を改善する。 ニ．高電圧を低電圧に変圧する。

問い	答え
23　写真に示す品物を組み合わせて使用する場合の目的は。 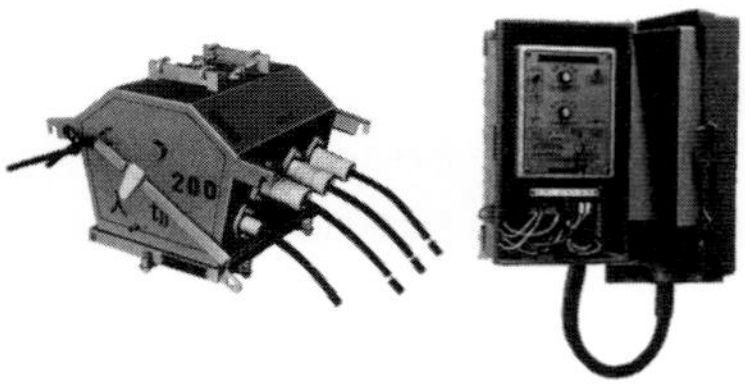	イ．高圧需要家構内における高圧電路の開閉と，短絡事故が発生した場合の高圧電路の遮断。 ロ．高圧需要家の使用電力量を計量するため高圧の電圧，電流を低電圧，小電流に変成。 ハ．高圧需要家構内における高圧電路の開閉と，地絡事故が発生した場合の高圧電路の遮断。 ニ．高圧需要家構内における遠方制御による高圧電路の開閉。
24　600 V 以下で使用される電線又はケーブルの記号に関する記述として，誤っているものは。	イ．IVとは，主に屋内配線に使用する塩化ビニル樹脂を主体としたコンパウンドで絶縁された単心（単線，より線）の絶縁電線である。 ロ．DVとは，主に架空引込線に使用する塩化ビニル樹脂を主体としたコンパウンドで絶縁された多心の絶縁電線である。 ハ．VVFとは，移動用電気機器の電源回路などに使用する塩化ビニル樹脂を主体としたコンパウンドを絶縁体およびシースとするビニル絶縁ビニルキャブタイヤケーブルである。 ニ．CVとは，架橋ポリエチレンで絶縁し，塩化ビニル樹脂を主体としたコンパウンドでシースを施した架橋ポリエチレン絶縁ビニルシースケーブルである。
25　写真に示す配線器具を取り付ける施工方法の記述として，**不適切なものは。** 	イ．定格電流 20 A の配線用遮断器に保護されている電路に取り付けた。 ロ．単相 200 V の機器用コンセントとして取り付けた。 ハ．三相 400 V の機器用コンセントとしては使用できない。 ニ．接地極には D 種接地工事を施した。
26　低圧配電盤に，CV ケーブル又は CVT ケーブルを接続する作業において，一般に**使用しない工具は。**	イ．電工ナイフ ロ．油圧式圧着工具 ハ．油圧式パイプベンダ ニ．トルクレンチ
27　高圧屋内配線をケーブル工事で施設する場合の記述として，**誤っているものは。**	イ．電線を電気配線用のパイプシャフト内に施設（垂直につり下げる場合を除く）し，8 m の間隔で支持をした。 ロ．他の弱電流電線との離隔距離を 30 cm で施設した。 ハ．低圧屋内配線との間に耐火性の堅ろうな隔壁を設けた。 ニ．ケーブルを耐火性のある堅ろうな管に収め施設した。

	問 い	答 え
28	合成樹脂管工事に使用できない絶縁電線の種類は。	イ．600V ビニル絶縁電線 ロ．600V 二種ビニル絶縁電線 ハ．600V 耐燃性ポリエチレン絶縁電線 ニ．屋外用ビニル絶縁電線
29	点検できる隠ぺい場所で，湿気の多い場所又は水気のある場所に施す使用電圧 300 V 以下の低圧屋内配線工事で，**施設することができない工事**の種類は。	イ．金属管工事 ロ．金属線ぴ工事 ハ．ケーブル工事 ニ．合成樹脂管工事

問い30から問い34までは，下の図に関する問いである。

　図は，自家用電気工作物（500 kW 未満）の引込柱から屋内キュービクル式高圧受電設備（JIS C 4620 適合品）に至る施設の見取図である。この図に関する各問いには，4 通りの答え（イ，ロ，ハ，ニ）が書いてある。それぞれの問いに対して，答えを一つ選びなさい。
〔注〕図において，問いに直接関係のない部分等は，省略又は簡略化してある。

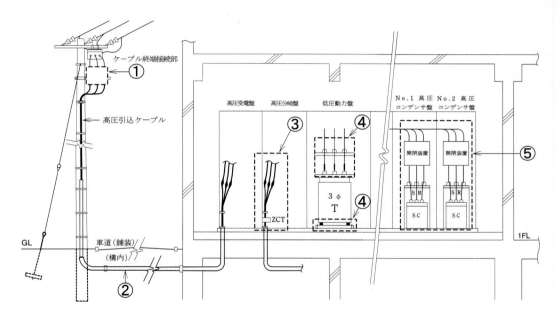

	問 い	答 え
30	①に示すケーブル終端接続部に関する記述として，**不適切なものは**。	イ．ストレスコーンは雷サージ電圧が侵入したとき，ケーブルのストレスを緩和するためのものである。 ロ．終端接続部の処理では端子部から雨水等がケーブル内部に浸入しないように処理する必要がある。 ハ．ゴムとう管形屋外終端接続部にはストレスコーン部が内蔵されているので，あらためてストレスコーンを作る必要はない。 ニ．耐塩害終端接続部の処理は海岸に近い場所等，塩害を受けるおそれがある場所に適用される。
31	②に示す高圧引込の地中電線路の施工として，**不適切なものは**。	イ．地中埋設管路長が 20 m であるため，物件の名称，管理者名及び電圧を表示した埋設表示シートの施設を省略した。 ロ．高圧地中引込線を収める防護装置に鋼管を使用した管路式とし，地中埋設管路長が 20 m であるため，管路の接地を省略した。 ハ．高圧地中引込線と地中弱電流電線との離隔が 20 cm のため，高圧地中引込線を堅ろうな不燃性の管に収め，その管が地中弱電流電線と直接接触しないように施設した。 ニ．高圧地中引込線と低圧地中電線との離隔を 20 cm で施設した。
32	③に示す高圧ケーブルの施工として，**不適切なものは**。 　ただし，高圧ケーブルは 6 600 V CVT ケーブルを使用するものとする。	イ．高圧ケーブルの終端接続に 6 600 V CVT ケーブル用ゴムストレスコーン形屋内終端接続部の材料を使用した。 ロ．高圧分岐ケーブル系統の地絡電流を検出するための零相変流器を R 相と T 相に設置した。 ハ．高圧ケーブルの銅シールドに，A 種接地工事を施した。 ニ．キュービクル内の高圧ケーブルの支持にケーブルブラケットを使用し，3 線一括で固定した。
33	④に示す変圧器の防振又は，耐震対策等の施工に関する記述として，**適切でないものは**。	イ．低圧母線に銅帯を使用したので，変圧器の振動等を考慮し，変圧器と低圧母線との接続には可とう導体を使用した。 ロ．可とう導体は，地震時の振動でブッシングや母線に異常な力が加わらないよう十分なたるみを持たせ，かつ，振動や負荷側短絡時の電磁力で母線が短絡しないように施設した。 ハ．変圧器を基礎に直接支持する場合のアンカーボルトは，移動，転倒を考慮して引き抜き力，せん断力の両方を検討して支持した。 ニ．変圧器に防振装置を使用する場合は，地震時の移動を防止する耐震ストッパが必要である。耐震ストッパのアンカーボルトには，せん断力が加わるため，せん断力のみを検討して支持した。
34	⑤で示す高圧進相コンデンサに用いる開閉装置は，自動力率調整装置により自動で開閉できるよう施設されている。このコンデンサ用開閉装置として，**最も適切なものは**。	イ．高圧交流真空電磁接触器 ロ．高圧交流真空遮断器 ハ．高圧交流負荷開閉器 ニ．高圧カットアウト

問 い	答 え
35 一般に B 種接地抵抗値の計算式は，$$\frac{150\ V}{変圧器高圧側電路の1線地絡電流[A]}[\Omega]$$ となる。 ただし，変圧器の高低圧混触により，低圧側電路の対地電圧が 150 V を超えた場合に，1 秒以下で自動的に高圧側電路を遮断する装置を設けるときは，計算式の 150 V は □ V とすることができる。 上記の空欄にあてはまる数値は。	イ．300 　　　ロ．400 　　　ハ．500 　　　ニ．600
36 高圧受電設備の年次点検において，電路を開放して作業を行う場合は，感電事故防止の観点から，作業箇所に短絡接地器具を取り付けて安全を確保するが，この場合の作業方法として，**誤っているものは**。	イ．取り付けに先立ち，短絡接地器具の取り付け箇所の無充電を検電器で確認する。 ロ．取り付け時には，まず接地側金具を接地線に接続し，次に電路側金具を電路側に接続する。 ハ．取り付け中は，「短絡接地中」の標識をして注意喚起を図る。 ニ．取り外し時には，まず接地側金具を外し，次に電路側金具を外す。
37 高圧受電設備の定期点検で通常**用いないものは**。	イ．高圧検電器 ロ．短絡接地器具 ハ．絶縁抵抗計 ニ．検相器
38 「電気工事士法」において，特殊電気工事を除く工事に関し，政令で定める軽微な工事及び省令で定める軽微な作業について，**誤っているものは**。	イ．軽微な工事については，認定電気工事従事者でなければ従事できない。 ロ．電気工事の軽微な作業については，電気工事士でなくても従事できる。 ハ．自家用電気工作物の軽微な工事の作業については，第一種電気工事士でなくても従事できる。 ニ．使用電圧 600 V を超える自家用電気工作物の電気工事の軽微な作業については，第一種電気工事士でなくても従事できる。
39 「電気工事士法」及び「電気用品安全法」において，**正しいものは**。	イ．電気用品のうち，危険及び障害の発生するおそれが少ないものは，特定電気用品である。 ロ．特定電気用品には，(PS)E と表示されているものがある。 ハ．第一種電気工事士は，「電気用品安全法」に基づいた表示のある電気用品でなければ，一般用電気工作物の工事に使用してはならない。 ニ．定格電圧が 600 V のゴム絶縁電線(公称断面積 22mm^2)は，特定電気用品ではない。
40 「電気設備の技術基準を定める省令」において，電気使用場所における使用電圧が低圧の開閉器又は過電流遮断器で区切ることのできる電路ごとに，電路と大地との間の絶縁抵抗値として，**不適切なものは**。	イ．使用電圧が 300 V 以下で対地電圧が 150 V 以下の場合　0.1 MΩ 以上 ロ．使用電圧が 300 V 以下で対地電圧が 150 V を超える場合　0.2 MΩ 以上 ハ．使用電圧が 300 V を超え 450 V 以下の場合　0.3 MΩ 以上 ニ．使用電圧が 450 V を超える場合　0.4 MΩ 以上

問題2. 配線図1 (問題数5, 配点は1問当たり2点)

図は, 三相誘導電動機を, 押しボタンの操作により始動させ, タイマの設定時間で停止させる制御回路である。この図の矢印で示す5箇所に関する各問いには, 4通りの答え（イ, ロ, ハ, ニ）が書いてある。それぞれの問いに対して, 答えを1つ選びなさい。

〔注〕図において, 問いに直接関係のない部分等は, 省略又は簡略化してある。

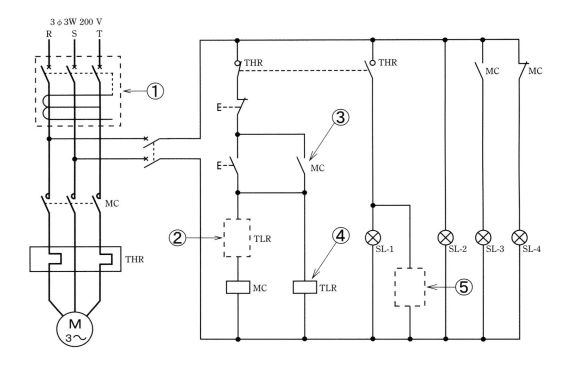

	問 い	答 え
41	①の部分に設置する機器は。	イ. 配線用遮断器 ロ. 電磁接触器 ハ. 電磁開閉器 ニ. 漏電遮断器（過負荷保護付）
42	②で示す部分に使用される接点の図記号は。	イ.　　　　ロ.　　　　ハ.　　　　ニ.

問 い	答 え
43　③で示す接点の役割は。	イ．押しボタンスイッチのチャタリング防止 ロ．タイマの設定時間経過前に電動機が停止しないためのインタロック ハ．電磁接触器の自己保持 ニ．押しボタンスイッチの故障防止
44　④に設置する機器は。	イ. 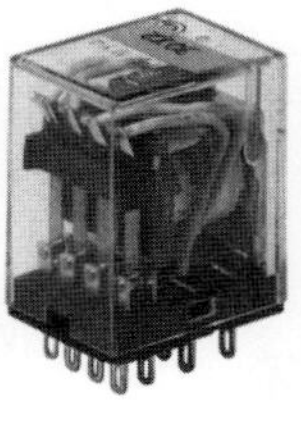　　　　　　　　　　　　　ロ.  ハ. 　　　　　　　　　　　　　ニ. 
45　⑤で示す部分に使用されるブザーの図記号は。	イ. 　　　　ロ. 　　　　ハ. 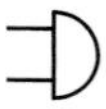　　　　ニ. 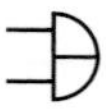

　図は，高圧受電設備の単線結線図である。この図の矢印で示す 5 箇所に関する各問いには，4 通りの答え（イ，ロ，ハ，ニ）が書いてある。それぞれの問いに対して，答えを 1 つ選びなさい。

〔注〕図において，問いに直接関係のない部分等は，省略又は簡略化してある。

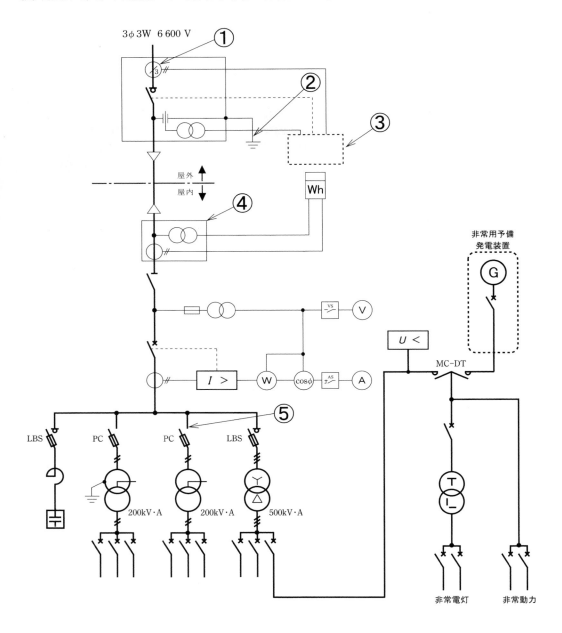

問　い	答　え
46 ①で示す図記号の機器の名称は。	イ．零相変圧器 ロ．電力需給用変流器 ハ．計器用変流器 ニ．零相変流器
47 ②の部分の接地工事に使用する保護管で，**適切なもの**は。 　ただし，接地線に人が触れるおそれがあるものとする。	イ．薄鋼電線管 ロ．厚鋼電線管 ハ．合成樹脂製可とう電線管(CD 管) ニ．硬質ポリ塩化ビニル電線管
48 ③に設置する機器の図記号は。	イ．$\boxed{I \doteq >}$　　ロ．$\boxed{I >}$　　ハ．$\boxed{I <}$　　ニ．$\boxed{I \doteq >}$
49 ④に設置する機器は。	イ．  ロ．  ハ．  ニ． 
50 ⑤で示す部分の検電確認に用いるものは。	イ． 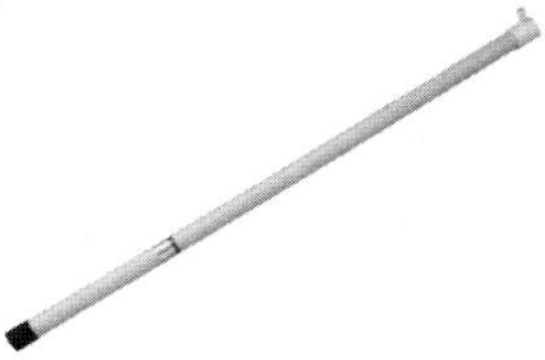 ロ． 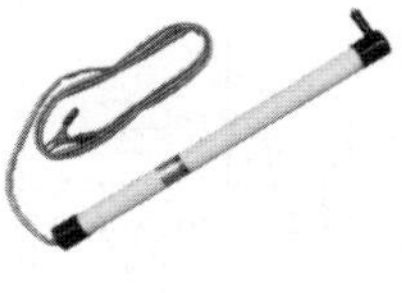 ハ． 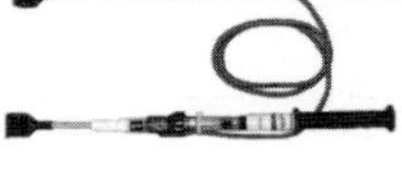 ニ． 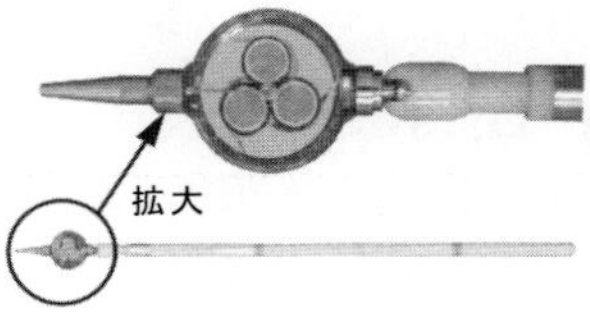　拡大

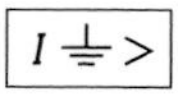

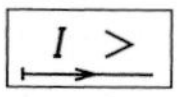

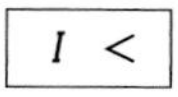

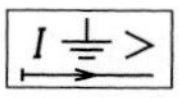

1 ハ. $W_C = 0.1$ $W_L = 0.1$

C に蓄えられているエネルギー W_C〔J〕は，

$$W_C = \frac{1}{2}CV^2 = \frac{1}{2} \times 20 \times 10^{-6} \times 100^2$$
$$= 10^{-1} = 0.1 \text{〔J〕}$$

L に蓄えられているエネルギー W_L〔J〕は，

$$W_L = \frac{1}{2}LI^2 = \frac{1}{2} \times 2 \times 10^{-3} \times 10^2$$
$$= 10^{-1} = 0.1 \text{〔J〕}$$

2 ハ. 12

第1図において，抵抗 6Ω と 6Ω の並列接続の合成抵抗は，

$$\frac{6 \times 6}{6+6} = \frac{36}{12} = 3 \text{〔Ω〕}$$

抵抗 6Ω と 3Ω の並列接続の合成抵抗は，

$$\frac{6 \times 3}{6+3} = \frac{18}{9} = 2 \text{〔Ω〕}$$

回路全体に流れる電流 I〔A〕は，

$$I = \frac{90}{3+2} = \frac{90}{5} = 18 \text{〔A〕}$$

抵抗 6Ω と 3Ω に加わる電圧 V_3〔V〕は，

$$V_3 = I \times 2 = 18 \times 2 = 36 \text{〔V〕}$$

抵抗 3Ω に流れる電流 I_3〔A〕は，

$$I_3 = \frac{V_3}{3} = \frac{36}{3} = 12 \text{〔A〕}$$

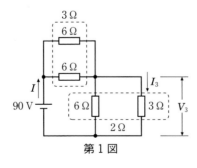

第1図

3 ロ. 3

第2図で誘導性リアクタンス X に加わる電圧を V_L〔V〕とすると，

$$\sqrt{80^2 + V_L{}^2} = 100$$
$$80^2 + V_L{}^2 = 100^2$$
$$V_L = \sqrt{100^2 - 80^2} = \sqrt{3\,600} = 60 \text{〔V〕}$$

誘導性リアクタンス X〔Ω〕は，

$$X = \frac{V_L}{I} = \frac{60}{20} = 3 \text{〔Ω〕}$$

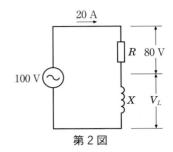

第2図

4 ニ. 100

交流の直列回路の力率 $\cos\theta$〔%〕は，回路のインピーダンスを Z〔Ω〕，抵抗を R〔Ω〕とすると，次式で求められる．

$$\cos\theta = \frac{R}{Z} \times 100 \text{〔%〕}$$

第3図の回路の力率 $\cos\theta$〔%〕は，

$$\cos\theta = \frac{10}{\sqrt{10^2 + (10-10)^2}} \times 100 = 100 \text{〔%〕}$$

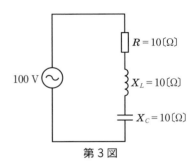

第3図

5 ニ. 92

第4図で，1相のインピーダンス Z〔Ω〕は，

$$Z = \sqrt{R^2 + X_L{}^2} = \sqrt{8^2 + 6^2} = \sqrt{100} = 10 \text{〔Ω〕}$$

1相に加わる電圧 V〔V〕は，

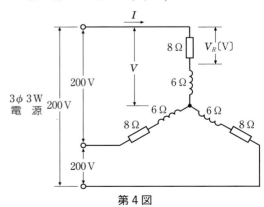

第4図

$$V = \frac{200}{\sqrt{3}} \text{〔V〕}$$

抵抗に流れる電流 I〔A〕は，

$$I = \frac{V}{Z} = \frac{\frac{200}{\sqrt{3}}}{10} = \frac{200}{10\sqrt{3}} = \frac{20}{\sqrt{3}} \text{〔A〕}$$

抵抗の両端の電圧 V_R〔V〕は，

$$V_R = IR = \frac{20}{\sqrt{3}} \times 8 = \frac{160}{\sqrt{3}} \fallingdotseq 92 \text{〔V〕}$$

6　ハ．38

線路の電圧降下が 4 V になる電線の抵抗 r〔Ω〕は，

$v = 2Ir \cos\theta$〔V〕から，

$4 = 2 \times 50 \times r \times 0.8$〔V〕

$$r = \frac{4}{80} = 0.05 \text{〔Ω〕}$$

100 m 当たりの抵抗が 0.05 Ω であるから，電圧降下を 4 V 以内にする 1 km 当たりの抵抗は，

$$\frac{0.05}{100} \times 1\,000 = 0.5 \text{〔Ω/km〕}$$

以下となる．

したがって，線路の電圧降下を 4 V 以内にするための電線の最少太さは，38 mm² である．

7　ハ．140

問題の図を書き直すと**第 5 図**のようになる．

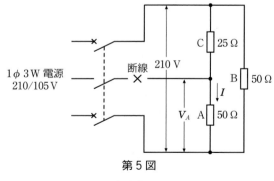

第 5 図

断線時に抵抗負荷 A（50Ω）に流れる電流 I〔A〕は，

$$I = \frac{210}{50 + 25} = \frac{210}{75} = 2.8 \text{〔A〕}$$

抵抗負荷 A（50 Ω）に加わる電圧 V_A〔V〕は，

$V_A = 2.8 \times 50 = 140$〔V〕

8　ロ．2

変圧器と配電線路の損失及び変圧器の励磁電

流は無視するので，変圧器の一次側の入力と二次側の出力は等しい．

$6\,000I = 100 \times 50 + 100 \times 70$

$\qquad = 12\,000$〔W〕

したがって，変圧器の一次側に流れる電流 I〔A〕は，

$$I = \frac{12\,000}{6\,000} = 2 \text{〔A〕}$$

9　二．$\dfrac{V^2}{141}$

第 6 図のような Y 結線として計算する．

1 相のリアクタンス X〔Ω〕は，

$X = X_C - X_L = 150 - 9 = 141$〔Ω〕

電線に流れる電流 I〔A〕は，

$$I = \frac{\frac{V}{\sqrt{3}}}{X} = \frac{V}{X\sqrt{3}} = \frac{V}{141\sqrt{3}} \text{〔A〕}$$

この回路の無効電力 Q〔var〕は，

$$Q = 3I^2 X = 3 \times \left(\frac{V}{141\sqrt{3}}\right)^2 \times 141$$

$$= 3 \times \frac{V^2}{141^2 \times 3} \times 141 = \frac{V^2}{141} \text{〔var〕}$$

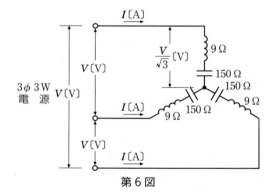

第 6 図

10　二．60

三相かご形誘導電動機が，滑り 5 %，回転速度 1 140 min⁻¹ で運転されている場合，この電動機の同期速度 N_s〔min⁻¹〕は，

$$N = N_s\left(1 - \frac{s}{100}\right) \text{〔min}^{-1}\text{〕}$$

$$1\,140 = N_s\left(1 - \frac{5}{100}\right)$$

$$1\,140 = 0.95 N_s$$

$$N_s = \frac{1\,140}{0.95} = 1\,200 \; [\text{min}^{-1}]$$

電動機の極数が6極であるから，一次周波数 $f\,[\text{Hz}]$ は，

$$N_s = \frac{120f}{p} \; [\text{min}^{-1}] \qquad 1\,200 = \frac{120f}{6}$$

$$20f = 1\,200$$

$$f = \frac{1\,200}{20} = 60 \; [\text{Hz}]$$

**⓫　ハ. 電気機器として交流電動機は, 全てトッ
プランナー制度対象品である.**

エネルギーの使用の合理化等に関する法律第
145条（エネルギー消費機器等製造事業者の判
断の基準となるべき事項），施行令第18条（特
定エネルギー消費機器）による.

交流電動機で，トップランナー制度対象品は，
かご形三相誘導電動機に限り，防爆形等は除か
れる.

⓬　ハ. 486

定格電圧100V，消費電力1kWの電熱器の
抵抗 $R\,[\Omega]$ は，

$$P = \frac{V^2}{R} \; [\text{W}] \text{から，}$$

$$R = \frac{V^2}{P} = \frac{100^2}{1\,000} = \frac{10\,000}{1\,000} = 10 \; [\Omega]$$

この電熱器を90Vで使用したときの電力 P
$[\text{kW}]$ は，

$$P = \frac{V^2}{R} = \frac{90^2}{10} = \frac{8\,100}{10}$$

$$= 810 \; [\text{W}] = 0.81 \; [\text{kW}]$$

電力量1kW·hを熱量に換算すると3600kJ
である. このことから，発生熱量 $Q\,[\text{kJ}]$ は，

$$Q = 3\,600Pt = 3\,600 \times 0.81 \times \frac{10}{60}$$

$$= 600 \times 0.81 = 486 \; [\text{kJ}]$$

⓭　ニ.

サイリスタ（第7図）は，アノードA，カソード
K，ゲートGの3つの電極からなっており，小さ
なゲート電流を調整することによって，カソー
ドに流れる大きな電流を制御することできる.

問題の図は単相半波整流回路であり，電流は
順方向に流れるが，ニのように逆方向には流れ
ない. ゲート回路を調整することにより，順方

向の電流をイ，ロ，ハのようにコントロールす
ることができる.

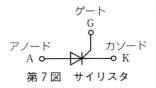

第7図　サイリスタ

⓮　ロ. バスダクト

バスダクト（第8図）は，導体にアルミ導体
又は銅導体を用い，大電流を流す幹線として使
用される.

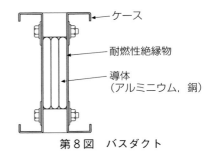

第8図　バスダクト

⓯　ロ. 漏電遮断器（過負荷保護付）

住宅用の分電盤の電源側には，一般的に漏電
遮断器（過負荷保護付）が設置される.

**⓰　ロ. 同一出力の火力発電に比べ熱効率は劣
るが, LNG などの燃料が節約できる.**

コンバインドサイクル発電方式は，第9図
のようにガスタービン発電と汽力発電を組み合
わせたものである.

燃料の天然ガスを燃焼させてガスタービンを
回転させ，ガスタービンから出た高温の排ガス
の熱を利用して，高温・高圧の蒸気を発生させ
て蒸気タービンを回転させる. 同一出力の火力
発電に比べて熱効率が高く，LNGなどの燃料
を節約できる.

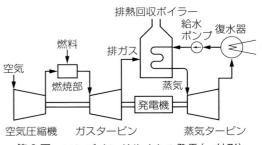

第9図　コンバインドサイクル発電（一軸形）

コンバインドサイクル発電は，発電機の運転・停止にかかる時間が短く，需要の変化に対応した運転が可能である．

コンバインドサイクル発電の回転軸は，一軸形と多軸形がある．一軸形は，ガスタービン，蒸気タービン，発電機の軸を一つにしたものである．多軸形は，ガスタービンと蒸気タービンの軸が分かれていて，ガスタービンと蒸気タービンのそれぞれに発電機を設置したものである．

17 イ．P は QH に比例する．

水力発電の水車の出力 P〔kW〕は，流量を Q〔m³/s〕，有効落差を H〔m〕，水車効率を η とすると，次式で表すことができる．

$$P = 9.8QH\eta \text{〔kW〕}$$

この式から，P は QH に比例することがわかる．

18 ハ．がいし両端に設け，がいしや電線を雷の異常電圧から保護する．

電線や鉄塔に落雷があった場合，がいしの表面に放電すると，がいしを破損するおそれがある．がいしの両端にアークホーン（第 10 図）を取り付けることによって，がいしや電線からの直接の放電を避け，がいしや電線の破損を防ぐことができる．

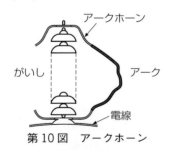

第 10 図　アークホーン

19 二．各変圧器の効率が等しいこと．

同一容量の単相変圧器 2 台を並行運転するためには，次の条件が必要である．
(1)極性が合っていること．
(2)変圧比が等しいこと．
(3)インピーダンス電圧が等しいこと．

これらの条件を満足しないと，大きな循環電流が流れて巻線を焼損したり，負荷の分担が半分ずつにならないで，片方の変圧器が過負荷になって焼損する場合がある．

20 二．過電流継電器　高圧真空遮断器

高圧受電設備の短絡保護装置として，第 11 図のように変流器，過電流継電器，高圧真空遮断器を組み合わせて用いる．

高圧の主回路に過電流や短絡電流が流れると，それに比例した電流が変流器に流れる．変流器から過電流継電器に送られた電流が，過電流継電器で設定した値以上になると高圧交流遮断器を動作させて，高圧回路を遮断する．

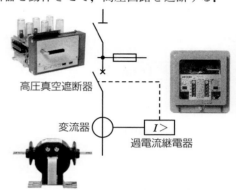

第 11 図　高圧受電設備の短絡保護

21 イ．a　架橋ポリエチレン
**　　　b　塩化ビニル樹脂**

高圧 CV ケーブルは，絶縁体が架橋ポリエチレンで，シースが塩化ビニル樹脂である．

22 ロ．高調波電流を抑制する．

直列リアクトルで，高圧進相コンデンサの電源側に施設する．高調波電流が高圧進相コンデンサに流れるのを抑制したり，高圧進相コンデンサ投入時の突入電流を抑制する働きがある．

23 ハ．高圧需要家構内における高圧電路の開閉と，地絡事故が発生した場合の高圧電路の遮断

写真の左が高圧交流負荷開閉器で，内部に負荷開閉器と零相変流器等が内蔵されている．右側が制御装置で地絡継電器が収められている．

24 ハ．VVF とは，移動用電気機器の電源回路などに使用する塩化ビニル樹脂を主体としたコンパウンドを絶縁体およびシースとするビニル絶縁ビニルキャブタイヤケーブルである．

VVF は，造営材に固定して使用する電線で，ビニル絶縁ビニルシースケーブル平形である．

25 イ．定格電流 20 A の配線用遮断器に保護されている電路に取り付けた．

写真のコンセントは，2極接地極付30 A 250 V引掛形コンセントである．

電技解釈第149条（低圧分岐回路等の施設）により，定格電流20 Aの配線用遮断器で保護されている分岐回路に取り付けることができるコンセントの定格電流は，20 A以下である．

配線用遮断器を用いた分岐回路に接続できる電線（軟銅線）の太さとコンセントの定格電流を，第1表に示す．

第1表

配線用遮断器の定格電流	電線の太さ（軟銅線）	コンセントの定格電流
20 A	1.6 mm 以上	20 A 以下
30 A	2.6 mm（5.5 mm² ）以上	20 A 以上 30 A 以下
40 A	8 mm² 以上	30 A 以上 40 A 以下
50 A	14 mm² 以上	40 A 以上 50 A 以下

(注) 配線用遮断器の定格電流が30 Aの場合，定格電流が20 A未満の差込みプラグが接続できるものを除く．

26　ハ．油圧式パイプベンダ

油圧式パイプベンダは，太い金属管を曲げる工具で，低圧配電盤へのCVケーブルやCVTケーブルを接続する作業には使用しない．

電工ナイフは，ケーブルのシースや絶縁物のはぎ取りに用いる．油圧式圧着工具は，電線に圧着端子を接続するのに用いる．トルクレンチは，圧着端子をボルトで接続する場合に，所定のトルクでボルトを締め付けるのに用いる．

油圧式パイプベンダ　　　電工ナイフ

油圧式圧着工具　　　トルクレンチ

第12図

27　イ．電線を電気配線用のパイプシャフト内に施設（垂直につり下げる場合を除く）し，8 mの間隔で支持した．

電技解釈第164条（ケーブル工事）・第168条（高圧配線の施設）による．

ケーブルを造営材の下面又は側面に沿って取り付ける場合は，電線の支持点間の距離を2 m以下にしなければならない．接触防護措置を施した場所において垂直に取り付ける場合は，6 m以下にできる．

28　ニ．屋外用ビニル絶縁電線

電技解釈第158条（合成樹脂管工事）により，屋外用ビニル絶縁電線は使用できない．

29　ロ．金属線ぴ工事

電技解釈第156条（低圧屋内配線の施設場所による工事の種類）による．

金属線ぴ工事は，使用電圧が300 V以下で，展開した場所及び点検できる隠ぺい場所であって，乾燥した場所に限り施設できる．

金属管工事，ケーブル工事，合成樹脂管工事は，使用電圧が600 V以下で，施設場所に制限がない．

30　イ．ストレスコーンは雷サージ電圧が侵入したとき，ケーブルのストレスを緩和するためのものである．

ストレスコーンは，ケーブルの遮へい端部の電位傾度を緩和するものである．ゴムとう管形屋外終端接続部は，ストレスコーン部が内蔵されているので，あらためてストレスコーンを作る必要はない．耐塩害終端接続部は，海岸に近い塩害を受けるおそれがある場所等に使用する．

31　イ．地中埋設管路が20 mであるため，物件の名称，管理者名及び電圧を表示した埋設表示シートの施設を省略した．

電技解釈第120条（地中電線路の施設）・第123条（地中電線の被膜金属体等の接地）・125条（地中電線と他の地中電線等との接近又は交差）による．

高圧の地中電線路には，おおむね2 mの間隔で，物件の名称，管理者名及び電圧（需要場所では電圧のみ）を表示しなければならない．表示を省略できるのは，需要場所に施設するもので，長さが15 m以下のものである．

32 ロ．高圧分岐ケーブル系統の地絡電流を検出するための零相変流器を R 相と T 相に設置した．

零相変流器（第13図）は1台設置し，三相3線の高圧ケーブルをその穴に通す．

第13図

33 ニ．変圧器に防振装置を使用する場合は，地震時の振動を防止する耐震ストッパが必要である．耐震ストッパのアンカーボルトには，せん断力が加わるため，せん断力のみを検討して支持した．

高圧受電設備規程1130-1（受電室の施設），資料1-1-5（耐震対策）による．

ストッパのアンカーボルトには，変圧器に作用する地震力によっての移動，転倒を考慮して，せん断力と引き抜き力の両方を検討して支持しなければならない．

34 イ．高圧交流真空電磁接触器

高圧交流真空遮断器，高圧交流負荷開閉器，高圧カットアウトは，自動開閉装置として用いられない．

自動力率調整装置により高圧進相コンデンサを自動開閉するコンデンサ用開閉装置としては，高圧交流真空電磁接触器（第14図）が適する．

第14図　高圧交流真空電磁接触器

35 ニ．600

電技解釈第17条（接地工事の種類及び施設方法）による．

B種接地工事の接地抵抗値は，変圧器の高圧側の電路と低圧側の電路が混触により，低圧側の電路の対地電圧が150 Vを超えた場合に，1秒以下で自動的に高圧側電路を遮断する装置を設ける場合は，次式の値以下とする．

$$接地抵抗値 \leqq \frac{600}{高圧側電路の1線地絡電流} \, 〔\Omega〕$$

36 ニ．取り外し時には，まず接地側金具を外し，次に電路側金具を外す．

短絡接地器具の取り外しには，まず電路側金具を外し，次に接地側金具を外さなければならない．

37 ニ．検相器

相順の検査は，竣工時に行い定期点検では行わない．

38 イ．軽微な工事については，認定電気工事従事者でなければ従事できない．

電気工事士法第2条（用語の定義）・第3条（電気工事士等），施行令第1条（軽微な工事），施行規則第2条（軽微な作業）による．

軽微な工事の作業については，電気工事士法の電気工事に該当しないので，電気工事士及び認定電気工事従事者でなくても従事できる．

39 ハ．第一種電気工事士は，「電気用品安全法」に基づいた表示のある電気用品でなければ，一般用電気工作物の工事に使用してはならない．

電気用品安全法第2条（定義）・第10条（表示）・第28条（使用の制限），施行令第1条の2（特定電気用品），施行規則第17条（表示の方法）による．

特定電用品は，構造又は使用方法その他の使用状況からみて特に危険又は障害の発生するおそれが多い電気用品である．

特定電気用品には，⟨PS⟩又は<PS>E が表示されている．定格電圧が600 Vのゴム絶縁電線は，公称断面積が100 mm² 以下のものが特定電気用品である．

40 ハ．使用電圧が300 Vを超え450 V以下の場合　0.3 MΩ 以上

電技第58条（低圧の電路の絶縁性能）による．

使用電圧が300 Vを超え450 V以下の場合の電路と大地との間の絶縁抵抗値は，0.4 MΩ 以上でなければならない．

電気使用場所における使用電圧が低圧の電路の電線相互間及び電路と大地との間の絶縁抵抗は，開閉器又は過電流遮断器で区切ることのできる電路ごとに，**第2表**の値以上でなければならない．

第3表　低圧の電路の絶縁性能

電路の使用電圧の区分		絶縁抵抗値
300 V 以下	対地電圧が 150 V 以下の場合	0.1 MΩ
	その他の場合	0.2 MΩ
300 V を超えるもの		0.4 MΩ

〔問題 2・3〕 配線図の解答

41　二．漏電遮断器（過負荷保護付）

第15図で，地絡電流を検出する零相変流器があり，接点が遮断器の図記号から，漏電遮断器（過負荷保護付）と判断できる．

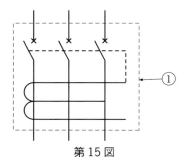

第15図

42　ロ

限時継電器（TLR）のブレーク接点（**第16図**）で，設定時間経過後に接点が開いて電磁接触器（MC）の自己保持を解除し，電動機を停止させる．

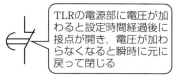

TLRの電源部に電圧が加わると設定時間経過後に接点が開き，電圧が加わらなくなると瞬時に元に戻って閉じる

第16図　TLR のブレーク接点

43　ハ．電磁接触器の自己保持

③の接点は MC のメーク接点で，押しボタンスイッチのメーク接点と並列に接続されている．押しボタンスイッチのメーク接点を押すと閉じて，押しボタンスイッチのメーク接点を離してもこの接点を通じて電磁接触器 MC に電

源が供給されるので，電磁接触器 MC が動作し続ける．自分自身の接点によって保持することから，自己保持回路（**第17図**）という．

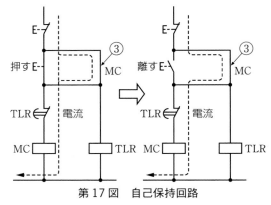

第17図　自己保持回路

44　二

TLR は，限時継電器（タイマ）を表す．

イは電磁継電器，ロは電磁接触器，ハはタイムスイッチである．

45　イ．

ブザーの図記号はイで，ハはベルの図記号である．

46　二．零相変流器

零相電流（地絡電流）を検出する零相変流器である．

47　二．硬質ポリ塩化ビニル電線管

電技解釈第17条（接地工事の種類及び施設方法）・第29条（機械器具の金蔵製外箱等の接地）による．

②の部分の接地工事は A 種接地工事で，接地線に人が触れるおそれがあるものは，接地線の地下 75 cm から地表上 2 m までの部分を電気用品安全法の適用を受ける合成樹脂管（厚さ 2 mm 未満の合成樹脂製電線管及び CD 管を除く）等で覆わなければならない．

48　二．

③に設置する機器は，地絡方向継電器（DGR）である．

49　イ．

④に設置する機器は，電力需給用計器用変成器（VCT）である．

50　二．

高圧部分の検電確認は，ニの風車式検電器で行う．

令和3年度
（午前）の問題と
解答・解説

●令和３年度（午前）問題の解答●

問題１．一般問題									問題２．配線図	
問い	答え	問い	答え	問い	答え	問い	答え	問い	答え
1	イ	11	イ	21	イ	31	ロ	41	ロ
2	ハ	12	ニ	22	ニ	32	ニ	42	ロ
3	ハ	13	イ	23	ハ	33	イ	43	イ
4	ニ	14	イ	24	ニ	34	ニ	44	ハ
5	ロ	15	ニ	25	イ	35	ハ	45	イ
6	ハ	16	イ	26	ハ	36	ハ	46	ロ
7	ロ	17	ハ	27	ロ	37	ロ	47	ハ
8	ロ	18	ロ	28	ニ	38	ニ	48	ハ
9	ロ	19	ロ	29	ハ	39	ニ	49	イ
10	ハ	20	ニ	30	ニ	40	ロ	50	ニ

問題1. 一般問題 (問題数40, 配点は1問当たり2点)

次の各問いには4通りの答え（イ, ロ, ハ, ニ）が書いてある。それぞれの問いに対して答えを1つ選びなさい。
なお，選択肢が数値の場合は，最も近い値を選びなさい。

問 い	答 え
1 　図のような直流回路において，電源電圧20 V，$R=2\,\Omega$, $L=4\,\mathrm{mH}$及び$C=2\,\mathrm{mF}$で，RとLに電流10 Aが流れている。Lに蓄えられているエネルギー W_L [J] の値と，Cに蓄えられているエネルギー W_C [J] の値の組合せとして，正しいものは。 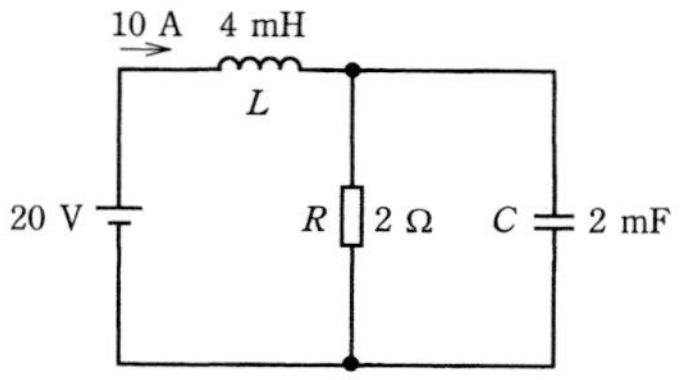 10 A　4 mH　L 20 V　R　2 Ω　C　2 mF	イ．$W_\mathrm{L}=0.2$　　ロ．$W_\mathrm{L}=0.4$　　ハ．$W_\mathrm{L}=0.6$　　ニ．$W_\mathrm{L}=0.8$ 　　$W_\mathrm{C}=0.4$　　　　$W_\mathrm{C}=0.2$　　　　$W_\mathrm{C}=0.8$　　　　$W_\mathrm{C}=0.6$
2 　図のような直流回路において，電流計に流れる電流[A]は。 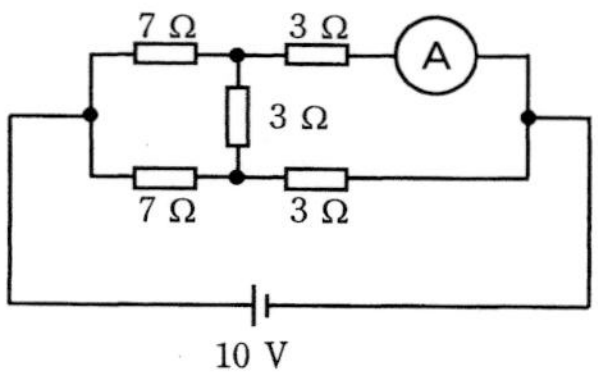 7 Ω　3 Ω　(A) 3 Ω 7 Ω　3 Ω 10 V	イ．0.1　　　　ロ．0.5　　　　ハ．1.0　　　　ニ．2.0
3 　定格電圧100 V，定格消費電力1 kWの電熱器の電熱線が全長の10 %のところで断線したので，その部分を除き，残りの90 %の部分を電圧100 Vで1時間使用した場合，発生する熱量[kJ]は。 　ただし，電熱線の温度による抵抗の変化は無視するものとする。	イ．2 900　　　ロ．3 600　　　ハ．4 000　　　ニ．4 400
4 　図のような交流回路の力率[%]は。 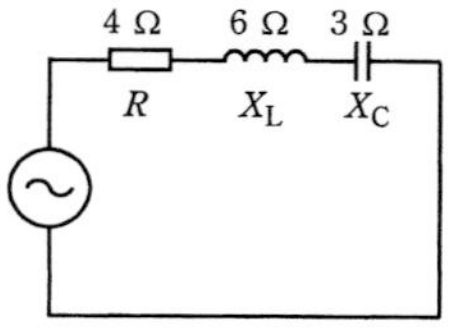 4 Ω　6 Ω　3 Ω R　X_L　X_C	イ．50　　　　ロ．60　　　　ハ．70　　　　ニ．80

問　い	答　え
5　図のような三相交流回路において，電流 I の値 [A] は。 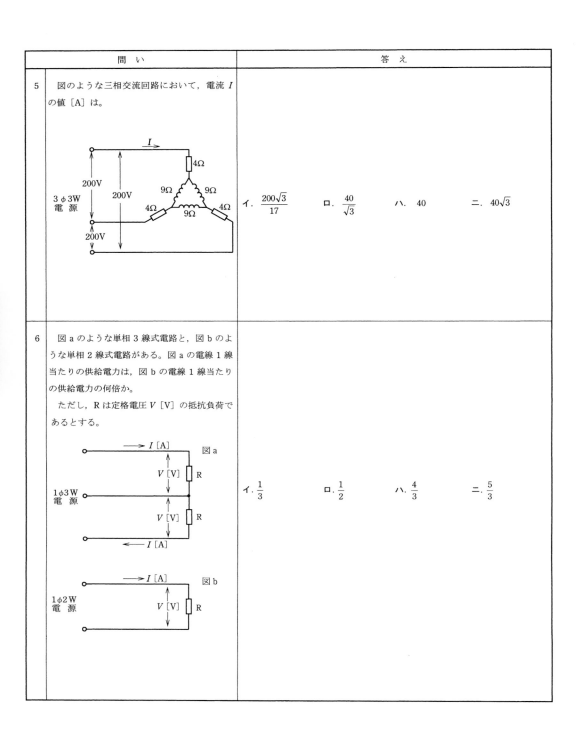	イ. $\dfrac{200\sqrt{3}}{17}$　　ロ. $\dfrac{40}{\sqrt{3}}$　　ハ. 40　　ニ. $40\sqrt{3}$
6　図 a のような単相 3 線式電路と，図 b のような単相 2 線式電路がある。図 a の電線 1 線当たりの供給電力は，図 b の電線 1 線当たりの供給電力の何倍か。 　ただし，R は定格電圧 V [V] の抵抗負荷であるとする。	イ. $\dfrac{1}{3}$　　ロ. $\dfrac{1}{2}$　　ハ. $\dfrac{4}{3}$　　ニ. $\dfrac{5}{3}$

問　い	答　え
7　三相短絡容量[V·A]を百分率インピーダンス%Z[%]を用いて表した式は。 　　ただし，V＝基準線間電圧[V]，I＝基準電流[A]とする。	イ．$\dfrac{VI}{\%Z}\times100$　　　ロ．$\dfrac{\sqrt{3}VI}{\%Z}\times100$　　　ハ．$\dfrac{2VI}{\%Z}\times100$　　　ニ．$\dfrac{3VI}{\%Z}\times100$
8　図のように取り付け角度が30°となるように支線を施設する場合，支線の許容張力をT_S＝24.8 kNとし，支線の安全率を2とすると，電線の水平張力Tの最大値［kN］は。 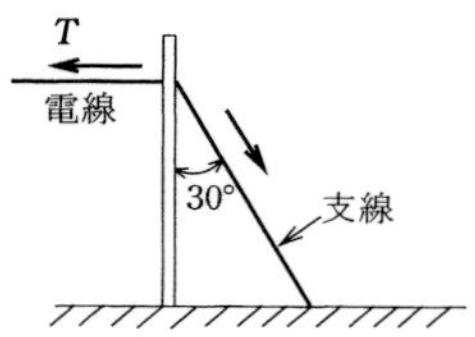 	イ．3.1　　　　ロ．6.2　　　　ハ．10.7　　　　ニ．24.8
9　定格容量 200 kV·A，消費電力 120 kW，遅れ力率 $\cos\theta_1$＝0.6 の負荷に電力を供給する高圧受電設備に高圧進相コンデンサを施設して，力率を $\cos\theta_2$＝0.8 に改善したい。必要なコンデンサの容量［kvar］は。 　　ただし，$\tan\theta_1$＝1.33 , $\tan\theta_2$＝0.75 とする。 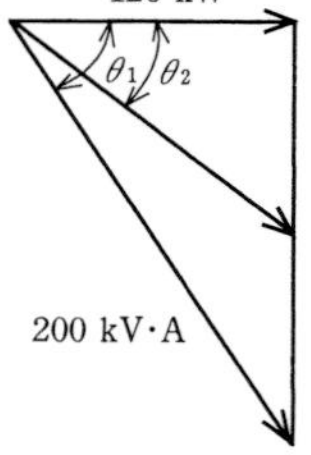 	イ．35　　　　ロ．70　　　　ハ．90　　　　ニ．160

問 い	答 え
10　三相かご形誘導電動機が，電圧 200 V，負荷電流 10 A，力率 80 %，効率 90 % で運転されているとき，この電動機の出力 [kW] は。	イ．1.4　　　ロ．2.0　　　ハ．2.5　　　ニ．4.3
11　床面上 2 m の高さに，光度 1 000 cd の点光源がある。点光源直下の床面照度 [lx] は。	イ．250　　　ロ．500　　　ハ．750　　　ニ．1 000
12　変圧器の損失に関する記述として，**誤っているもの**は。	イ．銅損と鉄損が等しいときに変圧器の効率が最大となる。 ロ．無負荷損の大部分は鉄損である。 ハ．鉄損にはヒステリシス損と渦電流損がある。 ニ．負荷電流が 2 倍になれば銅損は 2 倍になる。
13　図のような整流回路において，電圧 v_o の波形は。 　　ただし，電源電圧 v は実効値 100 V，周波数 50 Hz の正弦波とする。 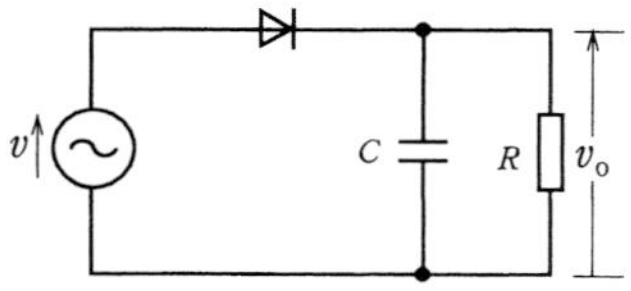	イ． 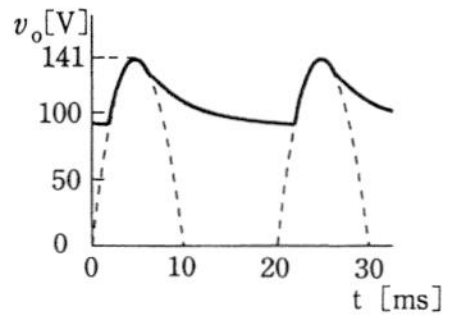　　　　　　　　　　　　　ロ． 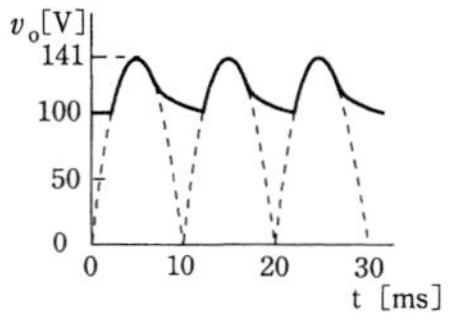 ハ． 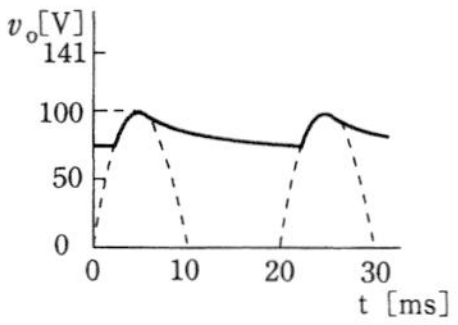　　　　　　　　　　　　　ニ． 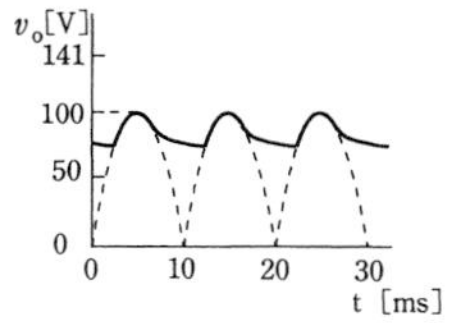
14　写真で示す電磁調理器（IH 調理器）の加熱原理は。 	イ．誘導加熱　　ロ．誘電加熱　　ハ．抵抗加熱　　ニ．赤外線加熱

	問い	答え
15	写真に示す雷保護用として施設される機器の名称は。 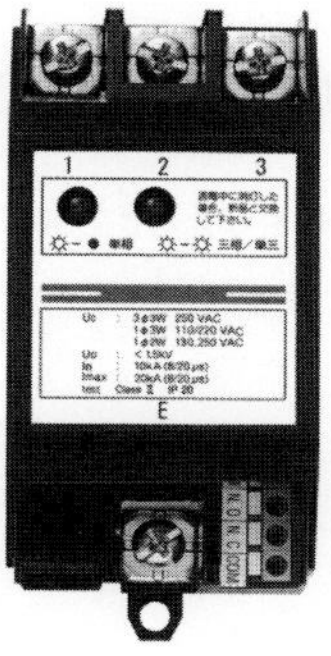 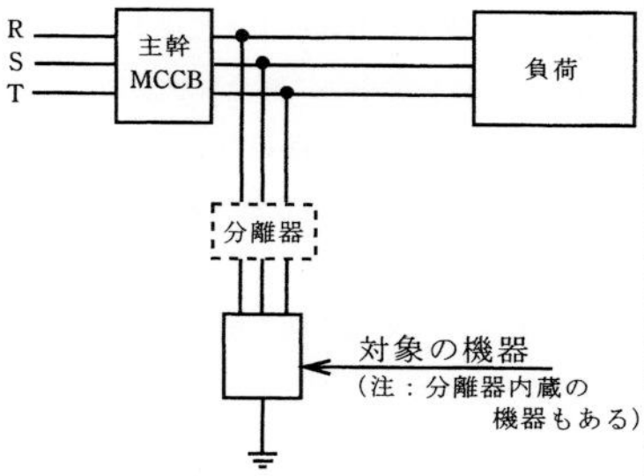 R S T 主幹 MCCB 負荷 分離器 対象の機器 （注：分離器内蔵の 機器もある）	イ．地絡継電器 ロ．漏電遮断器 ハ．漏電監視装置 ニ．サージ防護デバイス（SPD）
16	火力発電所で採用されている大気汚染を防止する環境対策として，**誤っているものは。**	イ．電気集じん器を用いて二酸化炭素の排出を抑制する。 ロ．排煙脱硝装置を用いて窒素酸化物を除去する。 ハ．排煙脱硫装置を用いて硫黄酸化物を除去する。 ニ．液化天然ガス（LNG）など硫黄酸化物をほとんど排出しない燃料を使用する。
17	架空送電線の雷害対策として，**誤っているものは。**	イ．架空地線を設置する。 ロ．避雷器を設置する。 ハ．電線相互に相間スペーサを取り付ける。 ニ．がいしにアークホーンを取り付ける。
18	水平径間 120 m の架空送電線がある。電線 1 m 当たりの重量が 20 N/m，水平引張強さが 12 000 N のとき，電線のたるみ D [m] は。 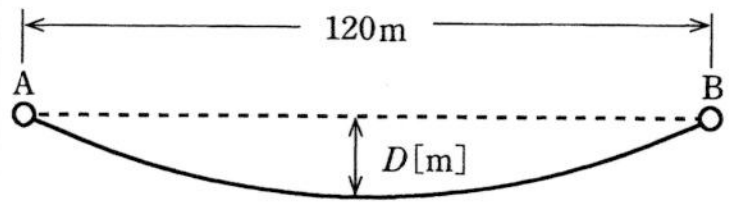 120m A B D[m]	イ．2　　ロ．3　　ハ．4　　ニ．5

	問　い	答　え
19	高調波に関する記述として，**誤っている**ものは。	イ．電力系統の電圧，電流に含まれる高調波は，第5次，第7次などの比較的周波数の低い成分が大半である。 ロ．インバータは高調波の発生源にならない。 ハ．高圧進相コンデンサには高調波対策として，直列リアクトルを設置することが望ましい。 ニ．高調波は，電動機に過熱などの影響を与えることがある。
20	公称電圧 6.6 kV の高圧受電設備に使用する高圧交流遮断器(定格電圧 7.2 kV，定格遮断電流 12.5 kA，定格電流 600 A)の遮断容量[MV·A]は。	イ．80　　　　　ロ．100　　　　　ハ．130　　　　　ニ．160
21	高圧受電設備に雷その他による異常な過大電圧が加わった場合の避雷器の機能として，**適切な**ものは。	イ．過大電圧に伴う電流を大地へ分流することによって過大電圧を制限し，過大電圧が過ぎ去った後に，電路を速やかに健全な状態に回復させる。 ロ．過大電圧が侵入した相を強制的に切り離し回路を正常に保つ。 ハ．内部の限流ヒューズが溶断して，保護すべき電気機器を電源から切り離す。 ニ．電源から保護すべき電気機器を一時的に切り離し，過大電圧が過ぎ去った後に再び接続する。
22	写真に示す機器の文字記号(略号)は。 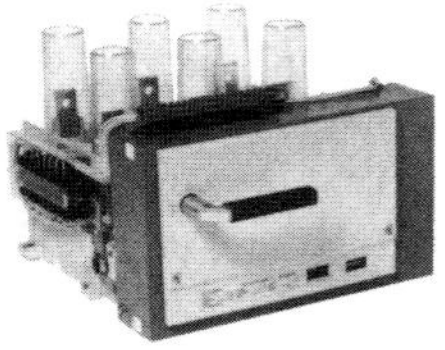	イ．DS ロ．PAS ハ．LBS ニ．VCB
23	写真に示す品物の名称は。 	イ．高圧ピンがいし ロ．長幹がいし ハ．高圧耐張がいし ニ．高圧中実がいし

問　い	答　え
24　配線器具に関する記述として，**誤っている**ものは。	イ．遅延スイッチは，操作部を「切り操作」した後，遅れて動作するスイッチで，トイレの換気扇などに使用される。 ロ．熱線式自動スイッチは，人体の体温等を検知し自動的に開閉するスイッチで，玄関灯などに使用される。 ハ．引掛形コンセントは，刃受が円弧状で，専用のプラグを回転させることによって抜けない構造としたものである。 ニ．抜止形コンセントは，プラグを回転させることによって容易に抜けない構造としたもので，専用のプラグを使用する。
25　600 V ビニル絶縁電線の許容電流（連続使用時）に関する記述として，**適切な**ものは。	イ．電流による発熱により，電線の絶縁物が著しい劣化をきたさないようにするための限界の電流値。 ロ．電流による発熱により，絶縁物の温度が 80 ℃となる時の電流値。 ハ．電流による発熱により，電線が溶断する時の電流値。 ニ．電圧降下を許容範囲に収めるための最大の電流値。
26　写真に示すもののうち，CVT 150mm^2 のケーブルを，ケーブルラック上に延線する作業で，一般的に**使用されない**ものは。	イ． 　　　　　　　　　　　　　　ロ．  ハ． 　　　　　　　　　　　　　　ニ． 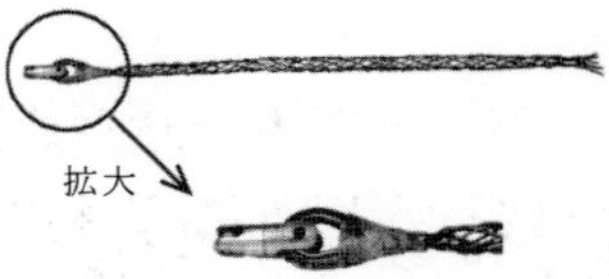 拡大
27　使用電圧 300 V 以下のケーブル工事による低圧屋内配線において，**不適切な**ものは。	イ．架橋ポリエチレン絶縁ビニルシースケーブルをガス管と接触しないように施設した。 ロ．ビニル絶縁ビニルシースケーブル（丸形）を造営材の側面に沿って，支持点間を 3 m にして施設した。 ハ．乾燥した場所で長さ 2 m の金属製の防護管に収めたので，防護管の D 種接地工事を省略した。 ニ．点検できる隠ぺい場所にビニルキャブタイヤケーブルを使用して施設した。

問　い	答　え
28　可燃性ガスが存在する場所に低圧屋内電気設備を施設する施工方法として，**不適切なもの**は。	イ．スイッチ，コンセントは，電気機械器具防爆構造規格に適合するものを使用した。 ロ．可搬形機器の移動電線には，接続点のない3種クロロプレンキャブタイヤケーブルを使用した。 ハ．金属管工事により施工し，厚鋼電線管を使用した。 ニ．金属管工事により施工し，電動機の端子箱との可とう性を必要とする接続部に金属製可とう電線管を使用した。
29　展開した場所のバスダクト工事に関する記述として，**誤っているもの**は。	イ．低圧屋内配線の使用電圧が 400 V で，かつ，接触防護措置を施したので，ダクトにはD種接地工事を施した。 ロ．低圧屋内配線の使用電圧が 200 V で，かつ，湿気が多い場所での施設なので，屋外用バスダクトを使用し，バスダクト内部に水が浸入してたまらないようにした。 ハ．低圧屋内配線の使用電圧が 200 V で，かつ，接触防護措置を施したので，ダクトの接地工事を省略した。 ニ．ダクトを造営材に取り付ける際，ダクトの支持点間の距離を2mとして施設した。

問い30から問い34までは，下の図に関する問いである。

　図は，自家用電気工作物構内の高圧受電設備を表した図である。この図に関する各問いには，4 通りの答え（イ，ロ，ハ，ニ）が書いてある。それぞれの問いに対して，答えを 1 つ選びなさい。

〔注〕図において，問いに直接関係のない部分等は，省略又は簡略化してある。

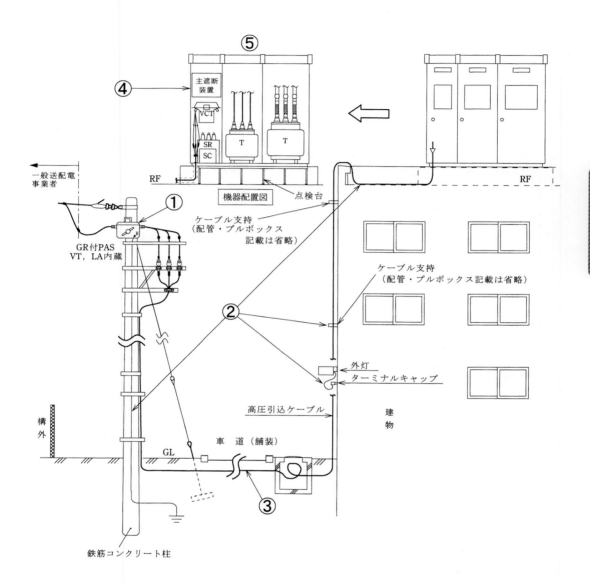

	問 い	答 え
30	①に示す地絡継電装置付き高圧交流負荷開閉器(GR付PAS)に関する記述として，**不適切なものは。**	イ．GR付PASは，保安上の責任分界点に設ける区分開閉器として用いられる。 ロ．GR付PASの地絡継電装置は，波及事故を防止するため，一般送配電事業者側との保護協調が大切である。 ハ．GR付PASは，短絡等の過電流を遮断する能力を有しないため，過電流ロック機能が必要である。 ニ．GR付PASの地絡継電装置は，需要家内のケーブルが長い場合，対地静電容量が大きく，他の需要家の地絡事故で不必要動作する可能性がある。このような施設には，地絡過電圧継電器を設置することが望ましい。
31	②に示す引込柱及び高圧引込ケーブルの施工に関する記述として，**不適切なものは。**	イ．A種接地工事に使用する接地線を人が触れるおそれがある引込柱の側面に立ち上げるため，地表からの高さ2m，地表下0.75mの範囲を厚さ2mm以上の合成樹脂管(CD管を除く)で覆った。 ロ．造営物に取り付けた外灯の配線と高圧引込ケーブルを0.1m離して施設した。 ハ．高圧引込ケーブルを造営材の側面に沿って垂直に支持点間6mで施設した。 ニ．屋上の高圧引込ケーブルを造営材に堅ろうに取り付けた堅ろうなトラフに収め，トラフには取扱者以外の者が容易に開けることができない構造の鉄製のふたを設けた。
32	③に示す地中にケーブルを施設する場合，使用する材料と埋設深さの組合せとして，**不適切なものは。** 　ただし，材料はJIS規格に適合するものとする。	イ．ポリエチレン被覆鋼管　　　　ロ．硬質ポリ塩化ビニル電線管 　舗装下面から0.3m　　　　　　　舗装下面から0.3m ハ．波付硬質合成樹脂管　　　　　ニ．コンクリートトラフ 　舗装下面から0.6m　　　　　　　舗装下面から0.6m
33	④に示すPF・S形の主遮断装置として，**必要でないものは。**	イ．過電流継電器 ロ．ストライカによる引外し装置 ハ．相間，側面の絶縁バリア ニ．高圧限流ヒューズ
34	⑤に示す高圧キュービクル内に設置した機器の接地工事に使用する軟銅線の太さに関する記述として，**適切なものは。**	イ．高圧電路と低圧電路を結合する変圧器の金属製外箱に施す接地線に，直径2.0mmの軟銅線を使用した。 ロ．LBSの金属製部分に施す接地線に，直径2.0mmの軟銅線を使用した。 ハ．高圧進相コンデンサの金属製外箱に施す接地線に，3.5mm²の軟銅線を使用した。 ニ．定格負担100V・Aの高圧計器用変成器の2次側電路に施す接地線に，3.5mm²の軟銅線を使用した。

	問 い	答 え
35	自家用電気工作物として施設する電路又は機器について，D 種接地工事を施さなければならない箇所は。	イ．高圧電路に施設する外箱のない変圧器の鉄心 ロ．使用電圧 400 V の電動機の鉄台 ハ．高圧計器用変成器の二次側電路 ニ．6.6 kV/210 V 変圧器の低圧側の中性点
36	高圧ケーブルの絶縁抵抗の測定を行うとき，絶縁抵抗計の保護端子（ガード端子）を使用する目的として，正しいものは。	イ．絶縁物の表面を流れる漏れ電流も含めて測定するため。 ロ．高圧ケーブルの残留電荷を放電するため。 ハ．絶縁物の表面を流れる漏れ電流による誤差を防ぐため。 ニ．指針の振切れによる焼損を防ぐため。
37	公称電圧 6.6 kV の交流電路に使用するケーブルの絶縁耐力試験を直流電圧で行う場合の試験電圧 [V] の計算式は。	イ．$6\,600 \times 1.5 \times 2$ ロ．$6\,600 \times \dfrac{1.15}{1.1} \times 1.5 \times 2$ ハ．$6\,600 \times 2 \times 2$ ニ．$6\,600 \times \dfrac{1.15}{1.1} \times 2 \times 2$
38	「電気工事士法」において，電圧 600 V 以下で使用する自家用電気工作物に係る電気工事の作業のうち，第一種電気工事士又は認定電気工事従事者でなくても従事できるものは。	イ．ダクトに電線を収める作業 ロ．電線管を曲げ，電線管相互を接続する作業 ハ．金属製の線ぴを，建造物の金属板張りの部分に取り付ける作業 ニ．電気機器に電線を接続する作業
39	「電気工事業の業務の適正化に関する法律」において，電気工事業者の業務に関する記述として，誤っているものは。	イ．営業所ごとに，絶縁抵抗計の他，法令に定められた器具を備えなければならない。 ロ．営業所ごとに，電気工事に関し，法令に定められた事項を記載した帳簿を備えなければならない。 ハ．営業所及び電気工事の施工場所ごとに，法令に定められた事項を記載した標識を掲示しなければならない。 ニ．通知電気工事業者は，法令に定められた主任電気工事士を置かなければならない。
40	「電気設備に関する技術基準」において，交流電圧の高圧の範囲は。	イ．750 V を超え 7 000 V 以下 ロ．600 V を超え 7 000 V 以下 ハ．750 V を超え 6 600 V 以下 ニ．600 V を超え 6 600 V 以下

　図は, 高圧受電設備の単線結線図である。この図の矢印で示す 10 箇所に関する各問いには, 4 通りの答え (**イ, ロ, ハ, ニ**) が書いてある。それぞれの問いに対して, 答えを 1 つ選びなさい。

〔注〕　図において, 問いに直接関係のない部分等は, 省略又は簡略化してある。

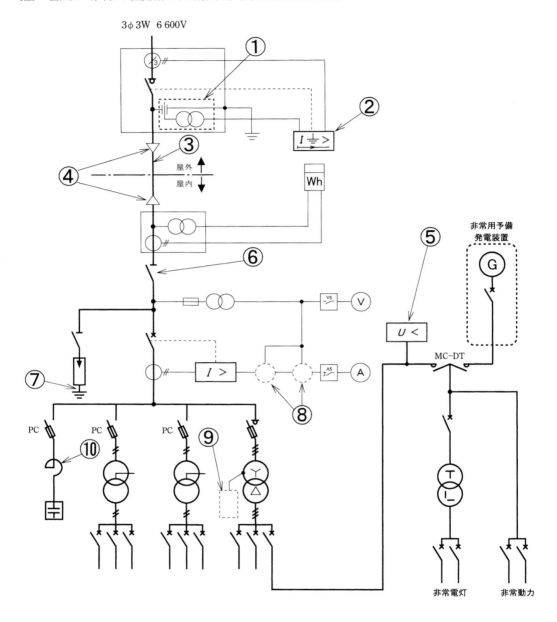

問 い	答 え
41 ①で示す図記号の機器に関する記述として，**正しいもの**は。	イ．零相電流を検出する。 ロ．零相電圧を検出する。 ハ．異常電圧を検出する。 ニ．短絡電流を検出する。
42 ②で示す機器の文字記号(略号)は。	イ．OVGR ロ．DGR ハ．OCR ニ．OCGR
43 ③で示す部分に使用するCVTケーブルとして，**適切なもの**は。	イ. 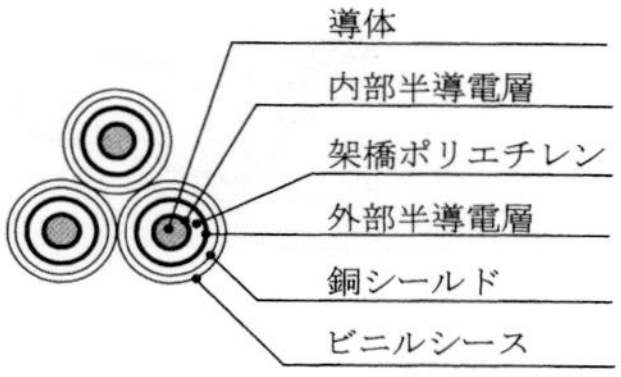 導体／内部半導電層／架橋ポリエチレン／外部半導電層／銅シールド／ビニルシース ロ. 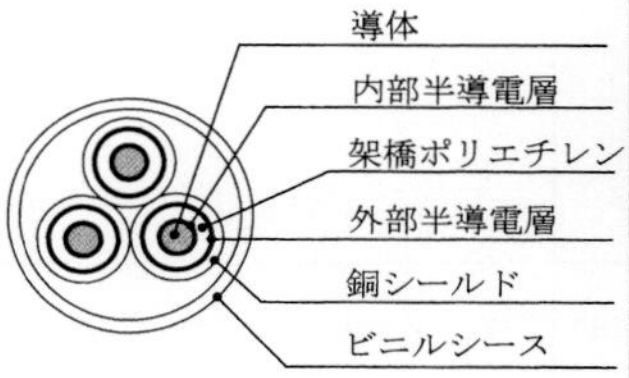 導体／内部半導電層／架橋ポリエチレン／外部半導電層／銅シールド／ビニルシース ハ. 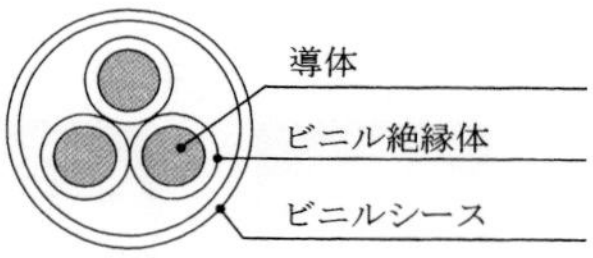 導体／ビニル絶縁体／ビニルシース ニ. 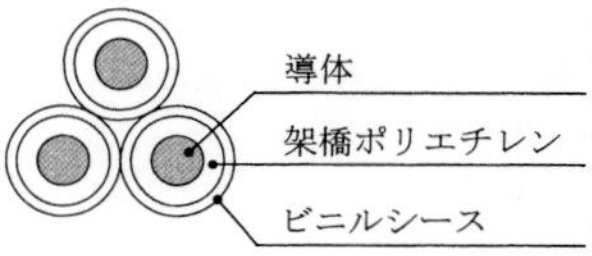 導体／架橋ポリエチレン／ビニルシース
44 ④で示す部分に**使用されないもの**は。	イ. 　　　　　　ロ.  ハ. 　　　　　　ニ. 

令和3年度（午前）

問　い	答　え
45　⑤で示す機器の名称と制御器具番号の正しいものは。	イ．不足電圧継電器 27 ロ．不足電流継電器 37 ハ．過電流継電器 51 ニ．過電圧継電器 59
46　⑥に設置する機器は。	イ． 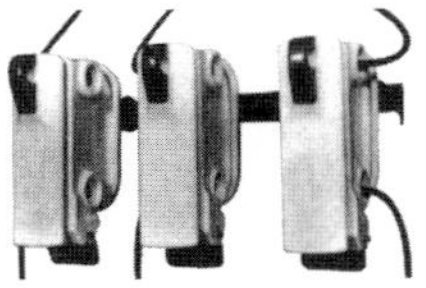　　　　　　　　　　　　　　　　　　　ロ．  ハ． 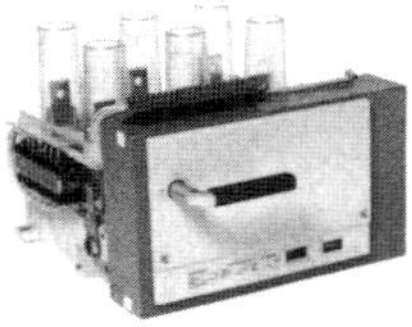　　　　　　　　　　　　　　　　　　　ニ． 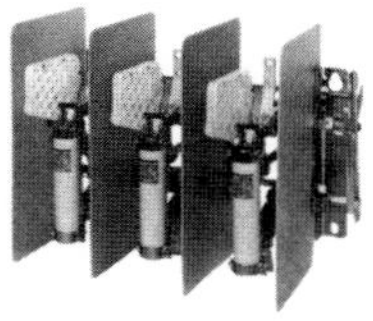
47　⑦で示す機器の接地線（軟銅線）の太さの最小太さは。	イ．5.5 mm^2　　　ロ．8 mm^2　　　ハ．14 mm^2　　　ニ．22 mm^2
48　⑧に設置する機器の組合せは。	イ． 　　　　　　　ロ． 　　　　　　　ハ． 　　　　　　　ニ． 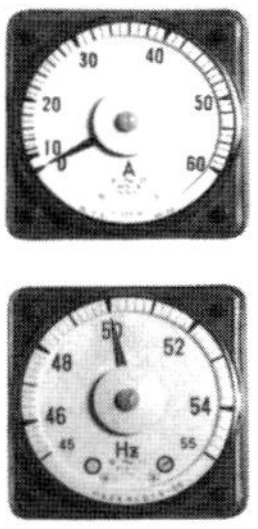
49　⑨に入る正しい図記号は。	イ．　　　　　　　　ロ．　　　　　　　　ハ．　　　　　　　　ニ． E_A　　　　　　　　E_B　　　　　　　E_C　　　　　　　E_D
50　⑩で示す機器の役割として，誤っているものは。	イ．コンデンサ回路の突入電流を抑制する。 ロ．電圧波形のひずみを改善する。 ハ．第5調波等の高調波障害の拡大を防止する。 ニ．コンデンサの残留電荷を放電する。

〔問題 1〕一般問題の解答

1 イ. $W_L = 0.2$　$W_C = 0.4$

直流回路の場合，コイル L による電圧降下はない．コンデンサ C に加わる電圧は，20 V になる．

コイル L に蓄えられるエネルギー W_L〔J〕は，

$$W_L = \frac{1}{2} L I^2 = \frac{1}{2} \times 4 \times 10^{-3} \times 10^2$$
$$= 2 \times 10^{-1} = 0.2 \,\text{〔J〕}$$

コンデンサ C に蓄えられるエネルギー W_C〔J〕は，

$$W_C = \frac{1}{2} C V^2 = \frac{1}{2} \times 2 \times 10^{-3} \times 20^2$$
$$= 10^{-3} \times 4 \times 10^2$$
$$= 4 \times 10^{-1} = 0.4 \,\text{〔J〕}$$

2 ハ. 1.0

問題のブリッジ回路は，対辺の抵抗値の積が $7 \times 3 = 7 \times 3 = 21$ で平衡しているので，電流計に流れる電流 I〔A〕は，第 1 図で求めることができる．

$$I = \frac{10}{7+3} = \frac{10}{10} = 1.0 \,\text{〔A〕}$$

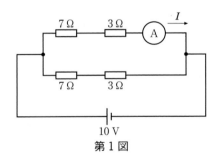

第 1 図

3 ハ. 4 000

断線前の電熱器の抵抗値 R_1〔Ω〕は，

$$P_1 = \frac{V^2}{R_1} \,\text{〔W〕}$$

$$R_1 = \frac{V^2}{P_1} = \frac{100^2}{1\,000} = 10 \,\text{〔Ω〕}$$

電熱線が全長の 10 % のところで断線した場合の抵抗値 R_2〔Ω〕は，

$$R_2 = R_1 \times 0.9 = 10 \times 0.9 = 9 \,\text{〔Ω〕}$$

抵抗 R_2〔Ω〕を電圧 100 V で使用した場合の電力 P_2〔kW〕は，

$$P_2 = \frac{V^2}{R_2} = \frac{100^2}{9} \fallingdotseq 1\,111 \,\text{〔W〕} \fallingdotseq 1.11 \,\text{〔kW〕}$$

これを 1 時間使用した場合，発生する熱量 Q〔kJ〕は，

$$Q = 3\,600 P_2 t = 3\,600 \times 1.11 \times 1$$
$$= 3\,996 \fallingdotseq 4\,000 \,\text{〔kJ〕}$$

4 ニ. 80

回路全体のインピーダンス Z〔Ω〕は，

$$Z = \sqrt{R^2 + (X_L - X_C)^2} = \sqrt{4^2 + (6-3)^2}$$
$$= \sqrt{4^2 + 3^2} = \sqrt{16 + 9}$$
$$= \sqrt{25} = 5 \,\text{〔Ω〕}$$

力率 $\cos \theta$〔%〕は，

$$\cos \theta = \frac{R}{Z} \times 100 = \frac{4}{5} \times 100 = 80 \,\text{〔%〕}$$

5 ロ. $\dfrac{40}{\sqrt{3}}$

△結線された誘導性リアクタンス 9 Ω を，Y 結線に等価変換すると，

$$X_Y = \frac{X_\triangle}{3} = \frac{9}{3} = 3 \,\text{〔Ω〕}$$

問題の三相交流回路は，第 2 図として計算することができる．

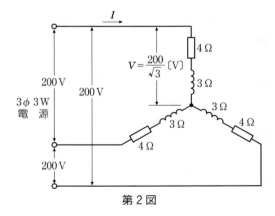

第 2 図

1 相のインピーダンス Z〔Ω〕は，

$$Z = \sqrt{R^2 + X_L^2} = \sqrt{4^2 + 3^2} = \sqrt{25} = 5 \,\text{〔Ω〕}$$

1 相に加わる電圧 V〔V〕は，

$$V = \frac{200}{\sqrt{3}} \,\text{〔V〕}$$

電流 I〔A〕は，

$$I = \frac{V}{Z} = \frac{\dfrac{200}{\sqrt{3}}}{5} = \frac{200}{5\sqrt{3}} = \frac{40}{\sqrt{3}} \,\text{〔A〕}$$

6 ハ. $\dfrac{4}{3}$

図 a の単相 3 線式電路の 1 線当たりの供給電力 P_a〔W〕は，

$$P_a = \frac{供給電力}{3} = \frac{2VI}{3} \text{〔W〕}$$

図 b の単相 2 線式電路の 1 線当たりの供給電力 P_b〔W〕は，

$$P_b = \frac{供給電力}{2} = \frac{VI}{2} \text{〔W〕}$$

したがって，

$$\frac{P_a}{P_b} = \frac{\dfrac{2VI}{3}}{\dfrac{VI}{2}} = \frac{2VI}{3} \times \frac{2}{VI} = \frac{4}{3} \text{倍}$$

7 ロ. $\dfrac{\sqrt{3}VI}{\%Z} \times 100$

基準線間電圧を V〔V〕，基準電流を I〔A〕とすると，基準容量 P_n〔V·A〕は，

$$P_n = \sqrt{3}VI \text{〔V·A〕}$$

百分率インピーダンスを $\%Z$〔%〕とすると，三相短絡容量 P_s〔V·A〕は，

$$P_s = \frac{P_n}{\%Z} \times 100 = \frac{\sqrt{3}VI}{\%Z} \times 100 \text{〔V·A〕}$$

8 ロ. 6.2

支線の許容張力を $T_S = 24.8$〔kN〕，支線の安全率を 2 とすると，支線に加わる張力は $T_S = 24.8/2 = 12.4$〔kN〕以下としなければならない．このとき，電線の水平張力の最大値 T〔kN〕は，第 3 図により，次のようになる．

$$T = T_S \sin 30° = 12.4 \times 0.5 = 6.2 \text{〔kN〕}$$

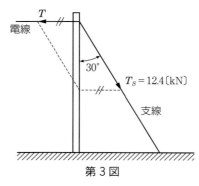

第 3 図

$\sin 30°$ は，第 4 図から求められる．

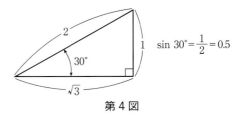

第 4 図

9 ロ. 70

第 5 図において，力率改善前の無効電力 Q_1〔kvar〕は，

$$Q_1 = 120 \tan \theta_1 \text{〔kvar〕}$$

力率改善後の無効電力 Q_2〔kvar〕は，

$$Q_2 = 120 \tan \theta_2 \text{〔kvar〕}$$

必要なコンデンサの容量 Q_C〔kvar〕

$$\begin{aligned} Q_C &= Q_1 - Q_2 = 120 \tan \theta_1 - 120 \tan \theta_2 \\ &= 120(\tan \theta_1 - \tan \theta_2) \\ &= 120 \times (1.33 - 0.75) = 120 \times 0.58 \\ &= 69.6 \fallingdotseq 70 \text{〔kvar〕} \end{aligned}$$

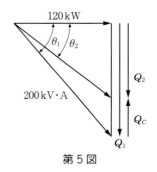

第 5 図

10 ハ. 2.5

三相かご形誘導電動機の出力 P_o〔kW〕は，入力 $P_i \times$ 効率 η で求めることができる．

電動機の出力 P_o〔kW〕は，

$$\begin{aligned} P_o &= P_i\eta = \sqrt{3}\,VI \cos \theta \times \eta \times 10^{-3} \\ &= \sqrt{3} \times 200 \times 10 \times 0.8 \times 0.9 \times 10^{-3} \\ &\fallingdotseq 2.5 \text{〔kW〕} \end{aligned}$$

11 イ. 250

点光源の高さを h〔m〕，光度を I〔cd〕とすると，点光源真下の照度 E〔lx〕は，

$$E = \frac{I}{h^2} = \frac{1\,000}{2^2} = \frac{1\,000}{4} = 250 \text{〔lx〕}$$

12 ニ. 負荷電流が 2 倍になれば銅損は 2 倍になる．

銅損は，変圧器の巻線の抵抗によって生ずる損失で，負荷電流の 2 乗に比例する．負荷電流

が2倍になれば，銅損は4倍になる．

13 イ

平滑回路付半波整流回路で，電圧 v_o の波形は第6図のようになる．整流された波形の最大値は，電源電圧の最大値の141 V になる．

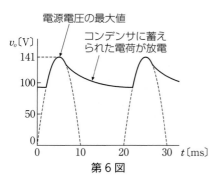
第6図

14 イ．誘導加熱

電磁調理器(第7図)は，商用電力をインバータにより数十 kHz に変換した交流を電源とする誘導加熱を利用したものである．

コイルに交流電流を流して，磁束の変化による電磁誘導で，鍋等の金属に生じる渦電流によってジュール熱を発生させたり，磁性体に生じるヒステリシス損を利用したものである．

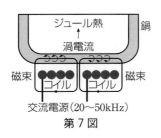
第7図

15 ニ．サージ防護デバイス(SPD)

写真は，分電盤用のサージ防護デバイス(SPD：Surge Protective Device)である．落雷で過電圧が侵入した場合に，雷サージを放電して，雷害から機器等を守る．

16 イ．電気集じん器を用いて二酸化炭素の排出を抑制する．

電気集じん器は，排気ガス中のばいじんを除去するもので，二酸化炭素の排出を抑制することはできない．

17 ハ.電線相互に相間スペーサを取り付ける．

相間スペーサは，氷雪が電線に付着した状態

で，突風による上下振動が起きても，相間が短絡しないように電線相互間に取り付けるもので，雷害対策にはならない．

18 ロ．3

第8図において，電線1 m 当たりの重量を W〔N/m〕，径間を S〔m〕，張力を T〔N〕とすると，電線のたるみ D〔m〕は，

$$D = \frac{WS^2}{8T} = \frac{20 \times 120^2}{8 \times 12\,000} = \frac{288}{96} = 3 \text{〔m〕}$$

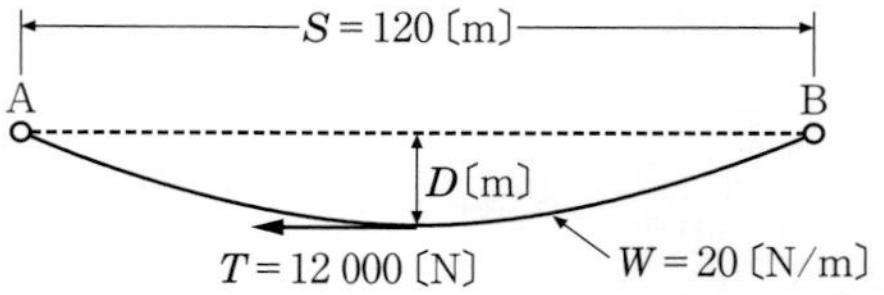

第8図

19 ロ．インバータは高調波の発生源にならない

整流回路を持つインバータは，電力変換を行う際に高調波を発生する．

20 ニ．160

高圧交流遮断器の遮断容量〔MV·A〕は，次のようにして求める．

遮断容量 $= \sqrt{3} \times$ 定格電圧〔kV〕
$\times$ 定格遮断電流〔kA〕
$= \sqrt{3} \times 7.2 \times 12.5 \fallingdotseq 156$〔MV·A〕

から，直近上位の 160 MV·A とする．

21 イ．過大電圧に伴う電流を大地へ分流することによって過大電圧を制限し，過大電圧が過ぎ去った後に，電路を速やかに健全な状態に回復させる．

避雷器(第9図)は，過大電圧が加わっているときだけ，大地に電流を放電して，高圧機器を絶縁破壊から保護する．

第9図　避雷器

22 ニ．VCB

写真に示す機器は真空遮断器で，文字記号は

VCB（Vacuum Circuit Breaker）である.

23 ハ．高圧耐張がいし

高圧耐張がいしで，高圧絶縁電線を電柱に引留支持するのに使用する.

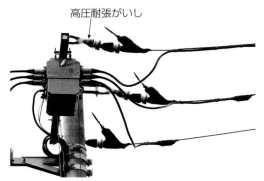

高圧耐張がいし

第 10 図　高圧耐張がいし

24 ニ．抜止形コンセントは，プラグを回転させることによって容易に抜けない構造としたもので，専用のプラグを使用する.

抜止形コンセント（第 11 図）には，一般のプラグを使用する.

第 11 図　抜止形コンセント

25 イ．電流による発熱により，電線の絶縁物が著しい劣化をきたさないようにするための限界の電流値.

内線規程 1100-1（用語）による.

「許容電流とは，電線の連続使用に際し，絶縁被覆を構成する物質に著しい劣化をきたさないようにするための限界電流をいう.」と定義されている.

26 ハ．

ハの油圧式パイプベンダは，太い金属管を曲げる工具で，ケーブルをケーブルラック上に延線する作業には使用されない.

27 ロ．ビニル絶縁ビニルシースケーブル（丸形）を造営材の側面に沿って，支持点間を 3 m にして施設した.

電技解釈第 164 条（ケーブル工事）・167 条（低圧配線と弱電流電線等又は管との接近又は交差）による.

ケーブルを造営材の下面又は側面に沿って取り付ける場合は，支持点間の距離を 2 m 以下にしなければならない.

28 ニ．金属管工事により施工し，電動機の端子箱との可とう性を必要とする接続部に金属製可とう電線管を使用した.

電技解釈第 176 条（可燃性ガス等の存在する場所の施設）による.

可燃性ガスが存在する場所に，金属管工事により施工する場合，電動機に接続する部分で可とう性を必要とする接続部には，耐圧防爆型等のフレキシブルフィッチング（第 12 図）を使用しなければならない.

第 12 図　耐圧防爆型フレキシブルフィッチング

29 ハ．低圧屋内配線の使用電圧が 200 V で，かつ，接触防護措置を施したので，ダクトの接地工事を省略した.

電技解釈第 163 条（バスダクト工事）による.

使用電圧が 300 V 以下の場合，バスダクトには，D 種接地工事を施さなければならず，接地工事を省略することはできない.

30 ニ．GR 付 PAS の地絡継電装置は，需要家内のケーブルが長い場合，対地静電容量が大きく，他の需要家の地絡事故で不必要動作する可能性がある．このような施設には，地絡過電圧継電器を設置することが望ましい.

需要家内のケーブルが長い場合，地絡方向継電器を設置して，不必要動作を防止する.

31 ロ．造営物に取り付けた外灯の配線と高圧引込ケーブルを 0.1 m 離して施設した.

電技解釈第 17 条（接地工事の種類及び施設方法）・第 111 条（高圧屋側電線路の施設）・第 114 条（高圧屋上電線路の施設）による.

高圧屋側電線路の電線と他の低圧の電線と

は，0.15 m 以上離隔しなければならない．

32　ニ．コンクリートトラフ　舗装下面から 0.6 m

電技解釈第 120 条（地中電線路の施設），高圧受電設備規程 1120-3（高圧地中引込線の施設）による．

地中電線路を直接埋設式により施設する場合，車両その他の重量物の圧力を受けるおそれがある場所においては，1.2 m 以上の埋設深さにしなければならない．

33　イ．過電流継電器

高圧受電設備規程 1240-6（限流ヒューズ付き高圧交流負荷開閉器）による．

過電流・短絡電流は，高圧限流ヒューズで遮断するので，過電流継電器は必要ではない．

PF・S 形の主遮断装置に用いる限流ヒューズ付き高圧交流負荷開閉器は，次に適合するものでなければならない．

①ストライカによる引外し方式のものであること．
②相間及び側面には，絶縁バリアが取付けてあるものであること．

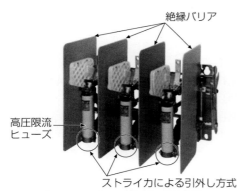
第 13 図　PF・S 形の主遮断装置

34　ニ．定格負担 100 V・A の高圧計器用変成器の 2 次側電路に施す接地線に，3.5 mm² の軟銅線を使用した．

電技解釈第 17 条（接地工事の種類及び施設方法）・第 28 条（計器用変成器の 2 次側電路の接地）・第 29 条（機械器具の金属製外箱等の接地）による．

高圧計器用変成器の 2 次側電路には，D 種接地工事を施さなければならない．D 種接地工事

に軟銅線を使用した場合の接地線の太さは，直径 1.6 mm 以上であり，ニは適切である．

イ，ロ，ハは，いずれも高圧の機械器具の金属製外箱等の接地であり，A 種接地工事を施さなければならない．A 種接地工事で，軟銅線を使用した場合の接地線の太さは，直径 2.6 mm（断面積 5.5 mm²）以上でなければならないので，イ，ロ，ハは不適切である．

35　ハ．高圧計器用変成器の二次側電路

電技解釈第 24 条（高圧又は特別高圧と低圧との混触による危険防止施設）・第 28 条（計器用変成器の 2 次側電路の接地）・第 29 条（機械器具の金属製外箱等の接地）による．

高圧計器用変成器の二次側電路には，D 種接地工事を施さなければならない．

イは A 種接地工事，ロは C 種接地工事，ニは B 種接地工事を施さなければならない．

36　ハ．絶縁物の表面を流れる漏れ電流による誤差を防ぐため．

絶縁抵抗計の保護端子（ガード端子）は，第 14 図のように結線して，絶縁物の表面を流れる漏れ電流による誤差を防ぐためのものである．

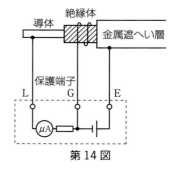
第 14 図

37　ロ．$6\,600 \times \dfrac{1.15}{1.1} \times 1.5 \times 2$

電技解釈第 1 条（用語の定義）・第 15 条（高圧又は特別高圧の電路の絶縁性能）による．

高圧電路で使用するケーブルの絶縁耐力試験を直流で行う場合は，交流で行う試験電圧の 2 倍の電圧を加えて行う．

交流で行う試験電圧は，最大使用電圧の 1.5 倍である．

公称電圧 6.6 kV の最大使用電圧は，

$$最大使用電圧 = 6\,600 \times \frac{1.15}{1.1}\ (\mathrm{V})$$

したがって，直流で行う試験電圧は，

$$直流試験電圧 = 6\,600 \times \frac{1.15}{1.1} \times 1.5 \times 2 \,〔\mathrm{V}〕$$

38　ニ．電気機器に電線を接続する作業

電気工事士法第3条（電気工事士等），施行規則第2条（軽微な作業）による．

自家用電気工作物（最大電力500 kW未満の需要設備）において，電圧600 V以下で使用する電気機器に電線を接続する作業は，軽微な作業に該当するので，第一種電気工事士又は認定電気工事従事者でなくても従事できる．

39　ニ．通知電気工事業者は，法令に定められた主任電気工事士を置かなければならない．

電気工事業法第2条（定義）・第19条（主任電気工事士の設置）・第24条（器具の備付け）・第25条（標識の掲示）・第26条（帳簿の備付け等）による．

通知電気工事業者は，自家用電気工作物のみの電気工事を行う電気工事業者で，法令に定められた主任電気工事士を置く必要はない．

40　ロ．600 V を超え 7 000 V 以下

電技第2条（電圧の種別等）による．

電圧は，次のように区分されている．

第1表　電圧の区分

電圧の種別	直　流	交　流
低　圧	750 V 以下	600 V 以下
高　圧	750 V を超え7 000 V 以下	600 V を超え7 000 V 以下
特別高圧	7 000 V を超えるもの	

〔問題2〕 配線図の解答

41　ロ．零相電圧を検出する．

零相基準入力装置（ZPD）で，地絡時に発生する零相電圧を検出する．

42　ロ．DGR

方向性制御装置に内蔵されている地絡方向継電器（DGR）である．

43　イ．

高圧用のCVTケーブルで，高圧用の単心CVケーブル3本で構成され，内部半導電層，外部半導電層，銅シールドがある．

44　ハ．

ハは避雷器で，ケーブルヘッド（CH）部分には使用されない．

45　イ．不足電圧継電器　27

図記号 $\boxed{U<}$ は不足電圧継電器で，制御機器番号（JEM 1090）は 27 である．

第15図　不足電圧継電器

46　ロ．

図記号 $\overset{|}{\diagup}$ は，断路器（DS）である．

47　ハ．14 mm²

高圧受電設備規程1160-2（接地工事の接地抵抗値及び接地線の太さ）による．

避雷器の接地工事は，A種接地工事で，軟銅線を使用した接地線の太さは 14 mm² 以上でなければならない．

48　ハ．

⑧に設置する機器は，電力計と力率計である．電力計は目盛板に kW，力率計は $\cos\varphi$ の表示がある．

49　イ．

電技解釈第29条（機械器具の金属製外箱等の接地）による．

高圧用変圧器の金属製外箱には，A種接地工事を施さなければならない．

50　ニ．コンデンサの残留電荷を放電する．

直列リアクトル（第16図）で，高圧進相コンデンサの電源側に直列に接続して，コンデンサ投入時の突入電流を抑制したり，電圧波形のひずみを軽減する働きがある．

第16図　直列リアクトル

令和3年度
（午後）の問題と
解答・解説

令和3年度（午後）

●令和３年度（午後）問題の解答●

問題１．一般問題

問い	答え	問い	答え	問い	答え	問い	答え
1	ハ	11	ニ	21	イ	31	ロ
2	ロ	12	ロ	22	ロ	32	ハ
3	ハ	13	ロ	23	イ	33	イ
4	ニ	14	ロ	24	ロ	34	イ
5	ハ	15	ハ	25	イ	35	ハ
6	ロ	16	イ	26	ロ	36	イ
7	ロ	17	ニ	27	ニ	37	ハ
8	ハ	18	ロ	28	ニ	38	ニ
9	イ	19	ロ	29	イ	39	ニ
10	ニ	20	イ	30	ロ	40	イ

問題２．配線図

問い	答え
41	イ
42	ニ
43	ハ
44	イ
45	ハ
46	ニ
47	ロ
48	ニ
49	ハ
50	ニ

問題 1. 一般問題 (問題数 40, 配点は 1 問当たり 2 点)

次の各問いには 4 通りの答え（**イ, ロ, ハ, ニ**）が書いてある。それぞれの問いに対して答えを 1 つ選びなさい。
なお、選択肢が数値の場合は、最も近い値を選びなさい。

問 い	答 え
1　図のように、空気中に距離 r [m] 離れて、2 つの点電荷 $+Q$ [C] と $-Q$ [C] があるとき、これらの点電荷間に働く力 F [N] は。 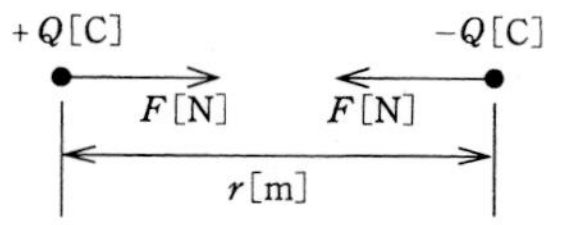 $+Q$[C]　　　　　$-Q$[C] F[N]　　F[N] r[m]	イ. $\dfrac{Q}{r^2}$ に比例する ロ. $\dfrac{Q}{r}$ に比例する ハ. $\dfrac{Q^2}{r^2}$ に比例する ニ. $\dfrac{Q^3}{r}$ に比例する
2　図のような直流回路において、4 つの抵抗 R は同じ抵抗値である。回路の電流 I_3 が 12 A であるとき、抵抗 R の抵抗値 [Ω] は。 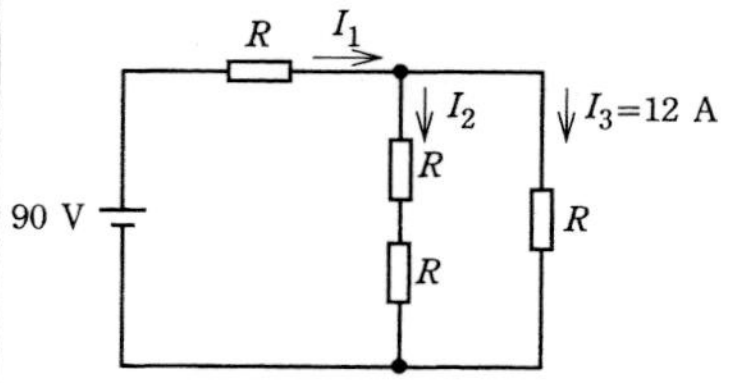 R　I_1 I_2　$I_3=12$ A 90 V　R　R R	イ. 2　　　　ロ. 3　　　　ハ. 4　　　　ニ. 5
3　図のような交流回路において、電源電圧は 120 V, 抵抗は 8 Ω, リアクタンスは 15 Ω, 回路電流は 17 A である。この回路の力率 [%] は。 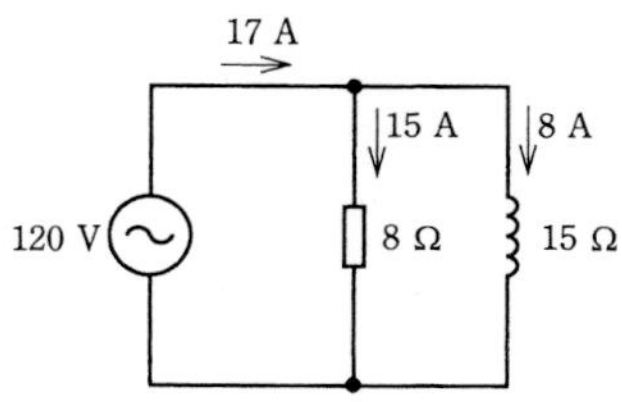 17 A 15 A　8 A 120 V　8 Ω　15 Ω	イ. 38　　　　ロ. 68　　　　ハ. 88　　　　ニ. 98

4 図に示す交流回路において，回路電流 I の値が最も小さくなる I_R, I_L, I_C の値の組合せとして，正しいものは。

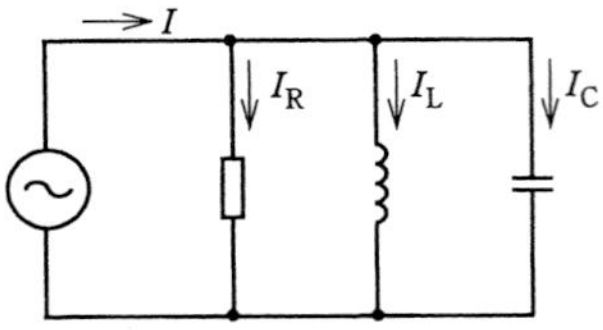

イ． $I_R=8\,\mathrm{A}$　$I_L=9\,\mathrm{A}$　$I_C=3\,\mathrm{A}$

ロ． $I_R=8\,\mathrm{A}$　$I_L=2\,\mathrm{A}$　$I_C=8\,\mathrm{A}$

ハ． $I_R=8\,\mathrm{A}$　$I_L=10\,\mathrm{A}$　$I_C=2\,\mathrm{A}$

ニ． $I_R=8\,\mathrm{A}$　$I_L=10\,\mathrm{A}$　$I_C=10\,\mathrm{A}$

5 図のような三相交流回路において，線電流 I の値 [A] は。

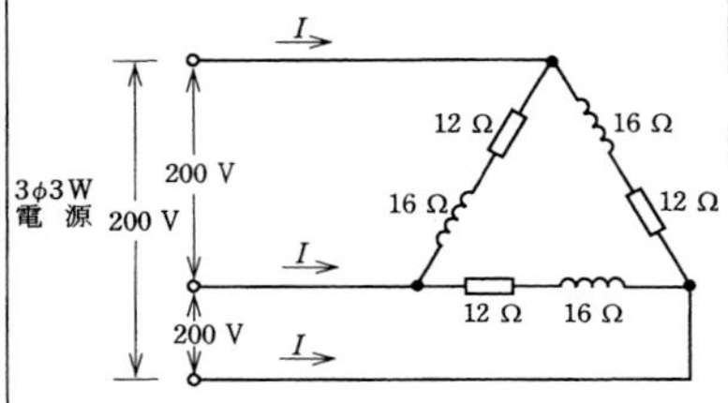

イ． 5.8　　ロ． 10.0　　ハ． 17.3　　ニ． 20.0

6 図のような，三相3線式配電線路で，受電端電圧が 6 700 V，負荷電流が 20 A，深夜で軽負荷のため力率が 0.9（進み力率）のとき，配電線路の送電端の線間電圧 [V] は。

ただし，配電線路の抵抗は1線当たり 0.8 Ω，リアクタンスは 1.0 Ω であるとする。

なお，$\cos\theta=0.9$ のとき $\sin\theta=0.436$ であるとし，適切な近似式を用いるものとする。

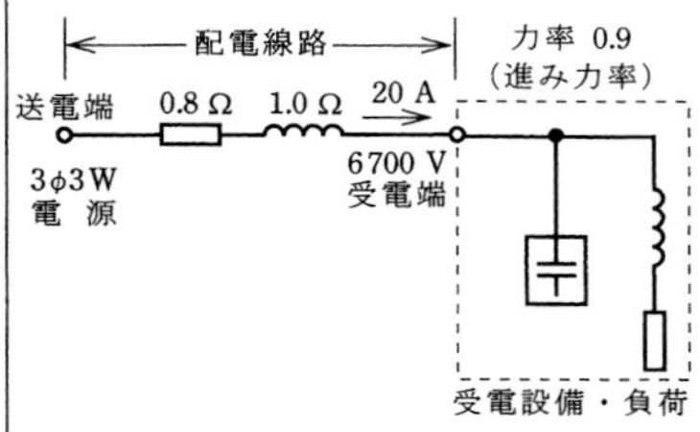

イ． 6 700　　ロ． 6 710　　ハ． 6 800　　ニ． 6 900

問 い	答 え
7 　図のように三相電源から，三相負荷（定格電圧 200 V，定格消費電力 20 kW，遅れ力率 0.8）に電気を供給している配電線路がある。配電線路の電力損失を最小とするために必要なコンデンサの容量 [kvar] の値は。 　　ただし，電源電圧及び負荷インピーダンスは一定とし，配電線路の抵抗は 1 線当たり 0.1 Ω で，配電線路のリアクタンスは無視できるものとする。 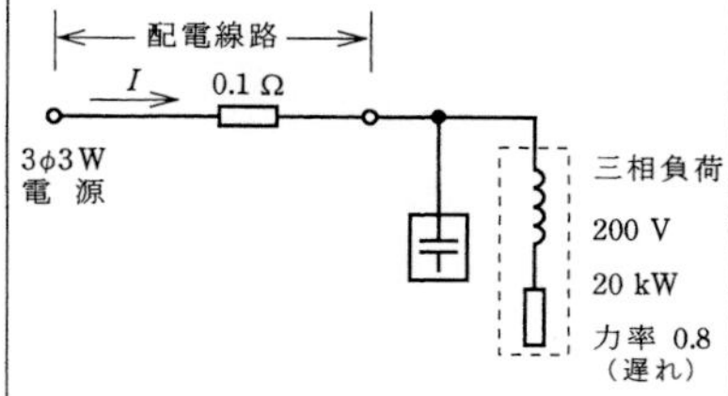 ![配電線路の図] 配電線路，I，0.1 Ω，3φ3W電源，三相負荷 200 V 20 kW 力率 0.8（遅れ）	イ．10　　　　ロ．15　　　　ハ．20　　　　ニ．25
8 　線間電圧 V [kV] の三相配電系統において，受電点からみた電源側の百分率インピーダンスが Z [%]（基準容量：10 MV·A）であった。受電点における三相短絡電流 [kA] を示す式は。	イ．$\dfrac{10\sqrt{3}Z}{V}$　　ロ．$\dfrac{1000}{VZ}$　　ハ．$\dfrac{1000}{\sqrt{3}VZ}$　　ニ．$\dfrac{10Z}{V}$
9 　図のように，直列リアクトルを設けた高圧進相コンデンサがある。この回路の無効電力（設備容量）[var] を示す式は。 　　ただし，$X_\mathrm{L} < X_\mathrm{C}$ とする。 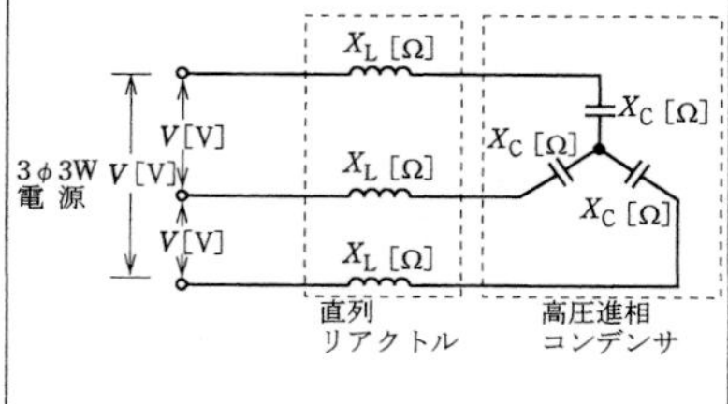 ![直列リアクトルと高圧進相コンデンサの図] X_L [Ω]，X_C [Ω]，V [V]，3φ3W電源，直列リアクトル，高圧進相コンデンサ	イ．$\dfrac{V^2}{X_\mathrm{C}-X_\mathrm{L}}$　　ロ．$\dfrac{V^2}{X_\mathrm{C}+X_\mathrm{L}}$　　ハ．$\dfrac{X_\mathrm{C}V}{X_\mathrm{C}-X_\mathrm{L}}$　　ニ．$\dfrac{V}{X_\mathrm{C}-X_\mathrm{L}}$

問い	答え
10 三相かご形誘導電動機の始動方法として，用いられないものは。	イ．全電圧始動(直入れ) ロ．スターデルタ始動 ハ．リアクトル始動 ニ．二次抵抗始動
11 図のように，単相変圧器の二次側に $20\,\Omega$ の抵抗を接続して，一次側に $2\,000\,\text{V}$ の電圧を加えたら一次側に $1\,\text{A}$ の電流が流れた。この時の単相変圧器の二次電圧 $V_2\,[\text{V}]$ は。 　ただし，巻線の抵抗や損失を無視するものとする。 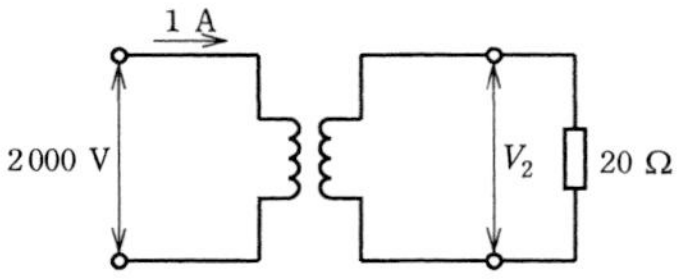 1 A 2 000 V　　V_2　20 Ω	イ．50　　　　ロ．100　　　　ハ．150　　　　ニ．200
12 電磁調理器(IH調理器)の加熱方式は。	イ．アーク加熱 ロ．誘導加熱 ハ．抵抗加熱 ニ．赤外線加熱
13 LEDランプの記述として，誤っているものは。	イ．LEDランプはpn接合した半導体に電圧を加えることにより発光する現象を利用した光源である。 ロ．LEDランプに使用されるLEDチップ(半導体)の発光に必要な順方向電圧は，直流$100\,\text{V}$以上である。 ハ．LEDランプの発光原理はエレクトロルミネセンスである。 ニ．LEDランプには，青色LEDと黄色を発光する蛍光体を使用し，白色に発光させる方法がある。
14 写真の三相誘導電動機の構造において矢印で示す部分の名称は。 	イ．固定子巻線 ロ．回転子鉄心 ハ．回転軸 ニ．ブラケット

問　い	答　え
15　写真に示す矢印の機器の名称は。 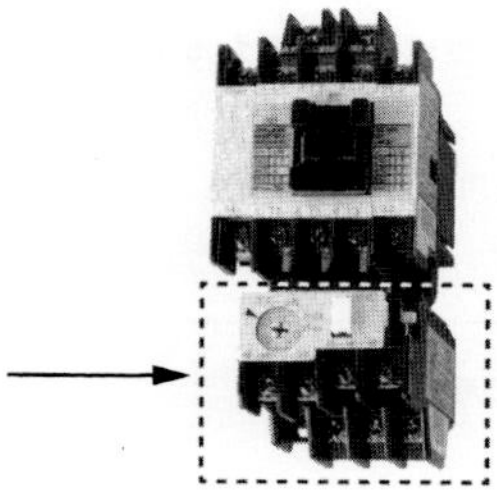 →	イ．自動温度調節器 ロ．漏電遮断器 ハ．熱動継電器 ニ．タイムスイッチ
16　水力発電所の水車の種類を，適用落差の最大値の高いものから低いものの順に左から右に並べたものは。	イ．ペルトン水車　　　フランシス水車　　　プロペラ水車 ロ．ペルトン水車　　　プロペラ水車　　　フランシス水車 ハ．プロペラ水車　　　フランシス水車　　　ペルトン水車 ニ．フランシス水車　　　プロペラ水車　　　ペルトン水車
17　同期発電機を並行運転する条件として，**必要でない**ものは。	イ．周波数が等しいこと。 ロ．電圧の大きさが等しいこと。 ハ．電圧の位相が一致していること。 ニ．発電容量が等しいこと。
18　単導体方式と比較して，多導体方式を採用した架空送電線路の特徴として，**誤っている**のは。	イ．電流容量が大きく，送電容量が増加する。 ロ．電線表面の電位の傾きが下がり，コロナ放電が発生しやすい。 ハ．電線のインダクタンスが減少する。 ニ．電線の静電容量が増加する。
19　ディーゼル発電装置に関する記述として，**誤っている**ものは。	イ．ディーゼル機関は点火プラグが不要である。 ロ．ディーゼル機関の動作工程は，吸気→爆発(燃焼)→圧縮→排気である。 ハ．回転むらを滑らかにするために，はずみ車が用いられる。 ニ．ビルなどの非常用予備発電装置として，一般に使用される。

問　い	答　え
20 高圧電路に施設する避雷器に関する記述として，**誤っている**ものは。	イ．雷電流により，避雷器内部の高圧限流ヒューズが溶断し，電気設備を保護した。 ロ．高圧架空電線路から電気の供給を受ける受電電力 500 kW の需要場所の引込口に施設した。 ハ．近年では酸化亜鉛(ZnO)素子を使用したものが主流となっている。 ニ．避雷器には A 種接地工事を施した。
21 B 種接地工事の接地抵抗値を求めるのに**必要**とするものは。	イ．変圧器の高圧側電路の1線地絡電流 [A] ロ．変圧器の容量 [kV·A] ハ．変圧器の高圧側ヒューズの定格電流 [A] ニ．変圧器の低圧側電路の長さ [m]
22 写真に示す機器の文字記号(略号)は。 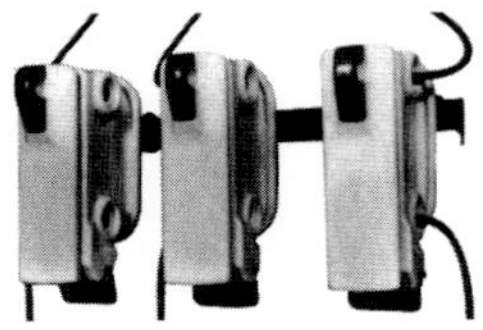 	イ．CB ロ．PC ハ．DS ニ．LBS
23 写真に示す機器の用途は。  	イ．力率を改善する。 ロ．電圧を変圧する。 ハ．突入電流を抑制する。 ニ．高調波を抑制する。
24 写真に示すコンセントの記述として，**誤っている**ものは。  	イ．病院などの医療施設に使用されるコンセントで，手術室や集中治療室(ICU)などの特に重要な施設に設置される。 ロ．電線及び接地線の接続は，本体裏側の接続用の穴に電線を差し込み，一般のコンセントに比べ外れにくい構造になっている。 ハ．コンセント本体は，耐熱性及び耐衝撃性が一般のコンセントに比べて優れている。 ニ．電源の種別（一般用・非常用等）が容易に識別できるように，本体の色が白の他，赤や緑のコンセントもある。
25 地中に埋設又は打ち込みをする接地極として，**不適切な**ものは。	イ．縦 900 mm× 横 900 mm× 厚さ 2.6 mm のアルミ板 ロ．縦 900 mm× 横 900 mm× 厚さ 1.6 mm の銅板 ハ．直径 14 mm 長さ 1.5 m の銅溶覆鋼棒 ニ．内径 36 mm 長さ 1.5 m の厚鋼電線管

問　い	答　え

	問い			
26	次に示す工具と材料の組合せで，**誤っている**ものは。		工具	材料
		イ		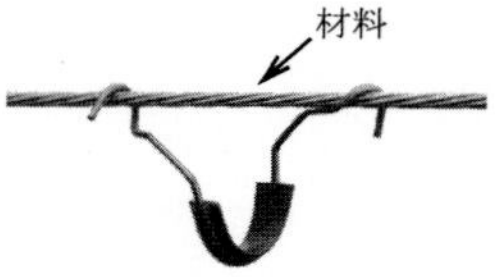 材料
		ロ		
		ハ		
		ニ	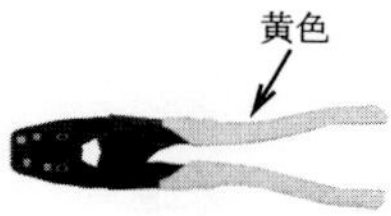 黄色	

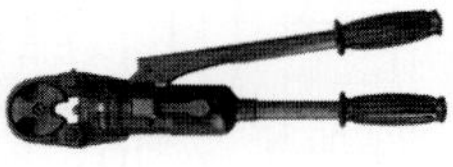

27	金属管工事の施工方法に関する記述として，**適切な**ものは。	イ．金属管に，屋外用ビニル絶縁電線を収めて施設した。 ロ．金属管に，高圧絶縁電線を収めて，高圧屋内配線を施設した。 ハ．金属管内に接続点を設けた。 ニ．使用電圧が 400 V の電路に使用する金属管に接触防護措置を施したので，D 種接地工事を施した。

28	絶縁電線相互の接続に関する記述として，**不適切な**ものは。	イ．接続部分には，接続管を使用した。 ロ．接続部分を，絶縁電線の絶縁物と同等以上の絶縁効力のあるもので，十分に被覆した。 ハ．接続部分において，電線の引張り強さが 10 ％減少した。 ニ．接続部分において，電線の電気抵抗が 20 ％増加した。

29	使用電圧が 300 V 以下の低圧屋内配線のケーブル工事の施工方法に関する記述として，**誤っている**ものは。	イ．ケーブルを造営材の下面に沿って水平に取り付け，その支持点間の距離を 3 m にして施設した。 ロ．ケーブルの防護装置に使用する金属製部分に D 種接地工事を施した。 ハ．ケーブルに機械的衝撃を受けるおそれがあるので，適当な防護装置を設けた。 ニ．ケーブルを接触防護措置を施した場所に垂直に取り付け，その支持点間の距離を 5 m にして施設した。

令和3年度（午後）

図は，自家用電気工作物構内の高圧受電設備を表した図である。

この図に関する各問いには，4通りの答え（イ，ロ，ハ，ニ）が書いてある。それぞれの問いに対して，答えを1つ選びなさい。

〔注〕図において，問いに直接関係のない部分等は，省略又は簡略化してある。

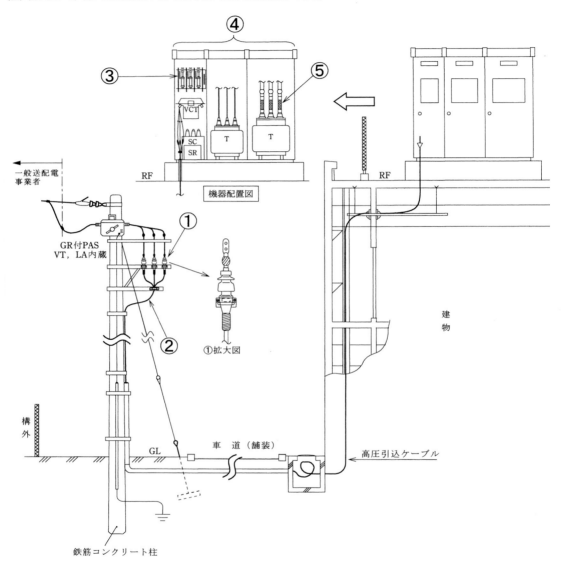

問　い	答　え
30　①に示す CVT ケーブルの終端接続部の名称は。	イ．ゴムとう管形屋外終端接続部 ロ．耐塩害屋外終端接続部 ハ．ゴムストレスコーン形屋外終端接続部 ニ．テープ巻形屋外終端接続部
31　②に示す高圧引込ケーブルの太さを検討する場合に，**必要のない事項**は。	イ．受電点の短絡電流 ロ．電路の完全地絡時の1線地絡電流 ハ．電線の短時間耐電流 ニ．電線の許容電流
32　③に示す高圧受電盤内の主遮断装置に，限流ヒューズ付高圧交流負荷開閉器を使用できる受電設備容量の最大値は。	イ．200 kW　　　ロ．300 kW　　　ハ．300 kV·A　　　ニ．500 kV·A
33　④に示す受電設備の維持管理に必要な定期点検のうち，年次点検で通常**行わないもの**は。	イ．絶縁耐力試験 ロ．保護継電器試験 ハ．接地抵抗の測定 ニ．絶縁抵抗の測定
34　⑤に示す可とう導体を使用した施設に関する記述として，**不適切なもの**は。	イ．可とう導体は，低圧電路の短絡等によって，母線に異常な過電流が流れたとき，限流作用によって，母線や変圧器の損傷を防止できる。 ロ．可とう導体には，地震による外力等によって，母線が短絡等を起こさないよう，十分な余裕と絶縁セパレータを施設する等の対策が重要である。 ハ．可とう導体を使用する主目的は，低圧母線に銅帯を使用したとき，過大な外力により，ブッシングやがいし等の損傷を防止しようとするものである。 ニ．可とう導体は，防振装置との組合せ設置により，変圧器の振動による騒音を軽減することができる。ただし，地震による機器等の損傷を防止するためには，耐震ストッパの施設を併せて考慮する必要がある。

	問　　い	答　　え
35	「電気設備の技術基準の解釈」において，停電が困難なため低圧屋内配線の絶縁性能を，漏えい電流を測定して判定する場合，使用電圧が 200 V の電路の漏えい電流の上限値として，**適切なものは**。	イ．0.1 mA ロ．0.2 mA ハ．1.0 mA ニ．2.0 mA
36	過電流継電器の最小動作電流の測定と限時特性試験を行う場合，**必要でないものは**。	イ．電力計 ロ．電流計 ハ．サイクルカウンタ ニ．可変抵抗器
37	変圧器の絶縁油の劣化診断に**直接関係のない**ものは。	イ．絶縁破壊電圧試験 ロ．水分試験 ハ．真空度測定 ニ．全酸価試験
38	「電気工事士法」において，第一種電気工事士に関する記述として，**誤っているものは**。	イ．第一種電気工事士試験に合格したが所定の実務経験がなかったので，第一種電気工事士免状は，交付されなかった。 ロ．自家用電気工作物で最大電力 500 kW 未満の需要設備の電気工事の作業に従事するときに，第一種電気工事士免状を携帯した。 ハ．第一種電気工事士免状の交付を受けた日から 4 年目に，自家用電気工作物の保安に関する講習を受けた。 ニ．第一種電気工事士の免状を持っているので，自家用電気工作物で最大電力 500 kW 未満の需要設備の非常用予備発電装置工事の作業に従事した。
39	「電気工事業の業務の適正化に関する法律」において，電気工事業者が，一般用電気工事のみの業務を行う営業所に備え付けなくてもよい器具は。	イ．絶縁抵抗計 ロ．接地抵抗計 ハ．抵抗及び交流電圧を測定することができる回路計 ニ．低圧検電器
40	「電気用品安全法」において，交流の電路に使用する定格電圧 100 V 以上 300 V 以下の機械器具であって，特定電気用品は。	イ．定格電圧 100 V，定格電流 60 A の配線用遮断器 ロ．定格電圧 100 V，定格出力 0.4 kW の単相電動機 ハ．定格静電容量 100 μF の進相コンデンサ ニ．定格電流 30 A の電力量計

問題2. 配線図 （問題数10，配点は1問当たり2点）

　図は，高圧受電設備の単線結線図である。この図の矢印で示す10箇所に関する各問いには，4通りの答え（イ，ロ，ハ，ニ）が書いてある。それぞれの問いに対して，答えを1つ選びなさい。

〔注〕図において，問いに直接関係のない部分等は，省略又は簡略化してある。

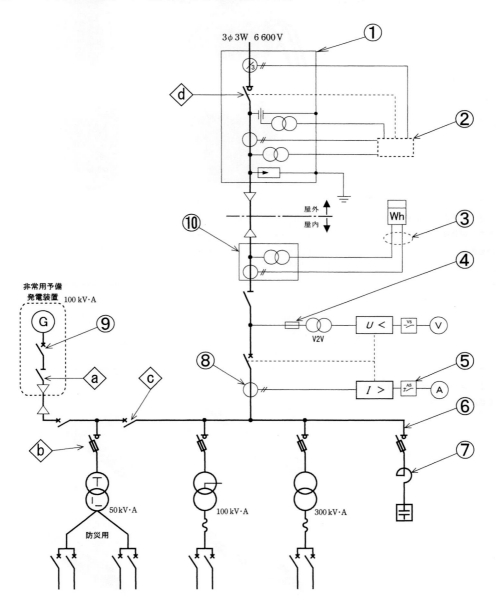

問 い	答 え
41 ①に設置する機器は。	イ.  ロ.  ハ.  ニ. 
42 ②で示す部分に設置する機器の図記号と文字記号(略号)の組合せとして，正しいものは。	イ. ロ. ハ. ニ. OCGR　　　　DGR　　　　OCGR　　　　DGR
43 ③の部分の電線本数(心線数)は。	イ. 2 又は 3 ロ. 4 又は 5 ハ. 6 又は 7 ニ. 8 又は 9
44 ④の部分に施設する機器と使用する本数は。	イ. ロ. 4 本　　　　　　　　2 本 ハ. ニ. 2 本　　　　　　　　4 本
45 ⑤に設置する機器の役割は。	イ. 電流計で電流を測定するために適切な電流値に変流する。 ロ. 1個の電流計で負荷電流と地絡電流を測定するために切り換える。 ハ. 1個の電流計で各相の電流を測定するために相を切り換える。 ニ. 大電流から電流計を保護する。

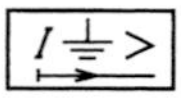

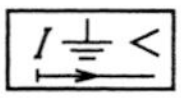

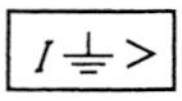

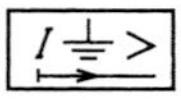

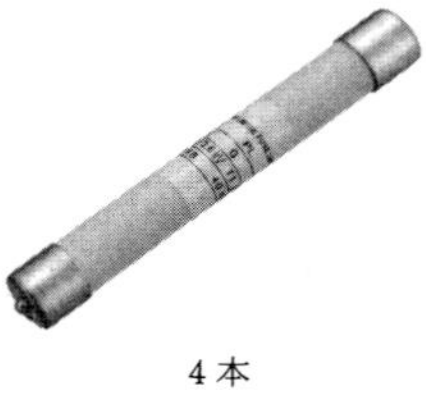

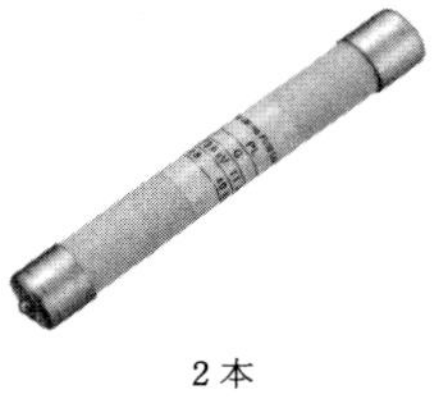

問 い	答 え

46	⑥で示す高圧絶縁電線（KIP）の構造は。

イ.

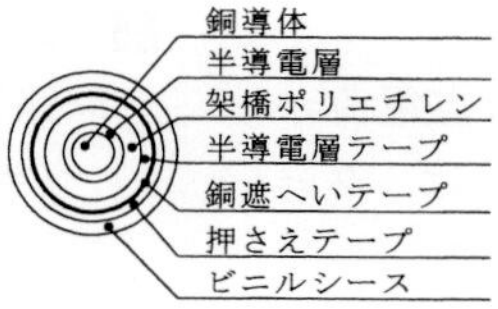

銅導体
半導電層
架橋ポリエチレン
半導電層テープ
銅遮へいテープ
押さえテープ
ビニルシース

ロ.

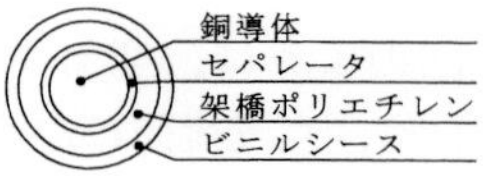

銅導体
セパレータ
架橋ポリエチレン
ビニルシース

ハ.

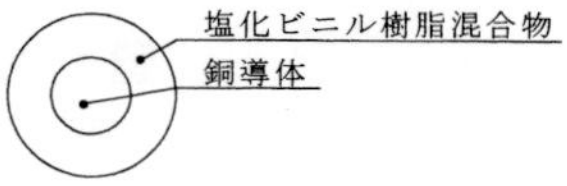

塩化ビニル樹脂混合物
銅導体

ニ.

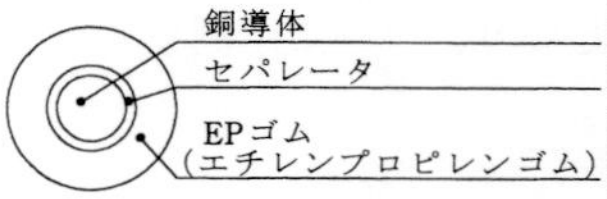

銅導体
セパレータ
EPゴム
（エチレンプロピレンゴム）

47	⑦で示す直列リアクトルのリアクタンスとして，**適切なもの**は。

イ．コンデンサリアクタンスの 3 %
ロ．コンデンサリアクタンスの 6 %
ハ．コンデンサリアクタンスの 18 %
ニ．コンデンサリアクタンスの 30 %

48	⑧で示す部分に施設する機器の複線図として，**正しいもの**は。

イ.
R S T
k k
ℓ ℓ

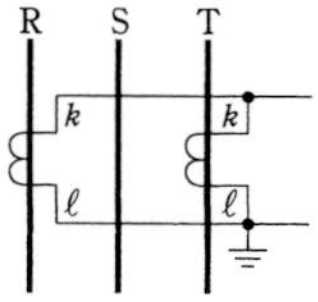

ロ.
R S T
k k
ℓ ℓ

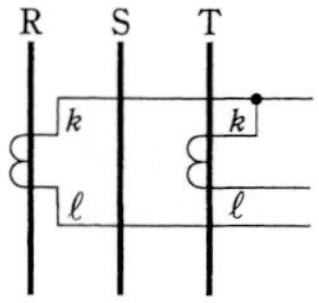

ハ.
R S T
k k
ℓ ℓ

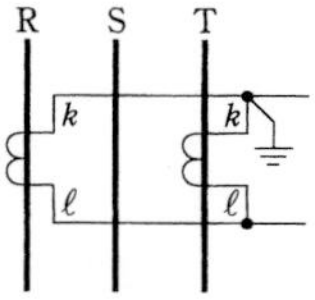

ニ.
R S T
k k
ℓ ℓ

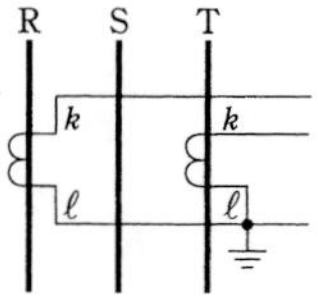

49	⑨で示す機器とインタロックを施す機器は。 ただし，非常用予備電源と常用電源を電気的に接続しないものとする。

イ. a **ロ.** b **ハ.** c **ニ.** d

50	⑩で示す機器の名称は。

イ．計器用変圧器
ロ．零相変圧器
ハ．コンデンサ形計器用変圧器
ニ．電力需給用計器用変成器

〔問題 1〕 一般問題の解答

1 ハ. $\dfrac{Q^2}{r^2}$に比例する

第1図のように，空気中に2つの点電荷がある場合に，点電荷に働く力 F〔N〕は，クーロンの法則により，

$$F = 9 \times 10^9 \times \frac{Q \times Q}{r^2} = 9 \times 10^9 \times \frac{Q^2}{r^2} \text{〔N〕}$$

となり，$\dfrac{Q^2}{r^2}$に比例する．

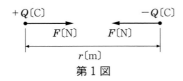

第1図

2 ロ. 3

第2図で，12 A が流れている抵抗 R に加わっている電圧 V〔V〕は，

$$V = I_3 R = 12R \text{〔V〕}$$

電流 I_2〔A〕は，

$$I_2 = \frac{V}{R+R} = \frac{12R}{2R} = 6 \text{〔A〕}$$

電流 I_1〔A〕は，

$$I_1 = I_2 + I_3 = 6 + 12 = 18 \text{〔A〕}$$

回路全体の合成抵抗から，

$$R + \frac{2R \times R}{2R + R} = \frac{90}{18}$$

$$R + \frac{2R^2}{3R} = 5 \quad R + \frac{2R}{3} = 5$$

$$\frac{5}{3}R = 5 \quad R = 5 \times \frac{3}{5} = 3 \text{〔Ω〕}$$

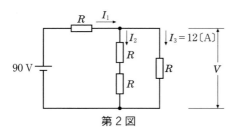

第2図

3 ハ. 88

並列回路で，回路全体に流れる電流を I〔A〕，抵抗に流れる電流を I_R〔A〕とすると，回路の

力率 $\cos \theta$ は，次のようにして求められる．

$$\cos \theta = \frac{I_R}{I} = \frac{15}{17} \fallingdotseq 0.88 = 88 \text{〔\%〕}$$

4 ニ. $I_R = 8$ A $\quad I_L = 10$ A $\quad I_C = 10$ A

回路電流 I〔A〕は，次のようになる．

$$I = \sqrt{I_R{}^2 + (I_L - I_C)^2} \text{〔A〕}$$

抵抗に流れる電流 I_R〔A〕が，選択肢ではすべて 8 A であるから，回路電流 I〔A〕が最も小さくなるのは，$I_L - I_C$ が最も小さい $I_L = 10$〔A〕，$I_C = 10$〔A〕の場合である．

5 ハ. 17.3

第3図で，1相のインピーダンス Z〔Ω〕は，

$$Z = \sqrt{R^2 + X_L{}^2} = \sqrt{12^2 + 16^2} = \sqrt{144 + 256}$$
$$= \sqrt{400} = 20 \text{〔Ω〕}$$

相電流 I_0〔A〕は，

$$I_0 = \frac{V}{Z} = \frac{200}{20} = 10 \text{〔A〕}$$

線電流 I〔A〕は，

$$I = \sqrt{3}\, I_0 \fallingdotseq 1.73 \times 10 = 17.3 \text{〔A〕}$$

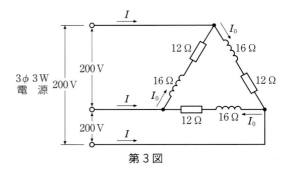

第3図

6 ロ. 6 710

進み力率の配電線路の電圧降下 v〔V〕は，

$$v = \sqrt{3}\, I (r \cos \theta - x \sin \theta) \text{〔V〕}$$

で計算する．

$$v = \sqrt{3} \times 20 \times (0.8 \times 0.9 - 1.0 \times 0.436)$$
$$= \sqrt{3} \times 20 \times (0.72 - 0.436)$$
$$\fallingdotseq 1.73 \times 20 \times 0.284$$
$$\fallingdotseq 10 \text{〔V〕}$$

配電線路の送電端の線間電圧 V_s〔V〕は，

$$V_s = V_r + v = 6\,700 + 10 = 6\,710 \text{〔V〕}$$

7 ロ. 15

配電線路の電力損失を最小にするためには，負荷の遅れ無効電力と等しい容量のコンデンサを接続して，力率を100%にすればよい．

190 第2編　過去10年間の学科試験の問題と解答・解説

第4図において，皮相電力 S〔kV·A〕は，

$$S = \frac{P}{\cos\theta} = \frac{20}{0.8} = 25 \text{〔kV·A〕}$$

無効電力 Q〔kvar〕は，

$$S = \sqrt{P^2 + Q^2} \qquad P^2 + Q^2 = S^2$$

$$Q = \sqrt{S^2 - P^2} = \sqrt{25^2 - 20^2} = \sqrt{625 - 400}$$

$$= \sqrt{225} = 15 \text{〔kvar〕}$$

したがって，配電線路の電力損失を最小とするために必要なコンデンサの容量の値は15 kvar である．

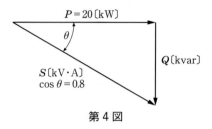

第4図

8 ハ． $\dfrac{1\,000}{\sqrt{3}\,VZ}$

基準容量を P_n〔MV·A〕，百分率インピーダンスを Z〔%〕とすると，受電点における三相短絡容量 P_s〔MV·A〕は，

$$P_s = \frac{P_n}{Z} \times 100 = \frac{10 \times 100}{Z} = \frac{1\,000}{Z} \text{〔MV·A〕}$$

線間電圧を V〔kV〕とすると，受電点における三相短絡電流 I_s〔kA〕は，

$$I_s = \frac{P_s}{\sqrt{3}\,V} = \frac{\dfrac{1\,000}{Z}}{\sqrt{3}\,V} = \frac{1\,000}{\sqrt{3}\,VZ} \text{〔kA〕}$$

9 イ． $\dfrac{V^2}{X_C - X_L}$

第5図のような丫結線として考える．

1相のリアクタンス X〔Ω〕は，

$$X = X_C - X_L \text{〔Ω〕}$$

線間電圧を V〔V〕とすると，1相に加わる電圧 V_o〔V〕は，

$$V_o = \frac{V}{\sqrt{3}} \text{〔V〕}$$

この回路の無効電力 Q〔var〕は，

$$Q = 3 \times \frac{\left(\dfrac{V}{\sqrt{3}}\right)^2}{X_C - X_L} = \frac{V^2}{X_C - X_L} \text{〔var〕}$$

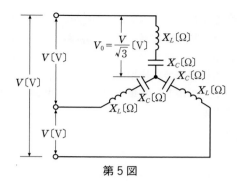

第5図

10 ニ．**二次抵抗始動**

二次抵抗始動は，三相巻線形誘導電動機の始動方法である．

11 ニ．**200**

変圧器の損失を無視するので，入力と出力が等しいことから，次の関係が成立する．

$$\frac{V_2^2}{20} = 2\,000 \times 1$$

$$V_2^2 = 2\,000 \times 20 = 40\,000$$

$$V_2 = \sqrt{40\,000} = 200 \text{〔V〕}$$

12 ロ．**誘導加熱**

電磁調理器(IH 調理器)は，商用電力をインバータにより数十 kHz に変換した交流を電源とする誘導加熱を利用したものである．

コイルに交流電流を流して，磁束の変化による電磁誘導で，鍋等の金属に生じる渦電流によってジュール熱を発生させたり，磁性体に生じるヒステリシス損を利用したものである．

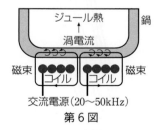

第6図

13 ロ．**LED ランプに使用される LED チップ(半導体)の発光に必要な順方向電圧は，直流100 V 以上である．**

LED チップの順方向電圧は，その種類によって異なるが，赤・橙・黄・緑色 LED は約2 V，青・白色 LED は約3.5 V である．

14 ロ．**回転子鉄心**

矢印で示す部分は，電磁誘導作用によって回

転する回転子鉄心である.

15 ハ．熱動継電器

矢印で示す機器の名称は，熱動継電器で電動機の過負荷保護に使用される．

16 イ．ペルトン水車 フランシス水車 プロペラ水車

ペルトン水車は高落差，フランシス水車は中落差，プロペラ水車は低落差に適する．

ペルトン水車 フランシス水車 プロペラ水車
第7図 水車の種類

17 ニ．発電容量が等しいこと．

同期発電機を並行運転するために必要な条件は，次のとおりである．

・周波数が等しいこと．
・電圧の大きさが等しいこと．
・電圧の位相が一致していること．
・電圧の波形が等しいこと．

18 ロ．**電線表面の電位の傾きが下がり，コロナ放電が発生しやすい．**

多導体方式（第8図）は，電線表面の電位の傾きを低下させることで，コロナ放電が発生しにくくなる．また，単導体方式に比べてインダクタンスが減少し，静電容量が増加する．

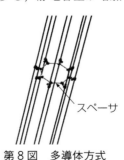

スペーサ

第8図 多導体方式

19 ロ．**ディーゼル機関の動作工程は，吸気→爆発（燃焼）→圧縮→排気である．**

ディーゼル機関の動作工程は，吸気→圧縮→爆発（燃焼）→排気である．空気を圧縮することにより高温にし，燃料を噴射して爆発的に燃焼させる．

20 イ．**雷電流により，避雷器内部の高圧限流ヒューズが溶断し，電気設備を保護した．**

避雷器（第9図）の内部には，限流ヒューズは内蔵されていない．避雷器は，酸化亜鉛（ZnO）素子を内蔵したものが一般的になっている．酸化亜鉛素子は，印加電圧が小さい場合は絶縁体として働き，雷のような大きい電圧が加わると導体として働く性質がある．避雷器には，ギャップ付きとギャップレスがある．

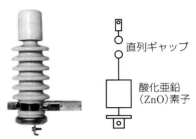

直列ギャップ

酸化亜鉛（ZnO）素子

第9図 避雷器（ギャップ付き）

電技解釈第37条（避雷器等の施設）により，高圧架空電線路から電気の供給を受ける受電電力が500 kW以上の需要場所の引込口には，避雷器を施設しなければならない．高圧の電路に施設する避雷器には，A種接地工事を施さなければならない．

21 イ．**変圧器の高圧側電路の1線地絡電流〔A〕**

電技解釈第17条（接地工事の種類及び施設方法）による．

高圧電路と低圧電路を結合する変圧器のB種接地工事の接地抵抗値は，次のようにしなければならない．

（B種接地工事の接地抵抗値）

I_g：高圧側電路の1線地絡電流〔A〕

① 原則　　　　　　　　　　　$150/I_g$〔Ω〕以下
② 混触時に，1秒を超え2秒以内に遮断する装置を設ける場合　　　$300/I_g$〔Ω〕以下
③ 混触時に，1秒以内に遮断する装置を設ける場合　　　　　　　$600/I_g$〔Ω〕以下

22 ロ．**PC**

高圧カットアウトの文字記号は，PC（Primary Cutout switch）である．

23 イ．**力率を改善する．**

高圧進相コンデンサ（SC）で，力率を改善するのに使用する．

24 ロ．**電線及び接地線の接続は，本体裏側の接続用の穴に電線を差し込み，一般のコンセン**

トに比べ外れにくい構造になっている．

内線規程3202-3（接地極付きコンセントなどの施設），JIS T 1021（医用差込接続器）による．

写真のコンセントは医用コンセント（第10図）で，接地線は接地極刃受部とリベットまたは圧着接続されている．

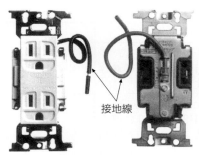

接地線

第10図　医用コンセント

25　イ．縦900 mm×横900 mm×厚さ2.6 mmのアルミ板

内線規程1350-7（接地極）による．

地中に埋設又は打ち込みをする接地極としては，銅板，銅棒，鉄管，鉄棒，銅覆鋼板，炭素被覆鋼棒などを用いることとされている．アルミ板は，地中に埋設すると腐食するので，接地極として使用しない．

内線規程では，接地極は次によって選定するように推奨されている．

〔接地極の選定〕

①銅板を使用する場合は，厚さ0.7 mm以上，大きさ900 cm²（片面）以上のものであること．

②銅棒，銅覆鋼棒を使用する場合は，直径8 mm以上，長さ0.9 m以上のものであること．

③鉄管を使用する場合は，外径25 mm以上，長さ0.9 m以上の亜鉛めっきガス鉄管又は厚鋼電線管であること．

④鉄棒を使用する場合は，直径12 mm以上，長さ0.9 m以上の亜鉛めっきを施したものであること．

⑤銅覆鋼板を使用する場合は，厚さ1.6 mm以上，長さ0.9 m以上，面積250 cm²（片面）以上を有するものであること．

⑥炭素被覆鋼棒を使用する場合は，直径

8 mm以上の鋼心で長さ0.9 m以上のものであること．

26　ロ．

ロの工具は，手動油圧式圧着器で，P形スリーブで電線相互を圧着接続したり，裸圧着端子に電線を圧着接続するものである．また，ロの材料は，ボルト形コネクタで，スパナ等を使用してボルトを締め付け，電線相互を接続するものである．

27　ニ．使用電圧が400 Vの電路に使用する金属管に接触防護措置を施したので，D種接地工事を施した．

電技解釈第159条（金属管工事）・第168条（高圧配線の施設）による．

使用電圧が300 Vを超える電路に使用する金属管にはC種接地工事を施さなければならないが，接触防護措置を施した場合はD種接地工事にできる．

金属管工事に使用できる電線は，屋外用ビニル絶縁電線を除いた絶縁電線であるので，イは誤りである．

高圧屋内配線は，がいし引き工事又はケーブル工事により施設しなければならないので，ロは誤りである．

金属管内では，電線に接続点を設けてはならないので，ハは誤りである．

28　ニ．接続部分において，電線の電気抵抗が20％増加した．

電技解釈第12条（電線の接続法）による．

電線を接続する場合，電線の電気抵抗を増加させてはならない．

絶縁電線相互を接続する場合は，次によらなければならない．

①電線の電気抵抗を増加させない．

②電線の引張強さを20％以上減少させない．

③接続部分には，接続管その他の器具を使用するか，ろう付けをする．

④接続部分の絶縁電線の絶縁物と同等以上の絶縁効力のある接続器を使用する，又は接続部分を絶縁電線の絶縁物と同等以上の絶縁効力のあるもので十分被覆する．

29　イ．ケーブルを造営材の下面に沿って水平に取り付け，その支持点間の距離を3 mにし

て施設した.

電技解釈第164条(ケーブル工事)による.

ケーブルを造営材の下面又は側面に沿って取り付ける場合は,支持点間の距離を2m以下にしなければならない.

㉚　ロ．耐塩害屋外終端接続部

①に示すCVTケーブルの終端接続部は,海岸に近い地域で使用される耐塩害屋外終端接続部(第11図)である.

第11図　耐塩害屋外終端接続部

㉛　ロ．電路の完全地絡時の1線地絡電流

高圧引込ケーブルの太さを検討するには,電線の許容電流,電線の短時間耐電流,受電点の短絡電流等を検討して決める.電路の完全地絡時の1線地絡電流は小さいので検討する必要はない.

㉜　ハ．300kV・A

高圧受電設備規程1110-5(受電設備容量の制限)に,主遮断装置の形式と受電設備方式により,受電設備容量が第1表に示す値を超えないことと定められている.

限流ヒューズ付き高圧交流負荷開閉器(第12図)を主遮断装置に用いたものは,PF・S形に該当し,キュービクル式に使用できる設備容量の最大値は300kV・Aである.

第12図　PF・S形主遮断装置

第1表

受電設備方式	主遮断装置の形式		CB形〔kV・A〕	PF・S形〔kV・A〕
箱に収めない	屋外式	屋上式		150
		柱上式	使用しない	100
		地上式		150
	屋内式			300
箱に収める	キュービクル式(JIS C 4620に適合するもの)		4 000	300
	上記以外のもの(JIS C 4620に準ずるもの又はJEM 1425に適合するもの)			300

(注)空欄は制限がない

㉝　イ．絶縁耐力試験

絶縁耐力試験は,竣工時には行うが定期的に行う年次点検では,通常行わない.

㉞　イ．可とう導体は,低圧電路の短絡等によって,母線に異常な過電流が流れたとき,限流作用によって,母線や変圧器の損傷を防止できる.

可とう導体(第13図)は,低圧母線に銅帯を使用した場合に,地震等で過大な外力によって,変圧器のブッシング等が損傷しないようにするもので,過電流・短絡保護をすることはできない.

第13図　可とう導体

㉟　ハ．1.0mA

電技解釈第14条(低圧電路の絶縁性能)による.

低圧電路の絶縁抵抗の測定が困難な場合は,開閉器又は過電流遮断器で区切ることのできる電路ごとに,使用電圧が加わった状態における漏えい電流が,1mA以下であればよいとされている.

㊱　イ．電力計

継電器試験装置を用いないで,過電流継電器の最小動作電流の測定と限時特性試験を行う場

合は，第2表・第14図の計器等を使用する．

第2表

試験電流の調整	水抵抗器又は可変抵抗器と電圧調整器を組み合わせて調整する
試験電流の測定	電流計
試験時間の測定	サイクルカウンタ

水抵抗器

可変抵抗器・電圧調整器

電流計

サイクルカウンタ

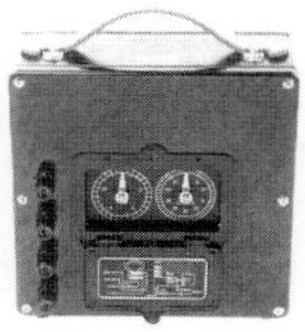

第14図

37　ハ．真空度測定

　変圧器の絶縁油の劣化診断では，真空度測定は行わない．真空度測定は，真空遮断器の真空バルブについて行うものである．

　変圧器の絶縁油の劣化診断では，一般的に行う試験は，次のとおりである．

　　・外観試験　　　　　・水分試験
　　・絶縁破壊電圧試験　・油中ガス分析
　　・全酸価試験

38　ニ．第一種電気工事士の免状を持っているので，自家用電気工作物で最大電力500 kW未満の需要設備の非常用予備発電装置工事の作業に従事した．

　電気工事士法第3条（電気工事士等）・第4条（電気工事士免状）・第4条の3（第一種電気工事士の講習）・第5条（電気工事士等の義務），施行規則第2条の2（特殊電気工事）による．

　自家用電気工作物で最大電力500 kW未満の需要設備の非常用予備発電装置に係る電気工事の作業は，特殊電気工事であり，特種電気工事資格者認定証の交付を受けている者でなければ従事することができない．

39　ニ．低圧検電器

　電気工事業法第24条（器具の備付け），施行規則第11条（器具）による．

　電気工事業者が，一般用電気工事のみの業務を行う営業所には，次の器具を備え付けなければならない．

　　・絶縁抵抗計
　　・接地抵抗計
　　・抵抗及び交流電圧を測定することができる回路計

　一般用電気工事のみの業務を行う営業所には，低圧検電器は備え付けなくてもよい．

40　イ．定格電圧100 V，定格電流60 Aの配線用遮断器

　電気用品安全法第2条（定義），施行令第1条の2（特定電気用品）による．

　定格電圧が100 V以上300 V以下のもので，定格電流100 A以下の配線用遮断器は，電気用品安全法の特定電気用品の適用を受ける．

　単相電動機は特定電気用品以外の電気用品の適用を受け，電力量計及び進相コンデンサは電気用品の適用を受けない．

〔問題2〕配線図の解答

41　イ．

　①に設置する機器は，地絡方向継電装置付き高圧交流負荷開閉器（DGR付PAS）である．

　需要家側の電気設備の地絡事故を検出して，高圧交流負荷開閉器を開放する．

42　ニ．

　②で示す部分に設置する機器は，地絡方向継電器（DGR）である．地絡方向継電器は，第15図の方向性制御装置に内蔵されている．

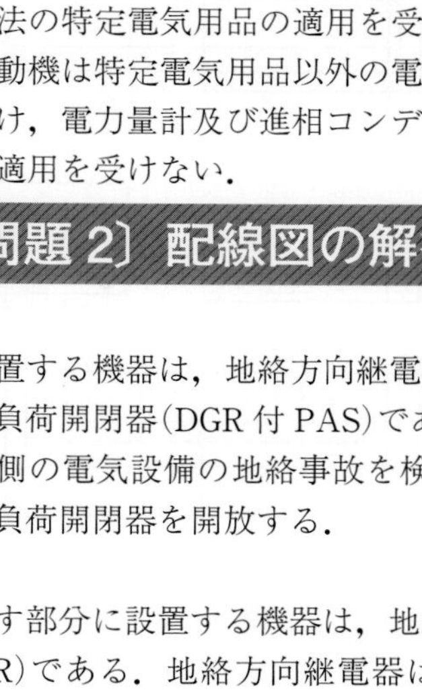

第15図　方向性制御装置

43 ハ．6又は7

電力需給用計器用変成器(VCT)と電力量計
(Wh)の結線は，第17図のようになる．

電力需給用計器用変成器　　電力量計
第16図

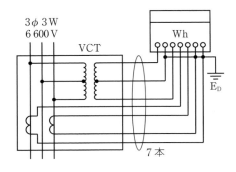

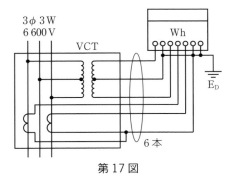

第17図

44 イ．

計器用変圧器(VT)の高圧側に施設する高圧
限流ヒューズ(PF)である．計器用変圧器1台
に2本付いており，2台をV-V結線して施設
するので4本使用する．

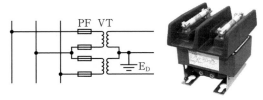

第18図　計器用変圧器とその結線

45 ハ．1個の電流計で各相の電流を測定する
ために相を切り換える．

電流計切換スイッチ(第19図)である．

第19図　電流計切換スイッチ

46 ニ．

高圧絶縁電線(KIP)は，絶縁材料にエチレン
プロピレンゴムを使用し，セパレータは必要に
応じて設けている．

47 ロ．コンデンサリアクタンスの6%

高圧受電設備規程1150-9(進相コンデンサ及
び直列リアクトル)による．

進相コンデンサには，第5高調波等に対して，
高調波障害の拡大を防止するとともに，コンデ
ンサの過負荷を生じないように，原則としてコ
ンデンサリアクタンスの6%又は13%の直列リ
アクトルを施設することが規定されている．

48 ニ．

⑧に施設する計器は変流器(第20図)である．
R相とT相に設置して，ニのように結線する．

第20図　変流器

49 ハ．

非常用予備発電装置と常用電源が電気的に接
続しないようにするには，⑨の遮断器と○Ｃ
の遮断器が同時に入らないようにインタロック
を施す．

50 ニ．電力需給用計器用変成器

高圧電路の高圧・大電流を低圧・小電流に変
圧，変流して，電力量計に接続する電力需給用
計器用変成器(VCT)である．

令和2年度の
問題と
解答・解説

令和2年度

●令和2年度問題の解答●

問題1．一 般 問 題										問題2・3．配線図	
問い	答え	問い	答え	問い	答え	問い	答え			問い	答え
1	ニ	11	ロ	21	ニ	31	ロ			41	ハ
2	ロ	12	ニ	22	イ	32	ロ			42	ニ
3	ハ	13	ロ	23	ニ	33	イ			43	イ
4	ハ	14	イ	24	ハ	34	ハ			44	ハ
5	ハ	15	ロ	25	イ	35	イ			45	ハ
6	ロ	16	ニ	26	イ	36	ハ			46	ロ
7	ロ	17	ニ	27	イ	37	ニ			47	ロ
8	イ	18	ロ	28	ニ	38	ハ			48	ニ
9	イ	19	ニ	29	ロ	39	ロ			49	イ
10	ハ	20	ハ	30	ニ	40	イ			50	ニ

問題1. 一般問題 （問題数 40，配点は 1 問当たり 2 点）

次の各問いには 4 通りの答え（**イ，ロ，ハ，ニ**）が書いてある。それぞれの問いに対して答えを 1 つ選びなさい。
なお，選択肢が数値の場合は，最も近い値を選びなさい。

問　い	答　え
1　　図のように，静電容量 6 μF のコンデンサ 3 個を接続して，直流電圧 120 V を加えたとき，図中の電圧 V_1 の値[V]は。 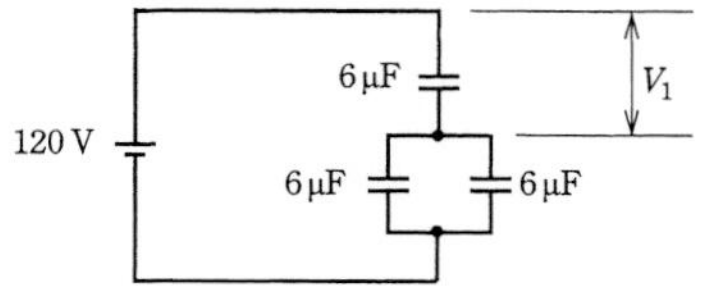 	イ．10　　　　ロ．30　　　　ハ．50　　　　ニ．80
2　　図のような直流回路において，a-b 間の電圧[V]は。 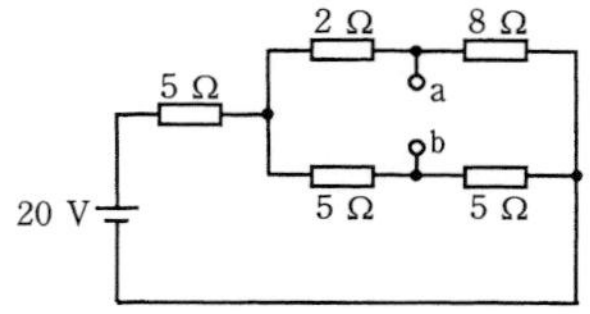 	イ．2　　　　ロ．3　　　　ハ．4　　　　ニ．5
3　　図のように，角周波数が $\omega = 500$ rad/s，電圧 100 V の交流電源に，抵抗 $R = 3\ \Omega$ とインダクタンス $L = 8$ mH が接続されている。回路に流れる電流 I の値[A]は。 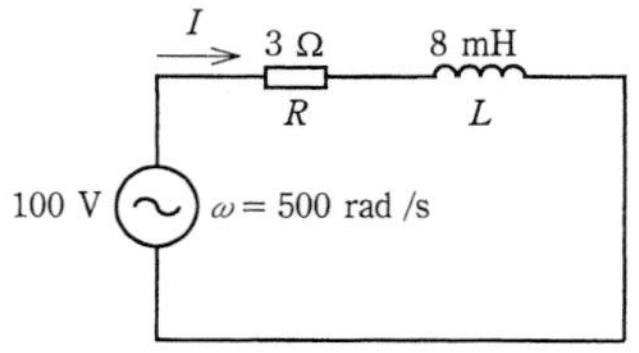 	イ．9　　　　ロ．14　　　　ハ．20　　　　ニ．33
4　　図のような交流回路において，抵抗 12 Ω，リアクタンス 16 Ω，電源電圧は 96 V である。この回路の皮相電力[V·A]は。 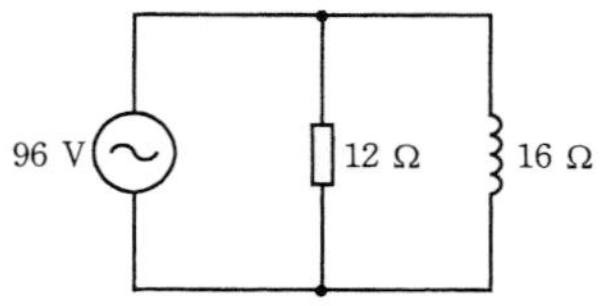 	イ．576　　　　ロ．768　　　　ハ．960　　　　ニ．1344

問　い	答　え
5　図のような三相交流回路において，電源電圧は 200 V，抵抗は 20 Ω，リアクタンスは 40 Ω である。この回路の全消費電力[kW]は。 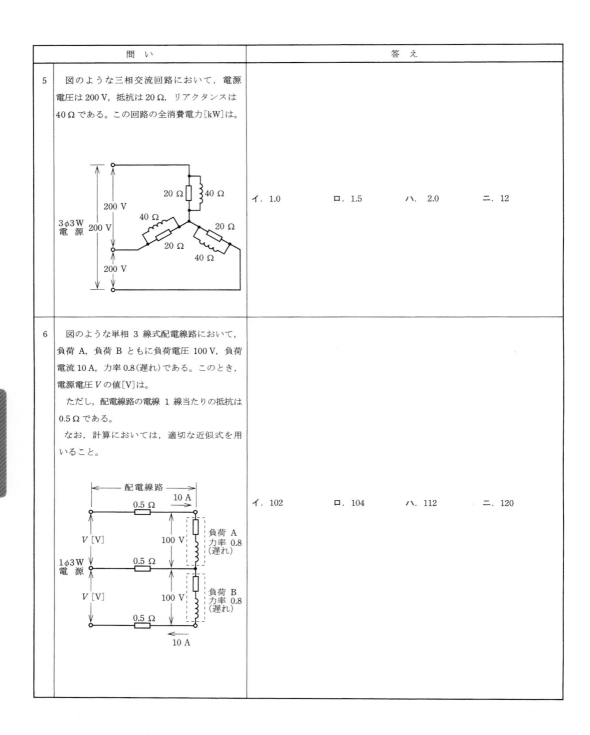	イ．1.0　　　ロ．1.5　　　ハ．2.0　　　ニ．12
6　図のような単相 3 線式配電線路において，負荷 A，負荷 B ともに負荷電圧 100 V，負荷電流 10 A，力率 0.8（遅れ）である。このとき，電源電圧 V の値[V]は。 　ただし，配電線路の電線 1 線当たりの抵抗は 0.5 Ω である。 　なお，計算においては，適切な近似式を用いること。	イ．102　　　ロ．104　　　ハ．112　　　ニ．120

問 い	答 え

7 図のように，三相 3 線式構内配電線路の末端に，力率 0.8（遅れ）の三相負荷がある。この負荷と並列に電力用コンデンサを設置して，線路の力率を 1.0 に改善した。コンデンサ設置前の線路損失が 2.5 kW であるとすれば，設置後の線路損失の値[kW]は。

ただし，三相荷の負荷電圧は一定とする。

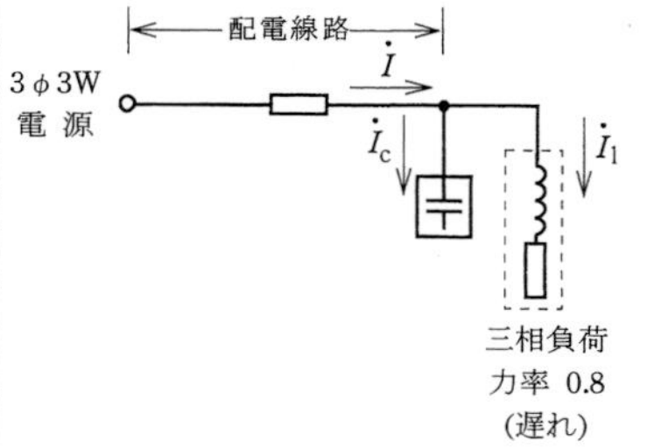

配電線路

$3\phi 3W$ 電源

三相負荷
力率 0.8
（遅れ）

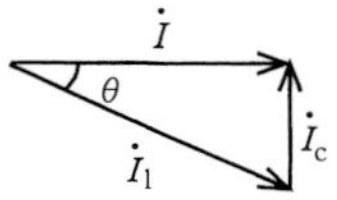

電流のベクトル図

イ. 0　　　ロ. 1.6　　　ハ. 2.4　　　ニ. 2.8

8 図のように，変圧比が 6 300 / 210 V の単相変圧器の二次側に抵抗負荷が接続され，その負荷電流は 300 A であった。このとき，変圧器の一次側に設置された変流器の二次側に流れる電流 I [A]は。

ただし変流器の変流比は 20 / 5 A とし，負荷抵抗以外のインピーダンスは無視する。

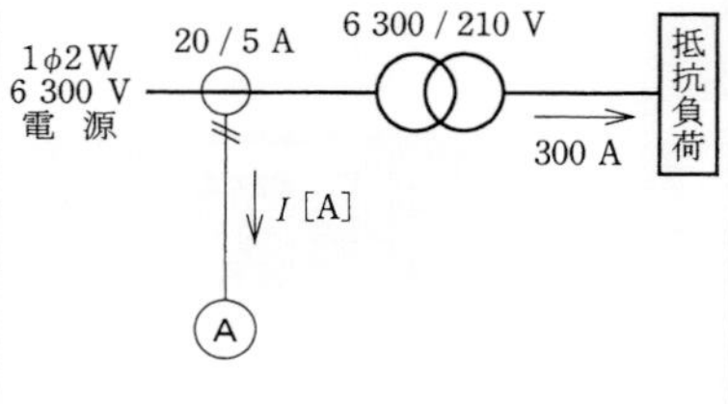

イ. 2.5　　　ロ. 2.8　　　ハ. 3.0　　　ニ. 3.2

$1\phi 2W$
6 300 V
電源

20 / 5 A　　6 300 / 210 V　　抵抗負荷

300 A

I [A]

Ⓐ

9 負荷設備の合計が 500 kW の工場がある。ある月の需要率が 40 %，負荷率が 50 %であった。この工場のその月の平均需要電力[kW]は。

イ. 100　　　ロ. 200　　　ハ. 300　　　ニ. 400

問 い	答 え
10　定格電圧 200 V，定格出力 11 kW の三相誘導電動機の全負荷時における電流[A]は。 　ただし，全負荷時における力率は80 %，効率は90 %とする。	イ．23　　　　ロ．36　　　　ハ．44　　　　ニ．81
11　「日本産業規格(JIS)」では照明設計基準の一つとして，維持照度の推奨値を示している。同規格で示す学校の教室（机上面）における維持照度の推奨値[lx]は。	イ．30　　　　ロ．300　　　　ハ．900　　　　ニ．1 300
12　変圧器の出力に対する損失の特性曲線において，a が鉄損，b が銅損を表す特性曲線として，正しいものは。	
13　インバータ（逆変換装置）の記述として，正しいものは。	イ．交流電力を直流電力に変換する装置 ロ．直流電力を交流電力に変換する装置 ハ．交流電力を異なる交流の電圧，電流に変換する装置 ニ．直流電力を異なる直流の電圧，電流に変換する装置
14　低圧電路で地絡が生じたときに，自動的に電路を遮断するものは。	

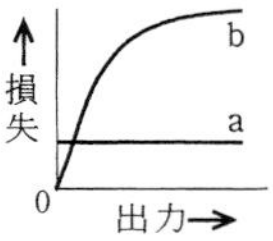

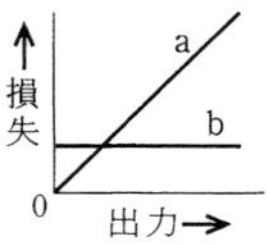

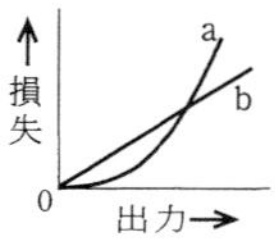

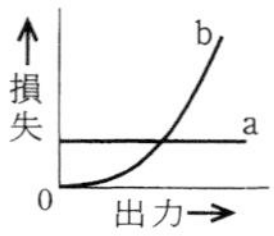

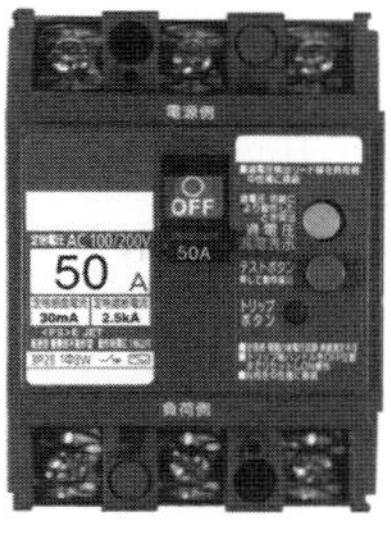

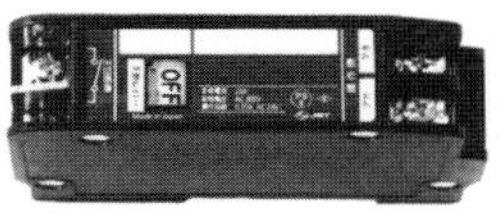

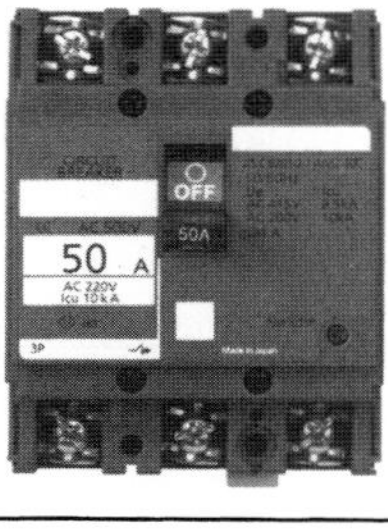

問　い	答　え
15　写真に示す自家用電気設備の説明として，**最も適当なもの**は。 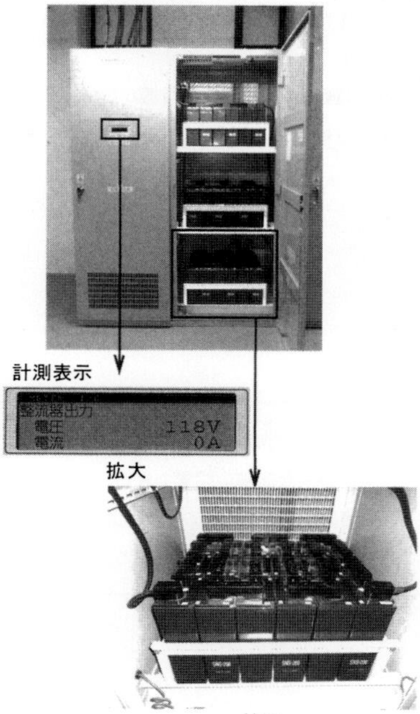 計測表示 整流器出力 電圧　118V 電流　0A 拡大 拡大	イ．低圧電動機などの運転制御，保護などを行う設備 ロ．受変電制御機器や，停電時に非常用照明器具などに電力を供給する設備 ハ．低圧の電源を分岐し，単相負荷に電力を供給する設備 ニ．一般送配電事業者から高圧電力を受電する設備
16　全揚程 200 m，揚水流量が 150 m³/s である揚水式発電所の揚水ポンプの電動機の入力 [MW]は。 　ただし，電動機の効率を 0.9，ポンプの効率を 0.85 とする。	イ．23　　　　ロ．39　　　　ハ．225　　　　ニ．384
17　タービン発電機の記述として，**誤っているもの**は。	イ．タービン発電機は，駆動力として蒸気圧などを利用している。 ロ．タービン発電機は，水車発電機に比べて回転速度が大きい。 ハ．回転子は，非突極回転界磁形(円筒回転界磁形)が用いられる。 ニ．回転子は，一般に縦軸形が採用される。
18　送電・配電及び変電設備に使用するがいしの塩害対策に関する記述として，**誤っているもの**は。	イ．沿面距離の大きいがいしを使用する。 ロ．がいしにアークホーンを取り付ける。 ハ．定期的にがいしの洗浄を行う。 ニ．シリコンコンパウンドなどのはっ水性絶縁物質をがいし表面に塗布する。

問い	答え
19　配電用変電所に関する記述として，誤っているものは。	イ．配電電圧の調整をするために，負荷時タップ切換変圧器などが設置されている。 ロ．送電線路によって送られてきた電気を降圧し，配電線路に送り出す変電所である。 ハ．配電線路の引出口に，線路保護用の遮断器と継電器が設置されている。 ニ．高圧配電線路は一般に中性点接地方式であり，変電所内で大地に直接接地されている。
20　次の機器のうち，高頻度開閉を目的に使用されるものは。	イ．高圧断路器 ロ．高圧交流負荷開閉器 ハ．高圧交流真空電磁接触器 ニ．高圧交流遮断器
21　キュービクル式高圧受電設備の特徴として，誤っているものは。	イ．接地された金属製箱内に機器一式が収容されるので，安全性が高い。 ロ．開放形受電設備に比べ，より小さな面積に設置できる。 ハ．開放形受電設備に比べ，現地工事が簡単となり工事期間も短縮できる。 ニ．屋外に設置する場合でも，雨等の吹き込みを考慮する必要がない。
22　写真に示す GR 付 PAS を設置する場合の記述として，誤っているものは。  	イ．自家用側の引込みケーブルに短絡事故が発生したとき，自動遮断する。 ロ．電気事業用の配電線への波及事故の防止に効果がある。 ハ．自家用側の高圧電路に地絡事故が発生したとき，自動遮断する。 ニ．電気事業者との保安上の責任分界点又はこれに近い箇所に設置する。
23　写真に示す機器の用途は。  	イ．零相電流を検出する。 ロ．高電圧を低電圧に変成し，計器での測定を可能にする。 ハ．進相コンデンサに接続して投入時の突入電流を抑制する。 ニ．大電流を小電流に変成し，計器での測定を可能にする。

問　い	答　え

24 低圧分岐回路の施設において，分岐回路を保護する過電流遮断器の種類，軟銅線の太さ及びコンセントの組合せで，**誤っているもの**は。

	分岐回路を保護する過電流遮断器の種類	軟銅線の太さ	コンセント
イ	定格電流 15 A	直径 1.6 mm	定格 15 A
ロ	定格電流 20 A の配線用遮断器	直径 2.0 mm	定格 15 A
ハ	定格電流 30 A	直径 2.0 mm	定格 20 A
ニ	定格電流 30 A	直径 2.6 mm	定格 20 A（定格電流が 20 A 未満の差込みプラグが接続できるものを除く。）

25 引込柱の支線工事に使用する材料の組合せとして，**正しいもの**は。

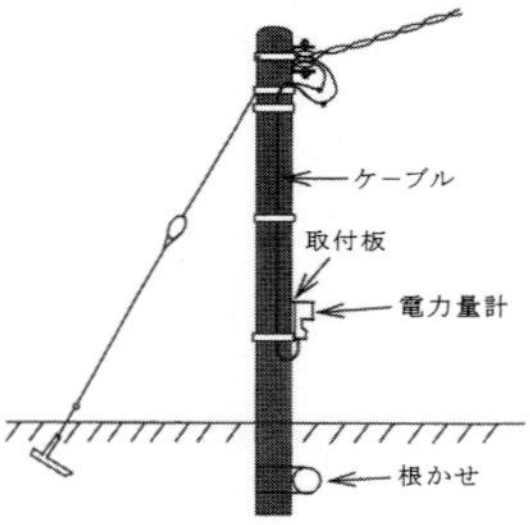

イ．亜鉛めっき鋼より線，玉がいし，アンカ
ロ．耐張クランプ，巻付グリップ，スリーブ
ハ．耐張クランプ，玉がいし，亜鉛めっき鋼より線
ニ．巻付グリップ，スリーブ，アンカ

26 写真のうち，鋼板製の分電盤や動力制御盤を，コンクリートの床や壁に設置する作業において，一般的に使用されない工具はどれか。

イ.　　　　　　　　　　ロ.

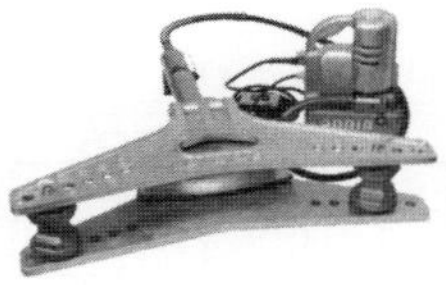

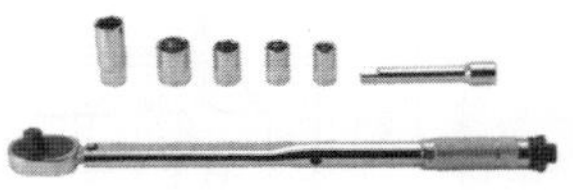

ハ. 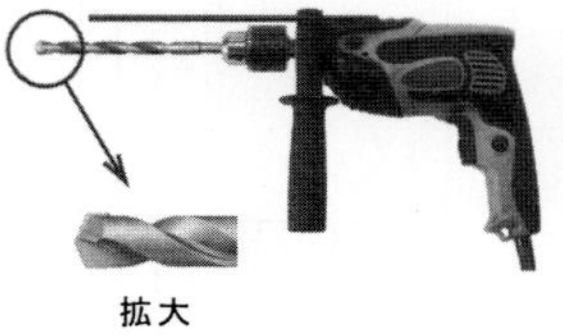　　　　　　　　　　ニ.

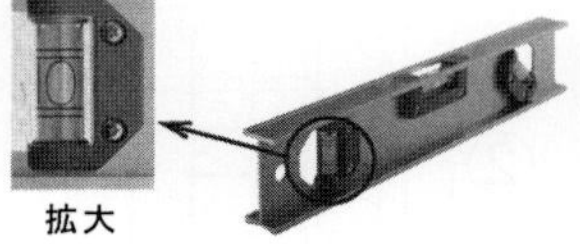

拡大　　　　　　　　　　拡大

27 乾燥した場所であって展開した場所に施設する使用電圧 100 V の金属線ぴ工事の記述として，**誤っているもの**は。

イ．電線にはケーブルを使用しなければならない。
ロ．使用するボックスは，「電気用品安全法」の適用を受けるものであること。
ハ．電線を収める線ぴの長さが 12 m の場合，D 種接地工事を施さなければならない。
ニ．線ぴ相互を接続する場合，堅ろうに，かつ，電気的に完全に接続しなければならない。

	問　い	答　え
28	高圧屋内配線を，乾燥した場所であって展開した場所に施設する場合の記述として，**不適切なものは**。	イ．高圧ケーブルを金属管に収めて施設した。 ロ．高圧ケーブルを金属ダクトに収めて施設した。 ハ．接触防護措置を施した高圧絶縁電線をがいし引き工事により施設した。 ニ．高圧絶縁電線を金属管に収めて施設した。
29	地中電線路の施設に関する記述として，**誤っているものは**。	イ．長さが 15 m を超える高圧地中電線路を管路式で施設し，物件の名称，管理者名及び電圧を表示した埋設表示シートを，管と地表面のほぼ中間に施設した。 ロ．地中電線路に絶縁電線を使用した。 ハ．地中電線に使用する金属製の電線接続箱に D 種接地工事を施した。 ニ．地中電線路を暗きょ式で施設する場合に，地中電線を不燃性又は自消性のある難燃性の管に収めて施設した。

問い30から問い34までは，下の図に関する問いである。

　図は，自家用電気工作物構内の受電設備を表した図である。この図に関する各問いには，4通りの答え（イ，ロ，ハ，ニ）が書いてある。それぞれの問いに対して，答えを1つ選びなさい。

〔注〕図において，問いに関連した部分及び直接関係のない部分等は，省略又は簡略化してある。

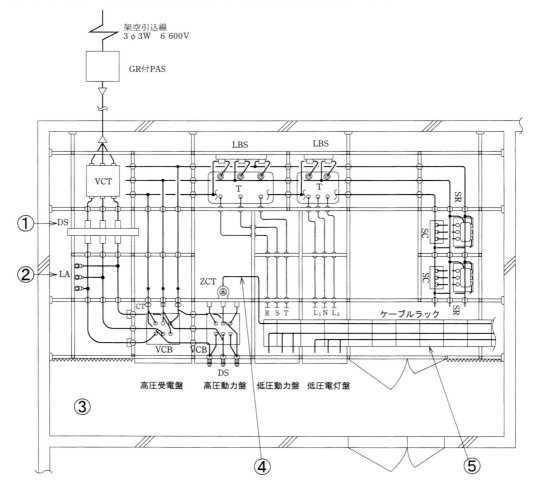

令和2年度

問 い	答 え
30　①に示す DS に関する記述として，**誤っているもの**は。	イ．DS は負荷電流が流れている時，誤って開路しないようにする。 ロ．DS の接触子（刃受）は電源側，ブレード（断路刃）は負荷側にして施設する。 ハ．DS は断路器である。 ニ．DS は区分開閉器として施設される。
31　②に示す避雷器の設置に関する記述として，**不適切なもの**は。	イ．保安上必要なため，避雷器には電路から切り離せるように断路器を施設した。 ロ．避雷器には電路を保護するため，その電源側に限流ヒューズを施設した。 ハ．避雷器の接地は A 種接地工事とし，サージインピーダンスをできるだけ低くするため，接地線を太く短くした。 ニ．受電電力が 500 kW 未満の需要場所では避雷器の設置義務はないが，雷害の多い地域であり，電路が架空電線路に接続されているので，引込口の近くに避雷器を設置した。
32　③に示す受電設備内に使用される機器類などに施す接地に関する記述で，**不適切なもの**は。	イ．高圧電路に取り付けた変流器の二次側電路の接地は，D 種接地工事である。 ロ．計器用変圧器の二次側電路の接地は，B 種接地工事である。 ハ．高圧変圧器の外箱の接地の主目的は，感電保護であり，接地抵抗値は 10 Ω 以下と定められている。 ニ．高圧電路と低圧電路を結合する変圧器の低圧側の中性点又は低圧側の 1 端子に施す接地は，混触による低圧側の対地電圧の上昇を制限するための接地であり，故障の際に流れる電流を安全に通じることができるものであること。
33　④に示す高圧ケーブル内で地絡が発生した場合，確実に地絡事故を検出できるケーブルシールドの接地方法として，**正しいもの**は。	
34　⑤に示すケーブルラックに施設した高圧ケーブル配線，低圧ケーブル配線，弱電流電線の配線がある。これらの配線が接近又は交差する場合の施工方法に関する記述で，**不適切なもの**は。	イ．高圧ケーブルと低圧ケーブルを 15 cm 離隔して施設した。 ロ．複数の高圧ケーブルを離隔せずに施設した。 ハ．高圧ケーブルと弱電流電線を 10 cm 離隔して施設した。 ニ．低圧ケーブルと弱電流電線を接触しないように施設した。

令和2年度

令和 2 年度 **207**

	問 い	答 え
35	自家用電気工作物として施設する電路又は機器について，C 種接地工事を施さなければならないものは。	イ．使用電圧 400 V の電動機の鉄台 ロ．6.6 kV/210 V の変圧器の低圧側の中性点 ハ．高圧電路に施設する避雷器 ニ．高圧計器用変成器の二次側電路
36	受電電圧 6 600 V の受電設備が完成した時の自主検査で，一般に行わないものは。	イ．高圧電路の絶縁耐力試験 ロ．高圧機器の接地抵抗測定 ハ．変圧器の温度上昇試験 ニ．地絡継電器の動作試験
37	CB 形高圧受電設備と配電用変電所の過電流継電器との保護協調がとれているものは。 　ただし，図中①の曲線は配電用変電所の過電流継電器動作特性を示し，②の曲線は高圧受電設備の過電流継電器と CB の連動遮断特性を示す。	イ．　　　　ロ．　　　　ハ．　　　　ニ． 時間↑（①②）　時間↑（①②）　時間↑（②①）　時間↑（②①） 電流→　　電流→　　電流→　　電流→
38	「電気工事士法」及び「電気用品安全法」において，**正しいもの**は。	イ．交流 50 Hz 用の定格電圧 100 V，定格消費電力 56 W の電気便座は，特定電気用品ではない。 ロ．特定電気用品には，(PS)E と表示されているものがある。 ハ．第一種電気工事士は，「電気用品安全法」に基づいた表示のある電気用品でなければ，一般用電気工作物の工事に使用してはならない。 ニ．電気用品のうち，危険及び障害の発生するおそれが少ないものは，特定電気用品である。
39	「電気工事業の業務の適正化に関する法律」において，主任電気工事士に関する記述として，**誤っているもの**は。	イ．第一種電気工事士免状の交付を受けた者は，免状交付後に実務経験が無くても主任電気工事士になれる。 ロ．第二種電気工事士は，2 年の実務経験があれば，主任電気工事士になれる。 ハ．第一種電気工事士が一般用電気工事の作業に従事する時は，主任電気工事士がその職務を行うため必要があると認めてする指示に従わなければならない。 ニ．主任電気工事士は，一般用電気工事による危険及び障害が発生しないように一般用電気工事の作業の管理の職務を誠実に行わなければならない。
40	「電気工事士法」において，第一種電気工事士免状の交付を受けている者のみが従事できる電気工事の作業は。	イ．最大電力 400 kW の需要設備の 6.6 kV 変圧器に電線を接続する作業 ロ．出力 300 kW の発電所の配電盤を造営材に取り付ける作業 ハ．最大電力 600 kW の需要設備の 6.6 kV 受電用ケーブルを電線管に収める作業 ニ．配電電圧 6.6 kV の配電用変電所内の電線相互を接続する作業

図は，三相誘導電動機を，押しボタンの操作により正逆運転させる制御回路である。この図の矢印で示す5箇所に関する各問いには，
4通りの答え（イ，ロ，ハ，ニ）が書いてある。それぞれの問いに対して，答えを1つ選びなさい。

〔注〕図において，問いに直接関係のない部分等は，省略又は簡略化してある。

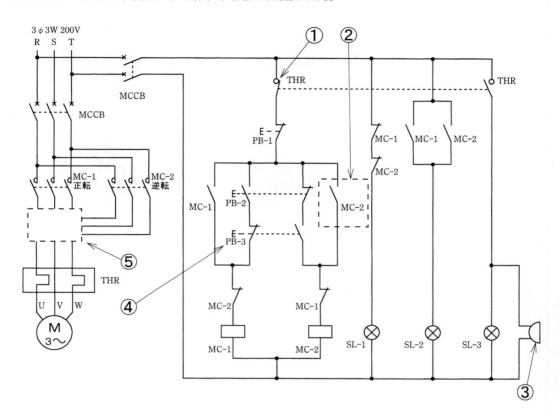

	問 い		答 え
41	①で示す接点が開路するのは。	イ．	電動機が正転運転から逆転運転に切り替わったとき
		ロ．	電動機が停止したとき
		ハ．	電動機に，設定値を超えた電流が継続して流れたとき
		ニ．	電動機が始動したとき
42	②で示す接点の役目は。	イ．	押しボタンスイッチPB-2を押したとき，回路を短絡させないためのインタロック
		ロ．	押しボタンスイッチPB-1を押した後に電動機が停止しないためのインタロック
		ハ．	押しボタンスイッチPB-2を押し，逆転運転起動後に運転を継続するための自己保持
		ニ．	押しボタンスイッチPB-3を押し，逆転運転起動後に運転を継続するための自己保持

令和2年度

問　い	答　え
43　③で示す図記号の機器は。	イ.　　　ロ.　 ハ.　　　ニ.
44　④で示す押しボタンスイッチ PB-3 を正転運転中に押したとき，電動機の動作は。	イ.　停止する。 ロ.　逆転運転に切り替わる。 ハ.　正転運転を継続する。 ニ.　熱動継電器が動作し停止する。
45　⑤で示す部分の結線図は。	イ.　　　　ロ.　　　　ハ.　　　　ニ. R S T　　R S T　　R S T　　R S T U V W　　U V W　　U V W　　U V W

令和2年度

問題3. 配線図2 （問題数5，配点は1問当たり2点）

　図は，高圧受電設備の単線結線図である。この図の矢印で示す5箇所に関する各問いには，4通りの答え（イ，ロ，ハ，ニ）が書いてある。それぞれの問いに対して，答えを1つ選びなさい。
〔注〕図において，問いに直接関係のない部分等は，省略又は簡略化してある。

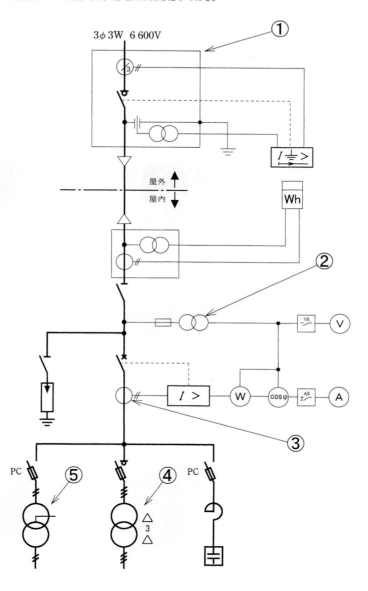

	問　い	答　え
46	①で示す機器の役割は。	イ．一般送配電事業者側の地絡事故を検出し，高圧断路器を開放する。 ロ．需要家側電気設備の地絡事故を検出し，高圧交流負荷開閉器を開放する。 ハ．一般送配電事業者側の地絡事故を検出し，高圧交流遮断器を自動遮断する。 ニ．需要家側電気設備の地絡事故を検出し，高圧断路器を開放する。
47	②で示す機器の定格一次電圧［kV］と定格二次電圧［V］は。	イ．6.6 kV 　　105 V　　　ロ．6.6 kV 　　　　　　　　　110 V　　　ハ．6.9 kV 　　　　　　　　　　　　　　105 V　　　ニ．6.9 kV 　　　　　　　　　　　　　　　　　　110 V
48	③で示す部分に設置する機器と個数は。	イ． 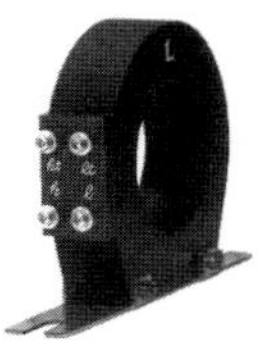 （1個）　　ロ．（2個） 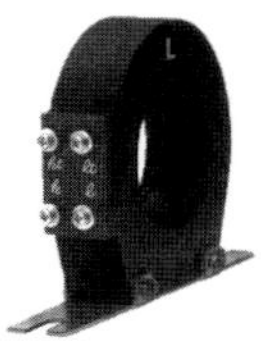 ハ．（1個）　　ニ．（2個）  
49	④に設置する機器と台数は。	イ．（3台）　　ロ．（1台）   ハ．（3台）　　ニ．（1台）  

令和2年度

問　い	答　え
50　⑤で示す部分に使用できる変圧器の最大容量[kV·A]は。	イ．50　　　　ロ．100　　　　ハ．200　　　　ニ．300

1 ニ. 80

静電容量 $6\,\mu$F のコンデンサを 2 個並列に接続したときの合成静電容量は，$6+6=12\,(\mu$F$)$ になるので，回路は第 1 図のようになる．

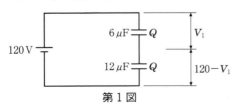

第 1 図

$6\,\mu$F と $12\,\mu$F のコンデンサに蓄えられる電荷 $Q=CV$〔C〕が等しいことから，

$$6V_1 = 12(120-V_1)\ (\mu\mathrm{C})$$
$$6V_1 = 12\times120 - 12V_1$$
$$18V_1 = 1\,440$$
$$V_1 = \frac{1\,440}{18} = 80\ (\mathrm{V})$$

2 ロ. 3

第 2 図において，回路全体の合成抵抗 R〔Ω〕は，

$$R = 5 + \frac{(2+8)\times(5+5)}{(2+8)+(5+5)}\ (\Omega)$$
$$= 5 + \frac{10\times10}{20} = 5+5 = 10\ (\Omega)$$

回路全体に流れる電流 I〔A〕は，

$$I = \frac{20}{10} = 2\ (\mathrm{A})$$

第 2 図の電圧 V〔V〕は，

$$V = 20 - 5I = 20 - 5\times2 = 10\ (\mathrm{V})$$

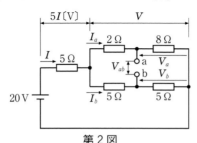

第 2 図

電流 I_a〔A〕は，

$$I_a = \frac{V}{2+8} = \frac{10}{10} = 1\ (\mathrm{A})$$

電流 I_b〔A〕は，

$$I_b = \frac{V}{5+5} = \frac{10}{10} = 1\ (\mathrm{A})$$

電圧 V_a〔V〕は，

$$V_a = I_a\times8 = 1\times8 = 8\ (\mathrm{V})$$

電圧 V_b〔V〕は，

$$V_b = I_b\times5 = 1\times5 = 5\ (\mathrm{V})$$

a-b 間の電圧 V_{ab}〔V〕は，V_a〔V〕と V_b〔V〕の差になる．

$$V_{ab} = V_a - V_b = 8-5 = 3\ (\mathrm{V})$$

3 ハ. 20

角周波数が $\omega = 500$〔rad/s〕のとき，インダクタンス $L=$〔8 mH〕のリアクタンス X_L〔Ω〕は，

$$X_L = \omega L = 500\times8\times10^{-3} = 4\ (\Omega)$$

回路のインピーダンス Z〔Ω〕は，

$$Z = \sqrt{R^2 + X_L{}^2}\ (\Omega)$$
$$= \sqrt{3^2 + 4^2} = \sqrt{9+16} = \sqrt{25} = 5\ (\Omega)$$

回路に流れる電流 I〔A〕は，

$$I = \frac{V}{Z} = \frac{100}{5} = 20\ (\mathrm{A})$$

4 ハ. 960

第 3 図において，抵抗 12 Ω に流れる電流 I_R〔A〕は，

$$I_R = \frac{96}{12} = 8\ (\mathrm{A})$$

リアクタンス 16 Ω に流れる電流 I_L〔A〕は，

$$I_L = \frac{96}{16} = 6\ (\mathrm{A})$$

回路全体に流れる電流 I〔A〕は，

$$I = \sqrt{I_R{}^2 + I_L{}^2}\ (\mathrm{A})$$
$$= \sqrt{8^2 + 6^2} = \sqrt{64+36} = \sqrt{100} = 10\ (\mathrm{A})$$

この回路の皮相電力 S〔V·A〕は，

$$S = VI = 96\times10 = 960\ (\mathrm{V\cdot A})$$

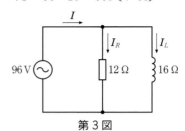

第 3 図

5 ハ. 2.0

第 4 図において，抵抗 20 Ω とリアクタンス 40 Ω が並列に接続された 1 相に加わる相電圧 V〔V〕は，

$$V = \frac{200}{\sqrt{3}} \text{ [V]}$$

抵抗 20 Ω に流れる電流 I_R [A] は，

$$I_R = \frac{V}{R} = \frac{\dfrac{200}{\sqrt{3}}}{20} = \frac{200}{20\sqrt{3}} = \frac{10}{\sqrt{3}} \text{ [A]}$$

回路の全消費電力 P [kW] は，

$$P = 3I_R^2 R = 3 \times \left(\frac{10}{\sqrt{3}}\right)^2 \times 20$$

$$= 3 \times \frac{100}{3} \times 20 = 2\,000 \text{ [W]} = 2 \text{ [kW]}$$

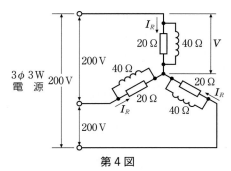

第 4 図

6 ロ．104

負荷 A と負荷 B は等しく，負荷が平衡しているので，中性線による電圧降下はない．

平衡した単相 3 線式配電線路の電圧降下 v [V] の近似式は，電線の抵抗を r [Ω]，リアクタンスを x [Ω]，負荷電流を I [A]，力率を $\cos\theta$ とすると，次のようになる．

$$v = I(r\cos\theta + x\sin\theta) \text{ [V]}$$

問題の配電線路にはリアクタンス x [Ω] が与えられていないので，電圧降下 v [V] は，

$$v = Ir\cos\theta = 10 \times 0.5 \times 0.8 = 4 \text{ [V]}$$

電源電圧 V [V] は，

$$V = 100 + v = 100 + 4 = 104 \text{ [V]}$$

7 ロ．1.6

コンデンサ設置前と設置後の消費電力は同じである．コンデンサ設置前に配電線路に流れる電流を I_1 [A]，コンデンサ設置後に配電線路に流れる電流を I [A]，負荷電圧を V [V] とすると，消費電力は次式のようになる．

$$\sqrt{3}\,VI_1 \times 0.8 = \sqrt{3}\,VI \times 1.0$$

コンデンサ設置後に流れる電流 I [A] は，

$$I = 0.8I_1 \text{ [A]}$$

配電線路の電線 1 本当たりの抵抗を r [Ω]

とすると，コンデンサ設置前の線路損失は，次式で表すことができる．

$$3I_1^2 r = 2\,500 \text{ [W]}$$

コンデンサ設置後の線路損失は，

$$3I^2 r = 3(0.8I_1)^2 r = 3 \times 0.64I_1^2 r$$

$$= 3I_1^2 r \times 0.64 = 2\,500 \times 0.64 = 1\,600 \text{ [W]}$$

$$= 1.6 \text{ [kW]}$$

8 イ．2.5

第 5 図において，変圧器の一次側に流れる電流 I_1 [A] は，

$$6\,300 \times I_1 = 210 \times 300$$

$$I_1 = \frac{210}{6\,300} \times 300 = 10 \text{ [A]}$$

変流器の二次側に流れる電流 I [A] は，変流比が 20/5 A であることから，

$$\frac{I_1}{I} = \frac{20}{5} = 4$$

$$I = \frac{I_1}{4} = \frac{10}{4} = 2.5 \text{ [A]}$$

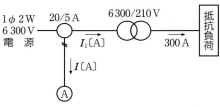

第 5 図

9 イ．100

需要率は，次式で表される．

$$\text{需要率} = \frac{\text{最大需要電力 [kW]}}{\text{設備容量 [kW]}} \times 100 \text{ [%]}$$

最大需要電力 [kW] は，

$$\text{最大需要電力} = \text{設備容量} \times \frac{\text{需要率}}{100}$$

$$= 500 \times \frac{40}{100} = 200 \text{ [kW]}$$

負荷率は，次式で表される．

$$\text{負荷率} = \frac{\text{平均需要電力 [kW]}}{\text{最大需要電力 [kW]}} \times 100 \text{ [%]}$$

平均需要電力 [kW] は，

$$\text{平均需要電力} = \text{最大需要電力} \times \frac{\text{負荷率}}{100}$$

$$= 200 \times \frac{50}{100} = 100 \text{ [kW]}$$

10 ハ．44

三相誘導電動機の出力 P_o〔W〕，入力 P_i〔W〕，効率 η には，次の関係がある．

$$P_i = \frac{P_o}{\eta}\text{〔W〕}$$

電源電圧を V〔V〕，負荷電流を I〔A〕，力率を $\cos\theta$ とすると，入力 P_i〔W〕は，

$$P_i = \sqrt{3}\,VI\cos\theta = \frac{P_o}{\eta}\text{〔W〕}$$

したがって，全負荷時における電流 I〔A〕は，

$$I = \frac{P_o}{\sqrt{3}\,V\cos\theta\,\eta}\text{〔A〕}$$

$$= \frac{11\,000}{\sqrt{3}\times 200 \times 0.8 \times 0.9} \fallingdotseq 44\text{〔A〕}$$

11 ロ．300

JIS Z9110（照明基準総則）による．

学校の教室（机上面）における維持照度の推奨値は，300 lx である．

学校における「学習空間」での維持照度の推奨値は，第1表のようになっている．

第1表　学校の維持照度

製図室	750 lx	図書閲覧室	500 lx
被服教室	500 lx	教室	300 lx
電子計算機室	500 lx	体育館	300 lx
実験実習室	500 lx	講堂	200 lx

12 ニ．

鉄損は，負荷電流（出力）に関係なく一定である．銅損は，負荷電流（出力）の2乗に比例して大きくなる．

13 ロ．直流電力を交流電力に変換する装置

インバータ（inverter）とは，直流電力を交流電力に変換する電力変換装置のことで，逆変換装置などとも呼ばれる．インバータと逆の機能を持つ装置は，コンバータ（converter）である．

14 イ．

低圧電路で地絡を生じたときに，自動的に電路を遮断するものは漏電遮断器である．漏電遮断器には，地絡電流が流れたときに正常に動作することを確認するテストボタンがある．

ロはリモコンリレー，ハは配線用遮断器，ニは電磁開閉器である．

15 ロ．受変電制御機器や，停電時に非常用照明器具などに電力を供給する設備

写真に示すものは，蓄電池設備である．

16 ニ．384

揚水ポンプの電動機の出力 P_o〔kW〕は，全揚程を H〔m〕，揚水流量を Q〔m³/s〕，ポンプの効率を η_p とすると，次式で表される．

$$P_o = \frac{9.8QH}{\eta_p}\text{〔kW〕}$$

電動機の入力 P_i〔kW〕は，電動機の効率を η_m とすると，次のように表される．

$$P_i = \frac{P_o}{\eta_m} = \frac{9.8QH}{\eta_p\,\eta_m}\text{〔kW〕}$$

したがって，揚水ポンプの電動機の入力 P_i〔MW〕は，

$$P_i = \frac{9.8QH}{\eta_p\,\eta_m}\times 10^{-3}\text{〔MW〕}$$

$$= \frac{9.8\times 150 \times 200}{0.85 \times 0.9}\times 10^{-3} \fallingdotseq 384\text{〔MW〕}$$

17 ニ．回転子は，一般に縦軸形が採用される．

タービン発電機は，蒸気タービンやガスタービンによって駆動される発電機をいう．タービンは高速回転のため，直結される発電機は直径が小さく，軸方向に長い構造になっている．タービン発電機は軸が長いため，回転子は一般に水平軸形が採用されている．

18 ロ．がいしにアークホーンを取り付ける．

がいしにアークホーンを取り付けるのは，雷害対策である．

がいしの塩害対策には，次の方法がある．

・がいし数を直列に増加する．
・沿面距離の大きいがいしを使用する．
・シリコンコンパウンドなどのはっ水性絶縁物質をがいし表面に塗布する．
・定期的にがいしの洗浄を行う．

19 ニ．高圧配電線路は一般に中性点接地方式であり，変電所内で大地に直接接地されている．

高圧配電線路は，一般的に中性点非接地方式である．それは，1線地絡電流を小さくして，変圧器の混触時に低圧電路の電位上昇を抑制したり，通信線への電磁誘導障害を小さくするた

めである．

⓴　ハ．高圧交流真空電磁接触器

高圧交流真空電磁接触器は，高圧動力制御盤や自動力率改善調整装置など，頻繁に開閉を行う開閉器として使用される．

㉑　ニ．屋外に設置する場合でも，雨等の吹き込みを考慮する必要がない．

高圧受電設備規程 1130-4（屋外に設置するキュービクルの施設）による．

キュービクル式高圧受電設備を屋外に施設する場合は，風雨・氷雪による被害を受けるおそれがないように十分注意しなければならない．

㉒　イ．自家用側の引込みケーブルに短絡事故が発生したとき，自動遮断する．

GR 付 PAS は，地絡事故時に自動遮断する．短絡電流を遮断する能力がないので，短絡事故が発生したときは過電流ロック機能が働いて，自動遮断しないようになっている．

㉓　ニ．大電流を小電流に変成し，計器での測定を可能にする．

写真の機器は変流器で，高圧の大きな電流を小さな電流に変成する機器である．

㉔　ハ．

電技解釈第 149 条（低圧分岐回路等の施設）による．

低圧分岐回路を施設する場合は，分岐回路を保護する過電流遮断器，軟銅線の太さ，コンセントの定格電流の組合せは，第 2 表のようにしなければならない．

第 2 表　分岐回路の施設

過電流遮断器	軟銅線の太さ	コンセント
15 A 以下	1.6 mm 以上	15 A 以下
20 A 配線用遮断器	1.6 mm 以上	20 A 以下
20 A ヒューズ	2.0 mm 以上	20 A
30 A	2.6 mm (5.5 mm^2) 以上	20 A 以上 30 A 以下
40 A	8 mm^2 以上	30 A 以上 40 A 以下
50 A	14 mm^2 以上	40 A 以上 50 A 以下

（注）20 A ヒューズ，30 A 過電流遮断器では，定格電流が 20 A 未満の差込みプラグが接続できるコンセントを除く．

分岐回路を保護する過電流遮断器が定格電流 30 A の場合は，接続できる電線の太さは直径 2.6 mm（断面積 5.5 mm^2）以上のものでなければならない．

㉕　イ．亜鉛めっき鋼より線，玉がいし，アンカ

支線工事に使用する材料は，第 6 図のとおりである．巻付グリップは，支線と玉がいし，支線とアンカの取り付けに使用する．

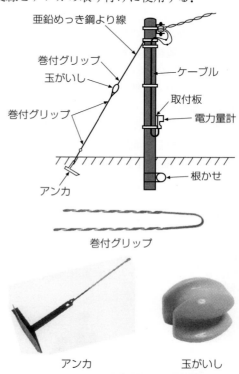

第 6 図　支線工事に使用する材料

㉖　イ．

イは油圧式パイプベンダで，太い金属管を曲げる工具である．分電盤等を，コンクリートの床や壁に設置する作業には使用されない．

ロはレンチで，ボルトやナットを締め付けるのに使用する．ハは振動ドリルで，コンクリートの床や壁に穴をあけるのに使用する．ニは水準器で，水平・垂直を調整するのに使用する．

㉗　イ．電線にはケーブルを使用しなければならない．

電技解釈第 161 条（金属線ぴ工事）による．

金属線ぴ工事に使用する電線は，絶縁電線（屋外用ビニル絶縁電線を除く）であることが定

められている.

28　ニ. 高圧絶縁電線を金属管に収めて施設した.

電技解釈第168条(高圧配線の施設)による.

高圧屋内配線は, がいし引き工事(乾燥した場所であって展開した場所に限る)かケーブル工事によらなければならない.

高圧絶縁電線を金属管に収めて施設することはできないので, ニは誤りである.

ケーブルを金属管や金属ダクトに収めてもケーブル工事になるので, イとロは正しい.

29　ロ. 地中電線路に絶縁電線を使用した.

電技解釈第120条(地中電線路の施設)・第123条(地中電線の被覆金属体等の接地)による.

地中電線路には, ケーブルを使用しなければならないので, ロは誤りである.

30　ニ. DS は区分開閉器として施設される.

高圧受電設備規程1110-2(区分開閉器の施設)による.

GR付PAS(地絡継電装置付き高圧交流負荷開閉器)が施設してあるので, それを区分開閉器にする.

DS は断路器(第7図)で, 電路や機器などの点検, 修理などを行うときに高圧電路の開閉を行う.

第7図　断路器

区分開閉器の施設については, 次のように定められている.

①保安上の責任分界点には, 区分開閉器を施設すること. ただし, 電気事業者が自家用引込線専用の分岐開閉器を施設する場合は, 保安上の責任分界点に近接する箇所に区分開閉器を施設することができる.

②区分開閉器には, 高圧交流負荷開閉器を使用すること. ただし, 電気事業者が自家用引込線専用の分岐開閉器を施設する場合において, 断路器を屋内, 又は金属製の箱に収めて屋外に施設し, かつ, これを操作するとき負荷電流の有無が容易に確認できるように施設する場合は, 区分開閉器として断路器を使用することができる.

31　ロ. 避雷器には電路を保護するため, その電源側に限流ヒューズを施設した.

電技解釈第37条(避雷器等の施設), 高圧受電設備規程1150-10(避雷器)による.

避雷器(第8図)の電源側に, 限流ヒューズを施設してはならない. 限流ヒューズが溶断すると, 避雷器がその機能を果たせなくなる.

第8図　避雷器

32　ロ. 計器用変圧器の二次側電路の接地は, B種接地工事である.

電技解釈第17条(接地工事の種類及び施設方法)・第24条(高圧又は特別高圧と低圧との混触による危険防止施設)・第28条(計器用変成器の2次側電路の接地)・第29条(機械器具の金属製外箱等の接地)による.

高圧計器用変圧器の二次側電路の接地は, D種接地工事である.

33　イ.

零相変流器(第9図)が地絡電流を検出できるようにするには, ケーブルシールド(遮へい

第9図　零相変流器

銅テープ）の接地線を適切に処理しなければならない．

イの場合（第10図）は，ZCTを通る地絡電流が $I_g - I_g + I_g = I_g$ で，地絡事故を検出できる．

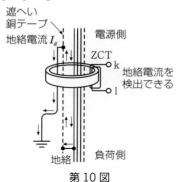

第10図

ロの場合〔第11図〕は，ZCTを通る地絡電流が $I_g - I_g = 0$ で，地絡事故を検出できない．

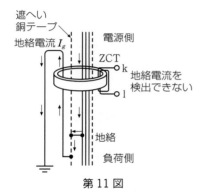

第11図

ハの場合〔第12図〕は，ZCTを通る地絡電流が $I_g - I_g = 0$ で，地絡事故を検出できない．

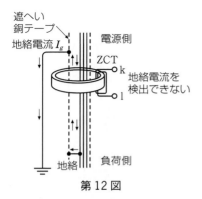

第12図

ニの場合は，ケーブルヘッドの両端を接地し，両接地線に流れる地絡電流をZCTで検出できない配線のため，地絡事故を検出できない．

34 ハ．高圧ケーブルと弱電流電線を10cm離隔して施設した．

電技解釈第167条（低圧配線と弱電流電線等又は管との接近又は交差）・第168条（高圧配線の施設）による．

高圧ケーブルと低圧ケーブル・弱電流電線とは，15cm以上離隔しなければならない．

高圧ケーブル相互は，離隔しなくてもよい．低圧ケーブルと弱電流電線とは，接触しないように施設しなければならない．

35 イ．使用電圧400Vの電動機の鉄台

電技解釈第24条（高圧又は特別高圧と低圧との混触による危険防止施設）・第28条（計器用変成器の2次側電路の接地）・第29条（機械器具の金属製外箱等の接地）・第37条（避雷器等の施設）による．

使用電圧が300Vを超える電動機の鉄台には，C種接地工事を施さなければならない．

ロの6.6kV/210Vの変圧器の低圧側の中性点にはB種接地工事，ハの高圧電路に施設する避雷器にはA種接地工事，ニの高圧計器用変成器の二次側電路にはD種接地工事を施さなければならない．

36 ハ．変圧器の温度上昇試験

受電設備が完成したときの自主検査では，変圧器の温度上昇試験は行わない．

37 ニ．

CB形高圧受電設備と配電用変電所の過電流継電器の保護協調をとるには，過電流が流れた場合に高圧受電設備のCB（遮断器）の遮断する時間が，常に配電用変電所の過電流継電器が動作する時間より速くなければならない．

38 ハ．第一種電気工事士は，「電気用品安全法」に基づいた表示のある電気用品でなければ，一般用電気工作物の工事に使用してはならない．

電気用品安全法第2条（定義）・第10条（表示）・第28条（使用の制限），施行令第1条の2（特定電気用品），施行規則第17条（表示の方式）による．

電気工事士等は，「電気用品安全法」に基づいた表示が付されているものでなければ，電気用品を電気工作物の設置又は変更の工事に使用してはならない．

イの電気便座は，特定電気用品である．ロの特定電気用品には，⬦⃝ 又は＜ PS ＞ E の表示がされる．㉅ 又は(PS) E は，特定電気用品以外の電気用品に表示される．ニの特定電気用品は，危険及び障害の発生するおそれが多いものである．

㊳　ロ．第二種電気工事士は，２年の実務経験があれば，主任電気工事士になれる．

電気工事業法第 19 条（主任電気工事士の設置)・第 20 条（主任電気工事士の職務等）による．

主任電気工事士になれる者は，次のとおりである．

①第一種電気工事士
②第二種電気工事士で３年以上の実務経験を有する者

㊵　イ．最大電力 400 kW の需要設備の 6.6 kV 変圧器に電線を接続する作業

電気工事士法第２条（用語の定義)・第３条（電気工事士等)，施行規則第２条（軽微な作業）による．

電気工事士法が適用される電気工作物は，一般用電気工作物等と最大電力 500 kW 未満の需要設備である．

ロの発電所，ハの最大電力 600 kW の需要設備，ニの配電用変電所は，電気工事士法が適用されないので，第一種電気工事士の免状の交付を受けていなくても作業ができる（第 13 図)．

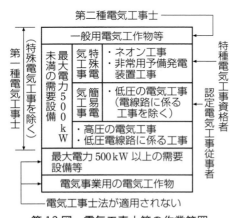

第 13 図　電気工事士等の作業範囲

〔問題 2・3〕 配線図の解答

㊶　ハ．電動機に，設定値を超えた電流が継続

して流れたとき

THR (thermal relay）は熱動継電器（第 14 図）で，電動機に設定値を超えた電流が継続して流れたとき，ブレーク接点が開いて電動機を停止させる．

第 14 図　熱動継電器

㊷　ニ．押しボタンスイッチ PB-3 を押し，逆転運転起動後に運転を継続するための自己保持

PB-3 を押すと MC-2 のコイルに電圧が加わって，②で示したメーク接点 MC-2 が閉じる．PB-3 を離しても，そのメーク接点 MC-2 を通じて MC-2 のコイルに電圧が加わり，運転を継続する．

㊸　イ．

③で示す図記号 ⊐⟨ の機器は，ブザーである．

㊹　ハ．正転運転を継続する．

正転運転をしているときには，インタロック回路によって，MC-2 のコイルの上にあるブレーク接点 MC-1 が開いている（第 15 図)．押しボタンスイッチ PB-3 を押しても MC-2 のコイルには電圧が加わらないので，正転運転を継続する．

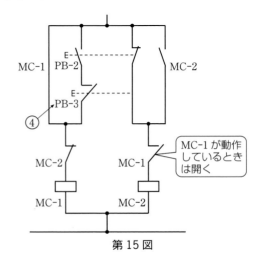

第 15 図

45 ハ.

MC-2 逆転が動作したときに，第16図のようにU相とW相の2線が入れ換わるようにする.

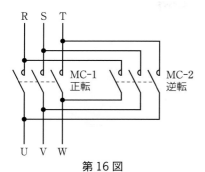

第16図

46 ロ. 需要家側電気設備の地絡事故を検出し，高圧交流負荷開閉器を開放する.

①で示す機器は，地絡方向継電装置付き高圧交流負荷開閉器（第17図）である.

地絡方向継電装置付き高圧交流負荷開閉器（DGR付PAS）は，需要家側電気設備の地絡事故を検出し，高圧交流負荷開閉器を開放して，電気事業者への波及事故を防止する.

第17図　地絡方向継電装置付き高圧交流負荷開閉器

47 ロ. 6.6 kV　110 V

②で示す機器は計器用変圧器（第18図）で，定格一次電圧は 6.6 kV，定格二次電圧は 110 V である.

第18図　計器用変圧器

48 ニ.

③の部分に設置する機器は変流器で，大電流を小電流に変成して，電流計などの計器や保護継電器を動作させる. 変流器は，R相とT相（第19図）に設置するので2個使用する.

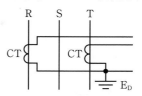

第19図　変流器の設置

49 イ.

④に設置する機器は単相変圧器で，3台使用して第20図のように△-△結線する.

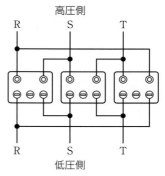

第20図　△-△結線

50 ニ. 300

高圧受電設備規程 1150-8（変圧器）による.

⑤で示す変圧器の一次側に施設してある開閉装置は，高圧カットアウト PC（第21図）である. 高圧カットアウトに接続できる変圧器の容量は，300 kV·A 以下である.

第21図　高圧カットアウト

計算の基礎

■分　数

$$\frac{1}{a} + \frac{1}{b} = \frac{b}{ab} + \frac{a}{ab} = \frac{a+b}{ab}$$

$$\frac{a}{b} + \frac{c}{d} = \frac{ad+bc}{bd} \qquad \frac{a}{b} \times \frac{c}{d} = \frac{ac}{bd}$$

$$\frac{\dfrac{a}{b}}{\dfrac{c}{d}} = \frac{a}{b} \times \frac{d}{c} = \frac{ad}{bc}$$

$$\frac{a}{b} = \frac{c}{d} \text{ のとき} \quad ad = bc$$

■平方根

$$\sqrt{2} \fallingdotseq 1.41 \qquad \sqrt{3} \fallingdotseq 1.73$$

$$\sqrt{a} \times \sqrt{a} = \sqrt{a \times a} = a$$

$$\frac{1}{\sqrt{a}} = \frac{\sqrt{a}}{\sqrt{a} \times \sqrt{a}} = \frac{\sqrt{a}}{a}$$

$$\sqrt{a} \times \sqrt{b} = \sqrt{ab}$$

$$\frac{\sqrt{a}}{\sqrt{b}} = \sqrt{\frac{a}{b}}$$

（計算例）

$$\sqrt{0.64} = \sqrt{0.8 \times 0.8} = 0.8$$

$$\frac{30}{\sqrt{3}} = \frac{30 \times \sqrt{3}}{\sqrt{3} \times \sqrt{3}} = \frac{30\sqrt{3}}{3}$$

$$= 10\sqrt{3} \fallingdotseq 10 \times 1.73 = 17.3$$

$$\frac{2}{\sqrt{3}} = \frac{2\sqrt{3}}{3} \fallingdotseq \frac{2 \times 1.73}{3} \fallingdotseq 1.15$$

■指　数

$$a^0 = 1 \qquad a^1 = a \qquad a^2 = a \times a$$

$$a^{-n} = \frac{1}{a^n} \qquad a^m \times a^n = a^{m+n}$$

$$\frac{a^m}{a^n} = a^{m-n} \qquad \frac{a^n}{b^n} = \left(\frac{a}{b}\right)^n$$

（計算例）

$$10^3 = 10 \times 10 \times 10 = 1\,000$$

$$10^{-3} = \frac{1}{10^3} = \frac{1}{10 \times 10 \times 10} = \frac{1}{1\,000} = 0.001$$

$$10^2 \times 10^3 = 10^{2+3} = 10^5$$

$$\frac{10^2}{10^5} = 10^{2-5} = 10^{-3}$$

■直角三角形の性質

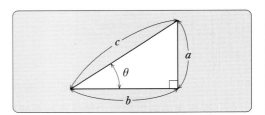

$$a^2 + b^2 = c^2 \;\rightarrow\; c = \sqrt{a^2 + b^2}$$

$$\sin\theta = \frac{a}{c} \;\rightarrow\; a = c\sin\theta$$

$$\cos\theta = \frac{b}{c} \;\rightarrow\; b = c\cos\theta$$

$$\tan\theta = \frac{a}{b} \;\rightarrow\; a = b\tan\theta$$

$$\sin^2\theta + \cos^2\theta = 1 \;\rightarrow\; \sin\theta = \sqrt{1 - \cos^2\theta}$$

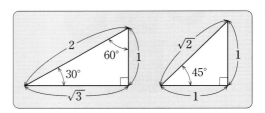

$$\sin 30° = \frac{1}{2} \qquad \sin 60° = \frac{\sqrt{3}}{2}$$

$$\cos 30° = \frac{\sqrt{3}}{2} \qquad \cos 60° = \frac{1}{2}$$

■角度の表し方

　角度を表す単位には，〔°〕（度）の他に弧度法の〔rad〕（ラジアン）がある．

　180〔°〕が，π〔rad〕に相当する．

°	30	45	60	90	180	360
rad	π/6	π/4	π/3	π/2	π	2π

令和元年度の
問題と
解答・解説

●令和元年度問題の解答●

問題1．一般問題							
問い	答え	問い	答え	問い	答え	問い	答え
1	ハ	11	ハ	21	ハ	31	ニ
2	ハ	12	イ	22	ロ	32	ハ
3	イ	13	ニ	23	イ	33	イ
4	ロ	14	ロ	24	イ	34	ロ
5	ロ	15	ロ	25	ニ	35	ニ
6	ロ	16	ハ	26	ロ	36	ニ
7	ハ	17	ロ	27	イ	37	イ
8	イ	18	ニ	28	ロ	38	ロ
9	ニ	19	ハ	29	ニ	39	ニ
10	ロ	20	イ	30	ハ	40	イ

問題2・3．配線図	
問い	答え
41	イ
42	ニ
43	ロ
44	ハ
45	ハ
46	ニ
47	イ
48	イ
49	ハ
50	ハ

問題1．一般問題（問題数40，配点は1問当たり2点）

次の各問いには4通りの答え（イ，ロ，ハ，ニ）が書いてある。それぞれの問いに対して答えを1つ選びなさい。
なお，選択肢が数値の場合は，最も近い値を選びなさい。

	問い	答え
1	図のように，2本の長い電線が，電線間の距離 d［m］で平行に置かれている。両電線に直流電流 I［A］が互いに逆方向に流れている場合，これらの電線間に働く電磁力は。 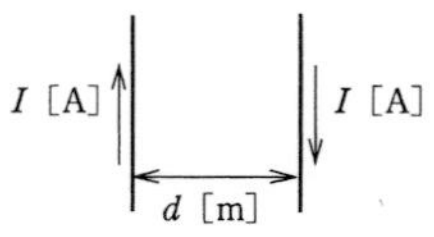 I［A］ I［A］ d［m］	イ．$\frac{I}{d}$ に比例する吸引力 ロ．$\frac{I}{d^2}$ に比例する反発力 ハ．$\frac{I^2}{d}$ に比例する反発力 ニ．$\frac{I^3}{d^2}$ に比例する吸引力
2	図の直流回路において，抵抗 3 Ω に流れる電流 I_3 の値［A］は。 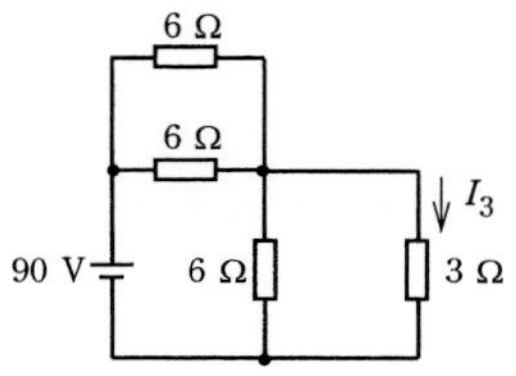 6 Ω 6 Ω I3 90 V 6 Ω 3 Ω	イ．3　ロ．9　ハ．12　ニ．18
3	図のような交流回路において，電源が電圧 100 V，周波数が 50 Hz のとき，誘導性リアクタンス X_L= 0.6 Ω，容量性リアクタンス X_C= 12 Ω である。この回路の電源を電圧 100 V，周波数 60 Hz に変更した場合，回路のインピーダンス［Ω］の値は。 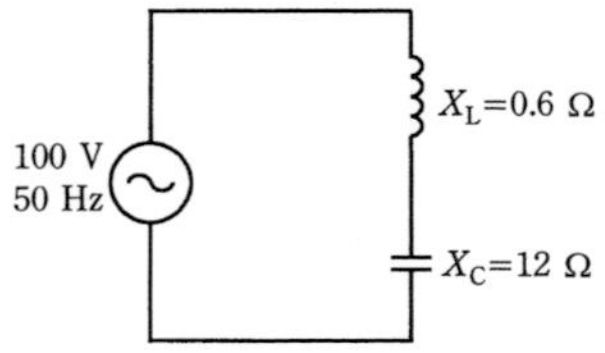 XL=0.6 Ω 100 V 50 Hz XC=12 Ω	イ．9.28　ロ．11.7　ハ．16.9　ニ．19.9

令和元年度

問　い	答　え

4　図のような回路において，直流電圧 80 V を加えたとき，20 A の電流が流れた。次に正弦波交流電圧 100 V を加えても，20 A の電流が流れた。リアクタンス X [Ω] の値は。

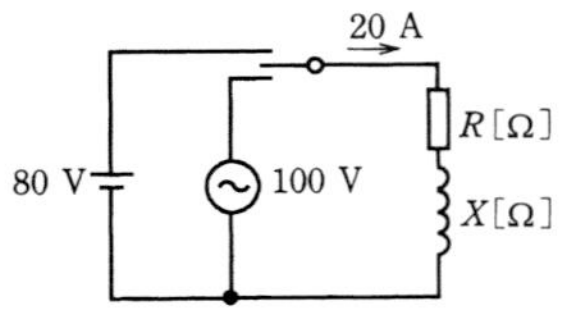

イ. 2　　　　　ロ. 3　　　　　ハ. 4　　　　　ニ. 5

5　図のような三相交流回路において，電源電圧は 200 V，抵抗は 8 Ω，リアクタンスは 6 Ω である。この回路に関して誤っているものは。

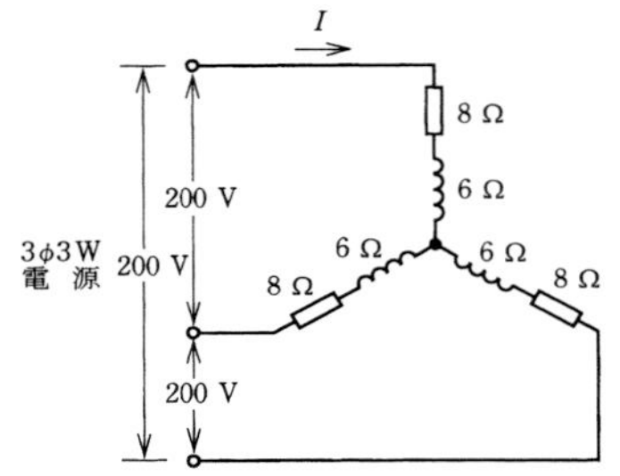

イ. 1 相当たりのインピーダンスは，10 Ω である。

ロ. 線電流 I は，10 A である。

ハ. 回路の消費電力は，3 200 W である。

ニ. 回路の無効電力は，2 400 var である。

6　図のように，単相 2 線式配電線路で，抵抗負荷 A（負荷電流 20 A）と抵抗負荷 B（負荷電流 10 A）に電気を供給している。電源電圧が 210 V であるとき，負荷 B の両端の電圧 V_B と，この配電線路の全電力損失 P_L の組合せとして，**正しいものは。**

ただし，1 線当たりの電線の抵抗値は，図に示すようにそれぞれ 0.1 Ω とし，線路リアクタンスは無視する。

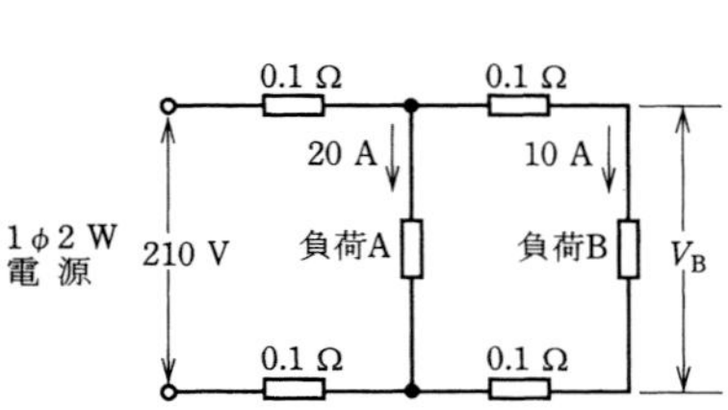

イ. $V_B = 202$ V　　ロ. $V_B = 202$ V　　ハ. $V_B = 206$ V　　ニ. $V_B = 206$ V

$P_L = 100$ W　　　$P_L = 200$ W　　　$P_L = 100$ W　　　$P_L = 200$ W

問　い	答　え
7　ある変圧器の負荷は，有効電力 90 kW，無効電力 120 kvar，力率は 60 %（遅れ）である。いま，ここに有効電力 70 kW，力率 100 % の負荷を増設した場合，この変圧器にかかる負荷の容量 [kV·A] は。 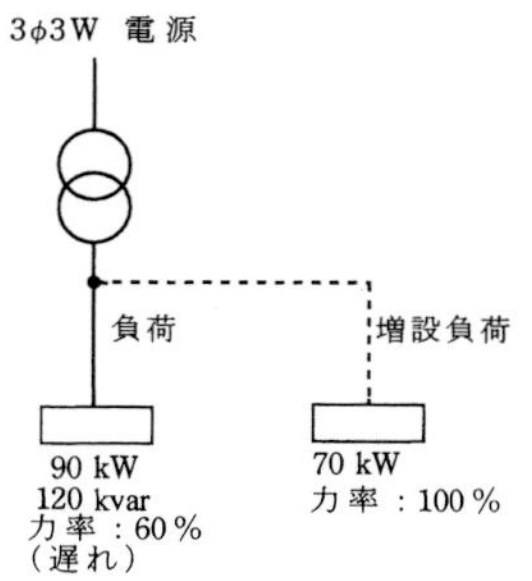 3φ3W　電源 負荷　　　増設負荷 90 kW　　70 kW 120 kvar　力率：100 % 力率：60 % （遅れ）	イ．100　　　ロ．150　　　ハ．200　　　ニ．280
8　定格二次電圧が 210 V の配電用変圧器がある。変圧器の一次タップ電圧が 6 600 V のとき，二次電圧は 200 V であった。一次タップ電圧を 6 300 V に変更すると，**二次電圧の変化**は。 　ただし，一次側の供給電圧は変わらないものとする。	イ．約 10 V 上昇する。 ロ．約 10 V 降下する。 ハ．約 20 V 上昇する。 ニ．約 20 V 降下する。
9　図のような直列リアクトルを設けた高圧進相コンデンサがある。**電源電圧が** V [V]，誘導性リアクタンスが 9 Ω，容量性リアクタンスが 150 Ω であるとき，この回路の**無効電力（設備容量）[var] を示す式**は。 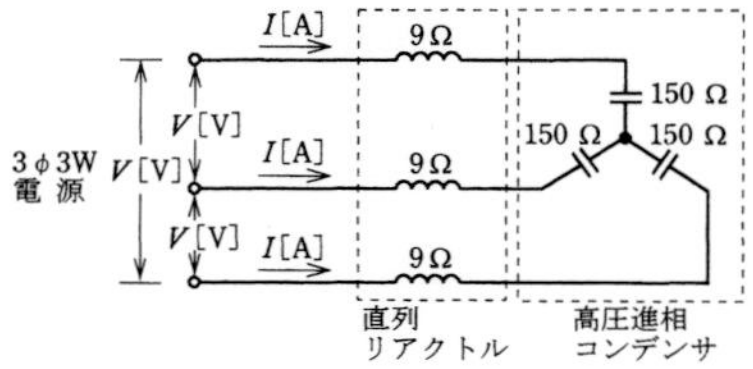 I[A]　9 Ω　　150 Ω V[V] 3φ3W　V[V]　I[A]　9 Ω　150 Ω　150 Ω 電源 V[V]　I[A]　9 Ω 直列リアクトル　高圧進相コンデンサ	イ．$\dfrac{V^2}{159^2}$　　ロ．$\dfrac{V^2}{141^2}$　　ハ．$\dfrac{V^2}{159}$　　ニ．$\dfrac{V^2}{141}$

問 い	答 え
10 かご形誘導電動機の Y－Δ 始動法に関する記述として，**誤っているものは**。	イ．固定子巻線を Y 結線にして始動したのち，Δ 結線に切り換える方法である。 ロ．始動トルクは Δ 結線で全電圧始動した場合と同じである。 ハ．Δ 結線で全電圧始動した場合に比べ，始動時の線電流は $\frac{1}{3}$ に低下する。 ニ．始動時には固定子巻線の各相に定格電圧の $\frac{1}{\sqrt{3}}$ 倍の電圧が加わる。
11 電気機器の絶縁材料の耐熱クラスは，JIS に定められている。選択肢のなかで，最高連続使用温度 [℃] が最も高い，耐熱クラスの指定文字は。	イ．A　　　ロ．E　　　ハ．F　　　ニ．Y
12 電子レンジの加熱方式は。	イ．誘電加熱 ロ．誘導加熱 ハ．抵抗加熱 ニ．赤外線加熱
13 鉛蓄電池の電解液は。	イ．水酸化ナトリウム水溶液 ロ．水酸化カリウム水溶液 ハ．塩化亜鉛水溶液 ニ．希硫酸
14 写真に示すものの名称は。  	イ．周波数計 ロ．照度計 ハ．放射温度計 ニ．騒音計
15 写真に示す材料の名称は。 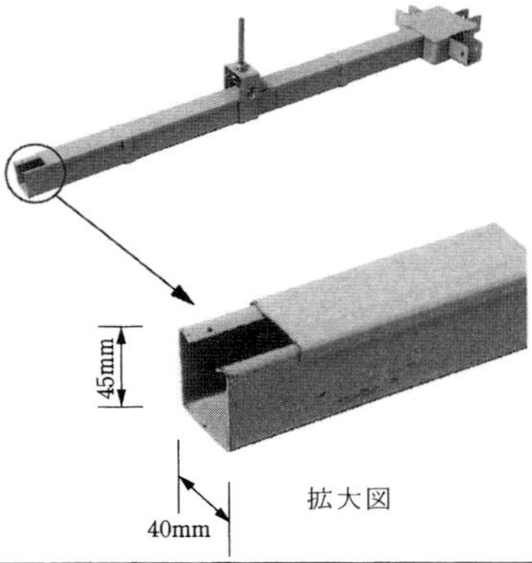 拡大図 45mm 40mm	イ．金属ダクト ロ．二種金属製線ぴ ハ．フロアダクト ニ．ライティングダクト

令和元年度

	問 い	答 え
16	水力発電所の発電用水の経路の順序として，**正しいものは**。	イ．水車→取水口→水圧管路→放水口 ロ．取水口→水車→水圧管路→放水口 ハ．取水口→水圧管路→水車→放水口 ニ．水圧管路→取水口→水車→放水口
17	風力発電に関する記述として，**誤っている**ものは。	イ．風力発電装置は，風速等の自然条件の変化により発電出力の変動が大きい。 ロ．一般に使用されているプロペラ形風車は，垂直軸形風車である。 ハ．風力発電装置は，風の運動エネルギーを電気エネルギーに変換する装置である。 ニ．プロペラ形風車は，一般に風速によって翼の角度を変えるなど風の強弱に合わせて出力を調整することができる。
18	高圧ケーブルの電力損失として，**該当しないものは**。	イ．抵抗損 ロ．誘電損 ハ．シース損 ニ．鉄損
19	架空送電線路に使用されるアークホーンの記述として，**正しいものは**。	イ．電線と同種の金属を電線に巻き付けて補強し，電線の振動による素線切れなどを防止する。 ロ．電線におもりとして取り付け，微風により生ずる電線の振動を吸収し，電線の損傷などを防止する。 ハ．がいしの両端に設け，がいしや電線を雷の異常電圧から保護する。 ニ．多導体に使用する間隔材で，強風による電線相互の接近・接触や負荷電流，事故電流による電磁吸引力から素線の損傷を防止する。
20	高圧受電設備の受電用遮断器の遮断容量を決定する場合に，**必要なものは**。	イ．受電点の三相短絡電流 ロ．受電用変圧器の容量 ハ．最大負荷電流 ニ．小売電気事業者との契約電力
21	6 kV CVT ケーブルにおいて，水トリーと呼ばれる樹枝状の劣化が生じる箇所は。	イ．ビニルシース内部 ロ．遮へい銅テープ表面 ハ．架橋ポリエチレン絶縁体内部 ニ．銅導体内部

問　い	答　え
22　写真に示す機器の用途は。  	イ．大電流を小電流に変流する。 ロ．高調波電流を抑制する。 ハ．負荷の力率を改善する。 ニ．高電圧を低電圧に変圧する。
23　写真に示す機器の名称は。  	イ．電力需給用計器用変成器 ロ．高圧交流負荷開閉器 ハ．三相変圧器 ニ．直列リアクトル
24　人体の体温を検知して自動的に開閉するスイッチで，玄関の照明などに用いられるスイッチの名称は。	イ．熱線式自動スイッチ ロ．自動点滅器 ハ．リモコンセレクタスイッチ ニ．遅延スイッチ
25　低圧配電盤に，CV ケーブル又は CVT ケーブルを接続する作業において，一般に使用しない工具は。	イ．油圧式圧着工具 ロ．電工ナイフ ハ．トルクレンチ ニ．油圧式パイプベンダ
26　爆燃性粉じんのある危険場所での金属管工事において，施工する場合に使用できない材料は。	イ． 　　　　　　　　　　　ロ．  ハ． 　　　　　　　　　　　ニ． 

	問　い	答　え
27	接地工事に関する記述として，**不適切**なものは。	イ．人が触れるおそれのある場所で，B 種接地工事の接地線を地表上 2 m まで金属管で保護した。 ロ．D 種接地工事の接地極をA種接地工事の接地極（避雷器用を除く）と共用して，接地抵抗を 10 Ω 以下とした。 ハ．地中に埋設する接地極に大きさ 900 mm × 900 mm × 1.6 mm の銅板を使用した。 ニ．接触防護措置を施していない 400 V 低圧屋内配線において，電線を収めるための金属管に C 種接地工事を施した。
28	金属管工事の記述として，**不適切**なものは。	イ．金属管に，直径 2.6 mm の絶縁電線（屋外用ビニル絶縁電線を除く）を収めて施設した。 ロ．金属管に，高圧絶縁電線を収めて，高圧屋内配線を施設した。 ハ．金属管を湿気の多い場所に施設するため，防湿装置を施した。 ニ．使用電圧が 200 V の電路に使用する金属管に D 種接地工事を施した。
29	使用電圧 300 V 以下のケーブル工事による低圧屋内配線において，**不適切**なものは。	イ．架橋ポリエチレン絶縁ビニルシースケーブルをガス管と接触しないように施設した。 ロ．ビニル絶縁ビニルシースケーブル（丸形）を造営材の側面に沿って，支持点間を 1.5 m にして施設した。 ハ．乾燥した場所で長さ 2 m の金属製の防護管に収めたので，金属管の D 種接地工事を省略した。 ニ．点検できない隠ぺい場所にビニルキャブタイヤケーブルを使用して施設した。

問い30から問い34までは，下の図に関する問いである。

　図は，一般送配電事業者の供給用配電箱（高圧キャビネット）から自家用構内を経由して，地下１階電気室に施設する屋内キュービクル式高圧受電設備（JIS C 4620 適合品）に至る電線路及び低圧屋内幹線設備の一部を表した図である。

この図に関する各問いには，４通りの答え（イ，ロ，ハ，ニ）が書いてある。それぞれの問いに対して，答えを１つ選びなさい。

〔注〕　1．図において，問いに直接関係のない部分等は，省略又は簡略化してある。

　　　　2．UGS：地中線用地絡継電装置付き高圧交流負荷開閉器

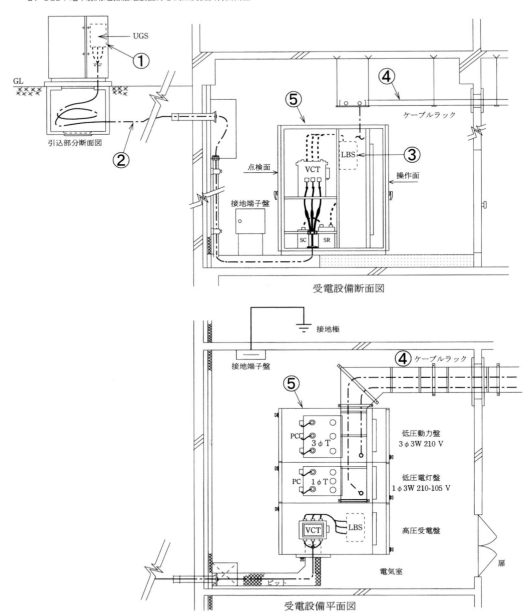

受電設備断面図

受電設備平面図

問 い	答 え
30 ①に示す地絡継電装置付き高圧交流負荷開閉器(UGS)に関する記述として，**不適切なもの**は。	イ．電路に地絡が生じた場合，自動的に電路を遮断する機能を内蔵している。 ロ．定格短時間耐電流は，系統(受電点)の短絡電流以上のものを選定する。 ハ．短絡事故を遮断する能力を有する必要がある。 ニ．波及事故を防止するため，一般送配電事業者の地絡保護継電装置と動作協調をとる必要がある。
31 ②に示す構内の高圧地中引込線を施設する場合の施工方法として，**不適切なもの**は。	イ．地中電線に堅ろうながい装を有するケーブルを使用し，埋設深さ(土冠)を 1.2 m とした。 ロ．地中電線を収める防護装置に鋼管を使用した管路式とし，管路の接地を省略した。 ハ．地中電線を収める防護装置に波付硬質合成樹脂管(FEP)を使用した。 ニ．地中電線路を直接埋設式により施設し，長さが 20 m であったので電圧の表示を省略した。
32 ③に示す PF・S 形の主遮断装置として，**必要でないもの**は。	イ．相間，側面の絶縁バリア ロ．ストライカによる引外し装置 ハ．過電流ロック機能 ニ．高圧限流ヒューズ
33 ④に示すケーブルラックの施工に関する記述として，**誤っているもの**は。	イ．ケーブルラックの長さが 15 m であったが，乾燥した場所であったため，D 種接地工事を省略した。 ロ．ケーブルラックは，ケーブル重量に十分耐える構造とし，天井コンクリートスラブからアンカーボルトで吊り，堅固に施設した。 ハ．同一のケーブルラックに電灯幹線と動力幹線のケーブルを布設する場合，両者の間にセパレータを設けなくてもよい。 ニ．ケーブルラックが受電室の壁を貫通する部分は，火災延焼防止に必要な耐火処理を施した。
34 ⑤に示す高圧受電設備の絶縁耐力試験に関する記述として，**不適切なもの**は。	イ．交流絶縁耐力試験は，最大使用電圧の 1.5 倍の電圧を連続して 10 分間加え，これに耐える必要がある。 ロ．ケーブルの絶縁耐力試験を直流で行う場合の試験電圧は，交流の 1.5 倍である。 ハ．ケーブルが長く静電容量が大きいため，リアクトルを使用して試験用電源の容量を軽減した。 ニ．絶縁耐力試験の前後には，1 000 V 以上の絶縁抵抗計による絶縁抵抗測定と安全確認が必要である。

令和元年度

	問 い		答 え
35	低圧屋内配線の開閉器又は過電流遮断器で区切ることができる電路ごとの絶縁性能として，電気設備の技術基準(解釈を含む)に**適合**するものは。	イ．	使用電圧 100 V の電灯回路は，使用中で絶縁抵抗測定ができないので，漏えい電流を測定した結果，1.2 mA であった。
		ロ．	使用電圧 100 V(対地電圧 100 V)のコンセント回路の絶縁抵抗を測定した結果，0.08 MΩ であった。
		ハ．	使用電圧 200 V(対地電圧 200 V)の空調機回路の絶縁抵抗を測定した結果，0.17 MΩ であった。
		ニ．	使用電圧 400 V の冷凍機回路の絶縁抵抗を測定した結果，0.43 MΩ であった。
36	高圧受電設備の年次点検において，電路を開放して作業を行う場合は，感電事故防止の観点から，作業箇所に短絡接地器具を取り付けて安全を確保するが，この場合の作業方法として，**誤っている**ものは。	イ．	取り付けに先立ち，短絡接地器具の取り付け箇所の無充電を検電器で確認する。
		ロ．	取り付け時には，まず接地側金具を接地線に接続し，次に電路側金具を電路側に接続する。
		ハ．	取り付け中は，「短絡接地中」の標識をして注意喚起を図る。
		ニ．	取り外し時には，まず接地側金具を外し，次に電路側金具を外す。
37	電気設備の技術基準の解釈において，D 種接地工事に関する記述として，**誤っている**ものは。	イ．	D 種接地工事を施す金属体と大地との間の電気抵抗値が 10 Ω 以下でなければ，D 種接地工事を施したものとみなされない。
		ロ．	接地抵抗値は，低圧電路において，地絡を生じた場合に 0.5 秒以内に当該電路を自動的に遮断する装置を施設するときは，500 Ω 以下であること。
		ハ．	接地抵抗値は，100 Ω 以下であること。
		ニ．	接地線は故障の際に流れる電流を安全に通じることができるものであること。
38	電気工事士法において，自家用電気工作物(最大電力 500 kW 未満の需要設備)に係る電気工事のうち「ネオン工事」又は「非常用予備発電装置工事」に**従事**することのできる者は。	イ．	認定電気工事従事者
		ロ．	特種電気工事資格者
		ハ．	第一種電気工事士
		ニ．	5 年以上の実務経験を有する第二種電気工事士
39	電気工事業の業務の適正化に関する法律において，**誤っていない**ものは。	イ．	主任電気工事士の指示に従って，電気工事士が，電気用品安全法の表示が付されていない電気用品を電気工事に使用した。
		ロ．	登録電気工事業者が，電気工事の施工場所に二日間で完了する工事予定であったため，代表者の氏名等を記載した標識を掲げなかった。
		ハ．	電気工事業者が，電気工事ごとに配線図等を帳簿に記載し，3 年経ったのでそれを廃棄した。
		ニ．	登録電気工事業者の代表者は，電気工事士の資格を有する必要がない。
40	電気用品安全法の適用を受けるもののうち，**特定電気用品でない**ものは。	イ．	合成樹脂製のケーブル配線用スイッチボックス
		ロ．	タイムスイッチ(定格電圧 125 V，定格電流 15 A)
		ハ．	差込み接続器(定格電圧 125 V，定格電流 15 A)
		ニ．	600 V ビニル絶縁ビニルシースケーブル(導体の公称断面積が 8 mm^2，3 心)

問題2．配線図1 （問題数5，配点は1問当たり2点）

　図は，三相誘導電動機（Y－Δ始動）の始動制御回路図である。この図の矢印で示す5箇所に関する各問いには，4通りの答え（イ，ロ，ハ，ニ）が書いてある。それぞれの問いに対して，答えを1つ選びなさい。
〔注〕図において，問いに直接関係のない部分等は，省略又は簡略化してある。

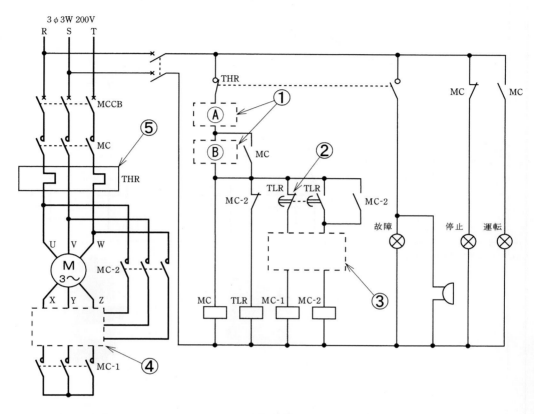

	問　い			答　え			
41	①で示す部分の押しボタンスイッチの図記号の組合せで，**正しいものは**。		イ	ロ	ハ	ニ	
		Ⓐ	E-ᒣ	F-ᒣ	F-|	E-|
		Ⓑ	E-|	F-|	F-ᒣ	E-ᒣ
42	②で示すブレーク接点は。	イ．手動操作残留機能付き接点					
		ロ．手動操作自動復帰接点					
		ハ．瞬時動作限時復帰接点					
		ニ．限時動作瞬時復帰接点					

問い	答え
43 ③の部分のインタロック回路の結線図は。	イ. MC-1 ⊣⊢ MC-2　　ロ. MC-2 ⊣⊢ MC-1 ハ. MC-2 ⊣⊢ MC-1　　ニ. MC-2 ⊣⊢ MC-1
44 ④の部分の結線図で，正しいものは。	イ. X Y Z　ロ. X Y Z　ハ. X Y Z　ニ. X Y Z
45 ⑤で示す図記号の機器は。	イ. 　　　　　　　ロ.  　 ハ. 　　　　　　　ニ. 

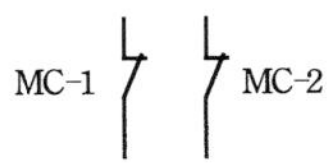

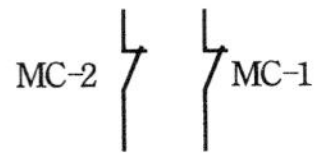

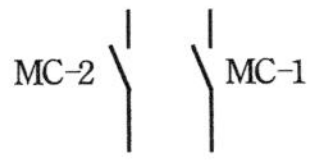

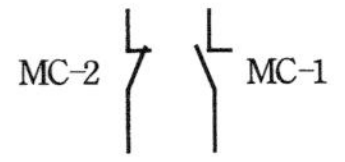

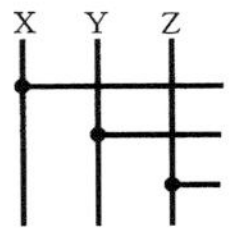

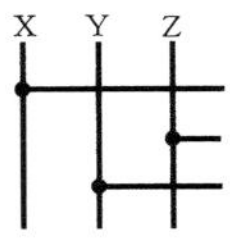

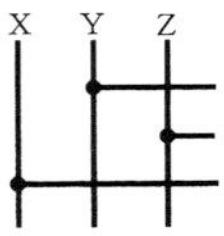

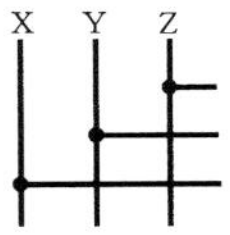

令和元年度

問題3. 配線図2 （問題数5，配点は1問当たり2点）

　図は，高圧受電設備の単線結線図である。この図の矢印で示す5箇所に関する各問いには，4通りの答え（イ，ロ，ハ，ニ）が書いてある。それぞれの問いに対して，答えを1つ選びなさい。

〔注〕図において，問いに直接関係のない部分等は，省略又は簡略化してある。

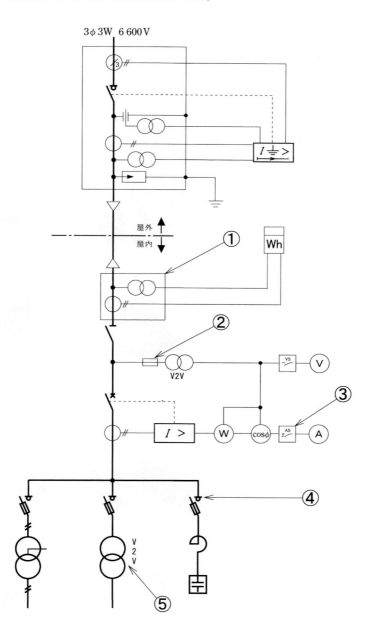

	問　い	答　え
46	①で示す機器の文字記号（略号）は。	イ．VCB ロ．MCCB ハ．OCB ニ．VCT
47	②で示す装置を使用する主な目的は。	イ．計器用変圧器の内部短絡事故が主回路に波及することを防止する。 ロ．計器用変圧器を雷サージから保護する。 ハ．計器用変圧器の過負荷を防止する。 ニ．計器用変圧器の欠相を防止する。
48	③に設置する機器は。	イ．　　　　　　　　　　ロ． ハ．　　　　　　　　　　ニ．
49	④で示す部分で停電時に放電接地を行うものは。	イ．　　　　　　　　　　ロ． ハ．　　　　　　　　　　ニ． 拡大

令和元年度

問 い	答 え
50　⑤で示す変圧器の結線図において，B種接地工事を施した図で，正しいものは。	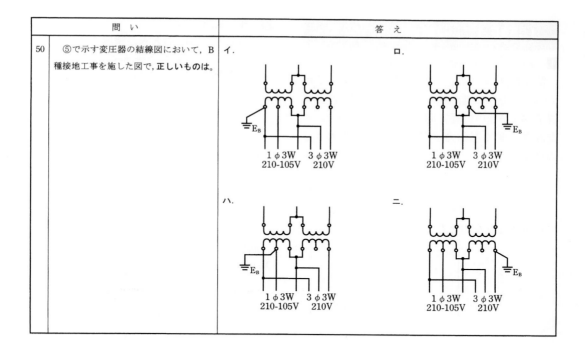

イ.　　　　　　　　　　　　　　　　　　ロ.

1φ3W　　3φ3W　　　　　　1φ3W　　3φ3W
210-105V　210V　　　　　210-105V　210V

ハ.　　　　　　　　　　　　　　　　　　ニ.

1φ3W　　3φ3W　　　　　　1φ3W　　3φ3W
210-105V　210V　　　　　210-105V　210V

1 ハ．I^2/d に比例する反発力

第1図のように，2本の長い電線が，距離 d〔m〕で平行に置かれており，両電線に直流電流 I〔A〕が互いに逆方向に流れている場合，両電線間に働く電磁力 F〔N/m〕は，次の大きさの反発力となる．

$$F = \frac{2I^2}{d} \times 10^{-7} \text{〔N/m〕}$$

したがって，両電線間に働く電磁力は，I^2/d に比例する反発力となる．

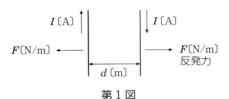

第1図

2 ハ．12

第2図において，抵抗 $6\,\Omega$ と $6\,\Omega$ の並列接続の合成抵抗は，

$$\frac{6 \times 6}{6+6} = \frac{36}{12} = 3 \text{〔}\Omega\text{〕}$$

抵抗 $6\,\Omega$ と $3\,\Omega$ の並列接続の合成抵抗は，

$$\frac{6 \times 3}{6+3} = \frac{18}{9} = 2 \text{〔}\Omega\text{〕}$$

回路全体に流れる電流 I〔A〕は，

$$I = \frac{90}{3+2} = \frac{90}{5} = 18 \text{〔A〕}$$

抵抗 $6\,\Omega$ と $3\,\Omega$ に加わる電圧 V_3〔V〕は，

$$V_3 = I \times 2 = 18 \times 2 = 36 \text{〔V〕}$$

抵抗 $3\,\Omega$ に流れる電流 I_3〔A〕は，

$$I_3 = \frac{V_3}{3} = \frac{36}{3} = 12 \text{〔A〕}$$

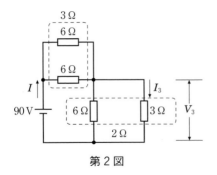

第2図

3 イ．9.28

周波数が $50\,\text{Hz}$ のとき，誘導性リアクタンス $X_L = 0.6$〔Ω〕であることから，自己インダクタンス L〔H〕は，

$$X_L = 2\pi f L \text{〔}\Omega\text{〕}$$

$$L = \frac{X_L}{2\pi f} = \frac{0.6}{2\pi \times 50} \text{〔H〕}$$

周波数を $60\,\text{Hz}$ に変更した場合の誘導性リアクタンス X_{L60}〔Ω〕は，

$$X_{L60} = 2\pi f L = 2\pi \times 60 \times \frac{0.6}{2\pi \times 50}$$
$$= \frac{60 \times 0.6}{50} = 0.72 \text{〔}\Omega\text{〕}$$

周波数が $50\,\text{Hz}$ のとき，容量性リアクタンス $X_C = 12$〔Ω〕であることから，静電容量 C〔F〕は，

$$X_C = \frac{1}{2\pi f C} \text{〔}\Omega\text{〕}$$

$$C = \frac{1}{2\pi f X_C} = \frac{1}{2\pi \times 50 \times 12} \text{〔F〕}$$

周波数を $60\,\text{Hz}$ に変更した場合の容量性リアクタンス X_{C60}〔Ω〕は，

$$X_{C60} = \frac{1}{2\pi f C} = \frac{1}{2\pi \times 60 \times \dfrac{1}{2\pi \times 50 \times 12}}$$

$$= \frac{1}{\dfrac{60}{50 \times 12}} = \frac{50 \times 12}{60} = 10 \text{〔}\Omega\text{〕}$$

したがって，周波数を $60\,\text{Hz}$ に変更した場合の回路のインピーダンス Z〔Ω〕は，

$$Z = X_{C60} - X_{L60} = 10 - 0.72 = 9.28 \text{〔}\Omega\text{〕}$$

4 ロ．3

コイルは，直流に対しては電流の流れを妨げる性質はなく，誘導性リアクタンスは $0\,\Omega$ と考えられる．したがって，直流電圧 $80\,\text{V}$ を加えたときの回路は，第3図のようになる．

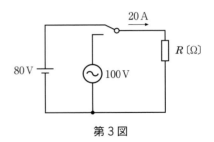

第3図

第3図の回路から抵抗 R〔Ω〕の値は,

$$R = \frac{80}{20} = 4 \text{〔Ω〕}$$

正弦波交流電圧 100 V を加えたときの回路は,第4図のようになる.

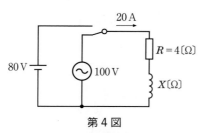

第4図

第4図の回路から誘導性リアクタンス X〔Ω〕の値は,

$$\sqrt{4^2 + X^2} = \frac{100}{20} = 5$$
$$4^2 + X^2 = 5^2$$
$$X^2 = 5^2 - 4^2 = 25 - 16 = 9$$
$$X = \sqrt{9} = 3 \text{〔Ω〕}$$

5 ロ. 線電流 I は,10 A である.

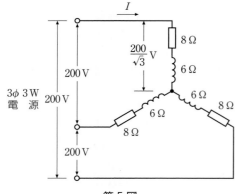

第5図

第5図において,1相当たりのインピーダンスは,次式となり,イは正しい.

$$Z = \sqrt{8^2 + 6^2} = \sqrt{64 + 36} = \sqrt{100} = 10 \text{〔Ω〕}$$

相電圧 V〔V〕は,

$$V = \frac{200}{\sqrt{3}} \text{〔V〕}$$

であり,回路の線電流 I〔A〕は,

$$I = \frac{V}{Z} = \frac{\frac{200}{\sqrt{3}}}{10} = \frac{200}{10\sqrt{3}} = \frac{20}{\sqrt{3}} = 11.6 \text{〔A〕}$$

となる.したがって,ロは誤りである.

回路の消費電力 P〔W〕は,

$$P = 3I^2R = 3 \times \left(\frac{20}{\sqrt{3}}\right)^2 \times 8 = 3 \times \frac{20^2}{3} \times 8$$
$$= 400 \times 8 = 3\,200 \text{〔W〕}$$

となり,ハは正しい.

回路の無効電力 Q〔var〕は,

$$Q = 3I^2X_L = 3 \times \left(\frac{20}{\sqrt{3}}\right)^2 \times 6 = 3 \times \frac{20^2}{3} \times 6$$
$$= 400 \times 6 = 2\,400 \text{〔var〕}$$

となり,ニは正しい.

6 ロ. $V_B = 202$ V　$P_L = 200$ W

各電線に流れる電流は,第6図のようになる.

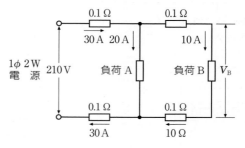

第6図

電圧降下 v〔V〕は,

$$v = 2 \times 30 \times 0.1 + 2 \times 10 \times 0.1 = 6 + 2 = 8 \text{〔V〕}$$

負荷両端の電圧 V_B〔V〕は,

$$V_B = 210 - v = 210 - 8 = 202 \text{〔V〕}$$

配電線路の全電力損失 P_L〔W〕は,

$$P_L = 2 \times 30^2 \times 0.1 + 2 \times 10^2 \times 0.1$$
$$= 180 + 20 = 200 \text{〔W〕}$$

したがって,ロが正しい.

7 ハ. 200

負荷を増設した場合,変圧器に加わる有効電力の和 P〔kW〕は,

$$P = 90 + 70 = 160 \text{〔kW〕}$$

負荷を増設しても,変圧器に加わる無効電力 Q〔kvar〕は 120 kvar で変わらない.

変圧器に加わる負荷の有効電力 P〔kW〕,無効電力 Q〔kvar〕,皮相電力 S〔kV·A〕のベクトル図は,第7図で表される.

したがって,変圧器にかかる負荷の容量(皮相電力)S〔kV·A〕は,

$$S = \sqrt{P^2 + Q^2} = \sqrt{160^2 + 120^2}$$
$$= \sqrt{25\,600 + 14\,400} = \sqrt{40\,000}$$
$$= 200 \text{〔kV·A〕}$$

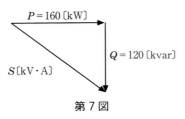

第7図

8 **イ．約 10 V 上昇する．**

第8図のように，一次電圧を V_1〔V〕，二次電圧を V_2〔V〕とすると，一次タップ電圧及び定格二次電圧には次の関係がある．

$$\frac{V_1}{V_2} = \frac{\text{一次タップ電圧}}{\text{定格二次電圧}}$$

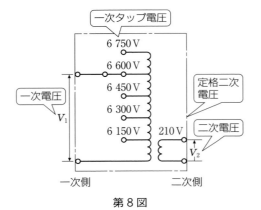

第8図

一次タップ電圧が 6 600 V のとき，二次電圧 V_2〔V〕が 200 V であることから（第9図），変圧器に供給される一次電圧 V_1〔V〕は，

$$\frac{V_1}{200} = \frac{6\,600}{210}$$

$$V_1 = \frac{6\,600}{210} \times 200 \fallingdotseq 6\,290 〔\text{V}〕$$

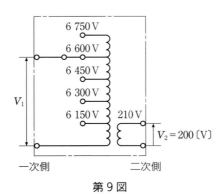

第9図

一次タップ電圧を 6 300 V に変更して，一次電圧 $V_1 = 6\,290$〔V〕を加えたとき（第10図）の二次電圧 V_2〔V〕は，

$$\frac{6\,290}{V_2} = \frac{6\,300}{210}$$

$$V_2 = \frac{210}{6\,300} \times 6\,290 \fallingdotseq 210 〔\text{V}〕$$

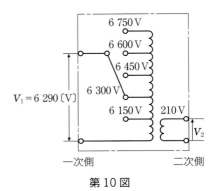

第10図

一次タップ電圧を 6 300 V に変更すると，二次電圧は約 $210 - 200 = 10$〔V〕上昇する．

9 **ニ．$V^2/141$**

第11図のような Y 結線として計算する．

1相のリアクタンス X〔Ω〕は，

$$X = X_C - X_L = 150 - 9 = 141 〔Ω〕$$

電線に流れる電流 I〔A〕は，

$$I = \frac{\dfrac{V}{\sqrt{3}}}{X} = \frac{V}{X\sqrt{3}} = \frac{V}{141\sqrt{3}} 〔\text{A}〕$$

この回路の無効電力 Q〔var〕は，

$$Q = 3I^2X = 3 \times \left(\frac{V}{141\sqrt{3}}\right)^2 \times 141$$

$$= 3 \times \frac{V^2}{141^2 \times 3} \times 141 = \frac{V^2}{141} 〔\text{var}〕$$

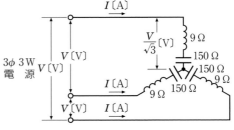

第11図

10 **ロ．始動トルクは△結線で全電圧始動した場合と同じである．**

Υ－△始動法は，固定子巻線をΥ結線したのち，△結線に切り換える方法で，始動時に固定子巻線に加わる電圧は，定格電圧の$1/\sqrt{3}$倍になる．

始動時の線電流及び始動トルクは，△結線で全電圧始動した場合に比べ，1/3に低下する．

⑪　ハ．F

JIS C 4003（電気絶縁－熱的耐久性評価及び呼び方）による．

指定文字Fの最高連続使用温度は155℃で，示された選択肢の中で最も高い．電気機器の耐熱クラスは第1表のように定められている．

第1表

耐熱クラス〔℃〕	指定文字	耐熱クラス〔℃〕	指定文字
90	Y	180	H
105	A	200	N
120	E	220	R
130	B	耐熱クラスは，最高連続使用温度を示す．	
155	F		

⑫　イ．誘電加熱

電子レンジの加熱は，誘電体損による発熱を利用したものである．

⑬　ニ．希硫酸

鉛蓄電池の電解液は，希硫酸を使用する．水酸化カリウム水溶液は，アルカリ蓄電池の電解液に用いられる．

⑭　ロ．照度計

照度を測定する照度計である．

⑮　ロ．二種金属製線ぴ

金属製線ぴ（一種，二種）と金属ダクトは，いずれも金属製のといで，ベースの幅の寸法で区分している（第2表）．

第2表

種　類	ベースの幅
一種金属製線ぴ	4 cm 未満のもの
二種金属製線ぴ	4 cm 以上 5 cm 以下のもの
金属ダクト	5 cm を超えるもの

⑯　ハ．取水口→水圧管路→水車→放水口

水力発電所の発電用水の経路は，第12図のようになっている．

発電用水は，ダムの取水口から水圧管路に流れ，水車を回転させ，放水口から河川に流れる．

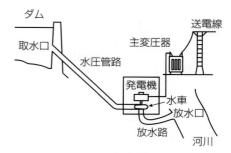

第12図　水力発電

⑰　ロ．一般に使用されているプロペラ形風車は，垂直軸形風車である．

一般に使用されているプロペラ形風車（第13図）は，水平軸形風車である．

第13図　プロペラ形風車

⑱　ニ．鉄損

鉄損は，変圧器の鉄心に渦電流が流れて生ずる渦電流損等で，電力ケーブルには生じない．

高圧ケーブルの電力損失には，抵抗損，誘電体損，シース損がある．

抵抗損は，電線の抵抗による損失である．誘電体損は，交流電圧を印加することによって絶縁体内で発生する損失である．シース損は，ケーブルの金属シースに誘導される電流による損失である．

⑲　ハ．がいしの両端に設け，がいしや電線を雷の異常電圧から保護する．

電線や鉄塔に落雷があった場合，がいしの表面に放電すると，がいしを破損するおそれがある．がいしの両端にアークホーン（第14図）を取り付けることによって，がいしや電線からの直接の放電を避け，がいしや電線の破損を防ぐことができる．

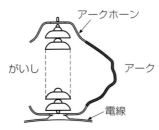

第14図　アークホーン

⑳　イ．受電点の三相短絡電流

　受電用遮断器の遮断容量は，最も大きな電流が流れる三相短絡電流を基準にして決定する．

㉑　ハ．架橋ポリエチレン絶縁体内部

　水トリーは，第15図のように絶縁体の架橋ポリエチレン内に浸入した微量の水等と電界によって，小さな亀裂が樹枝状に広がって劣化が進む現象である．

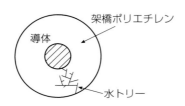

第15図　水トリー

㉒　ロ．高調波電流を抑制する．

　直列リアクトルで，高圧進相コンデンサの電源側に施設する．高調波電流が高圧進相コンデンサに流れるのを抑制したり，高圧進相コンデンサ投入時の突入電流を抑制する働きがある．

㉓　イ．電力需給用計器用変成器

　電力需給用計器用変成器（VCT）で，高圧電路の電圧，電流を低圧，小電流に変成して，電力量計に接続する．

㉔　イ．熱線式自動スイッチ

　熱線式自動スイッチ（第16図）は，玄関等に施設して，人体の熱を検知して自動的に点滅す

第16図　熱線式自動スイッチ

るスイッチである．

㉕　ニ．油圧式パイプベンダ

　油圧式パイプベンダは，太い金属管を曲げる工具で，低圧配電盤へのCVケーブルやCVTケーブルを接続する作業には使用しない．

　電工ナイフは，ケーブルのシースや絶縁物のはぎ取りに用いる．油圧式圧着工具は，電線に圧着端子を接続するのに用いる．トルクレンチは，圧着端子をボルトで接続する場合に，所定のトルクでボルトを締め付けるのに用いる．

油圧式パイプベンダ　　　　電工ナイフ

油圧式圧着工具　　　　　トルクレンチ

第17図

㉖　ロ．

　電技解釈第175条（粉じんの多い場所の施設）による．

　爆燃性粉じんのある危険場所で，金属管工事により施設する場合は，薄鋼電線管又はこれと同等以上の強度を有する金属管を使用しなければならない．また，ボックスその他の附属品等は，容易に摩耗，腐食その他の損傷を生じるおそれがないパッキンを用いて粉じんが内部に侵入しないように施設しなければならない．

　ロは，ねじなし電線管用のユニバーサルで，爆燃性粉じんのある危険場所での金属管工事に使用できない．

　ロ以外は，厚鋼電線管用の耐圧防爆型電線管附属品で，爆燃性粉じんのある危険場所で使用できる．イはシーリングフィッチング，ハはユニオンカップリング，ニはジャンクションボックスである．

㉗　イ．人が触れるおそれのある場所で，B種

接地工事の接地線を地表上2mまで金属管で保護した.

電技解釈第17条（接地工事の種類及び施設方法）による.

A種接地工事，B種接地工事において，接地極及び接地線を人が触れるおそれのある場所に施設する場合は，接地線の地下75cmから地表上2mまでの部分は，電気用品安全法の適用を受ける合成樹脂管（厚さ2mm未満の合成樹脂製電線管及びCD管を除く）又はこれと同等以上の絶縁効力及び強さのあるもので覆わなければならない.

28　ロ．金属管に，高圧絶縁電線を収めて，高圧屋内配線を施設した.

電技解釈第159条（金属管工事）・第168条（高圧配線の施設）による.

高圧屋内配線は，がいし引き工事（乾燥した場所であって展開した場所に限る）又はケーブル工事によって施設しなければならない.

29　ニ．点検できない隠ぺい場所にビニルキャブタイヤケーブルを使用して施設した.

電技解釈第164条（ケーブル工事）・第167条（低圧配線と弱電流電線等又は管との接近又は交差）による.

ビニルキャブタイヤケーブルは，使用電圧が300V以下の低圧屋内配線で，展開した場所又は点検できる隠ぺい場所に限って使用することができる.

30　ハ．短絡事故を遮断する能力を有する必要がある.

地中線用地絡継電装置付き高圧交流負荷開閉器（UGS）（第18図）は，負荷電流を開閉できる能力があればよく，短絡電流を遮断する能力は必要としない.

第18図　地中線用地絡継電装置付き高圧交流負荷開閉器（UGS）

31　ニ．地中電線路を直接埋設式により施設し，長さが20mであったので電圧の表示を省略した.

電技解釈第120条（地中電線路の施設）・第123条（地中電線の被覆金属体等の接地），高圧受電設備規程1120-3（高圧地中引込線の施設）による.

需要場所に施設する高圧地中電線路で，電圧の表示を省略できるのは，長さが15m以下のものである.

32　ハ．過電流ロック機能

高圧受電設備規程1240-6（限流ヒューズ付き高圧交流負荷開閉器）による.

PF-S形の主遮断装置に用いる限流ヒューズ付き高圧交流負荷開閉器は，次に適合するものでなければならない.

・ストライカによる引外し方式のものであること.

・相間及び側面には，絶縁バリアが取付けてあるものであること.

33　イ．ケーブルラックの長さが15mであったが，乾燥した場所であったため，D種接地工事を省略した.

内線規程3165-2（ケーブルの支持）・3165-8（接地）による.長さが15mのケーブルラックは，D種接地工事を省略できない.

ケーブルラック（第19図）については，内線規程で次のように定められている.

①ケーブルラックは，ケーブルの重量に十分耐える構造であって，かつ，堅固に施設すること.

②使用電圧が300V以下の場合は，ケーブルラックの金属製部分にD種接地工事を施すこと.ただし，次の場合は，D種接地工事を省略できる.

・金属製部分の長さが4m以下のものを乾燥した場所に施設する場合

・屋内配線の対地電圧が150V以下の場合において，金属製部分の長さが8m以下のものを乾燥した場所に施設するとき，又は簡易接触防護措置を施した場合

・金属製部分が，合成樹脂等の絶縁物で被覆したものである場合

③使用電圧が300Vを超える低圧の場合は，ケーブルラックの金属製部分にC種接地工事を施すこと（接触防護措置を施した場合はD種接地工事にできる）.

また，建築基準法により，ケーブルラックが防火区画等を貫通する場合は，法令で規定された工法で耐火処理を施さなければならない.

第19図　ケーブルラック

34　ロ．ケーブルの絶縁耐力試験を直流で行う場合の試験電圧は，交流の1.5倍である.

電技解釈第15条（高圧又は特別高圧の電路の絶縁性能）・第16条（機械器具等の電路の絶縁性能）による.

ケーブルの絶縁耐力試験を直流で行う場合の試験電圧は，交流の2倍である.

35　ニ．使用電圧400Vの冷凍機回路の絶縁抵抗を測定した結果，0.43MΩであった.

電技第58条（低圧の電路の絶縁性能），電技解釈第14条（低圧電路の絶縁性能）による.

使用電圧400Vの回路の絶縁抵抗値は，0.4MΩ以上でなければならないので，ニは正しい.

低圧の電路の電線相互間及び電路と大地との間の絶縁抵抗は，開閉器又は過電流遮断器で区切ることのできる電路ごとに，第3表で示す値以上でなければならない.

絶縁抵抗測定が困難な場合は，使用電圧が加わった状態における漏えい電流が，1mA以下であればよい.

第3表　低圧の電路の絶縁性能

電路の使用電圧の区分		絶縁抵抗値
300V以下	対地電圧が150V以下の場合	0.1MΩ
	その他の場合	0.2MΩ
300Vを超えるもの		0.4MΩ

36　ニ．取り外し時には，まず接地側金具を外

し，次に電路側金具を外す.

短絡接地器具の取り外しは，電路側金具を外し，次に接地側金具を外さなければならない.

37　イ．D種接地工事を施す金属体と大地との間の電気抵抗値が10Ω以下でなければ，D種接地工事を施したものとみなされない.

電技解釈第17条（接地工事の種類及び施設方法）による.

D種接地工事を施す金属体と大地との間の電気抵抗値が100Ω以下である場合は，D種接地工事を施したものとみなされる.

38　ロ．特種電気工事資格者

電気工事士法第2条（用語の定義）・第3条（電気工事士等），施行規則第2条の2（特殊電気工事）による.

自家用電気工作物（最大電力500kW未満の需要設備）に係る電気工事のうち「ネオン工事」又は「非常用予備発電装置工事」は，特殊電気工事に該当し，特種電気工事資格者でなければ従事できない.

39　ニ．登録電気工事業者の代表者は，電気工事士の資格を有する必要がない.

電気工事業法第23条（電気用品の使用の制限）・第25条（標識の掲示）・第26条（帳簿の備付け等），施行規則第13条（帳簿）による.

登録電気工事業者の代表者は，電気工事士の資格を有する必要性は定められていないので，ニは誤っていない.

電気工事業者は，電気用品安全法の表示が付されている電気用品でなければ，電気工事に使用してはならない.

電気工事業者は，施工期間にかかわらず，営業所及び電気工事の施工場所に代表者の氏名等を記載した標識を掲げなければならない.

電気工事業者は，営業所ごとに電気工事の配線図等を帳簿に記載し，これを5年間保存しなければならない.

40　イ．合成樹脂製のケーブル配線用スイッチボックス

電気用品安全法施行令第1条（電気用品）・第1条の2（特定電気用品）による.

合成樹脂製のケーブル配線用スイッチボックスは，特定電気用品以外の電気用品である.

〔問題 2・3〕 配線図の解答

41 イ.
　Ⓐは，電動機を停止させる押しボタンスイッチのブレーク接点である.
　Ⓑは，電動機を運転させる押しボタンスイッチのメーク接点である.

42 ニ. 限時動作瞬時復帰接点
　②で示すブレーク接点は，タイマの電源部分に電圧が加わってもすぐには動作しないで，設定時間になったら開く. タイマの電源部分に電圧が加わらなくなると，直ちに元に戻って接点が閉じる. このようなブレーク接点を，限時動作瞬時復帰接点(**第20図**)という.

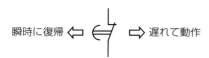

瞬時に復帰 ⇐　　　⇒ 遅れて動作

第20図　限時動作瞬時復帰接点

43 ロ.
　Ｙ－△始動回路では，電磁接触器MC-1と電磁接触器MC-2が同時に動作すると短絡するのでインタロック回路(**第21図**)を組む. MC-1の電磁コイルの電源側にMC-2のブレーク接点を接続し，MC-2の電磁コイルの電源側にMC-1のブレーク接点を接続する.

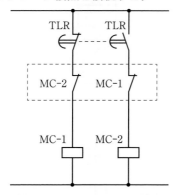

第21図　インタロック回路

44 ハ.
　電磁接触器MC-1の主接点が開き，電磁接触器MC-2の主接点が閉じたときに，電動機の巻線が△結線になるのは，ハである(**第22図**).

45 ハ.
　文字記号THRの機器は，熱動継電器を表す.

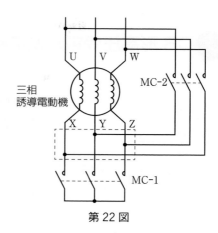

第22図

46 ニ. VCT
　①で示す機器は，電力需給用計器用変成器で，文字記号はVCTである.

47 イ. 計器用変圧器の内部短絡事故が主回路に波及することを防止する.
　②で示す装置は，計器用変圧器(VT)に付属している限流ヒューズ(**第23図**)である.

限流ヒューズ

第23図　計器用変圧器の限流ヒューズ

48 イ.
　③に設置する機器は，電流計切換スイッチである. 電流計切換スイッチは，表面にR，S，Tの表示がある.

49 ハ.
　④の部分で停電時に放電接地を行うものは，ハの放電用接地棒である. イは低圧検相器，ロは高圧検相器，ニは風車式検電器である.

50 ハ.
　電技解釈第24条(高圧又は特別高圧と低圧との混触による危険防止施設)により，高圧電路と低圧電路を結合する変圧器の低圧側の中性点にはＢ種接地工事を施さなければならないので，1φ3W 210-105 Vの中性点を接地する.

令和元年度

令和元年度　**247**

CB 形高圧受電設備の複線結線図（例）

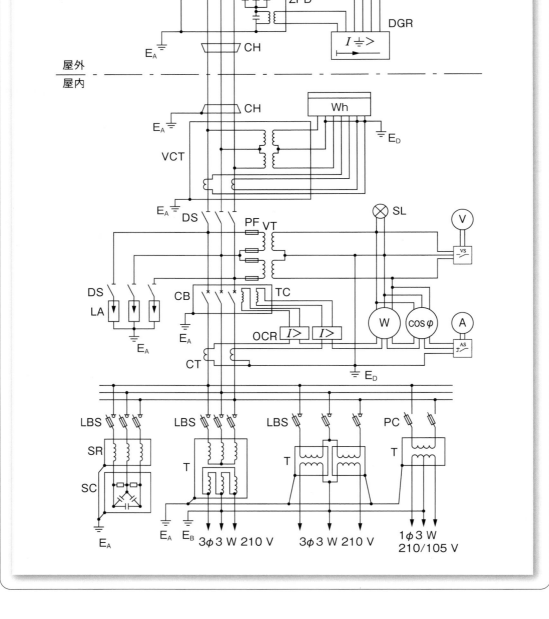

平成30年度の
問題と
解答・解説

●平成 30 年度問題の解答●

問題1. 一 般 問 題

問い	答え	問い	答え	問い	答え	問い	答え
1	ハ	11	イ	21	ハ	31	ニ
2	イ	12	ロ	22	ロ	32	ニ
3	イ	13	イ	23	ハ	33	ハ
4	ロ	14	ロ	24	ニ	34	イ
5	ハ	15	ニ	25	イ	35	ニ
6	ロ	16	ハ	26	イ	36	ハ
7	ロ	17	ハ	27	ニ	37	ハ
8	イ	18	ニ	28	ニ	38	イ
9	イ	19	ハ	29	ロ	39	ロ
10	ニ	20	ハ	30	ロ	40	ニ

問題2. 配 線 図

問い	答え
41	ニ
42	ハ
43	イ
44	ロ
45	イ
46	イ
47	ロ
48	ロ
49	ハ
50	ニ

問題 1. 一般問題 （問題数 40，配点は 1 問当たり 2 点）

次の各問いには 4 通りの答え（イ，ロ，ハ，ニ）が書いてある。それぞれの問いに対して答えを 1 つ選びなさい。

問　い	答　え
1　図のような直流回路において，電源電圧 100 V，$R=10\ \Omega$，$C=20\ \mu\mathrm{F}$ 及び $L=2\ \mathrm{mH}$ で，L には電流 10 A が流れている。C に蓄えられているエネルギー W_C[J]の値と，L に蓄えられているエネルギー W_L[J]の値の組合せとして，正しいものは。 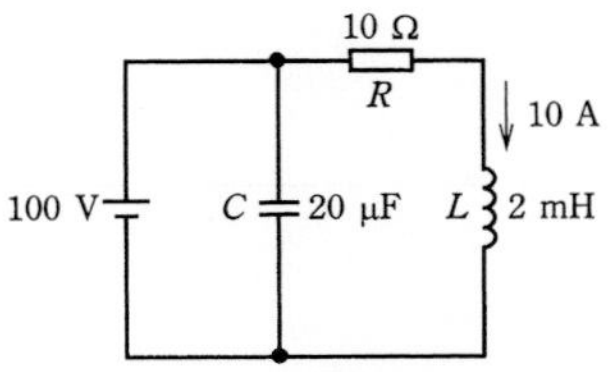 10 Ω R ↓ 10 A 100 V — C ⎓ 20 μF L ⌇ 2 mH	イ．$W_C=0.001$　ロ．$W_C=0.2$　ハ．$W_C=0.1$　ニ．$W_C=0.2$ 　　$W_L=0.01$　　　$W_L=0.01$　　　$W_L=0.1$　　　$W_L=0.2$
2　図のような直流回路において，電源から流れる電流は 20 A である。図中の抵抗 R に流れる電流 I_R[A]は。 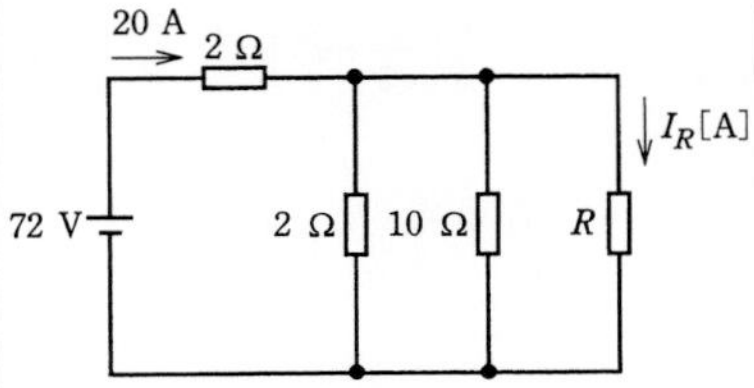 20 A → 2 Ω 　　　　　　　　↓ I_R[A] 72 V —　2 Ω　10 Ω　R	イ．0.8　　　ロ．1.6　　　ハ．3.2　　　ニ．16
3　図のように，誘導性リアクタンス $X_L=10\ \Omega$ に，次式で示す交流電圧 v[V]が加えられている。 　　$v[\mathrm{V}]=100\sqrt{2}\sin(2\pi ft)\ [\mathrm{V}]$ 　この回路に流れる電流の瞬時値 i [A]を表す式は。 　ただし，式において t [s]は時間，f [Hz]は周波数である。 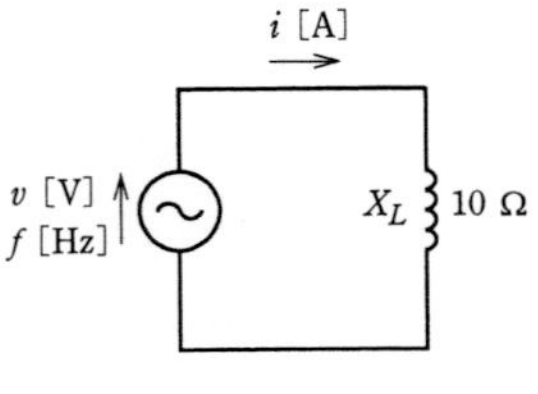 i [A] → v [V] ↑ f [Hz]　　　X_L ⌇ 10 Ω	イ．$i=10\sqrt{2}\sin(2\pi ft-\dfrac{\pi}{2})$ ロ．$i=10\sin(\pi ft+\dfrac{\pi}{4})$ ハ．$i=-10\cos(2\pi ft+\dfrac{\pi}{6})$ ニ．$i=10\sqrt{2}\cos(2ft+90)$

問　い	答　え
4　図のような交流回路において，電流 $I=10$ A，抵抗 R における消費電力は 800 W，誘導性リアクタンス $X_L=16$ Ω，容量性リアクタンス $X_C=10$ Ω である。この回路の電源電圧 V [V] は。 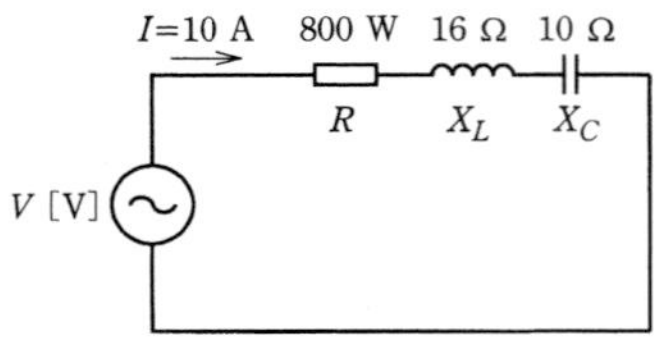 $I=10$ A　800 W　16 Ω　10 Ω R　X_L　X_C V [V]	イ．80　　　ロ．100　　　ハ．120　　　ニ．200
5　図のように，線間電圧 V [V] の三相交流電源から，Y 結線の抵抗負荷と Δ 結線の抵抗負荷に電力を供給している電路がある。図中の抵抗 R がすべて R [Ω]であるとき，図中の電路の線電流 I [A]を示す式は。 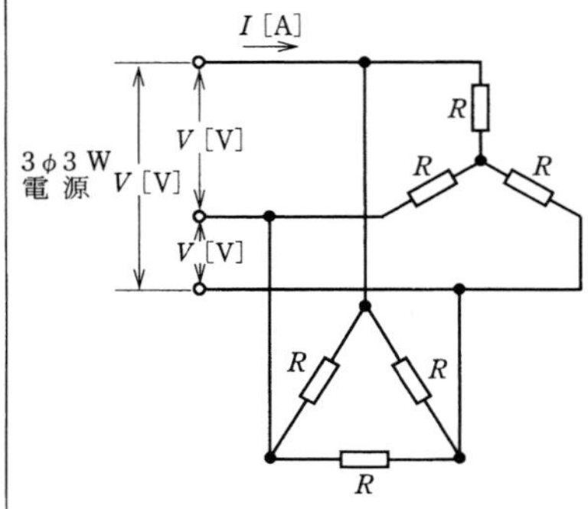 I [A] $3\phi3$ W 電源　V [V]　V [V]　V [V] R　R　R　R　R　R	イ．$\dfrac{V}{R}\left(\dfrac{1}{\sqrt{3}}+1\right)$　ロ．$\dfrac{V}{R}\left(\dfrac{1}{2}+\sqrt{3}\right)$　ハ．$\dfrac{V}{R}\left(\dfrac{1}{\sqrt{3}}+\sqrt{3}\right)$　ニ．$\dfrac{V}{R}\left(2+\dfrac{1}{\sqrt{3}}\right)$
6　図のように，単相 2 線式の配電線路で，抵抗負荷 A，B，C にそれぞれ負荷電流 10 A，5 A，5 A が流れている。電源電圧が 210 V であるとき，抵抗負荷 C の両端の電圧 V_C [V]は。 　ただし，電線 1 線当たりの抵抗は 0.1 Ω とし，線路リアクタンスは無視する。 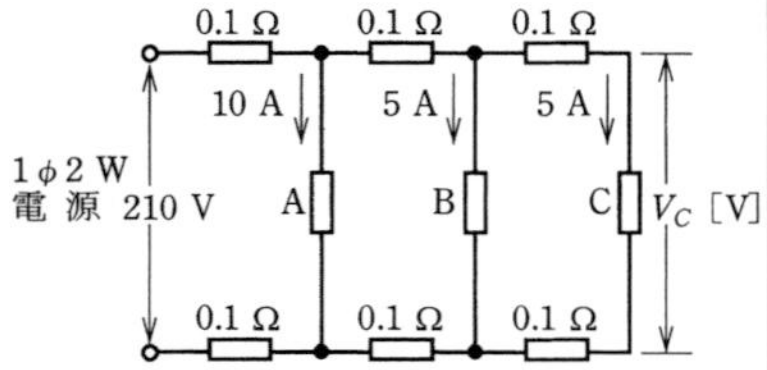 0.1 Ω　0.1 Ω　0.1 Ω 10 A　5 A　5 A $1\phi2$ W 電源 210 V　A　B　C　V_C [V] 0.1 Ω　0.1 Ω　0.1 Ω	イ．201　　　ロ．203　　　ハ．205　　　ニ．208

問 い	答 え

7 図のような単相 3 線式配電線路において，負荷 A は負荷電流 10 A で遅れ力率 50 ％，負荷 B は負荷電流 10 A で力率は 100 ％である。中性線に流れる電流 I_N[A]は。

ただし，線路インピーダンスは無視する。

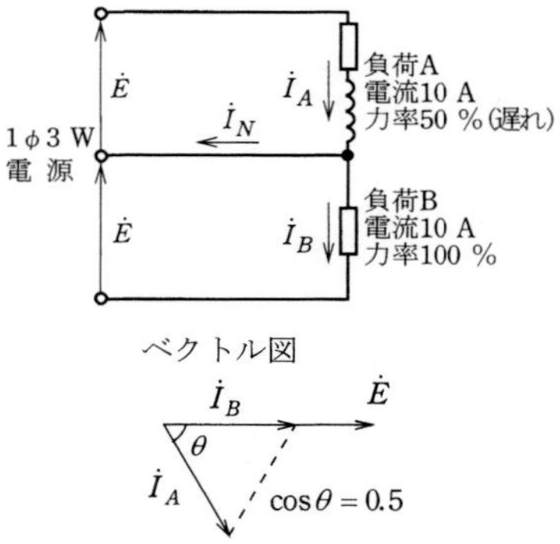

ベクトル図

イ．5　　　　ロ．10　　　　ハ．20　　　　ニ．25

8 図のように，電源は線間電圧が V_S の三相電源で，三相負荷は端子電圧 V，電流 I，消費電力 P，力率 $\cos\theta$ で，1 相当たりのインピーダンスが Z の Y 結線の負荷である。また，配電線路は電線 1 線当たりの抵抗が r で，配電線路の電力損失が P_L である。この電路で成立する式として，**誤っているものは**。

ただし，配電線路の抵抗 r は負荷インピーダンス Z に比べて十分に小さいものとし，配電線路のリアクタンスは無視する。

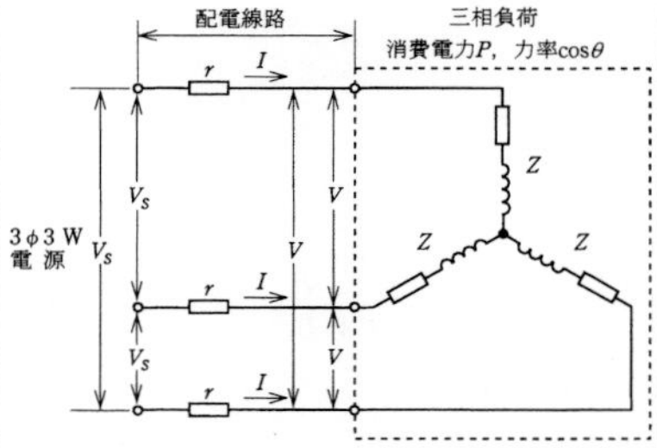

イ．配電線路の電力損失：$P_L = \sqrt{3}\,r\,I^2$

ロ．力率：$\cos\theta = \dfrac{P}{\sqrt{3}VI}$

ハ．電流：$I = \dfrac{V}{\sqrt{3}Z}$

ニ．電圧降下：$V_S - V = \sqrt{3}\,rI\cos\theta$

問　い	答　え

9　図のような低圧屋内幹線を保護する配線用遮断器 B₁（定格電流 100A）の幹線から分岐する A〜D の分岐回路がある。A〜D の分岐回路のうち，配線用遮断器 B の取り付け位置が **不適切** なものは。

　　ただし，図中の分岐回路の電流値は電線の許容電流を示し，距離は電線の長さを示す。

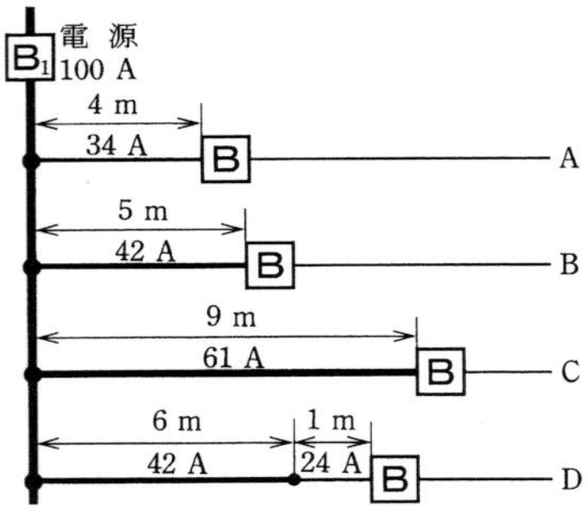

イ．A　　　　ロ．B　　　　ハ．C　　　　ニ．D

10　6 極の三相かご形誘導電動機があり，その一次周波数がインバータで調整できるようになっている。この電動機が滑り 5 ％，回転速度 1 140 min⁻¹ で運転されている場合の一次周波数[Hz]は。

イ．30　　　　ロ．40　　　　ハ．50　　　　ニ．60

11　巻上荷重 W[kN]の物体を毎秒 v[m]の速度で巻き上げているとき，この巻上用電動機の出力[kW]を示す式は。

　　ただし，巻上機の効率は η[％]であるとする。

イ．$\dfrac{100W \cdot v}{\eta}$　　ロ．$\dfrac{100W \cdot v^2}{\eta}$　　ハ．$100\eta W \cdot v$　　ニ．$100\eta W^2 \cdot v^2$

12　変圧器の鉄損に関する記述として，**正しい** ものは。

イ．電源の周波数が変化しても鉄損は一定である。
ロ．一次電圧が高くなると鉄損は増加する。
ハ．鉄損はうず電流損より小さい。
ニ．鉄損はヒステリシス損より小さい。

問 い	答 え
13　蓄電池に関する記述として，正しいものは。	イ．鉛蓄電池の電解液は，希硫酸である。 ロ．アルカリ蓄電池の放電の程度を知るためには，電解液の比重を測定する。 ハ．アルカリ蓄電池は，過放電すると充電が不可能になる。 ニ．単一セルの起電力は，鉛蓄電池よりアルカリ蓄電池の方が高い。
14　写真に示すものの名称は。 	イ．金属ダクト ロ．バスダクト ハ．トロリーバスダクト ニ．銅帯
15　写真に示すモールド変圧器の矢印部分の名称は。 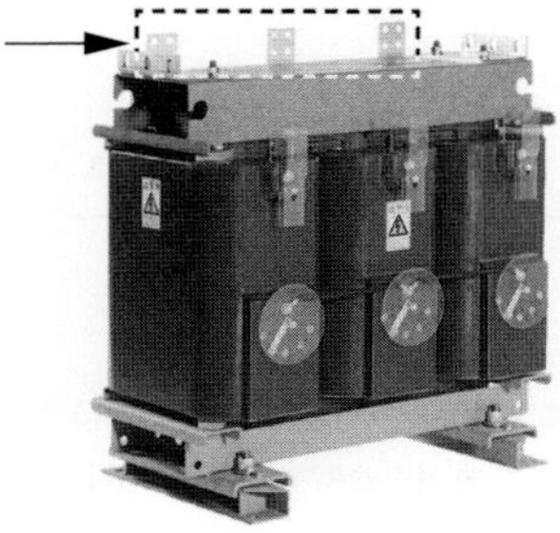	イ．タップ切替端子 ロ．耐震固定端部 ハ．一次（高電圧側）端子 ニ．二次（低電圧側）端子
16　有効落差 100 m，使用水量 20 m³/s の水力発電所の発電機出力[MW]は。 　　ただし，水車と発電機の総合効率は 85 % とする。	イ．1.9　　　　　　ロ．12.7　　　　　　ハ．16.7　　　　　　ニ．18.7
17　図は汽力発電所の再熱サイクルを表したものである。図中の Ⓐ，Ⓑ，Ⓒ，Ⓓ の組合せとして，正しいものは。 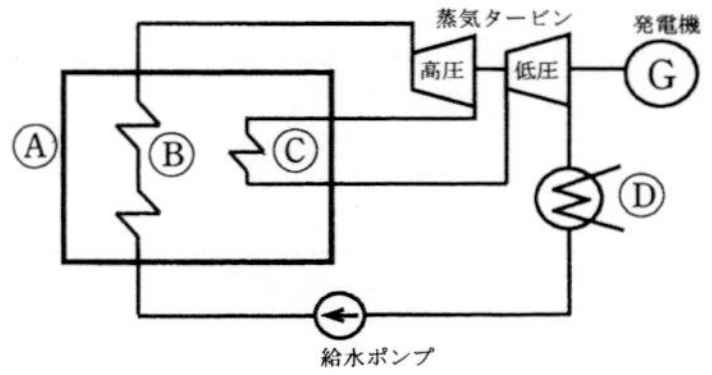	（表）下記参照

17 の答え：

	Ⓐ	Ⓑ	Ⓒ	Ⓓ
イ	再熱器	復水器	過熱器	ボイラ
ロ	過熱器	復水器	再熱器	ボイラ
ハ	ボイラ	過熱器	再熱器	復水器
ニ	復水器	ボイラ	過熱器	再熱器

	問　い	答　え
18	ディーゼル機関のはずみ車（フライホイール）の目的として，**正しいもの**は。	イ．停止を容易にする。 ロ．冷却効果を良くする。 ハ．始動を容易にする。 ニ．回転のむらを滑らかにする。
19	送電用変圧器の中性点接地方式に関する記述として，**誤っているもの**は。	イ．非接地方式は，中性点を接地しない方式で，異常電圧が発生しやすい。 ロ．直接接地方式は，中性点を導線で接地する方式で，地絡電流が大きい。 ハ．抵抗接地方式は，地絡故障時，通信線に対する電磁誘導障害が直接接地方式と比較して大きい。 ニ．消弧リアクトル接地方式は，中性点を送電線路の対地静電容量と並列共振するようなリアクトルで接地する方式である。
20	零相変流器と組み合わせて使用する継電器の種類は。	イ．過電圧継電器 ロ．過電流継電器 ハ．地絡継電器 ニ．比率差動継電器
21	高調波の発生源とならない機器は。	イ．交流アーク炉 ロ．半波整流器 ハ．進相コンデンサ ニ．動力制御用インバータ
22	写真の機器の矢印で示す部分に関する記述として，**誤っているもの**は。 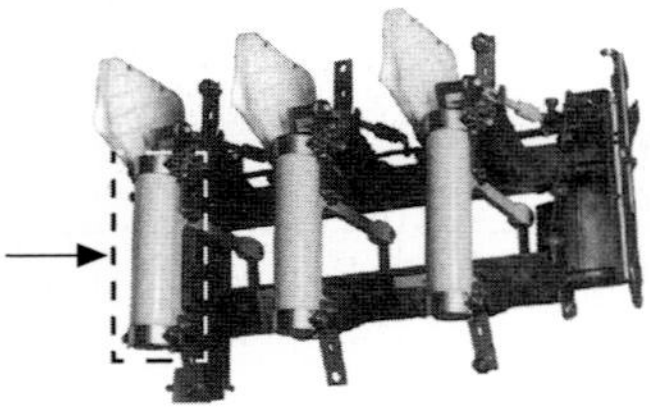 	イ．小形，軽量であるが，定格遮断電流は大きく 20 kA，40 kA 等がある。 ロ．通常は密閉されているが，短絡電流を遮断するときに放出口からガスを放出する。 ハ．短絡電流を限流遮断する。 ニ．用途によって，T，M，C，G の 4 種類がある。
23	写真に示す機器の用途は。 	イ．高圧電路の短絡保護 ロ．高圧電路の地絡保護 ハ．高圧電路の雷電圧保護 ニ．高圧電路の過負荷保護

平成30年度

問　い	答　え
24　地中に埋設又は打ち込みをする接地極として，**不適切なもの**は。	イ．内径 36 mm 長さ 1.5 m の厚鋼電線管 ロ．直径 14 mm 長さ 1.5 m の銅溶覆鋼棒 ハ．縦 900 mm× 横 900 mm× 厚さ 1.6 mm の銅板 ニ．縦 900 mm× 横 900 mm× 厚さ 2.6 mm のアルミ板
25　工具類に関する記述として，**誤っているもの**は。	イ．高速切断機は，といしを高速で回転させ鋼材等の切断及び研削をする工具であり，研削には，といしの側面を使用する。 ロ．油圧式圧着工具は，油圧力を利用し，主として太い電線などの圧着接続を行う工具で，成形確認機構がなければならない。 ハ．ノックアウトパンチャは，分電盤などの鉄板に穴をあける工具である。 ニ．水準器は，配電盤や分電盤などの据え付け時の水平調整などに使用される。
26　写真に示す配線器具を取り付ける施工方法の記述として，**不適切なもの**は。  	イ．定格電流 20 A の配線用遮断器に保護されている電路に取り付けた。 ロ．単相 200 V の機器用コンセントとして取り付けた。 ハ．三相 400 V の機器用コンセントとしては使用できない。 ニ．接地極には D 種接地工事を施した。
27　ライティングダクト工事の記述として，**不適切なもの**は。	イ．ライティングダクトを 1.5 m の支持間隔で造営材に堅ろうに取り付けた。 ロ．ライティングダクトの終端部を閉そくするために，エンドキャップを取り付けた。 ハ．ライティングダクトに D 種接地工事を施した。 ニ．接触防護措置を施したので，ライティングダクトの開口部を上向きに取り付けた。
28　合成樹脂管工事に使用できない絶縁電線の種類は。	イ．600V ビニル絶縁電線 ロ．600V 二種ビニル絶縁電線 ハ．600V 耐燃性ポリエチレン絶縁電線 ニ．屋外用ビニル絶縁電線
29　点検できる隠ぺい場所で，湿気の多い場所又は水気のある場所に施す使用電圧 300 V 以下の低圧屋内配線工事で，施設することができない工事の種類は。	イ．金属管工事 ロ．金属線ぴ工事 ハ．ケーブル工事 ニ．合成樹脂管工事

問い30から問い34までは，下の図に関する問いである。

　図は，自家用電気工作物（500 kW未満）の高圧受電設備を表した図及び高圧架空引込線の見取図である。

　この図に関する各問いには，4通りの答え（イ，ロ，ハ，ニ）が書いてある。それぞれの問いに対して，答えを一つ選びなさい。

〔注〕　図において，問いに直接関係のない部分等は，省略又は簡略化してある。

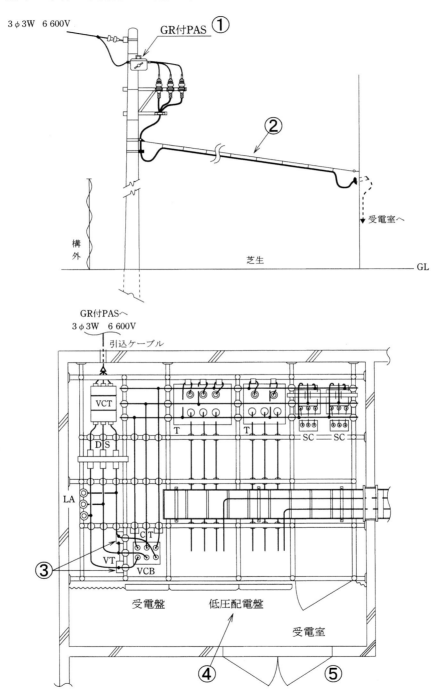

問 い	答 え
30 ①に示す地絡継電装置付き高圧交流負荷開閉器（GR付PAS）に関する記述として，**不適切なものは。**	イ．GR付PASの地絡継電装置は，需要家内のケーブルが長い場合，対地静電容量が大きく，他の需要家の地絡事故で不必要動作する可能性がある。このような施設には，地絡方向継電器を設置することが望ましい。 ロ．GR付PASは，地絡保護装置であり，保安上の責任分界点に設ける区分開閉器ではない。 ハ．GR付PASの地絡継電装置は，波及事故を防止するため，一般送配電事業者との保護協調が大切である。 ニ．GR付PASは，短絡等の過電流を遮断する能力を有しないため，過電流ロック機能が必要である。
31 ②に示す高圧架空引込ケーブルによる，引込線の施工に関する記述として，**不適切なものは。**	イ．ちょう架用線に使用する金属体には，D種接地工事を施した。 ロ．高圧架空電線のちょう架用線は，積雪などの特殊条件を考慮した想定荷重に耐える必要がある。 ハ．高圧ケーブルは，ちょう架用線の引き留め箇所で，熱収縮と機械的振動ひずみに備えてケーブルにゆとりを設けた。 ニ．高圧ケーブルをハンガーにより，ちょう架用線に1mの間隔で支持する方法とした。
32 ③に示すVTに関する記述として，**誤っているものは。**	イ．VTには，定格負担（単位[V·A]）があり，定格負担以下で使用する必要がある。 ロ．VTの定格二次電圧は，110Vである。 ハ．VTの電源側には，十分な定格遮断電流を持つ限流ヒューズを取り付ける。 ニ．遮断器の操作電源の他，所内の照明電源としても使用することができる。
33 ④に示す低圧配電盤に設ける過電流遮断器として，**不適切なものは。**	イ．単相3線式（210/105V）電路に設ける配線用遮断器には3極2素子のものを使用した。 ロ．電動機用幹線の許容電流が100Aを超え，過電流遮断器の標準の定格に該当しないので，定格電流はその値の直近上位のものを使用した。 ハ．電動機用幹線の過電流遮断器は，電線の許容電流の3.5倍のものを取り付けた。 ニ．電灯用幹線の過電流遮断器は，電線の許容電流以下の定格電流のものを取り付けた。
34 ⑤の高圧屋内受電設備の施設又は表示について，電気設備の技術基準の解釈で**示されていないものは。**	イ．出入口に火気厳禁の表示をする。 ロ．出入口に立ち入りを禁止する旨を表示する。 ハ．出入口に施錠装置等を施設して施錠する。 ニ．堅ろうな壁を施設する。

平成30年度

	問 い	答 え
35	電気設備の技術基準の解釈では，C 種接地工事について「接地抵抗値は，10 Ω（低圧電路において，地絡を生じた場合に 0.5 秒以内に当該電路を自動的に遮断する装置を施設するときは，[　　]Ω）以下であること。」と規定されている。上記の空欄にあてはまる数値として，**正しいもの**は。	イ．50　　　　ロ．150　　　　ハ．300　　　　ニ．500
36	低圧屋内配線の開閉器又は過電流遮断器で区切ることができる電路ごとの絶縁性能として，電気設備の技術基準（解釈を含む）に**適合しないもの**は。	イ．対地電圧 100 V の電灯回路の漏えい電流を測定した結果，0.8 mA であった。 ロ．対地電圧 100 V の電灯回路の絶縁抵抗を測定した結果，0.15 MΩ であった。 ハ．対地電圧 200 V の電動機回路の絶縁抵抗を測定した結果，0.18 MΩ であった。 ニ．対地電圧 200 V のコンセント回路の漏えい電流を測定した結果，0.4 mA であった。
37	変圧器の絶縁油の劣化診断に直接関係のないものは。	イ．絶縁破壊電圧試験 ロ．水分試験 ハ．真空度測定 ニ．全酸価試験
38	第一種電気工事士の免状の交付を受けている者でなければ従事できない作業は。	イ．最大電力 400 kW の需要設備の 6.6 kV 変圧器に電線を接続する作業 ロ．出力 500 kW の発電所の配電盤を造営材に取り付ける作業 ハ．最大電力 600 kW の需要設備の 6.6 kV 受電用ケーブルを管路に収める作業 ニ．配電電圧 6.6 kV の配電用変電所内の電線相互を接続する作業
39	電気工事業の業務の適正化に関する法律において，電気工事業者の業務に関する記述として，**誤っているもの**は。	イ．営業所ごとに，絶縁抵抗計の他，法令に定められた器具を備えなければならない。 ロ．営業所ごとに，法令に定められた電気主任技術者を選任しなければならない。 ハ．営業所及び電気工事の施工場所ごとに，法令に定められた事項を記載した標識を掲示しなければならない。 ニ．営業所ごとに，電気工事に関し，法令に定められた事項を記載した帳簿を備えなければならない。
40	電気事業法において，電線路維持運用者が行う一般用電気工作物の調査に関する記述として，**不適切なもの**は。	イ．一般用電気工作物の調査が 4 年に 1 回以上行われている。 ロ．登録点検業務受託法人が点検業務を受託している一般用電気工作物についても調査する必要がある。 ハ．電線路維持運用者は，調査を登録調査機関に委託することができる。 ニ．一般用電気工作物が設置された時に調査が行われなかった。

問題2. 配線図 (問題数10，配点は1問当たり2点)

図は，高圧受電設備の単線結線図である。この図の矢印で示す 10 箇所に関する各問いには，4 通りの答え（**イ，ロ，ハ，ニ**）が書いてある。それぞれの問いに対して，答えを1つ選びなさい。

〔注〕　図において，問いに直接関係のない部分等は，省略又は簡略化してある。

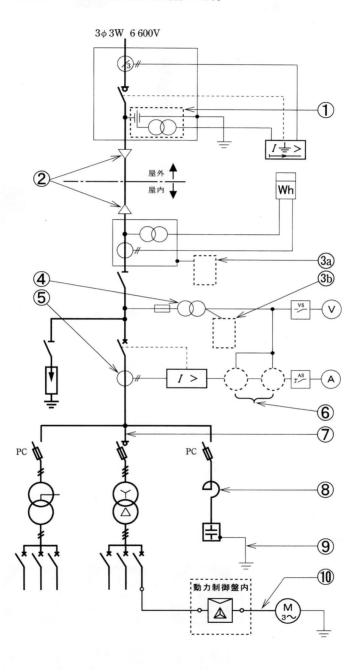

平成30年度

	問　い	答　え
41	①で示す図記号の機器に関する記述として，正しいものは。	イ．零相電流を検出する。 ロ．短絡電流を検出する。 ハ．欠相電圧を検出する。 ニ．零相電圧を検出する。
42	②で示す部分に使用されないものは。	イ． 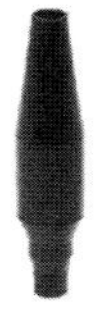 ロ． 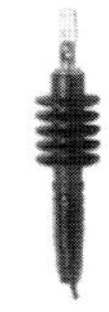 ハ． 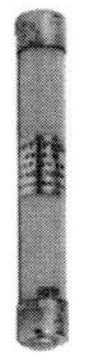 ニ． 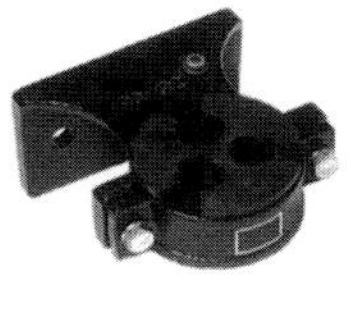
43	図中の(3a)(3b)に入る図記号の組合せとして，正しいものは。	
44	④に設置する単相機器の必要最少数量は。	イ．1　　ロ．2　　ハ．3　　ニ．4
45	⑤で示す機器の役割は。	イ．高圧電路の電流を変流する。 ロ．電路に侵入した過電圧を抑制する。 ハ．高電圧を低電圧に変圧する。 ニ．地絡電流を検出する。
46	⑥に設置する機器の組合せは。	イ． 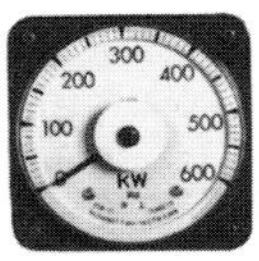 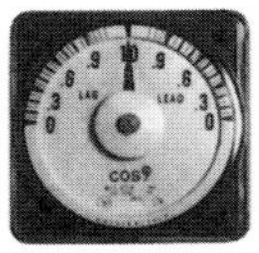　　ロ． 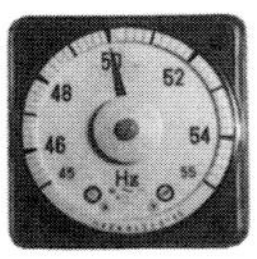 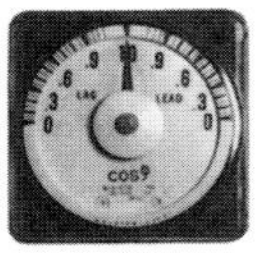　　ハ． 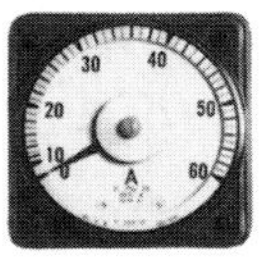 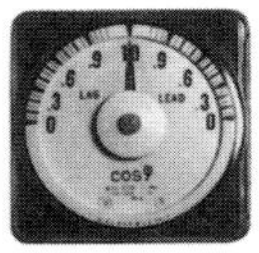　　ニ． 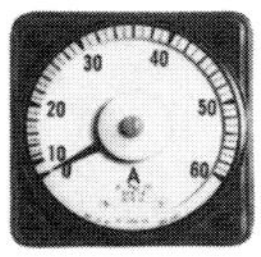 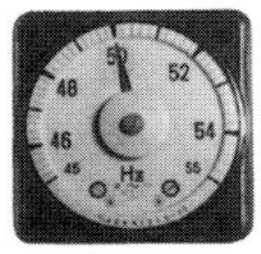

問 い	答 え
47　⑦で示す部分の相確認に用いるものは。	イ. 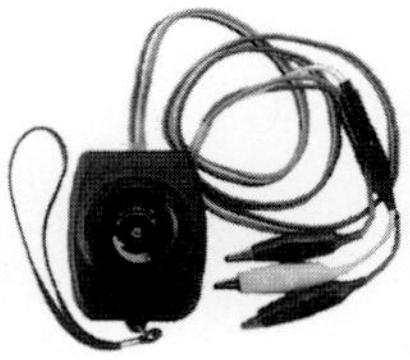　　　ロ. 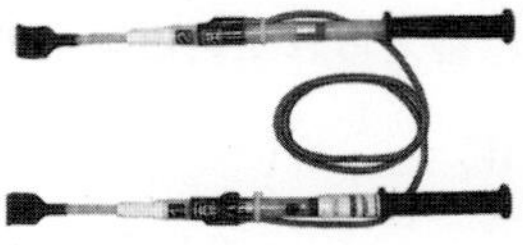　 ハ. 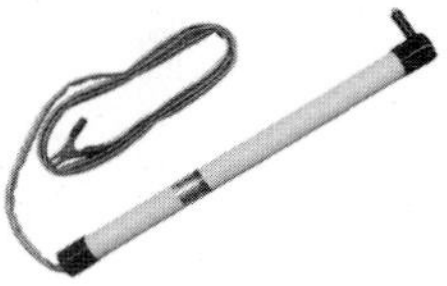　　　ニ. 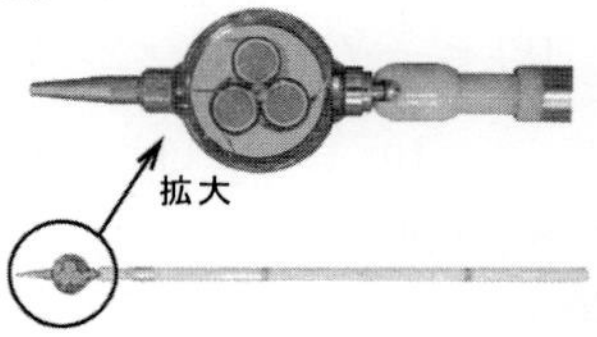　　拡大
48　⑧で示す機器の役割として，**誤っている**ものは。	イ．コンデンサ回路の突入電流を抑制する。 ロ．コンデンサの残留電荷を放電する。 ハ．電圧波形のひずみを改善する。 ニ．第5調波等の高調波障害の拡大を防止する。
49　⑨の部分に使用する軟銅線の直径の最小値[mm]は。	イ．1.6　　　　　ロ．2.0　　　　　ハ．2.6　　　　　ニ．3.2
50　⑩で示す動力制御盤内から電動機に至る配線で，必要とする電線本数（心線数）は。	イ．3　　　　　　ロ．4　　　　　　ハ．5　　　　　　ニ．6

1　ハ. $W_C = 0.1$　$W_L = 0.1$

C に蓄えられているエネルギー W_C〔J〕は，

$$W_C = \frac{1}{2}CV^2 = \frac{1}{2} \times 20 \times 10^{-6} \times 100^2$$
$$= 10^{-1} = 0.1 \text{〔J〕}$$

L に蓄えられているエネルギー W_L〔J〕は，

$$W_L = \frac{1}{2}LI^2 = \frac{1}{2} \times 2 \times 10^{-3} \times 10^2$$
$$= 10^{-1} = 0.1 \text{〔J〕}$$

2　イ. 0.8

第 1 図において，電圧 V〔V〕は，

$$V = 72 - 20 \times 2 = 72 - 40 = 32 \text{〔V〕}$$

抵抗 2 Ω に流れる電流 I_1〔A〕は，

$$I_1 = \frac{V}{2} = \frac{32}{2} = 16 \text{〔A〕}$$

抵抗 10 Ω に流れる電流 I_2〔A〕は，

$$I_2 = \frac{V}{10} = \frac{32}{10} = 3.2 \text{〔A〕}$$

抵抗 R に流れる電流 I_R〔A〕は，

$$I_R = 20 - I_1 - I_2 = 20 - 16 - 3.2 = 0.8 \text{〔A〕}$$

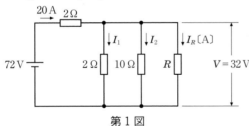

第 1 図

3　イ. $i = 10\sqrt{2}\sin\left(2\pi ft - \dfrac{\pi}{2}\right)$

交流電圧 $v = 100\sqrt{2}\sin(2\pi ft)$〔V〕に，誘導性リアクタンス $X_L = 10$〔Ω〕を接続した回路に流れる電流の瞬時値 i〔A〕は，

$$i = \frac{100\sqrt{2}}{10}\sin\left(2\pi ft - \frac{\pi}{2}\right)$$
$$= 10\sqrt{2}\sin\left(2\pi ft - \frac{\pi}{2}\right) \text{〔A〕}$$

となる．交流電源に誘導性リアクタンスを接続すると，第 2 図のように，電流 i は電圧 v より位相が $\pi/2$〔rad〕ラジアン 遅れる．

4　ロ. 100

抵抗 R に，電流 10 A が流れたときの消費電

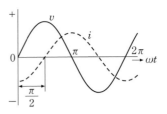

第 2 図

力が 800 W であることから，抵抗 R の値は，

$$P = I^2 R \text{〔W〕}$$
$$R = \frac{P}{I^2} = \frac{800}{10^2} = \frac{800}{100} = 8 \text{〔Ω〕}$$

回路のインピーダンス Z〔Ω〕は，

$$Z = \sqrt{R^2 + (X_L - X_C)^2} = \sqrt{8^2 + (16 - 10)^2}$$
$$= \sqrt{8^2 + 6^2} = \sqrt{64 + 36} = \sqrt{100} = 10 \text{〔Ω〕}$$

電源電圧 V〔V〕は，

$$V = IZ = 10 \times 10 = 100 \text{〔V〕}$$

5　ハ. $\dfrac{V}{R}\left(\dfrac{1}{\sqrt{3}} + \sqrt{3}\right)$

第 3 図において，Y結線の負荷に接続している電線に流れる電流 I_Y〔A〕は，

$$I_Y = \frac{V/\sqrt{3}}{R} = \frac{V}{\sqrt{3}R} \text{〔A〕}$$

△結線の相電流は V/R〔A〕であるので，負荷に接続している電線に流れる電流 $I_\triangle$〔A〕は，

$$I_\triangle = \sqrt{3} \times \frac{V}{R} = \frac{\sqrt{3}V}{R} \text{〔A〕}$$

図中に示されている電線の線電流 I〔A〕は，

$$I = I_Y + I_\triangle$$
$$= \frac{V}{\sqrt{3}R} + \frac{\sqrt{3}V}{R} = \frac{V}{R}\left(\frac{1}{\sqrt{3}} + \sqrt{3}\right) \text{〔A〕}$$

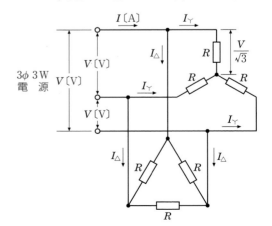

第 3 図

6 ロ．203

電線の各部分に流れる電流は，第4図のようになる．

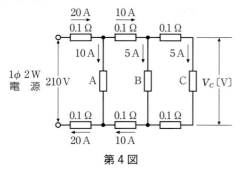

第4図

電源から抵抗負荷Cまでの電圧降下 v 〔V〕は，
$$v = 2 \times 20 \times 0.1 + 2 \times 10 \times 0.1 + 2 \times 5 \times 0.1$$
$$= 4 + 2 + 1 = 7 \text{〔V〕}$$

抵抗負荷Cの両端の電圧 V_C 〔V〕は，
$$V_C = 210 - v = 210 - 7 = 203 \text{〔V〕}$$

7 ロ．10

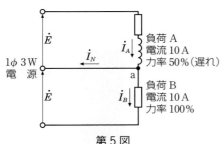

第5図

第5図のa点において，キルヒホッフの電流に関する法則（第1法則）を適用して，
$$\dot{I}_N + \dot{I}_B = \dot{I}_A$$
$$\dot{I}_N = \dot{I}_A - \dot{I}_B = \dot{I}_A + (-\dot{I}_B)$$

$\cos\theta = 0.5$ のとき $\theta = 60°$ であり，ベクトル図は第6図のようになる．

中性線に流れる電流 I_N の大きさは，負荷Aに流れる電流 I_A 及び負荷Bに流れる電流 I_B と同じ大きさの電流10 Aが流れる．

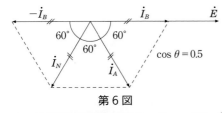

第6図

8 イ．配電線路の電力損失：$P_L = \sqrt{3}\,rI^2$

配電線路の1線当たりの抵抗を r 〔Ω〕，流

れる電流を I 〔A〕とすると，配電線路の電力損失 P_L 〔W〕は，次のようになる．
$$P_L = 3rI^2 \text{〔W〕}$$

9 イ．A

電技解釈第149条（低圧分岐回路等の施設）による．

低圧分岐回路は，第7図のように開閉器及び過電流遮断器を施設しなければならない．

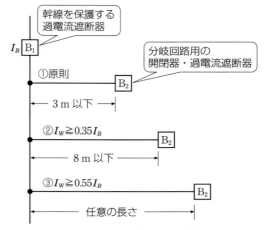

I_B：幹線を保護する過電流遮断器の定格電流
I_W：分岐回路の電線の許容電流

第7図

幹線との分岐点からの長さが3 mを超えて8 m以下の箇所に過電流遮断器を施設する場合，電線の許容電流は，幹線を保護する過電流遮断器の定格電流の35％以上でなければならない．

分岐回路Aは，幹線との分岐点からの長さが4 mであり，電線の許容電流は $100 \times 0.35 = 35$ 〔A〕以上でなければならないので，イは不適切である．

10 ニ．60

三相かご形誘導電動機が，滑り5％，回転速度1 140 min⁻¹で運転されている場合，この電動機の同期速度 N_s 〔min⁻¹〕は，
$$N = N_s \left(1 - \frac{s}{100}\right) \text{〔min}^{-1}\text{〕}$$
$$1\,140 = N_s \left(1 - \frac{5}{100}\right)$$
$$1\,140 = 0.95 N_s$$
$$N_s = \frac{1\,140}{0.95} = 1\,200 \text{〔min}^{-1}\text{〕}$$

電動機の極数が6極であるから，一次周波数

f〔Hz〕は,

$$N_s = \frac{120f}{p} \text{〔min}^{-1}\text{〕} \qquad 1\,200 = \frac{120f}{6}$$

$$20f = 1\,200$$

$$f = \frac{1\,200}{20} = 60 \text{〔Hz〕}$$

11 イ. $\dfrac{100W \cdot v}{\eta}$

第8図のように, 巻上荷重 W〔kN〕の物体を v〔m/s〕の速度で巻き上げているとき, 巻上機の効率を η(小数)とすると, 巻上用電動機の出力 P〔kW〕は, 次式で示される.

$$P = \frac{Wv}{\eta} \text{〔kW〕}$$

効率 η を%で表すと, 次式のようになる.

$$P = \frac{Wv}{\dfrac{\eta}{100}} = \frac{100Wv}{\eta} \text{〔kW〕}$$

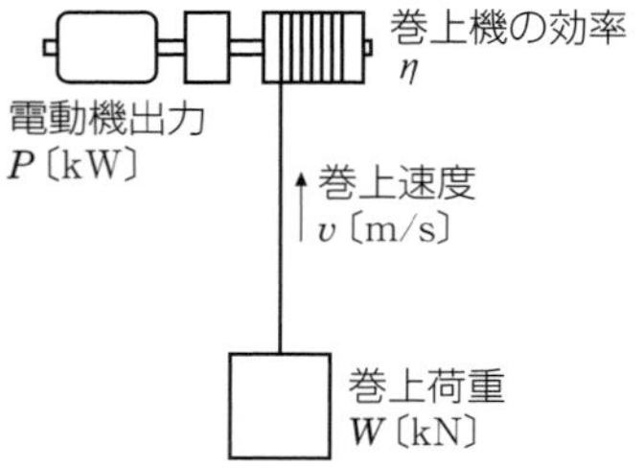

巻上機の効率 η
電動機出力 P〔kW〕
巻上速度 v〔m/s〕
巻上荷重 W〔kN〕

第8図

12 ロ. 一次電圧が高くなると鉄損は増加する.

変圧器の鉄損は, 一次電圧が高くなると電圧の2乗に比例して増加するので, ロは正しい.

電源の周波数が高くなると鉄損は減少することから, 電源の周波数が変化すると鉄損も変化するので, イは誤りである.

鉄損は, うず電流損にヒステリシス損を加えたものであるので, ハ及びニは誤りである.

13 イ. 鉛蓄電池の電解液は, 希硫酸である.

鉛蓄電池は電解液に希硫酸(H_2SO_4)を用い, 正極には二酸化鉛(PbO_2), 負極には鉛(Pb)を使用している.

アルカリ蓄電池の電解液の比重は, 充電・放電によってほとんど変化しないので, 比重を測定しても放電の程度を知ることはできない.

アルカリ蓄電池は, 過充電・過放電に耐えら

れる. 単一セルの起電力は1.2 Vで, 鉛蓄電池の起電力2.0 Vより低い.

14 ロ. バスダクト

バスダクト(第9図)は, 導体にアルミ導体又は銅導体を用い, 大電流を流す幹線として使用される.

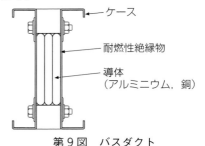

ケース
耐燃性絶縁物
導体
(アルミニウム, 銅)

第9図 バスダクト

15 ニ. 二次(低電圧側)端子

モールド変圧器(第10図)上部の┌┄┄┐で示す端子は, 二次(低電圧側)端子である.

一次(高電圧側)端子は, ⌐ ⌐ で示す端子である.

二次(低電圧側)端子

第10図 モールド変圧器

16 ハ. 16.7

水力発電所の発電機出力 P〔MW〕は,

$$P = 9.8QH\eta = 9.8 \times 20 \times 100 \times 0.85$$
$$= 16\,660 \text{〔kW〕} ≒ 16.7 \text{〔MW〕}$$

17 ハ.

再熱サイクルは, 蒸気タービンの効率を高めるために, 高圧タービンの排気を再熱器で再び加熱し, 高圧の蒸気として低圧タービンに用いるものである.

18 ニ. 回転のむらを滑らかにする.

ディーゼル機関は, 吸気, 圧縮, 爆発, 排気の工程が行われているが, 爆発工程と, その他の工程では回転力の差が大きく, 滑らかな回転を得ることができない. 回転を均一化するために, 円盤状のはずみ車(フライホイー

ル)が用いられる(**第11図**).

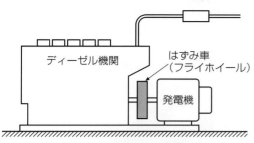

第11図　ディーゼル機関

19　ハ．**抵抗接地方式は，地絡故障時，通信線に対する電磁誘導障害が直接接地方式と比較して大きい．**

　抵抗接地方式は，中性点を数百Ωの抵抗を接続して接地する方式で，直接接地方式より地絡電流が小さく，通信線に対する電磁誘導障害が小さい．

20　ハ．**地絡継電器**

　第12図の零相変流器と地絡継電器を組み合わせて，整定値以上の地絡電流が流れた場合に，遮断器を動作させて地絡電流を遮断したりブザーで警報を出したりする．

零相変流器　　　　　地絡継電器

第12図

21　ハ．**進相コンデンサ**

　進相コンデンサは，高調波を発生することはない．

　高調波を発生する電気機器は，電源部にサイリスタ等の半導体を利用した，整流装置，無停電電源装置，動力制御用のインバータ等である．また，交流アーク炉のアーク電流からも高調波を発生する．

22　ロ．**通常は密閉されているが，短絡電流を遮断するときに放出口からガスを放出する．**

　矢印で示す部分は，高圧限流ヒューズである．

　高圧限流ヒューズは，完全に密閉されているため，短絡電流が流れて内部のヒューズが溶断しても，外部にガスを放出することはない．

23　ハ．**高圧電路の雷電圧保護**

　写真は避雷器であり，架空電線路に生じる雷による異常電圧を大地に放電して，高圧電路や高圧機器を保護する．

24　ニ．**縦900 mm×横900 mm×厚さ2.6 mmのアルミ板**

　内線規程1350-7（接地極）による．

　アルミ板は，地中に埋設すると腐食するので，接地極として使用しない．

　内線規程では，接地極は次によって選定するように推奨されている．

〔接地極の選定〕

　①銅板を使用する場合は，厚さ0.7 mm以上，大きさ900 cm²（片面）以上のものであること．

　②銅棒，銅覆鋼棒を使用する場合は，直径8 mm以上，長さ0.9 m以上のものであること．

　③鉄管を使用する場合は，外径25 mm以上，長さ0.9 m以上の亜鉛めっきガス鉄管又は厚鋼電線管であること．

　④鉄棒を使用する場合は，直径12 mm以上，長さ0.9 m以上の亜鉛めっきを施したものであること．

　⑤銅覆鋼板を使用する場合は，厚さ1.6 mm以上，長さ0.9 m以上，面積250 cm²（片面）以上を有するものであること．

　⑥炭素被覆鋼棒を使用する場合は，直径8 mm以上の鋼心で長さ0.9 m以上のものであること．

25　イ．**高速切断機は，といしを高速で回転させ鋼材等の切断及び研削をする工具であり，研削には，といしの側面を使用する．**

　労働安全衛生規則第120条（研削といしの側面使用の禁止）に，「側面を使用することを目的とする研削といし以外の研削といしの側面を使用してはならない」と規定されている．

　高速切断機（**第13図**）は，鋼材等を切断するものである．といしの側面を使用すると割れや

すいので，側面を使用してはならない．

第13図　高速切断機

㉖　イ．定格電流20Aの配線用遮断器に保護されている電路に取り付けた．

写真のコンセントは，単相200V用2極接地極付30A250V引掛形コンセントである．

電技解釈第149条（低圧分岐回路等の施設）により，定格電流20Aの配線用遮断器で保護されている分岐回路に取り付けることができるコンセントの定格電流は，20A以下である．

配線用遮断器を用いた分岐回路に接続できる電線（軟銅線）の太さとコンセントの定格電流を，第1表に示す．

第1表

配線用遮断器の定格電流	電線の太さ（軟銅線）	コンセントの定格電流
20A	1.6mm以上	20A以下
30A	2.6mm（5.5mm²）以上	20A以上30A以下
40A	8mm²以上	30A以上40A以下
50A	14mm²以上	40A以上50A以下

㉗　ニ．接触防護措置を施したので，ライティングダクトの開口部を上向きに取り付けた．

電技解釈第165条（特殊な低圧屋内配線工事）により，ライティングダクト（第14図）の開口部は，下向きに施設しなければならない．

ライティングダクトの終端部は，エンドキャップ（第15図）を取り付けて閉そくする．

ライティングダクトの工事の要点は，次のとおりである．

・支持点間の距離は2m以下．
・開口部の向きは下向きが原則．
・終端部は閉そくする．

・造営材を貫通して施設してはならない．
・D種接地工事を施す（対地電圧が150V以下で，ダクトの長さが4m以下の場合等は省略できる）．
・漏電遮断器を施設する（簡易接触防護措置を施した場合は省略できる）．

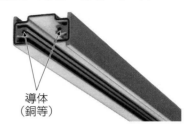

導体（銅等）

第14図　ライティングダクト

第15図　エンドキャップ

㉘　ニ．屋外用ビニル絶縁電線

電技解釈第158条（合成樹脂管工事）により，屋外用ビニル絶縁電線は使用できない．

㉙　ロ．金属線ぴ工事

電技解釈第156条（低圧屋内配線の施設場所による工事の種類）による．

金属線ぴ工事は，使用電圧が300V以下で，展開した場所及び点検できる隠ぺい場所であって，乾燥した場所に限り施設できる．

金属管工事，ケーブル工事，合成樹脂管工事は，使用電圧が600V以下で，施設場所に制限がない．

㉚　ロ．GR付PASは，地絡保護装置であり，保安上の責任分界点に設ける区分開閉器ではない．

高圧受電設備規程1110-2（区分開閉器の施設）・1110-4（地絡遮断装置の施設）による．

「保安上の責任分界点には，区分開閉器を施設すること」及び「保安上の責任分界点には，地絡遮断装置を施設すること」となっているので，GR付PAS（第16図）が保安上の責任分界点に取り付ける開閉器として使用される．

第16図　GR付PAS

31 ニ．高圧ケーブルをハンガーにより，ちょう架用線に1mの間隔で支持する方法とした．

電技解釈第67条（低高圧架空電線路の架空ケーブルによる施設）・第117条（高圧架空引込線等の施設），高圧受電設備規程1120-2（高圧架空引込線の施設）による．

ケーブルをちょう架用線にハンガーを使用してちょう架する場合は，第17図のようにハンガーの間隔を50cm以下として施設しなければならない．

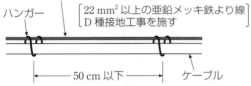

ちょう架用線
ハンガー
［22mm²以上の亜鉛メッキ鉄より線
D種接地工事を施す］
50cm以下
ケーブル

第17図　ハンガーによるケーブルのちょう架

32 ニ．遮断器の操作電源の他，所内の照明電源としても使用することができる．

VTは，計器用変圧器（第18図）である．計器用変圧器の容量は100V・A程度で，所内の照明電源として使用することはできない．

第18図　計器用変圧器（VT）

33 ハ．電動機用幹線の過電流遮断器は，電線の許容電流の3.5倍のものを取り付けた．

電技解釈第148条（低圧幹線の施設）による．
低圧幹線を保護する過電流遮断器の定格電流は，低圧幹線に電動機が接続されている場合は，次によらなければならない．

・電動機の定格電流の合計の3倍に，他の電気使用機械器具の定格電流の合計を加えた値以下であること．
・低圧幹線の許容電流を2.5倍した値以下であること．

34 イ．出入口に火気厳禁の表示をする．

電技解釈第38条（発電所等への取扱者以外の者の立入の防止）による．

高圧の機械器具等を屋内に施設する高圧受電設備は，次により構内に取扱者以外の者が立ち入らないような措置を講じなければならない．

・堅ろうな壁を設けること．
・さく，へい等を設け，当該さく，へい等から充電部分までの距離との和を5m以上とすること．
・出入口に立入りを禁止する旨を表示すること．
・出入口に施錠装置を施設して施錠する等，取扱者以外の者の出入りを制限する措置を講じること．

35 ニ．500

電技解釈第17条（接地工事の種類及び施設方法）による．

C種接地工事について，「接地抵抗値は，10Ω（低圧電路において，地絡を生じた場合に0.5秒以内に当該電路を自動的に遮断する装置を施設するときは，500Ω）以下であること」と規定されている．

36 ハ．対地電圧200Vの電動機回路の絶縁抵抗を測定した結果，0.18MΩであった．

電技第58条（低圧の電路の絶縁性能），電技解釈第14条（低圧電路の絶縁性能）による．

対地電圧200Vの電動機回路の絶縁抵抗値は，0.2MΩ以上でなければならない．

低圧の電路の電線相互間及び電路と大地間との絶縁抵抗は，開閉器又は過電流遮断器で区切る電路ごとに，第2表で示す値以上でなければならない．

絶縁抵抗測定が困難な場合は，使用電圧が加わった状態における漏えい電流が，1mA以下であればよい．

第2表　低圧の電路の絶縁性能

電路の使用電圧の区分		絶縁抵抗値
300 V 以下	対地電圧が150 V 以下の場合	0.1 MΩ
	その他の場合	0.2 MΩ
300 V を超えるもの		0.4 MΩ

㊲　ハ．真空度測定

　変圧器の絶縁油の劣化診断では，真空度測定は行わない．真空度測定は，真空遮断器の真空バルブについて行うものである．

　変圧器の絶縁油の劣化診断では，一般的に行う試験は，次のとおりである．

・外観試験
・絶縁破壊電圧試験
・酸価度試験
・水分試験
・油中ガス分析

㊳　イ．最大電力 400 kW の需要設備の 6.6 kV 変圧器に電線を接続する作業

　電気工事士法第2条（用語の定義）・第3条（電気工事士等），施行規則第2条（軽微な作業）による．

　電気工事士法が適用される電気工作物は，一般用電気工作物等と最大電力 500 kW 未満の需要設備である．

　ハの最大電力 600 kW の需要設備，ロの発電所，ニの配電用変電所は，電気工事士法が適用されないので，第一種電気工事士の免状の交付を受けていなくても作業ができる（第19図）．

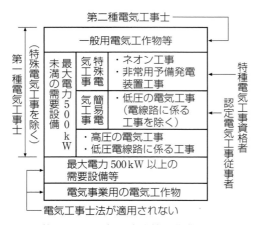

第19図　電気工事士等の作業範囲

㊳　ロ．営業所ごとに，法令に定められた電気主任技術者を選任しなければならない．

　電気工事業法第19条（主任電気工事士の設置）・第24条（器具の備付け）・第25条（標識の掲示）・第26条（帳簿の備付け等）による．

　営業所ごとに，法令に定められた電気主任技術者を選任することは規定されていない．

㊵　ニ．一般用電気工作物が設置された時に調査が行われなかった．

　電気事業法第57条（調査の義務）・第57条の2（調査業務の委託），施行規則第96条（一般用電気工作物の調査）による．

　電線路維持運用者は，電気を供給する一般用電気工作物が電気設備技術基準に適合しているかどうかを調査しなければならない．調査は，次によって行う．

①一般用電気工作物が設置された時及び変更の工事が完成した時．
②一般用電気工作物は，4年に1回以上行う．
③登録点検業務受託法人が点検業務を受託している一般用電気工作物は，5年に1回以上行う．

　したがって，ニは適切でない．

〔問題2〕　配線図の解答

㊶　ニ．零相電圧を検出する．

　①で示す図記号の機器は，零相基準入力装置（ZPD）で，地絡事故時に発生する零相電圧を検出する働きがある．

㊷　ハ．

　ハは計器用変圧器に付属している限流ヒューズで，ケーブルヘッド（CH）には使用されない．

　イはゴムストレスコーンで，ゴムストレスコーン形屋内終端接続部（第20図）に使用される．

　ロはゴムとう管で，ゴムとう管形終端接続部（第21図）に使用される．

　ニはブラケットで，ゴムストレスコーン形屋内終端接続部の支持固定に使用される．

㊸　イ．

　電技解釈第28条（計器用変成器の2次側電路の接地）・第29条（機械器具の金属製外箱等の接地）による．

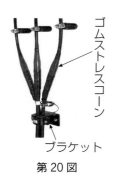

第20図

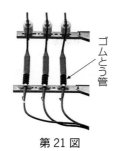

第21図

③aは電力需給用計器用変成器（VCT）の金属製外箱の接地で，A種接地工事である．

③bは計器用変圧器（VT）の二次側電路の接地で，D種接地工事である．

44 ロ．2

④に設置する機器は計器用変圧器（VT）で，2台をV-V結線して使用する（第22図）．

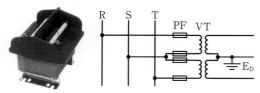

第22図　計器用変圧器（VT）とその結線

45 イ．高圧電路の電流を変流する．

⑤で示す機器は，変流器（CT，第23図）で大電流を小電流に変成する．

第23図　変流器（CT）

46 イ．

計器用変圧器（VT）から電圧が供給されるとともに，変流器（CT）から電流が供給されて動作する計器は，電力計（kW表示）と力率計（cosφ表示）である．

47 ロ．

高圧電路の相順を確認するものは，ロの高圧検相器である．

イは低圧検相器，ハは放電用接地棒，ニは風車式検電器である．

48 ロ．コンデンサの残留電荷を放電する．

⑧で示す機器は直列リアクトル（SR，第24図）で，コンデンサの残留電荷を放電することはない．

直列リアクトルは，次の働きがある．

・コンデンサへの突入電流を抑制する．

・電路の電圧波形のひずみ（主に第5高調波）を軽減する．

第24図　直列リアクトル（SR）

49 ハ．2.6

電技解釈第17条（接地工事の種類及び施設方法）・第29条（機械器具の金属製外箱等の接地）による．

⑨の部分は高圧進相コンデンサの金属製外箱部分で，接地工事の種類はA種接地工事である．接地線に軟銅線を使用する場合は，直径2.6 mm以上のものでなければならない．

50 ニ．6

図記号 ▷|△ はスターデルタ始動器を表し，動力制御盤内にはスターデルタ始動器が施設してある．電動機の端子U，V，W及び端子X，Y，Zからスターデルタ始動機への配線は，6本（第25図）である．

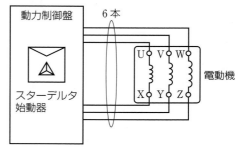

第25図

施設場所に関する用語

●**電気使用場所**：電気を使用するための電気設備を施設した場所，発電所，変電所，開閉所，受電所又は配電盤などは含まれない.

●**需要場所**：電気使用場所を含み，電気を使用する構内全体をいう.

●**乾燥した場所**：ふだん湿気または水気のない場所

●**湿気の多い場所**：①浴室又はそば屋，うどん屋などの釜場のように水蒸気が充満する場所，②床下などの場所をいい，住宅の台所等は含まない.

●**水気のある場所**：魚屋，八百屋，クリーニング店の作業場などの水を取り扱う土間，洗い場又はこれらの付近の水滴が飛散する場所

●**高温場所**：周囲温度が通常の使用状態において30℃を超える場所

●**露出場所**：屋内の天井下面，壁面その他屋側のような場所

●**点検できるいんぺい場所**：点検口がある天井裏，戸棚，押入れなどはふだん外部からは見えないが，点検しようとすればできる場所

●**点検できないいんぺい場所**：点検口がない天井ふところ，床下，壁内，コンクリート床内，地中のような場所

●**雨線内**：屋側において，のき，ひさしなどの先端から，鉛直線に対し，建造物の方向に45°の角度で下方に引いた線より内側の部分で，通常の降雨状態において雨のかからない部分

●**雨線外**：屋側において，雨線内以外の場所(雨のかかる部分)

●**接触防護措置**：次のいずれかに適合するように施設することをいう.
イ　設備を，屋内にあっては床上2.3 m以上，屋外にあっては地表上2.5 m以上の高さに，かつ，人が通る場所から手を伸ばしても触れることのない範囲に施設すること.
ロ　設備に人が接近又は接触しないよう，さく，へい等を設け，又は設備を金属管に収める等の防護措置を施すこと.

●**簡易接触防護措置**：次のいずれかに適合するように施設することをいう.
イ　設備を，屋内にあっては床上1.8 m以上，屋外にあっては地表上2 m以上の高さに，かつ，人が通る場所から容易に触れることのない範囲に施設すること.
ロ　設備に人が接近又は接触しないよう，さく，へい等を設け，又は設備を金属管に収める等の防護措置を施すこと.

平成29年度の
問題と
解答・解説

●平成 29 年度問題の解答●

問題1．一般問題

問い	答え	問い	答え	問い	答え	問い	答え
1	ハ	11	ロ	21	ニ	31	ハ
2	ニ	12	ハ	22	イ	32	ニ
3	ロ	13	ニ	23	ニ	33	ニ
4	ロ	14	イ	24	ハ	34	イ
5	イ	15	ロ	25	イ	35	ニ
6	ロ	16	イ	26	ニ	36	ニ
7	ハ	17	ハ	27	ロ	37	ハ
8	ロ	18	イ	28	イ	38	イ
9	ロ	19	ハ	29	ロ	39	ハ
10	ハ	20	ハ	30	イ	40	ロ

問題2．配線図

問い	答え
41	ニ
42	ロ
43	ニ
44	イ
45	ニ
46	ロ
47	イ
48	ハ
49	イ
50	ハ

問題１. 一般問題 （問題数 40，配点は 1 問当たり 2 点）

次の各問いには 4 通りの答え（イ，ロ，ハ，ニ）が書いてある。それぞれの問いに対して答えを 1 つ選びなさい。

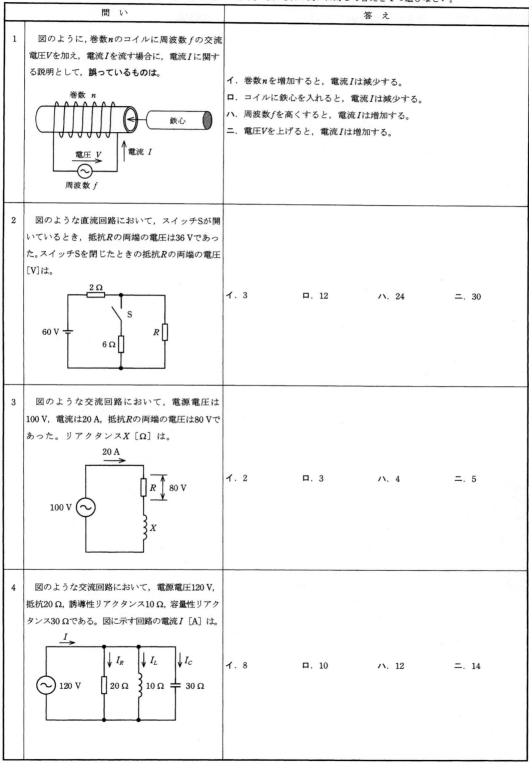

	問　い	答　え
1	図のように，巻数 n のコイルに周波数 f の交流電圧 V を加え，電流 I を流す場合に，電流 I に関する説明として，**誤っているもの**は。 巻数 n 鉄心 電圧 V　電流 I 周波数 f	イ．巻数 n を増加すると，電流 I は減少する。 ロ．コイルに鉄心を入れると，電流 I は減少する。 ハ．周波数 f を高くすると，電流 I は増加する。 ニ．電圧 V を上げると，電流 I は増加する。
2	図のような直流回路において，スイッチ S が開いているとき，抵抗 R の両端の電圧は 36 V であった。スイッチ S を閉じたときの抵抗 R の両端の電圧 [V] は。 2 Ω　S 60 V　6 Ω　R	イ．3　　　ロ．12　　　ハ．24　　　ニ．30
3	図のような交流回路において，電源電圧は 100 V，電流は 20 A，抵抗 R の両端の電圧は 80 V であった。リアクタンス X [Ω] は。 20 A 100 V　R　80 V X	イ．2　　　ロ．3　　　ハ．4　　　ニ．5
4	図のような交流回路において，電源電圧 120 V，抵抗 20 Ω，誘導性リアクタンス 10 Ω，容量性リアクタンス 30 Ω である。図に示す回路の電流 I [A] は。 I　I_R　I_L　I_C 120 V　20 Ω　10 Ω　30 Ω	イ．8　　　ロ．10　　　ハ．12　　　ニ．14

問　い	答　え

5　図のような三相交流回路において，電源電圧は V[V]，抵抗 $R=5\,\Omega$，誘導性リアクタンス $X_L=3\,\Omega$ である。回路の全消費電力[W]を示す式は。

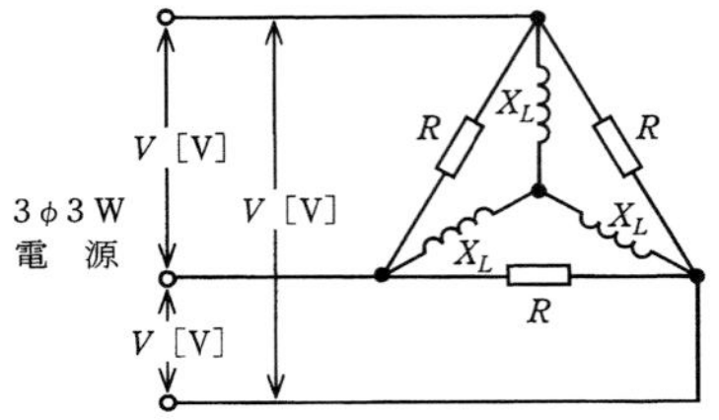

イ. $\dfrac{3V^2}{5}$　　ロ. $\dfrac{V^2}{3}$　　ハ. $\dfrac{V^2}{5}$　　ニ. V^2

6　定格容量 $200\,\mathrm{kV\cdot A}$，消費電力 $120\,\mathrm{kW}$，遅れ力率 $\cos\theta_1=0.6$ の負荷に電力を供給する高圧受電設備に高圧進相コンデンサを施設して，力率を $\cos\theta_2=0.8$ に改善したい。必要なコンデンサの容量[kvar]は。

　　ただし，$\tan\theta_1=1.33$，$\tan\theta_2=0.75$ とする。

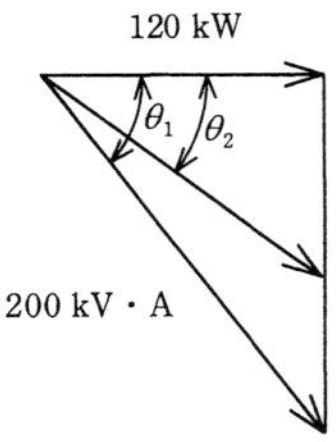

イ. 35　　ロ. 70　　ハ. 90　　ニ. 160

7　図のように，定格電圧 $200\,\mathrm{V}$，消費電力 $17.3\,\mathrm{kW}$ の三相抵抗負荷に電気を供給する配電線路がある。負荷の端子電圧が $200\,\mathrm{V}$ であるとき，この配電線路の電力損失[kW]は。

　　ただし，配電線路の電線1線当たりの抵抗は $0.1\,\Omega$ とし，配電線路のリアクタンスは無視する。

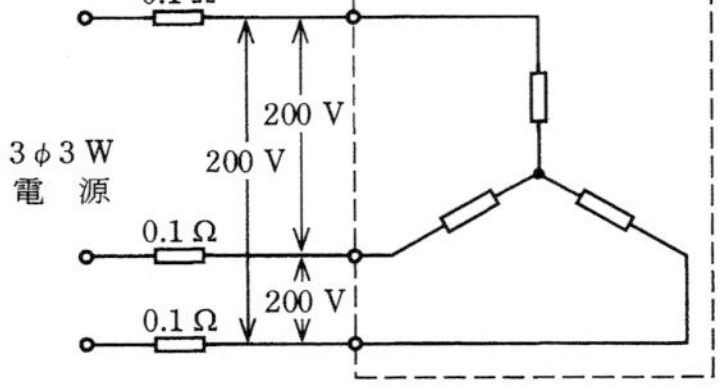

イ. 0.30　　ロ. 0.55　　ハ. 0.75　　ニ. 0.90

問 い	答 え

8　図は単相2線式の配電線路の単線結線図である。電線1線当たりの抵抗は，A–B間で0.1Ω，B–C間で0.2Ωである。A点の線間電圧が210Vで，B点，C点にそれぞれ負荷電流10Aの抵抗負荷があるとき，C点の線間電圧[V]は。

ただし，線路リアクタンスは無視する。

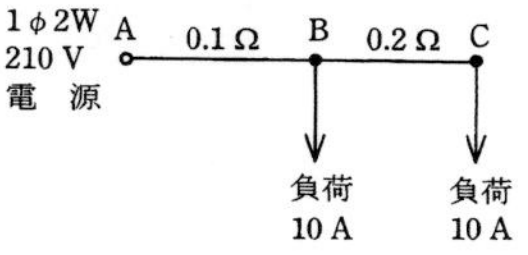

```
1φ2W  A  0.1Ω  B  0.2Ω  C
210V o——————●——————●
電 源          │        │
              ↓        ↓
            負荷      負荷
            10A       10A
```

イ．200　　　ロ．202　　　ハ．204　　　ニ．208

9　図のような配電線路において，変圧器の一次電流 I_1 [A] は。

ただし，負荷はすべて抵抗負荷であり，変圧器と配電線路の損失及び変圧器の励磁電流は無視する。

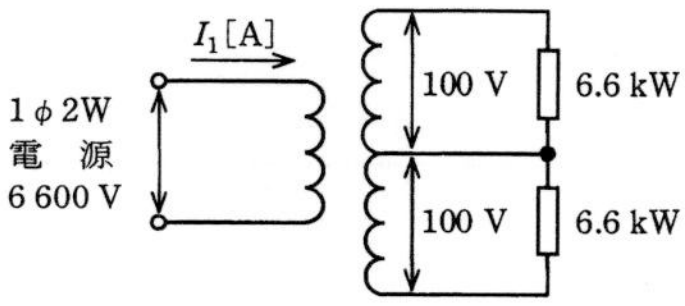

```
        I₁[A]
1φ2W  →——  ╫  100V  6.6kW
電 源                      
6600V ——  ╫  100V  6.6kW
```

イ．1.0　　　ロ．2.0　　　ハ．132　　　ニ．8712

10　図において，一般用低圧三相かご形誘導電動機の回転速度に対するトルク曲線は。

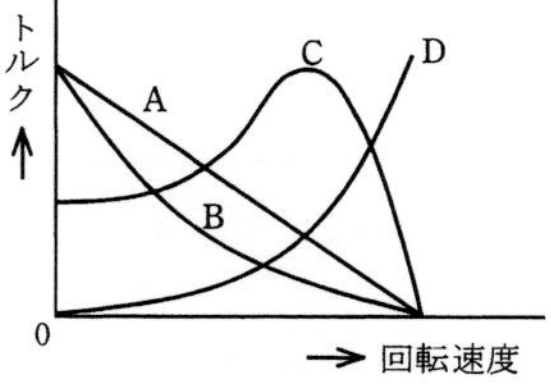

イ．A　　　ロ．B　　　ハ．C　　　ニ．D

11　定格出力22kW，極数4の三相誘導電動機が電源周波数60Hz，滑り5％で運転されている。

このときの1分間当たりの回転数は。

イ．1620　　　ロ．1710　　　ハ．1800　　　ニ．1890

12　同容量の単相変圧器2台をV結線し，三相負荷に電力を供給する場合の変圧器1台当たりの最大の利用率は。

イ．$\dfrac{1}{2}$　　　ロ．$\dfrac{\sqrt{2}}{2}$　　　ハ．$\dfrac{\sqrt{3}}{2}$　　　ニ．$\dfrac{2}{\sqrt{3}}$

平成29年度

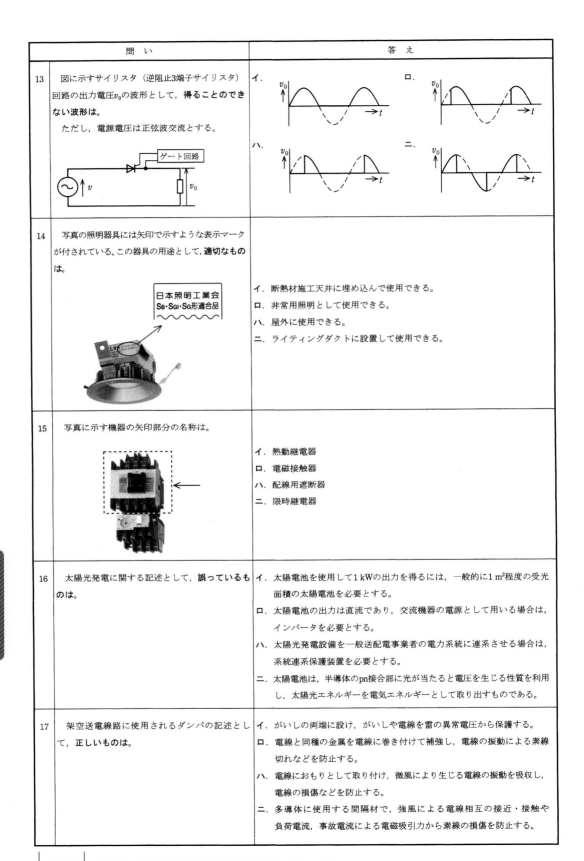

問 い	答 え
13 　図に示すサイリスタ（逆阻止3端子サイリスタ）回路の出力電圧v_0の波形として，**得ることのできない波形**は。 　　ただし，電源電圧は正弦波交流とする。	イ． v_0 波形 ... t　ロ． v_0 波形 ... t ハ． v_0 波形 ... t　ニ． v_0 波形 ... t
14 　写真の照明器具には矢印で示すような表示マークが付されている。この器具の用途として，**適切なもの**は。 日本照明工業会 SB・SGI・SG形適合品	イ．断熱材施工天井に埋め込んで使用できる。 ロ．非常用照明として使用できる。 ハ．屋外に使用できる。 ニ．ライティングダクトに設置して使用できる。
15 　写真に示す機器の矢印部分の名称は。	イ．熱動継電器 ロ．電磁接触器 ハ．配線用遮断器 ニ．限時継電器
16 　太陽光発電に関する記述として，**誤っているもの**は。	イ．太陽電池を使用して1 kWの出力を得るには，一般的に1 m²程度の受光面積の太陽電池を必要とする。 ロ．太陽電池の出力は直流であり，交流機器の電源として用いる場合は，インバータを必要とする。 ハ．太陽光発電設備を一般送配電事業者の電力系統に連系させる場合は，系統連系保護装置を必要とする。 ニ．太陽電池は，半導体のpn接合部に光が当たると電圧を生じる性質を利用し，太陽光エネルギーを電気エネルギーとして取り出すものである。
17 　架空送電線路に使用されるダンパの記述として，**正しいもの**は。	イ．がいしの両端に設け，がいしや電線を雷の異常電圧から保護する。 ロ．電線と同種の金属を電線に巻き付けて補強し，電線の振動による素線切れなどを防止する。 ハ．電線におもりとして取り付け，微風により生じる電線の振動を吸収し，電線の損傷などを防止する。 ニ．多導体に使用する間隔材で，強風による電線相互の接近・接触や負荷電流，事故電流による電磁吸引力から素線の損傷を防止する。

問 い	答 え
18 燃料電池の発電原理に関する記述として，**誤っているものは。**	イ．燃料電池本体から発生する出力は交流である。 ロ．燃料の化学反応により発電するため，騒音はほとんどない。 ハ．負荷変動に対する応答性にすぐれ，制御性が良い。 ニ．りん酸形燃料電池は発電により水を発生する。
19 変電設備に関する記述として，**誤っているもの**は。	イ．開閉設備類をSF₆ガスで充たした密閉容器に収めたGIS式変電所は，変電所用地を縮小できる。 ロ．空気遮断器は，発生したアークに圧縮空気を吹き付けて消弧するものである。 ハ．断路器は，送配電線や変電所の母線，機器などの故障時に電路を自動遮断するものである。 ニ．変圧器の負荷時タップ切換装置は電力系統の電圧調整などを行うことを目的に組み込まれたものである。
20 高圧母線に取り付けられた，通電中の変流器の二次側回路に接続されている電流計を取り外す場合の手順として，**適切なものは。**	イ．変流器の二次側端子の一方を接地した後，電流計を取り外す。 ロ．電流計を取り外した後，変流器の二次側を短絡する。 ハ．変流器の二次側を短絡した後，電流計を取り外す。 ニ．電流計を取り外した後，変流器の二次側端子の一方を接地する。
21 高圧受電設備の短絡保護装置として，**適切な組合せは。**	イ．過電流継電器 高圧柱上気中開閉器 ロ．地絡継電器 高圧真空遮断器 ハ．地絡方向継電器 高圧柱上気中開閉器 ニ．過電流継電器 高圧真空遮断器
22 写真に示す機器の用途は。 	イ．高電圧を低電圧に変圧する。 ロ．大電流を小電流に変流する。 ハ．零相電圧を検出する。 ニ．コンデンサ回路投入時の突入電流を抑制する。
23 写真に示す機器の略号（文字記号）は。 	イ．MCCB ロ．PAS ハ．ELCB ニ．VCB

問い	答え		
24 低圧分岐回路の施設において，分岐回路を保護する過電流遮断器の種類，軟銅線の太さ及びコンセントの組合せで，**誤っている**ものは。			

	分岐回路を保護する過電流遮断器の種類	軟銅線の太さ	コンセント
イ	定格電流15 A	直径1.6 mm	定格15 A
ロ	定格電流20 Aの配線用遮断器	直径2.0 mm	定格15 A
ハ	定格電流30 A	直径2.0 mm	定格20 A
ニ	定格電流30 A	直径2.6 mm	定格20 A（定格電流が20 A未満の差込みプラグが接続できるものを除く。）

問い	答え
25 写真に示す材料のうち，電線の接続に使用しないものは。	イ. □. ハ. ニ.
26 写真に示す工具の名称は。	イ．トルクレンチ ロ．呼び線挿入器 ハ．ケーブルジャッキ ニ．張線器
27 高圧屋内配線を，乾燥した場所であって展開した場所に施設する場合の記述として，**不適切な**ものは。	イ．高圧ケーブルを金属管に収めて施設した。 ロ．高圧絶縁電線を金属管に収めて施設した。 ハ．接触防護措置を施した高圧絶縁電線をがいし引き工事により施設した。 ニ．高圧ケーブルを金属ダクトに収めて施設した。
28 使用電圧が300 V以下のケーブル工事の記述として，**誤っている**ものは。	イ．ビニルキャブタイヤケーブルを点検できない隠ぺい場所に施設した。 ロ．MIケーブルを，直接コンクリートに埋め込んで施設した。 ハ．ケーブルを収める防護装置の金属製部分に，D種接地工事を施した。 ニ．機械的衝撃を受けるおそれがある箇所に施設するケーブルには，防護装置を施した。
29 地中電線路の施設に関する記述として，**誤っている**ものは。	イ．地中電線路を暗きょ式で施設する場合に，地中電線を不燃性又は自消性のある難燃性の管に収めて施設した。 ロ．地中電線路に絶縁電線を使用した。 ハ．長さが15 mを超える高圧地中電線路を管路式で施設し，物件の名称，管理者名及び電圧を表示した埋設表示シートを，管と地表面のほぼ中間に施設した。 ニ．地中電線路に使用する金属製の電線接続箱にD種接地工事を施した。

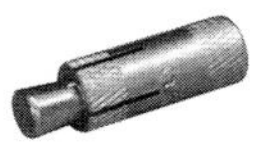

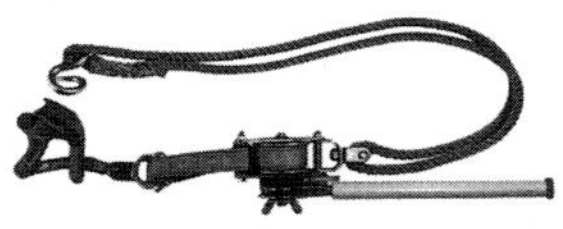

問い30から問い34は，下の図に関する問いである。

　図は，自家用電気工作物（500 kW未満）の引込柱から屋内キュービクル式高圧受電設備（JIS C 4620適合品）に至る施設の見取図である。この図に関する各問いには4通りの答え（イ，ロ，ハ，ニ）が書いてある。それぞれの問いに対して，答えを一つ選びなさい。

　〔注〕　図において，問いに直接関係ない部分等は省略又は簡略化してある。

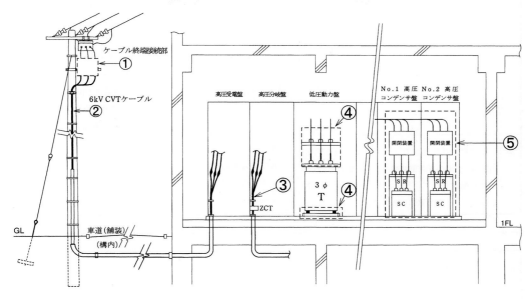

問　い	答　え
30　①に示すケーブル終端接続部に関する記述として，**不適切なもの**は。	イ．ストレスコーンは雷サージ電圧が浸入したとき，ケーブルのストレスを緩和するためのものである。 ロ．終端接続部の処理では端子部から雨水等がケーブル内部に浸入しないように処理する必要がある。 ハ．ゴムとう管形屋外終端接続部にはストレスコーン部が内蔵されているので，あらためてストレスコーンを作る必要はない。 ニ．耐塩害終端接続部の処理は海岸に近い場所等，塩害を受けるおそれがある場所に適用される。
31　②に示す高圧ケーブルの太さを検討する場合に必要のない事項は。	イ．電線の許容電流 ロ．電線の短時間耐電流 ハ．電路の地絡電流 ニ．電路の短絡電流
32　③に示す高圧ケーブル内で地絡が発生した場合，確実に地絡事故を検出できるケーブルシールドの接地方法として，正しいものは。	イ． 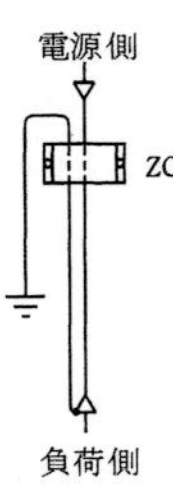　　　　ロ． 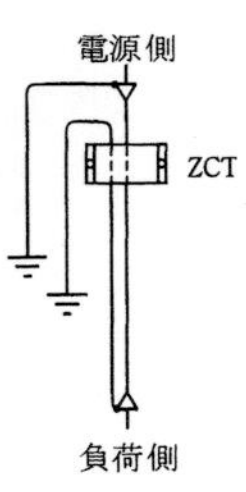　　　　ハ． 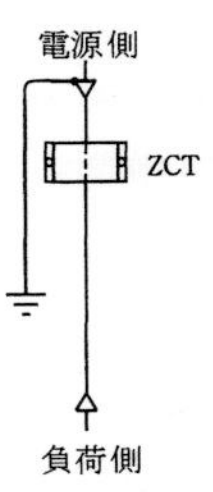　　　　ニ． 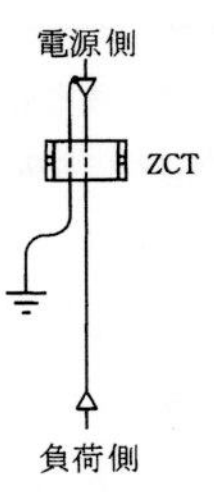

	問 い	答 え
33	④に示す変圧器の防振又は，耐震対策等の施工に関する記述として，**適切でないもの**は。	イ．低圧母線に銅帯を使用したので，変圧器の振動等を考慮し，変圧器と低圧母線との接続には可とう導体を使用した。 ロ．可とう導体は，地震時の振動でブッシングや母線に異常な力が加わらないよう十分なたるみを持たせ，かつ，振動や負荷側短絡時の電磁力で母線が短絡しないように施設した。 ハ．変圧器を基礎に直接支持する場合のアンカーボルトは，移動，転倒を考慮して引き抜き力，せん断力の両方を検討して支持した。 ニ．変圧器に防振装置を使用する場合は，地震時の移動を防止する耐震ストッパが必要である。耐震ストッパのアンカーボルトには，せん断力が加わるため，せん断力のみを検討して支持した。
34	⑤で示す高圧進相コンデンサに用いる開閉装置は，自動力率調整装置により自動で開閉できるよう施設されている。このコンデンサ用開閉装置として，**最も適切なもの**は。	イ．高圧交流真空電磁接触器 ロ．高圧交流真空遮断器 ハ．高圧交流負荷開閉器 ニ．高圧カットアウト

	問 い	答 え
35	人が触れるおそれがある場所に施設する機械器具の金属製外箱等の接地工事について，電気設備の技術基準の解釈に**適合するもの**は。 ただし，絶縁台は設けないものとする。	イ．使用電圧200Vの電動機の金属製の台及び外箱には，B種接地工事を施す。 ロ．使用電圧6kVの変圧器の金属製の台及び外箱には，C種接地工事を施す。 ハ．使用電圧400Vの電動機の金属製の台及び外箱には，D種接地工事を施す。 ニ．使用電圧6kVの外箱のない乾式変圧器の鉄心には，A種接地工事を施す。
36	電気設備の技術基準の解釈において，停電が困難なため低圧屋内配線の絶縁性能を，漏えい電流を測定して判定する場合，使用電圧が200Vの電路の漏えい電流の上限値として，**適切なもの**は。	イ．0.1 mA ロ．0.2 mA ハ．0.4 mA ニ．1.0 mA
37	最大使用電圧6 900Vの交流電路に使用するケーブルの絶縁耐力試験を直流電圧で行う場合の試験電圧［V］の計算式は。	イ．6 900×1.5 ロ．6 900×2 ハ．6 900×1.5×2 ニ．6 900×2×2
38	電気設備に関する技術基準において，交流電圧の高圧の範囲は。	イ．600 Vを超え　7 000 V以下 ロ．750 Vを超え　7 000 V以下 ハ．600 Vを超え　10 000 V以下 ニ．750 Vを超え　10 000 V以下
39	第一種電気工事士免状の交付を受けている者でなければ**従事できない作業**は。	イ．最大電力800 kWの需要設備の6.6 kV変圧器に電線を接続する作業 ロ．出力500 kWの発電所の配電盤を造営材に取り付ける作業 ハ．最大電力400 kWの需要設備の6.6 kV受電用ケーブルを電線管に収める作業 ニ．配電電圧6.6 kVの配電用変電所内の電線相互を接続する作業
40	電気用品安全法の適用を受ける特定電気用品は。	イ．交流60 Hz用の定格電圧100 Vの電力量計 ロ．交流50 Hz用の定格電圧100 V，定格消費電力56 Wの電気便座 ハ．フロアダクト ニ．定格電圧200 Vの進相コンデンサ

平成29年度

問題2. 配線図 (問題数 10，配点は 1 問当たり 2 点)

図は，高圧受電設備の単線結線図である。この図の矢印で示す10箇所に関する各問いには 4 通りの答え（**イ，ロ，ハ，二**）が書いてある。それぞれの問いに対して，答えを 1 つ選びなさい。

〔注〕　図において，直接関係のない部分等は省略又は簡略化してある。

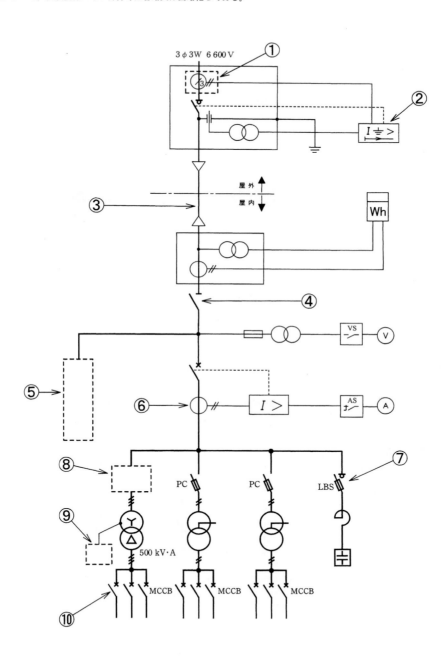

問 い	答 え
41　①で示す機器に関する記述として，正しいものは。	イ．零相電圧を検出する。 ロ．異常電圧を検出する。 ハ．短絡電流を検出する。 ニ．零相電流を検出する。
42　②で示す機器の略号（文字記号）は。	イ．ELR ロ．DGR ハ．OCR ニ．OCGR
43　③で示す部分に使用するCVTケーブルとして，適切なものは。	イ．（導体／架橋ポリエチレン／ビニルシース）　ロ．（導体／内部半導電層／架橋ポリエチレン／外部半導電層／銅シールド／ビニルシース） 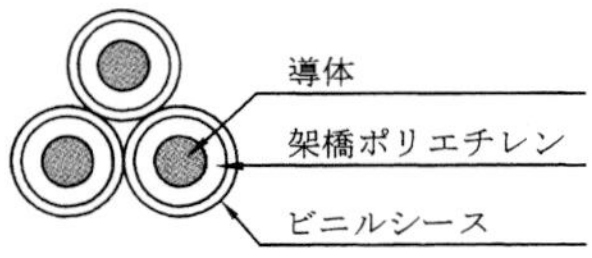 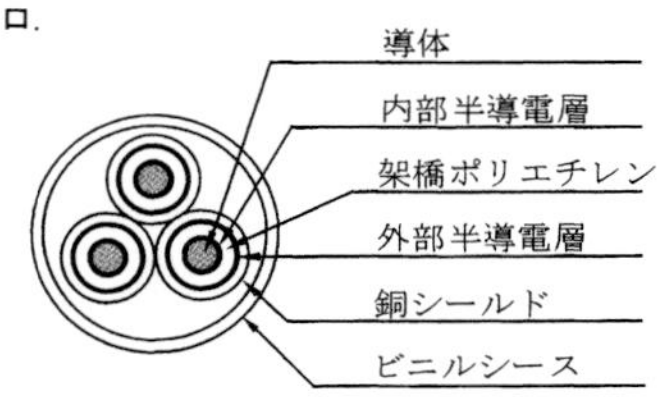 ハ．（導体／ビニル絶縁体／ビニルシース）　ニ．（導体／内部半導電層／架橋ポリエチレン／外部半導電層／銅シールド／ビニルシース） 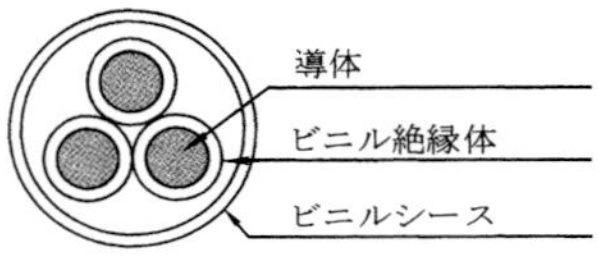 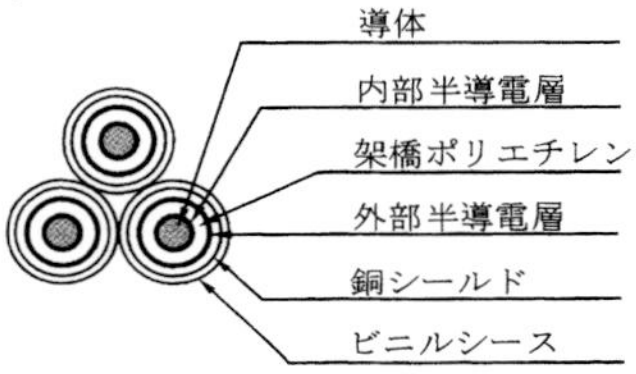
44　④で示す機器に関する記述で，正しいものは。	イ．負荷電流を遮断してはならない。 ロ．過負荷電流及び短絡電流を自動的に遮断する。 ハ．過負荷電流は遮断できるが，短絡電流は遮断できない。 ニ．電路に地絡が生じた場合，電路を自動的に遮断する。
45　⑤に設置する機器と接地線の最小太さの組合せで，適切なものは。	イ．E 8　ロ．E 14　ハ．E 8　ニ．E 14  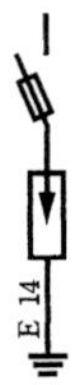  
46　⑥で示す機器の端子記号を表したもので，正しいものは。	イ．（K・L・l・k）　ロ．（K・k・l・L）　ハ．（l・k・K・L）　ニ．（L・K・k・l）

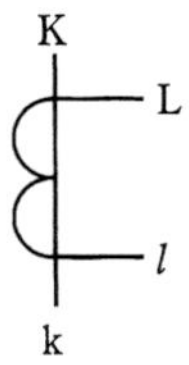

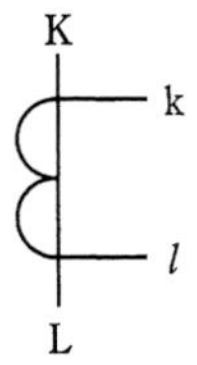

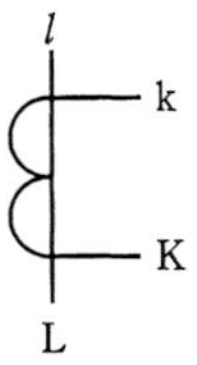

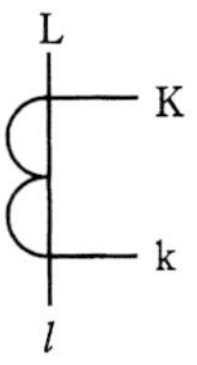

問　い	答　え
47　⑦に設置する機器は。	イ. 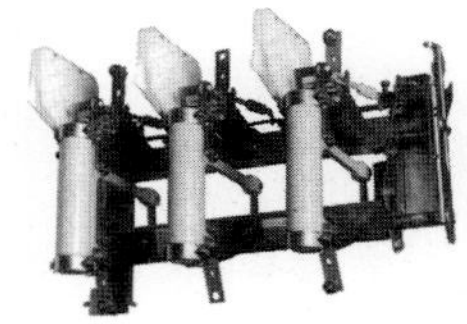 　　　ロ.  ハ. 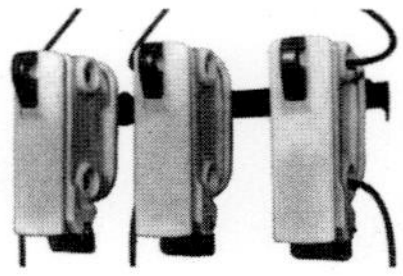 　　　ニ. 
48　⑧で示す部分に設置する機器の図記号として，**適切なもの**は。	イ.  　　ロ.  　　ハ.  　　ニ. 
49　⑨で示す部分の図記号で，**正しいもの**は。	イ. $\underset{E_A}{\perp}$　　ロ. $\underset{E_B}{\perp}$　　ハ. $\underset{E_C}{\perp}$　　ニ. $\underset{E_D}{\perp}$
50　⑩で示す機器の使用目的は。	イ．低圧電路の地絡電流を検出し，電路を遮断する。 ロ．低圧電路の過電圧を検出し，電路を遮断する。 ハ．低圧電路の過負荷及び短絡を検出し，電路を遮断する。 ニ．低圧電路の過負荷及び短絡を開閉器のヒューズにより遮断する。

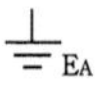

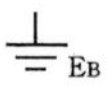

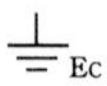

1 ハ. 周波数 f を高くすると，電流 I は増加する.

第1図のように，自己インダクタンス L〔H〕のコイルに，電圧 V〔V〕，周波数 f〔Hz〕の交流電圧を加えた場合に流れる電流 I〔A〕は，次式で表される.

$$I = \frac{V}{X_L} = \frac{V}{2\pi fL} \text{〔A〕}$$

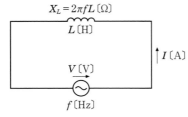

第1図

電流 I は，電圧 V に比例し，周波数 f 及び自己インダクタンス L に反比例する.

周波数 f を高くすると，電流 I は減少するので，ハは誤りである.

電圧 V を上げると，電流 I は増加するので，ニは正しい.

第2図のような，長さ l〔m〕，半径 r〔m〕，巻数 n の短い空心円筒コイルの自己インダクタンス L〔H〕は，次式で表すことができる.

$$L = \lambda\,(4\pi \times 10^{-7})\,\frac{n^2}{l}\,\pi r^2 \text{〔H〕}$$

ここで λ は，コイルの直径 $2r$ と長さ l の比で決まる長岡係数といわれるものである.

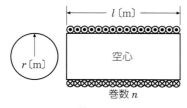

第2図

この式から，コイルの自己インダクタンス L〔H〕は，コイルの巻数 n^2 に比例する.

巻数 n が増加すると，自己インダクタンス L は大きくなって，電流 I が減少するので，イは正しい.

第3図のような円筒コイルに，比透磁率 μ_r の鉄心を入れると自己インダクタンス L〔H〕は，次式で表すことができる.

$$L = \lambda\,(4\pi \times 10^{-7})\,\mu_r\,\frac{n^2}{l}\,\pi r^2 \text{〔H〕}$$

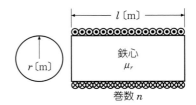

第3図

鉄心の比透磁率 μ_r は 200〜8 000 程度で，鉄心を円筒コイルに入れると，自己インダクタンス L〔H〕は大きくなる.

このように円筒コイルに鉄心を入れると，自己インダクタンス L は大きくなって，流れる電流 I は減少するので，ロは正しい.

2 ニ. 30

第4図で，スイッチ S が開いているときの，抵抗 R の両端の電圧が 36 V であることから，抵抗 2 Ω に加わる電圧は，$60 - 36 = 24$〔V〕である. この回路に流れる電流 I_1〔A〕は，

$$I_1 = \frac{24}{2} = 12 \text{〔A〕}$$

抵抗 R の値〔Ω〕は，

$$R = \frac{36}{I_1} = \frac{36}{12} = 3 \text{〔Ω〕}$$

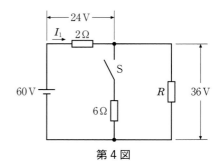

第4図

スイッチ S を閉じると，第5図のような回路になる.

抵抗 6 Ω と $R = 3$〔Ω〕の並列合成抵抗 R_0〔Ω〕は，

$$R_0 = \frac{6 \times 3}{6 + 3} = \frac{18}{9} = 2 \text{〔Ω〕}$$

回路全体に流れる電流 I_2〔A〕は，

$$I_2 = \frac{60}{2+2} = \frac{60}{4} = 15 \text{〔A〕}$$

抵抗 R の両端の電圧 V〔V〕は，

$$V = I_2 R_0 = 15 \times 2 = 30 \text{〔V〕}$$

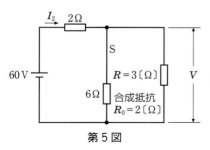

第5図

3 ロ．3

第6図の回路で，リアクタンス X に加わる電圧 V_L〔V〕は，

$$V_L = \sqrt{100^2 - 80^2} = \sqrt{10\,000 - 6\,400}$$
$$= \sqrt{3\,600} = 60 \text{〔V〕}$$

リアクタンス X〔Ω〕は，

$$X = \frac{V_L}{I} = \frac{60}{20} = 3 \text{〔Ω〕}$$

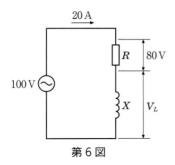

第6図

4 ロ．10

抵抗 20 Ω に流れる電流 I_R〔A〕は，

$$I_R = \frac{V}{R} = \frac{120}{20} = 6 \text{〔A〕}$$

コイル（誘導性リアクタンス）10 Ω に流れる電流 I_L〔A〕は，

$$I_L = \frac{V}{X_L} = \frac{120}{10} = 12 \text{〔A〕}$$

コンデンサ（容量性リアクタンス）30 Ω に流れる電流 I_C〔A〕は，

$$I_C = \frac{V}{X_C} = \frac{120}{30} = 4 \text{〔A〕}$$

回路全体に流れる電流 I〔A〕は，

$$I = \sqrt{I_R^2 + (I_L - I_C)^2} = \sqrt{6^2 + (12-4)^2}$$
$$= \sqrt{36 + 64} = \sqrt{100} = 10 \text{〔A〕}$$

5 イ．$3V^2/5$

電力を消費するのは抵抗 R だけであるから，第7図で全消費電力を求めることができる．

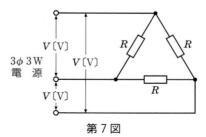

第7図

3個の抵抗 $R = 5$〔Ω〕で消費する電力が，全消費電力 P〔W〕になる．

$$P = 3 \times \frac{V^2}{R} = \frac{3V^2}{5} \text{〔W〕}$$

6 ロ．70

第8図において，力率改善前の無効電力 Q_1〔kvar〕は，

$$Q_1 = 120 \tan \theta_1 \text{〔kvar〕}$$

力率改善後の無効電力 Q_2〔kvar〕は，

$$Q_2 = 120 \tan \theta_2 \text{〔kvar〕}$$

したがって，必要なコンデンサの容量 Q_C〔kvar〕は，

$$Q_C = Q_1 - Q_2 = 120 \tan \theta_1 - 120 \tan \theta_2$$
$$= 120(\tan \theta_1 - \tan \theta_2)$$
$$= 120 \times (1.33 - 0.75) = 120 \times 0.58$$
$$= 69.6 \fallingdotseq 70 \text{〔kvar〕}$$

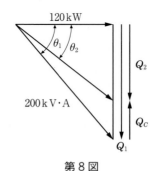

第8図

7 ハ．0.75

配電線路に流れる電流 I〔A〕は，

$$I = \frac{P}{\sqrt{3}\,V} = \frac{17.3 \times 1\,000}{\sqrt{3} \times 200} = \frac{17.3 \times 1\,000}{1.73 \times 200}$$

$$= \frac{10\,000}{200} = 50\,[\text{A}]$$

三相3線式配電線路の電力損失 $P_l\,[\text{kW}]$ は，

$$P_l = 3I^2r = 3 \times 50^2 \times 0.1 = 3 \times 2\,500 \times 0.1$$
$$= 750\,[\text{W}] = 0.75\,[\text{kW}]$$

8 ロ．202

第9図において，A-B間に流れる負荷電流は，$10+10 = 20\,[\text{A}]$ である．

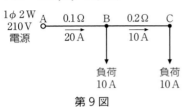

第9図

A-C間の電圧降下 $v\,[\text{V}]$ は，

$$v = 2 \times 20 \times 0.1 + 2 \times 10 \times 0.2$$
$$= 4 + 4 = 8\,[\text{V}]$$

C点の線間電圧 $V_C\,[\text{V}]$ は，

$$V_C = 210 - v = 210 - 8 = 202\,[\text{V}]$$

9 ロ．2.0

変圧器と配電線路の損失及び変圧器の励磁電流は無視するので，変圧器の一次側の入力と二次側の出力は等しい．

$$6\,600 \times I_1 = 6\,600 + 6\,600\,[\text{W}]$$

したがって，変圧器の一次電流 $I_1\,[\text{A}]$ は，

$$I_1 = \frac{2 \times 6\,600}{6\,600} = 2\,[\text{A}]$$

10 ハ．C

トルク曲線（第10図）は，電動機の回転速度によってトルク（回転力）がどのように変化するかを表す．

始動時のトルクが始動トルクで，回転速度が速くなるに従ってトルクが徐々に大きくなる．最大トルクより右側の領域では，トルクが変化しても回転速度はあまり変化しない．

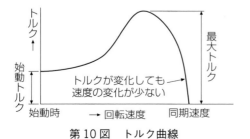

第10図　トルク曲線

11 ロ．1 710

極数4の三相誘導電動機が，電源周波数60 Hz で運転したときの同期速度 $N_S\,[\text{min}^{-1}]$ は，

$$N_S = \frac{120f}{p} = \frac{120 \times 60}{4} = 1\,800\,[\text{min}^{-1}]$$

滑り5%で運転したときの1分間当たりの回転速度 $N\,[\text{min}^{-1}]$ は，

$$N = N_S\left(1 - \frac{s}{100}\right) = 1\,800\left(1 - \frac{5}{100}\right)$$
$$= 1\,800 \times (1 - 0.05) = 1\,800 - 90$$
$$= 1\,710\,[\text{min}^{-1}]$$

12 ハ．$\sqrt{3}/2$

第11図のように，単相変圧器の定格二次電圧を $V\,[\text{V}]$，定格二次電流を $I\,[\text{A}]$，定格容量を $VI\,[\text{V}\cdot\text{A}]$ とする．

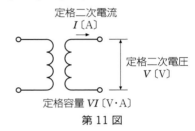

第11図

この単相変圧器を2台使用して，第12図のようにV結線する．

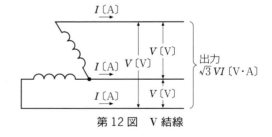

第12図　V結線

電線に流せる電流は変圧器の定格二次電流 I $[\text{A}]$ で，電線間の電圧は $V\,[\text{V}]$ である．

変圧器2台をV結線したときの出力 $[\text{V}\cdot\text{A}]$ は $\sqrt{3}\,VI\,[\text{V}\cdot\text{A}]$ なので，変圧器の利用率は，

$$利用率 = \frac{出力}{変圧器2台の容量}$$
$$= \frac{\sqrt{3}\,VI}{2VI} = \frac{\sqrt{3}}{2}$$

13 ニ．

サイリスタ（第13図）は，アノードA，カソードK，ゲートGの3つの電極からなって

おり，小さなゲート電流を調整することによって，カソードに流れる大きな電流を制御することができる．

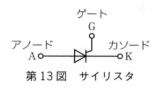

第13図　サイリスタ

問題の図は単相半波整流回路であり，電流は順方向に流れるが，ニのように逆方向には流れない．ゲート回路を調整することにより，順方向の電流をイ，ロ，ハのような出力電圧 v_0 の波形にコントロールすることができる．

14　イ．断熱材施工天井に埋め込んで使用できる．

問題の写真で示されている表示マークは，建物の照明器具施工時において，断熱材の施工に対して特別の注意を必要としない S 形埋込形照明器具（（一社）日本照明工業会規格に適合するもの）であることを示す．

S_B 形埋込形照明器具とは，施工時においてブローイング工法（建物の天井，壁などに粒状の断熱材を吹き込む工法）及びマット敷き工法（建物の天井，壁などにロール状，パット状の断熱材を敷き詰める工法）に対して特別の注意を必要としない S 形埋込形照明器具である．

S_G 形埋込形照明器具とは，施工時において，マット敷き工法に対して特別の注意を必要としない S 形埋込形照明器具である．S_G 形は一部の地域（北海道）では使用できないが，S_{GI} 形は全地域で使用できる．

15　ロ．電磁接触器

写真の機器は電磁開閉器であり，矢印で示す部分の機器の名称は電磁接触器である．電磁接触器の下にある機器は，電動機の過負荷保護をする熱動継電器（サーマルリレー）である．

16　イ．太陽電池を使用して 1 kW の出力を得るには，一般的に 1 m² 程度の受光面積の太陽電池を必要とする．

太陽電池の変換効率は最大 20 % 程度で，太陽光のピークエネルギーを 1 000 W/m² とすると，1 m² の受光面積で得られる出力は最大 200 W 程度である．

太陽電池は，半導体に太陽光を当て，太陽光エネルギーを電気エネルギーに変換するものである．太陽電池の出力は直流であり，交流電源として使用するには，インバータで交流に変換しなければならない．一般送配電事業者の電力系統と連系して使用するには，系統連系保護装置（パワーコンディショナ）を必要とする．

17　ハ．電線におもりとして取り付け，微風により生じる電線の振動を吸収し，電線の損傷などを防止する．

電線は，横に微風を受けると電線の背後に空気の渦（カルマン渦）が生じて，電線が上下に振動する．これを微風振動といい，導体が断線する原因となる．ダンパ（第14図）を電線に取り付けて，電線の微風振動を防止する．

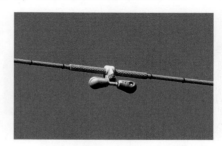

第14図　ダンパ

18　イ．燃料電池本体から発生する出力は交流である．

燃料電池本体から発生する出力は直流であり，インバータで交流に変換して使用する（第15図）．

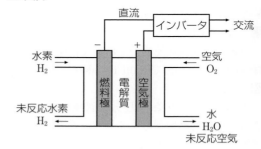

第15図　燃料電池

19　ハ．断路器は，送配電線や変電所の母線，機器などの故障時に電路を自動遮断するものである．

断路器は，無負荷の状態にして手動で開閉するもので，電路の自動遮断はできない．

⑳ ハ．変流器の二次側を短絡した後，電流計を取り外す．

変流器は，一次側（高圧側）を通電したまま二次側（低圧側）を開放してはならない．開放すると，二次側に高電圧を発生して，絶縁破壊を起こすことがある．

㉑ ニ．過電流継電器　高圧真空遮断器

高圧受電設備の短絡保護装置として，第16図のように変流器，過電流継電器，高圧真空遮断器を組み合わせて用いる．

高圧の主回路に過電流や短絡電流が流れると，それに比例した電流が変流器に流れる．変流器から過電流継電器に送られた電流が，過電流継電器で設定した値以上になると高圧真空遮断器を動作させて，高圧回路を遮断する．

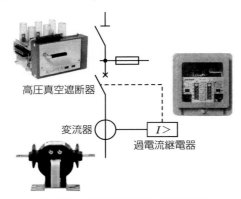

第16図　高圧受電設備の短絡保護

㉒ イ．高電圧を低電圧に変圧する．

写真の機器は計器用変圧器で，高圧の6 600 Vを低圧の110 Vに変圧する．

㉓ ニ．VCB

写真の機器は高圧真空遮断器で，文字記号ではVCB（Vacuum Circuit Breaker）で表す．

㉔ ハ．

電技解釈第149条（低圧分岐回路等の施設）による．分岐回路を保護する過電流遮断器が定格電流30 Aの場合は，接続できる電線の太さは直径2.6 mm（断面積5.5 mm²）以上のものでなければならない．

低圧分岐回路を施設する場合，分岐回路を保護する過電流遮断器，軟銅線の太さ，コンセントの定格電流の組み合わせは，第1表のようにしなければならない．

第1表　分岐回路の施設

過電流遮断器	軟銅線の太さ	コンセント
15 A 以下	1.6 mm 以上	15 A 以下
20 A 配線用遮断器	1.6 mm 以上	20 A 以下
20 A ヒューズ	2.0 mm 以上	20 A
30 A	2.6 mm 以上 （5.5 mm² 以上）	20 A 以上 30 A 以下
40 A	8 mm² 以上	30 A 以上 40 A 以下
50 A	14 mm² 以上	40 A 以上 50 A 以下

（注）20 A ヒューズ，30 A 過電流遮断器では，定格電流が20 A 未満の差込みプラグが接続できるコンセントを除く．

㉕ イ．

イの材料は，コンクリート壁などにボックスや機器を固定するときに使用するアンカーで，電線の接続には使用しない．

ロはボルト型コネクタ，ハはP形スリーブ，ニは差込形コネクタで，電線の接続に使用する．

㉖ ニ．張線器

写真の工具は張線器（シメラー）で，架空電線やメッセンジャーワイヤ等の張線に使用する．

㉗ ロ．高圧絶縁電線を金属管に収めて施設した．

電技解釈第168条（高圧配線の施設）による．

高圧屋内配線は，がいし引き工事（乾燥した場所であって展開した場所に限る）又はケーブル工事によらなければならない．

高圧絶縁電線を金属管に収めて施設することはできないので，ロは誤りである．

ケーブルを金属管や金属ダクトに収めてもケーブル工事になるので，イとニは正しい．

㉘ イ．ビニルキャブタイヤケーブルを点検できない隠ぺい場所に施設した．

電技解釈第164条（ケーブル工事）による．

ビニルキャブタイヤケーブルは，使用電圧が300 V以下の低圧屋内配線で，展開した場所又は点検できる隠ぺい場所に限って使用することができる．点検できない隠ぺい場所には施設できないので，イは誤りである．

ケーブル工事に使用する電線は，第2表のものを使用しなければならない．

第2表

電線の種類		使用電圧が300V以下のものを展開した場所又は点検できる隠ぺい場所に施設する場合	その他の場合
ケーブル		○	○
2種	キャブタイヤケーブル	○	
3種		○	○
4種		○	○
2種	クロロプレンキャブタイヤケーブル	○	
3種		○	○
4種		○	○
2種	クロロスルホン化ポリエチレンキャブタイヤケーブル	○	
3種		○	○
4種		○	○
2種	難燃性エチレンゴムキャブタイヤケーブル	○	
3種		○	○
ビニルキャブタイヤケーブル		○	
難燃性ポリオレフィンキャブタイヤケーブル		○	

29 ロ．地中電線路に絶縁電線を使用した．

電技解釈第120条(地中電線路の施設)による．

地中電線路には，ケーブルを使用しなければならないので，ロは誤りである．

30 イ．ストレスコーンは雷サージ電圧が浸入したとき，ケーブルのストレスを緩和するためのものである．

ストレスコーンは，ケーブルの遮へい端部の電位傾度を緩和するものである．第17図は，ゴムとう管形屋外端末処理部で，ストレスコーンが内蔵されている．この場合は，改めてストレスコーンを作る必要はない．

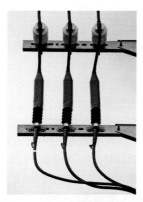

第17図　ゴムとう管形屋外端末処理部

31 ハ．電路の地絡電流

高圧ケーブルの太さは，電線の許容電流，電線の短時間耐電流，回路の短絡電流などを検討して決める．電路の地絡電流は小さいため，検討する必要はない．

32 ニ．

零相変流器(ZCT，第18図)が地絡電流を検出できるようにするには，ケーブルシールド(遮へい銅テープ)の接地線を適切に処理しなければならない．

第18図　零相変流器

ニの場合(第19図)は，ZCTを通る地絡電流が $I_g - I_g + I_g = I_g$ で，地絡事故を検出できる．

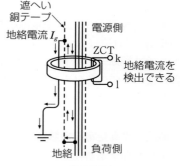

第19図

イの場合(第20図)は，ZCTを通る地絡電流が $I_g - I_g = 0$ で，地絡事故を検出できない．

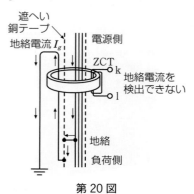

第20図

ハの場合(第21図)は，ZCTを通る地絡電流が $I_g - I_g = 0$ で，地絡事故を検出できない.

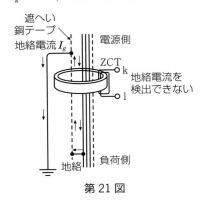

第21図

ロの場合は，ケーブルヘッドの両端を接地し，両接地線に流れる地絡電流をZCTで検出できない配線のため，地絡事故を検出できない.

③③ ニ．変圧器に防振装置を使用する場合は，地震時の移動を防止する耐震ストッパが必要である．耐震ストッパのアンカーボルトには，せん断力が加わるため，せん断力のみを検討して支持した.

高圧受電設備規程 1130-1（受電室の施設），資料 1-1-5（耐震対策）による.

ストッパのアンカーボルトは，変圧器に作用する地震力によっての移動や転倒を考慮して，せん断力と引き抜き力の両方を検討して支持しなければならない.

③④ イ．高圧交流真空電磁接触器

ロの高圧交流真空遮断器，ハの高圧交流負荷開閉器，ニの高圧カットアウトは，いずれも自動開閉装置として用いられない.

自動力率調整装置により高圧進相コンデンサを自動開閉するコンデンサ用開閉装置としては，イの高圧交流真空電磁接触器（第22図）が適する.

第22図　高圧交流真空電磁接触器

③⑤ ニ．使用電圧 6 kV の外箱のない乾式変圧器の鉄心には，A 種接地工事を施す.

電技解釈第 29 条（機械器具の金属製外箱等の接地）による.

電路に施設する機械器具の金属製の台及び外箱（外箱のない変圧器又は計器用変成器にあっては，鉄心）には，使用電圧に応じ，**第 3 表**に規定する接地工事を施さなければならない.

第3表

機械器具の使用電圧の区分		接地工事
低圧	300 V 以下	D 種接地工事
	300 V 超過	C 種接地工事
高圧又は特別高圧		A 種接地工事

したがって，ニの使用電圧 6 kV（高圧）の外箱のない乾式変圧器の鉄心には，A 種接地工事を施すことは正しい.

イの使用電圧 200 V（低圧で 300 V 以下）の電動機の金属製の台及び外箱には，D 種接地工事を施す．ロの使用電圧 6 kV（高圧）の変圧器の金属製の台及び外箱には，A 種接地工事を施す．ハの使用電圧 400 V（低圧で 300 V 超過）の電動機の金属製の台及び外箱には，C 種接地工事を施す.

③⑥ ニ．1.0 mA

電技解釈第 14 条（低圧電路の絶縁性能）による.

低圧電路の絶縁抵抗の測定が困難な場合は，開閉器又は過電流遮断器で区切ることのできる電路ごとに，使用電圧が加わった状態における漏えい電流が，1 mA 以下であればよいとされている.

③⑦ ハ．6 900×1.5×2

電技解釈第 15 条（高圧又は特別高圧の電路の絶縁性能）による.

ケーブル使用の交流電路を直流で絶縁耐力試験を行う場合，交流の試験電圧の 2 倍の直流電圧を電路と大地間に加えなければならない.

交流電路の場合の試験電圧は，最大使用電圧の 1.5 倍の交流電圧であるから，直流電圧で行う試験電圧の計算式は次のようになる.

直流試験電圧＝6 900×1.5×2

③⑧ イ．600 V を超え，7 000 V 以下

電気設備に関する技術基準第 2 条（電圧の種

別等)において，交流電圧の高圧の範囲は，600 V を超えて 7 000 V 以下であると定義されている．

電技では，低圧，高圧，特別高圧の範囲が第 4 表のように区分されている．

第 4 表　電圧の区分

電圧の種別	直　流	交　流
低　圧	750 V 以下	600 V 以下
高　圧	750 V を超え 7 000 V 以下	600 V を超え 7 000 V 以下
特別高圧	7 000 V を超えるもの	

39　ハ．最大電力 400 kW の需要設備の 6.6 kV 受電用ケーブルを電線管に収める作業

電気工事士法第 2 条(用語の定義)・第 3 条(電気工事士等)，施行規則第 2 条(軽微な作業)による．

ハの最大電力 400 kW の需要設備は，電気工事士法が適用されるので，6.6 kV 受電用ケーブルを電線管に収める作業は，第一種電気工事士免状の交付を受けている者でなければ作業できない．

イの最大電力 800 kW の需要設備，ロの発電所，ニの配電用変電所は，電気工事士法が適用されないので，第一種電気工事士免状の交付を受けていない者でも作業ができる(第 23 図)．

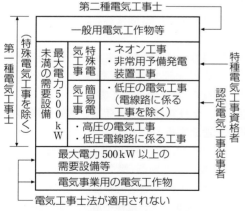

第 23 図　電気工事士等の作業範囲

40　ロ．交流 50 Hz 用の定格電圧 100 V，定格消費電力 56 W の電気便座

電気用品安全法第 2 条(定義)，施行令第 1 条の 2 (特定電気用品)による．

電気用品安全法の適用を受ける特定電気用品は，ロの電気便座である．電気便座は，定格電圧が 100 V 以上 300 V 以下及び定格消費電力が 10 kW 以下のものであって，交流の電路に使用するものが，特定電気用品の適用を受ける．

特定電気用品は，構造又は使用方法その他の使用状況から見て特に危険又は障害の発生するおそれが多い場合に適用を受ける．

イの電力量計，ニの進相コンデンサは電気用品の適用を受けない．ハのフロアダクトは，幅が 100 mm 以下のものが特定電気用品以外の電気用品の適用を受ける．

〔問題 2〕配線図の解答

41　ニ．零相電流を検出する．

①で示す機器は零相変流器で，地絡時に流れる零相電流を検出する働きがある．

42　ロ．DGR

②で示す図記号　$\boxed{I\fallingdotseq>}$　は地絡方向継電器で，文字記号は，DGR(Directional Ground Relay)である．第 24 図は，地絡方向継電装置付き高圧交流負荷開閉器に付属する制御装置で，地絡方向継電器を内蔵している．

第 24 図　DGR 内蔵の制御装置

43　ニ．

③で示す部分のケーブルは，ニの高圧 CVT ケーブル(6 600 V トリプレックス形架橋ポリエチレン絶縁ビニルシースケーブル)である．高圧 CVT ケーブルは，銅シールド(遮へい銅テープ)，内部半導電層，外部半導電層を有する．

イは低圧 CVT ケーブル，ロは高圧 CV ケーブル，ハは VVR ケーブルである．

44　イ．負荷電流を遮断してはならない．

④で示す機器は，断路器(第 25 図)である．

断路器は，負荷電流や短絡電流を遮断する機能はなく，無負荷の状態にして開閉しなければならない．

第25図　断路器

45　ニ.

⑤に設置する機器は，断路器(**第25図**)と避雷器(**第26図**)である．

電技解釈第37条(避雷器等の施設)により，高圧の電路に施設する避雷器には，A種接地工事を施さなければならない．高圧受電設備規程1160-2(接地工事の接地抵抗値及び接地線の太さ)に，避雷器の接地線の太さは，断面積14 mm² 以上と定められている．

第26図　避雷器

46　ロ.

⑥で示す機器は，変流器(**第27図**)である．

端子記号 K 及び L は，変流器の一次側(高圧側)の端子で，K は電源側に接続し，L は負荷側に接続する．端子記号 k 及び l は，変流器の二次側(低圧側)の端子で，過電流継電器や電流計切換スイッチに接続する．

第27図　変流器

47　イ.

⑦に設置する機器は，イの限流ヒューズ付き高圧交流負荷開閉器である．文字記号 LBS (Load Break Switch)は，負荷開閉器を表わす．

ロは断路器(DS)，ハは高圧カットアウト(PC)，ニは高圧交流遮断器(CB)である．

48　ハ.

変圧器の容量が 300 kV・A を超過しているので，図記号ハの限流ヒューズ付き高圧交流負荷開閉器(**第28図**)を設置しなければならない．

第28図　限流ヒューズ付き高圧交流負荷開閉器

高圧受電設備規程1150-8(変圧器)により，変圧器の一次側には，**第5表**の適用区分に従って，開閉装置を施設しなければならない．

第5表　変圧器一次側の開閉装置

機器種別	開閉装置		
変圧器容量	遮断器(CB)	高圧交流負荷開閉器(LBS)	高圧カットアウト(PC)
300 kV・A 以下	○	○	○
300 kV・A 超過	○	○	×

49　イ.

電技解釈第29条(機械器具の金属製外箱等の接地)による．

高圧用機器(変圧器)の金属製外箱の接地工事は，イの図記号である A 種接地工事を施さなければならない(**第3表**を参照)．

50　ハ. 低圧電路の過負荷及び短絡を検出し，電路を遮断する.

文字記号 MCCB (Molded Case Circuit Breaker)は，配線用遮断器(**第29図**)を表す．配線用遮断器は，電路に過電流や短絡電流が流れた場合に回路を遮断して，電線や電気機器を保護する．

第29図　配線用遮断器

平成28年度の
問題と
解答・解説

●平成 28 年度問題の解答●

問題１．一 般 問 題									
問い	答え	問い	答え	問い	答え	問い	答え
1	イ	11	ニ	21	ロ	31	ロ
2	ロ	12	ロ	22	ニ	32	ニ
3	ニ	13	ニ	23	イ	33	イ
4	ハ	14	イ	24	ニ	34	ハ
5	ニ	15	ロ	25	ロ	35	ハ
6	ハ	16	イ	26	ハ	36	ロ
7	ハ	17	ハ	27	ロ	37	ニ
8	ロ	18	イ	28	イ	38	ニ
9	ハ	19	ロ	29	ニ	39	イ
10	ロ	20	ハ	30	ハ	40	イ

問題２・３. 配線図	
問い	答え
41	ニ
42	ロ
43	ハ
44	ニ
45	イ
46	ロ
47	ニ
48	イ
49	ロ
50	ニ

問題1. 一般問題（問題数40，配点は1問当たり2点）

次の各問いには4通りの答え（イ，ロ，ハ，ニ）が書いてある。それぞれの問いに対して答えを1つ選びなさい。

問　い	答　え
1　図のように，面積 A の平板電極間に，厚さが d で誘電率 ε の絶縁物が入っている平行平板コンデンサがあり，直流電圧 V が加わっている。このコンデンサの静電エネルギーに関する記述として，**正しいものは**。 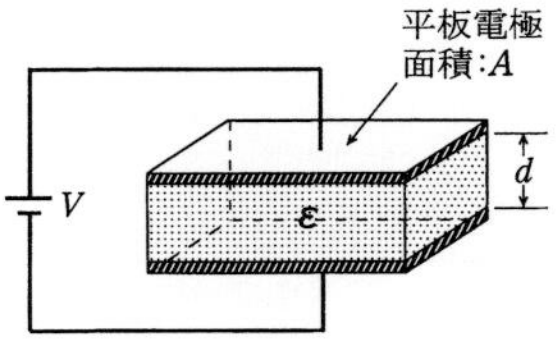 平板電極 面積:A 	イ．電圧 V の2乗に比例する。 ロ．電極の面積 A に反比例する。 ハ．電極間の距離 d に比例する。 ニ．誘電率 ε に反比例する。
2　図のような直流回路において，抵抗 $2\,\Omega$ に流れる電流 I [A]は。 　ただし，電池の内部抵抗は無視する。 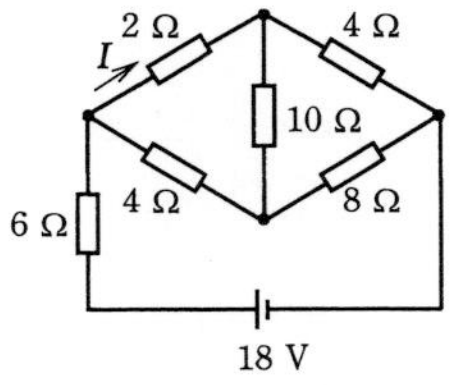 	イ．0.6　　　　ロ．1.2　　　　ハ．1.8　　　　ニ．3.0
3　図のような交流回路において，抵抗 $R=10\ \Omega$，誘導性リアクタンス $X_L=10\ \Omega$，容量性リアクタンス $X_C=10\ \Omega$ である。この回路の力率[%]は。 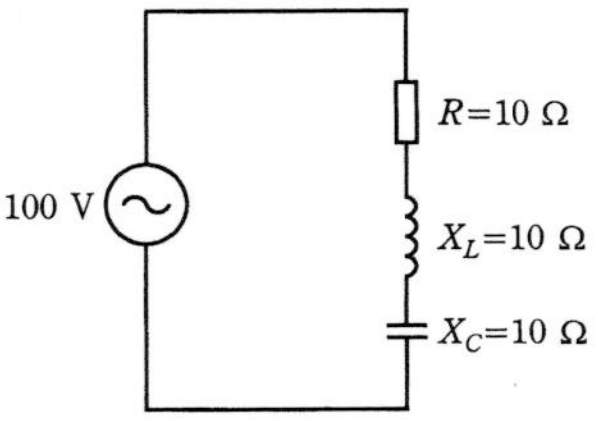 	イ．30　　　　ロ．50　　　　ハ．70　　　　ニ．100
4　図のような交流回路において，$10\ \Omega$ の抵抗の消費電力[W]は。 　ただし，ダイオードの電圧降下や電力損失は無視する。 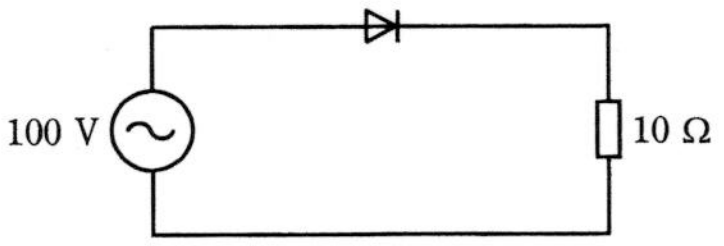 	イ．100　　　ロ．200　　　ハ．500　　　ニ．1 000

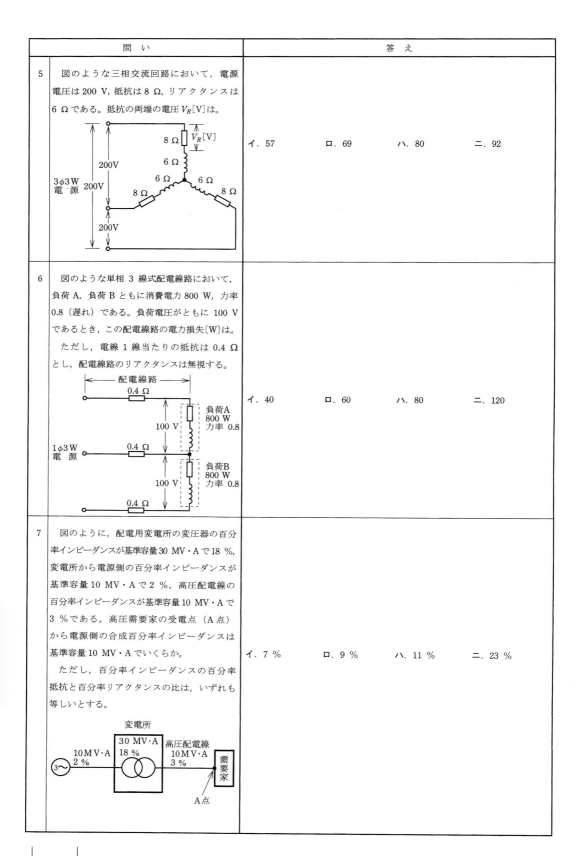

問 い	答 え

5 図のような三相交流回路において，電源電圧は 200 V，抵抗は 8 Ω，リアクタンスは 6 Ω である。抵抗の両端の電圧 V_R[V]は。

3φ3W 電源 200V 200V 200V
8 Ω　V_R[V]
6 Ω
6 Ω　6 Ω
8 Ω　8 Ω

イ. 57　　　ロ. 69　　　ハ. 80　　　ニ. 92

6 図のような単相 3 線式配電線路において，負荷 A，負荷 B ともに消費電力 800 W，力率 0.8（遅れ）である。負荷電圧がともに 100 V であるとき，この配電線路の電力損失[W]は。

ただし，電線 1 線当たりの抵抗は 0.4 Ω とし，配電線路のリアクタンスは無視する。

配電線路
0.4 Ω
100 V　負荷A 800 W 力率 0.8
1φ3W 電源　0.4 Ω
100 V　負荷B 800 W 力率 0.8
0.4 Ω

イ. 40　　　ロ. 60　　　ハ. 80　　　ニ. 120

7 図のように，配電用変電所の変圧器の百分率インピーダンスが基準容量 30 MV・A で 18 %，変電所から電源側の百分率インピーダンスが基準容量 10 MV・A で 2 %，高圧配電線の百分率インピーダンスが基準容量 10 MV・A で 3 % である。高圧需要家の受電点（A 点）から電源側の合成百分率インピーダンスは基準容量 10 MV・A でいくらか。

ただし，百分率インピーダンスの百分率抵抗と百分率リアクタンスの比は，いずれも等しいとする。

変電所
10 MV・A 2 %　30 MV・A 18 %　高圧配電線 10 MV・A 3 %
3〜　需要家
A点

イ. 7 %　　　ロ. 9 %　　　ハ. 11 %　　　ニ. 23 %

問　い	答　え

| 8 | 図のように，変圧比が 6 600 / 210 V の単相変圧器の二次側に抵抗負荷が接続され，その負荷電流は 440 A であった。このとき，変圧器の一次側に設置された変流器の二次側に流れる電流 I [A]は。

　ただし，変流器の変流比は 25 / 5 A とし，負荷抵抗以外のインピーダンスは無視する。 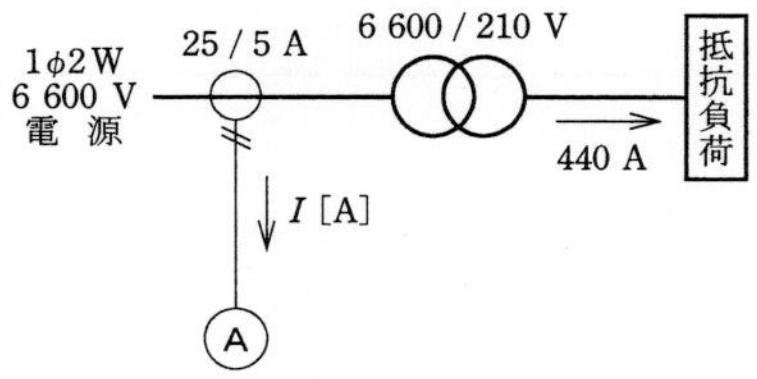

イ．2.6　　　ロ．2.8　　　ハ．3.0　　　ニ．3.2

 |

| 9 | 図のような電路において，変圧器二次側の B 種接地工事の接地抵抗値が 10 Ω，金属製外箱の D 種接地工事の接地抵抗値が 20 Ω であった。負荷の金属製外箱の A 点で完全地絡を生じたとき，A 点の対地電圧[V]は。

　ただし，金属製外箱，配線及び変圧器のインピーダンスは無視する。 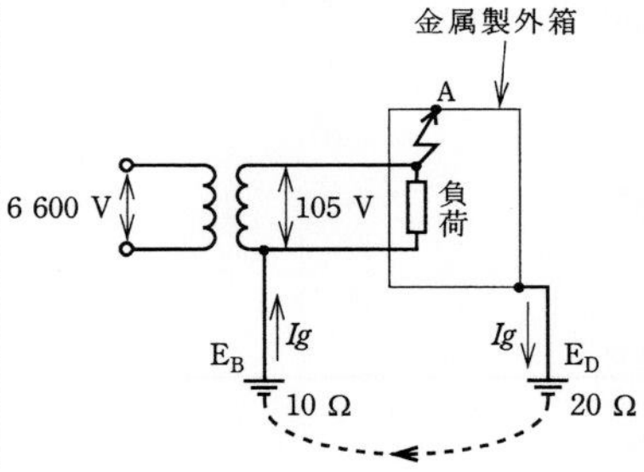

イ．35　　　ロ．60　　　ハ．70　　　ニ．105

 |

| 10 | 電気機器の絶縁材料として耐熱クラスごとに最高連続使用温度[℃]の低いものから高いものの順に左から右に並べたものは。

イ．H，E，Y
ロ．Y，E，H
ハ．E，Y，H
ニ．E，H，Y |

| 11 | 床面上 r [m]の高さに，光度 I[cd]の点光源がある。光源直下の床面照度 E [lx]を示す式は。 | イ． $E = \dfrac{I^2}{r}$　　ロ． $E = \dfrac{I^2}{r^2}$　　ハ． $E = \dfrac{I}{r}$　　ニ． $E = \dfrac{I}{r^2}$ |

| 12 | 定格出力 22 kW，極数 6 の三相誘導電動機が電源周波数 50 Hz，滑り 5 ％で運転している。このときの，この電動機の同期速度 N_S [min⁻¹]と回転速度 N [min⁻¹]との差 $N_S - N$ [min⁻¹]は。 | イ．25　　　ロ．50　　　ハ．75　　　ニ．100 |

	問　い		答　え

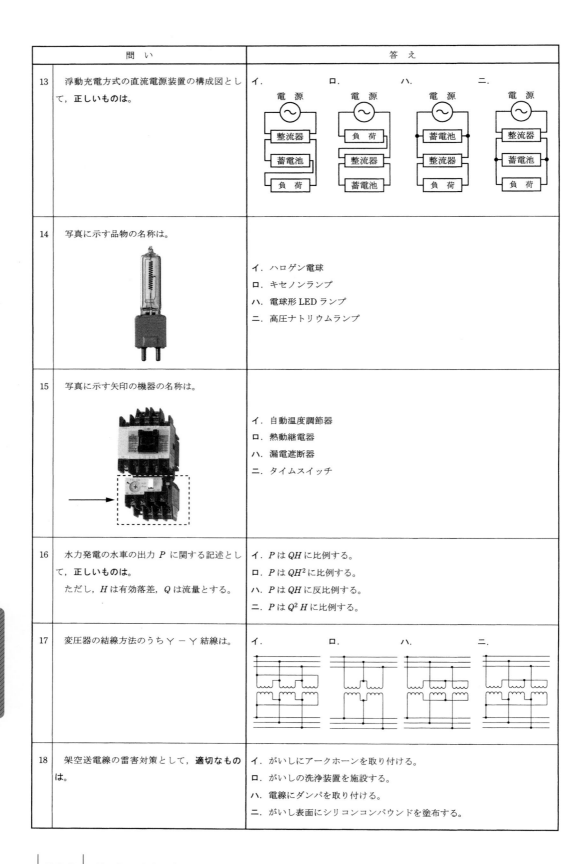

13 浮動充電方式の直流電源装置の構成図として，正しいものは。

イ.

電源

整流器

蓄電池

負荷

ロ.

電源

負荷

整流器

蓄電池

ハ.

電源

蓄電池

整流器

負荷

ニ.

電源

整流器

蓄電池

負荷

14 写真に示す品物の名称は。

イ．ハロゲン電球

ロ．キセノンランプ

ハ．電球形 LED ランプ

ニ．高圧ナトリウムランプ

15 写真に示す矢印の機器の名称は。

イ．自動温度調節器

ロ．熱動継電器

ハ．漏電遮断器

ニ．タイムスイッチ

16 水力発電の水車の出力 P に関する記述として，正しいものは。

　ただし，H は有効落差，Q は流量とする。

イ．P は QH に比例する。

ロ．P は QH^2 に比例する。

ハ．P は QH に反比例する。

ニ．P は Q^2H に比例する。

17 変圧器の結線方法のうち Y － Y 結線は。

イ.　　　　ロ.　　　　ハ.　　　　ニ.

18 架空送電線の雷害対策として，**適切なもの**は。

イ．がいしにアークホーンを取り付ける。

ロ．がいしの洗浄装置を施設する。

ハ．電線にダンパを取り付ける。

ニ．がいし表面にシリコンコンパウンドを塗布する。

	問 い	答 え
19	送電線に関する記述として，**誤っているもの**は。	**イ．**交流電流を流したとき，電線の中心部より外側の方が単位断面積当たりの電流は大きい。 **ロ．**同じ容量の電力を送電する場合，送電電圧が低いほど送電損失が小さくなる。 **ハ．**架空送電線路のねん架は，全区間の各相の作用インダクタンスと作用静電容量を平衡させるために行う。 **ニ．**直流送電は，長距離・大電力送電に適しているが，送電端，受電端にそれぞれ交直変換装置が必要となる。
20	電気設備の技術基準の解釈では，地中電線路の施設について「地中電線路は，電線にケーブルを使用し，かつ，管路式，暗きょ式又は□□□□により施設すること。」と規定されている。 上記の空欄にあてはまる語句として，**正しいもの**は。	**イ．**深層埋設式 **ロ．**間接埋設式 **ハ．**直接埋設式 **ニ．**浅層埋設式
21	高圧電路に施設する避雷器に関する記述として，**誤っているもの**は。	**イ．**高圧架空電線路から電気の供給を受ける受電電力 500 kW 以上の需要場所の引込口に施設した。 **ロ．**雷電流により，避雷器内部の限流ヒューズが溶断し，電気設備を保護した。 **ハ．**避雷器には A 種接地工事を施した。 **ニ．**近年では酸化亜鉛(ZnO)素子を利用したものが主流となっている。
22	写真に示す品物の用途は。 	**イ．**容量 300 kV·A 未満の変圧器の一次側保護装置として用いる。 **ロ．**保護継電器と組み合わせて，遮断器として用いる。 **ハ．**電力ヒューズと組み合わせて，高圧交流負荷開閉器として用いる。 **ニ．**停電作業などの際に，電路を開路しておく装置として用いる。
23	写真に示す品物の用途は。 	**イ．**高調波電流を抑制する。 **ロ．**大電流を小電流に変流する。 **ハ．**負荷の力率を改善する。 **ニ．**高電圧を低電圧に変圧する。

	問 い		答 え
24	写真に示す配線器具の名称は。 （表）　（裏） 	イ． ロ． ハ． ニ．	接地端子付コンセント 抜止形コンセント 防雨形コンセント 医用コンセント
25	写真に示す材料の名称は。 	イ． ロ． ハ． ニ．	ボードアンカ インサート ボルト形コネクタ ユニバーサルエルボ
26	低圧配電盤に，CV ケーブル又は CVT ケーブルを接続する作業において，一般に**使用しない工具**は。	イ． ロ． ハ． ニ．	電工ナイフ 油圧式圧着工具 油圧式パイプベンダ トルクレンチ
27	使用電圧が 300 V 以下の低圧屋内配線のケーブル工事の記述として，**誤っているもの**は。	イ． ロ． ハ． ニ．	ケーブルの防護装置に使用する金属製部分に D 種接地工事を施した。 ケーブルを造営材の下面に沿って水平に取り付け，その支持点間の距離を 3 m にして施設した。 ケーブルに機械的衝撃を受けるおそれがあるので，適当な防護装置を施した。 ケーブルを接触防護措置を施した場所に垂直に取り付け，その支持点間の距離を 5 m にして施設した。
28	展開した場所のバスダクト工事に関する記述として，**誤っているもの**は。	イ． ロ． ハ． ニ．	低圧屋内配線の使用電圧が 200 V で，かつ，接触防護措置を施したので，ダクトの接地工事を省略した。 低圧屋内配線の使用電圧が 400 V で，かつ，接触防護措置を施したので，ダクトには D 種接地工事を施した。 低圧屋内配線の使用電圧が 200 V で，かつ，湿気が多い場所での施設なので，屋外用バスダクトを使用し，バスダクト内部に水が浸入してたまらないようにした。 ダクトを造営材に取り付ける際，ダクトの支持点間の距離を 2 m として施設した。
29	可燃性ガスが存在する場所に低圧屋内電気設備を施設する施工方法として，**不適切なもの**は。	イ． ロ． ハ． ニ．	金属管工事により施工し，厚鋼電線管を使用した。 可搬形機器の移動電線には，接続点のない 3 種クロロプレンキャブタイヤケーブルを使用した。 スイッチ，コンセントは，電気機械器具防爆構造規格に適合するものを使用した。 金属管工事により施工し，電動機の端子箱との可とう性を必要とする接続部に金属製可とう電線管を使用した。

平成28年度

問い30から問い34までは，下の図に関する問いである。

図は，供給用配電箱（高圧キャビネット）から自家用構内を経由して，地下1階電気室に施設する屋内キュービクル式高圧受電設備（JIS C 4620 適合品）に至る電線路及び低圧屋内幹線設備の一部を表した図である。この図に関する各問いには，4通りの答え（イ，ロ，ハ，ニ）が書いてある。それぞれの問いに対して，答えを1つ選びなさい。

〔注〕 1．図において，問いに直接関係のない部分等は，省略又は簡略化してある。

2．UGS：地中線用地絡継電装置付き高圧交流負荷開閉器

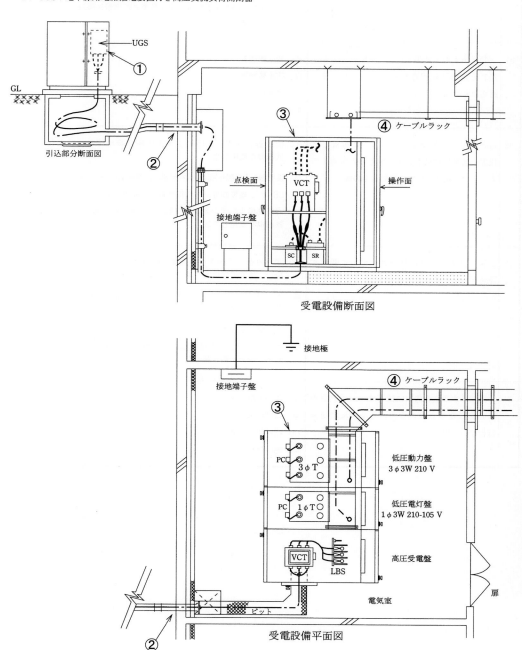

引込部分断面図

受電設備断面図

受電設備平面図

	問　い		答　え
30	①に示す地中線用地絡継電装置付き高圧交流負荷開閉器（UGS）に関する記述として，**不適切なもの**は。	イ.	電路に地絡が生じた場合，自動的に電路を遮断する機能を内蔵している。
		ロ.	定格短時間耐電流が，系統（受電点）の短絡電流以上のものを選定する。
		ハ.	電路に短絡が生じた場合，瞬時に電路を遮断する機能を有している。
		ニ.	波及事故を防止するため，電気事業者の地絡保護継電装置と動作協調をとる必要がある。
31	②に示す地中高圧ケーブルが屋内に引き込まれる部分に使用される材料として，**最も適切なもの**は。	イ.	合成樹脂管
		ロ.	防水鋳鉄管
		ハ.	金属ダクト
		ニ.	シーリングフィッチング
32	③に示す高圧キュービクル内に設置した機器の接地工事において，使用する接地線の太さ及び種類について，**適切なもの**は。	イ.	変圧器二次側，低圧の1端子に施す接地線に，断面積 $3.5\,\text{mm}^2$ の軟銅線を使用した。
		ロ.	変圧器の金属製外箱に施す接地線に，直径 $2.0\,\text{mm}$ の硬アルミ線を使用した。
		ハ.	LBS の金属製部分に施す接地線に，直径 $1.6\,\text{mm}$ の硬銅線を使用した。
		ニ.	高圧進相コンデンサの金属製外箱に施す接地線に，断面積 $5.5\,\text{mm}^2$ の軟銅線を使用した。
33	④に示すケーブルラックの施工に関する記述として，**誤っているもの**は。	イ.	同一のケーブルラックに電灯幹線と動力幹線のケーブルを布設する場合，両者の間にセパレータを設けなければならない。
		ロ.	ケーブルラックは，ケーブル重量に十分耐える構造とし，天井コンクリートスラブからアンカーボルトで吊り，堅固に施設した。
		ハ.	ケーブルラックには，D種接地工事を施した。
		ニ.	ケーブルラックが受電室の壁を貫通する部分は，火災の延焼防止に必要な耐火処理を施した。
34	図に示す受電設備（UGS 含む）の維持管理に必要な定期点検のうち，年次点検で通常**行わないもの**は。	イ.	接地抵抗測定
		ロ.	保護継電器試験
		ハ.	絶縁耐力試験
		ニ.	絶縁抵抗測定

問　い	答　え
35　低圧屋内配線の開閉器又は過電流遮断器で区切ることができる電路ごとの絶縁性能として，電気設備の技術基準（解釈を含む）に**適合するもの**は。	イ．使用電圧 100 V（対地電圧 100 V）のコンセント回路の絶縁抵抗を測定した結果，0.08 MΩ であった。 ロ．使用電圧 200 V（対地電圧 200 V）の空調機回路の絶縁抵抗を測定した結果，0.17 MΩ であった。 ハ．使用電圧 400 V の冷凍機回路の絶縁抵抗を測定した結果，0.43 MΩ であった。 ニ．使用電圧 100 V の電灯回路は，使用中で絶縁抵抗測定ができないので，漏えい電流を測定した結果，1.2 mA であった。
36　需要家の月間などの 1 期間における平均力率を求めるのに必要な計器の組合せは。	イ．電力計 　　電力量計 ロ．電力量計 　　無効電力量計 ハ．無効電力量計 　　最大需要電力計 ニ．最大需要電力計 　　電力計
37　自家用電気工作物として施設する電路又は機器について，D 種接地工事を**施さなければならないもの**は。	イ．高圧電路に施設する外箱のない変圧器の鉄心 ロ．定格電圧 400 V の電動機の鉄台 ハ．6.6 kV ／ 210 V の変圧器の低圧側の中性点 ニ．高圧計器用変成器の二次側電路
38　電気工事士法において，第一種電気工事士に関する記述として，**誤っているもの**は。	イ．第一種電気工事士は，一般用電気工作物に係る電気工事の作業に従事するときは，都道府県知事が交付した第一種電気工事士免状を携帯していなければならない。 ロ．第一種電気工事士は，電気工事の業務に関して，都道府県知事から報告を求められることがある。 ハ．都道府県知事は，第一種電気工事士が電気工事士法に違反したときは，その電気工事士免状の返納を命ずることができる。 ニ．第一種電気工事士試験の合格者には，所定の実務経験がなくても第一種電気工事士免状が交付される。
39　電気工事業の業務の適正化に関する法律において，電気工事業者が，一般用電気工事のみの業務を行う営業所に**備え付けなくてもよい器具**は。	イ．低圧検電器 ロ．絶縁抵抗計 ハ．抵抗及び交流電圧を測定することができる回路計 ニ．接地抵抗計
40　電気用品安全法において，交流の電路に使用する定格電圧 100 V 以上 300 V 以下の機械器具であって，特定電気用品は。	イ．定格電流 60 A の配線用遮断器 ロ．定格出力 0.4 kW の単相電動機 ハ．定格静電容量 100 μF の進相コンデンサ ニ．（PS）E と表示された器具

　図は，三相誘導電動機を，押しボタンの操作により始動させ，タイマの設定時間で停止させる制御回路である。この図の矢印で示す5箇所に関する各問いには，4通りの答え（**イ，ロ，ハ，ニ**）が書いてある。それぞれの問いに対して，答えを1つ選びなさい。

〔注〕　図において，問いに直接関係のない部分等は，省略又は簡略化してある。

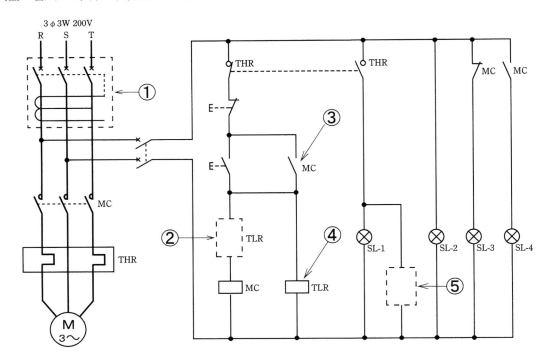

問　い	答　え
41　①の部分に設置する機器は。	イ．配線用遮断器 ロ．電磁接触器 ハ．電磁開閉器 ニ．漏電遮断器（過負荷保護付）
42　②で示す部分に使用される接点の図記号は。	イ．　　　　ロ．　　　　ハ．　　　　ニ．
43　③で示す接点の役割は。	イ．押しボタンスイッチのチャタリング防止 ロ．タイマの設定時間経過前に電動機が停止しないためのインタロック ハ．電磁接触器の自己保持 ニ．押しボタンスイッチの故障防止
44　④に設置する機器は。	イ．　　　　ロ． ハ．　　　　ニ．
45　⑤で示す部分に使用されるブザーの図記号は。	イ．　　　　ロ．　　　　ハ．　　　　ニ．

問題３．配線図２ <small>(問題数5，配点は1問当たり2点)</small>

　図は，高圧受電設備の単線結線図である。この図の矢印で示す5箇所に関する各問いには，4通りの答え（イ，ロ，ハ，ニ）が書いてある。それぞれの問いに対して，答えを1つ選びなさい。

〔注〕　図において，問いに直接関係のない部分等は，省略又は簡略化してある。

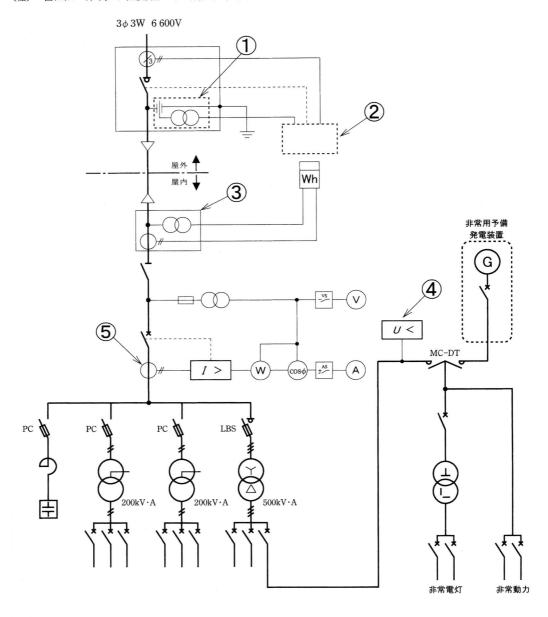

問 い	答 え
46　①で示す機器を設置する目的として，正しいものは。	イ．零相電流を検出する。 ロ．零相電圧を検出する。 ハ．計器用の電流を検出する。 ニ．計器用の電圧を検出する。
47　②に設置する機器の図記号は。	イ． $\boxed{I \doteq >}$　　　ロ． $\boxed{I >}$　　　ハ． $\boxed{I <}$　　　ニ． $\boxed{I \doteq >}$
48　③に設置する機器は。	イ． 　　ロ．  ハ． 　　ニ． 
49　④で示す機器は。	イ．不足電力継電器 ロ．不足電圧継電器 ハ．過電流継電器 ニ．過電圧継電器
50　⑤で示す部分に設置する機器と個数は。	イ．  1個 ロ．  1個 ハ．  2個 ニ．  2個

1 イ．電圧 V の2乗に比例する．

面積 A〔m^2〕の平板電極間に，厚さが d〔m〕で誘電率が ε〔F/m〕の絶縁物が入っている平行平板コンデンサの静電容量 C〔F〕は，次のようになる．

$$C = \varepsilon \frac{A}{d} \text{〔F〕}$$

この静電容量に直流電圧 V〔V〕を加えたときに蓄えられる静電エネルギー W〔J〕は，

$$W = \frac{1}{2}CV^2 = \frac{1}{2} \times \varepsilon \frac{A}{d} \times V^2 = \frac{\varepsilon A V^2}{2d} \text{〔J〕}$$

静電エネルギー W は，電圧 V の2乗に比例するので，イは正しい．

静電エネルギー W は，電極の面積 A に比例するので，ロは誤りである．静電エネルギー W は，電極間の距離 d に反比例するので，ハは誤りである．静電エネルギー W は，誘電率 ε に比例するので，ニは誤りである．

2 ロ．1.2

問題のブリッジ回路は，$2 \times 8 = 4 \times 4 = 16$ で平衡している．平衡しているので，10Ωの抵抗を取り外しても2Ωの抵抗に流れる電流 I〔A〕は変わらない．問題の図を第1図のように書き換えて，電流 I〔A〕を求める．

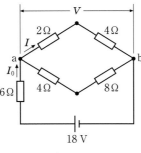

第1図

a−b 間の合成抵抗 R〔Ω〕は，

$$R = \frac{(4+8) \times (2+4)}{(4+8)+(2+4)} = \frac{12 \times 6}{12+6} = \frac{72}{18} = 4 \text{〔Ω〕}$$

回路全体に流れる電流 I_0〔A〕は，

$$I_0 = \frac{18}{6+4} = \frac{18}{10} = 1.8 \text{〔A〕}$$

a−b 間の電圧 V〔V〕は，

$$V = I_0 R = 1.8 \times 4 = 7.2 \text{〔V〕}$$

2Ωの抵抗に流れる電流 I〔A〕は，

$$I = \frac{V}{2+4} = \frac{7.2}{6} = 1.2 \text{〔A〕}$$

3 ニ．100

交流の直列回路の力率 $\cos \theta$〔%〕は，回路のインピーダンスを Z〔Ω〕，抵抗を R〔Ω〕とすると，次式で求められる．

$$\cos \theta = \frac{R}{Z} \times 100 \text{〔%〕}$$

第2図の回路の力率 $\cos \theta$〔%〕は，

$$\cos \theta = \frac{10}{\sqrt{10^2 + (10-10)^2}} \times 100 = 100 \text{〔%〕}$$

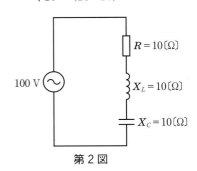

第2図

4 ハ．500

ダイオードと抵抗が1個ずつ接続された半波整流回路で，ダイオードがなく電源が直接抵抗に接続された回路の 1/2 周期しか電流は流れない（第3図）．

したがって，10Ωの抵抗で消費する電力は，ダイオードがない場合の 1/2 になる．

ダイオードがない場合の消費電力 P〔W〕は，

$$P = \frac{V^2}{R} = \frac{100^2}{10} = \frac{10\,000}{10} = 1\,000 \text{〔W〕}$$

ダイオードがある場合の消費電力 P_D〔W〕は，

$$P_D = \frac{P}{2} = \frac{1\,000}{2} = 500 \text{〔W〕}$$

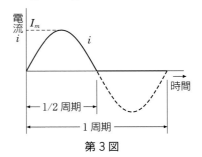

第3図

半波整流波形の電流の実効値 I〔A〕を求めて，消費電力 P〔W〕を計算することもできる．

半波整流波形の実効値 I〔A〕と最大値 I_m〔A〕の関係は，次のとおりである．

$$I = \frac{I_m}{2}\ \text{〔A〕}$$

問題の回路で，電流の最大値 I_m〔A〕は，

$$I_m = \sqrt{2} \times \frac{V}{R} = \sqrt{2} \times \frac{100}{10} = 10\sqrt{2}\ \text{〔A〕}$$

10 Ω の抵抗に流れる電流の実効値 I〔A〕は，

$$I = \frac{I_m}{2} = \frac{10\sqrt{2}}{2} = 5\sqrt{2}\ \text{〔A〕}$$

10 Ω の抵抗の消費電力 P〔W〕は，

$$P = I^2 R = (5\sqrt{2})^2 \times 10 = 25 \times 2 \times 10 = 500\ \text{〔W〕}$$

5 ニ．92

第4図で，1相のインピーダンス Z〔Ω〕は，

$$Z = \sqrt{R^2 + X_L^2} = \sqrt{8^2 + 6^2} = \sqrt{100} = 10\ \text{〔Ω〕}$$

1相に加わる電圧 V〔V〕は，

$$V = \frac{200}{\sqrt{3}}\ \text{〔V〕}$$

抵抗に流れる電流 I〔A〕は，

$$I = \frac{V}{Z} = \frac{\dfrac{200}{\sqrt{3}}}{10} = \frac{200}{10\sqrt{3}} = \frac{20}{\sqrt{3}}\ \text{〔A〕}$$

抵抗の両端の電圧 V_R〔V〕は，

$$V_R = IR = \frac{20}{\sqrt{3}} \times 8 = \frac{160}{\sqrt{3}} \fallingdotseq 92\ \text{〔V〕}$$

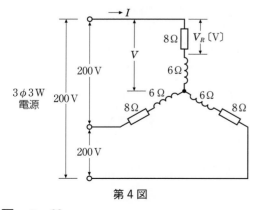

第4図

6 ハ．80

負荷 A，B に流れる電流 I〔A〕は，

$$I = \frac{P}{V\cos\theta} = \frac{800}{100 \times 0.8} = 10\ \text{〔A〕}$$

負荷が平衡しているので，中性線には電流が

流れない．各線に流れる電流は，第5図のようになる．

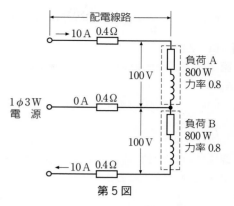

第5図

この配電線路の電力損失 P_l〔W〕は，

$$P_l = 2I^2 r = 2 \times 10^2 \times 0.4 = 200 \times 0.4 = 80\ \text{〔W〕}$$

7 ハ．11%

基準容量が異なる百分率インピーダンスを合成するには，同一の基準容量の百分率インピーダンスに換算しなければならない．

第6図のように，変圧器の百分率インピーダンスが $\%Z_2$〔%〕（基準容量 P_2〔MV·A〕）で，高圧配電線の百分率インピーダンスが $\%Z_1$〔%〕（基準容量 P_1〔MV·A〕）の場合，A 点から電源側の基準容量 P_1〔MV·A〕における合成百分率インピーダンス $\%Z$〔%〕は，次のようにして求める．

基準容量 P_1〔MV·A〕に換算した変圧器の百分率インピーダンス $\%Z_T$〔%〕は，百分率インピーダンスは基準容量に比例するので，

$$\%Z_T = \frac{P_1}{P_2}\%Z_2\ \text{〔%〕}$$

A 点から変電所の電源側の配線までの合成百分率インピーダンス $\%Z$〔%〕（基準容量 P_1〔MV·A〕）は，次のようになる．

$$\%Z = \%Z_1 + \frac{P_1}{P_2}\%Z_2\ \text{〔%〕}$$

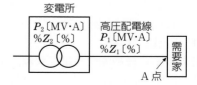

第6図

問題で，受電点（A 点）から電源側の合成百

分率インピーダンス%Z〔%〕は，基準容量 10〔MV・A〕で，

$$\%Z = 3 + \frac{10}{30} \times 18 + 2 = 3 + 6 + 2 = 11 \text{〔%〕}$$

8 ロ．2.8

第7図で，変圧器の一次側に流れる電流 I_1〔A〕は，

$$6\,600 \times I_1 = 210 \times 440$$

$$I_1 = \frac{210}{6\,600} \times 440 = 14 \text{〔A〕}$$

変流器の二次側に流れる電流 I〔A〕は，変流比が 25/5 A であることから，

$$\frac{I_1}{I} = \frac{25}{5} = 5$$

$$I = \frac{I_1}{5} = \frac{14}{5} = 2.8 \text{〔A〕}$$

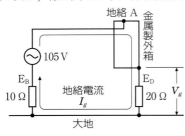

第7図

9 ハ．70

問題の図は，第8図のように書き換えられる．

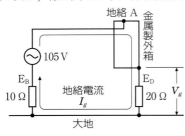

第8図

地絡電流 I_g〔A〕は，

$$I_g = \frac{105}{10 + 20} = \frac{105}{30} = 3.5 \text{〔A〕}$$

A 点の対地電圧 V_g〔V〕

$$V_g = I_g \times 20 = 3.5 \times 20 = 70 \text{〔V〕}$$

10 ロ．Y，E，H

指定文字 Y の最高連続使用温度は，90℃で最も低い．E は 120℃，H は 180℃ の順になっている．

電気機器の耐熱クラスは，JIS C 4003 によっ

て，第1表のように定められている．

第1表

耐熱クラス〔℃〕	指定文字	耐熱クラス〔℃〕	指定文字
90	Y	180	H
105	A	200	N
120	E	220	R
130	B	耐熱クラスは，最高連続使用温度を示す．	
155	F		

11 ニ．$E = \dfrac{I}{r^2}$

光源直下の照度 E〔lx〕は，光度を I〔cd〕，高さを r〔m〕とすると，次式で示される（**第9図**）．

$$E = \frac{I}{r^2} \text{〔lx〕}$$

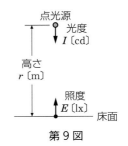

第9図

12 ロ．50

電動機の同期速度 N_s〔min^{-1}〕は，

$$N_s = \frac{120f}{p} = \frac{120 \times 50}{6} = 1\,000 \text{〔min^{-1}〕}$$

電動機の回転速度 N〔min^{-1}〕とすると，滑り s〔%〕は次式で示される．

$$s = \frac{N_s - N}{N_s} \times 100 \text{〔%〕}$$

この式から，同期速度 N_s〔min^{-1}〕と回転速度 N〔min^{-1}〕との差 $N_s - N$〔min^{-1}〕は，

$$N_s - N = \frac{s}{100} \times N_s = \frac{5}{100} \times 1\,000$$

$$= 50 \text{〔min^{-1}〕}$$

13 ニ．

浮動充電方式は，整流器を蓄電池と負荷に並列に接続して，常に電圧を加えている．負荷及び蓄電池の自己放電を補うための電流を，整流器で常に補給して，蓄電池を完全充電状態にし

ている．停電時や一時的に増加する大電流は，蓄電池から供給される．

　この方式は，蓄電池及び整流器の容量が小さく経済的であり，蓄電池の寿命が長く，操作が簡単である．

14　イ．ハロゲン電球

　白熱電球の一種で，管内にハロゲン元素（ホウ素，臭素等）を封入して．フィラメントからのタングステンの蒸発を抑制したものである．

　白熱電球より寿命が長く，フィラメントの温度を高くすることができるので，小形にできる．

15　ロ．熱動継電器

　熱動継電器（サーマルリレー）といい，電磁接触器と組み合わせることにより，電動機の過負荷を保護することができる．

16　イ．P は QH に比例する．

　水力発電の水車の出力 P〔kW〕は，流量を Q〔m³/s〕，有効落差を H〔m〕，水車効率を η とすると，次式で表すことができる．

　　$P = 9.8QH\eta$〔kW〕

　この式から，P は QH に比例することがわかる．

17　ハ．

　電源側と負荷側が，Ｙ－Ｙ結線になっているのは，ハである．イは△－△結線，ロはV－V結線，ニはＹ－△結線である．

18　イ．がいしにアークホーンを取り付ける．

　電線や鉄塔に落雷があった場合，がいしの表面に放電すると，がいしが破損するおそれがある．がいしの両端にアークホーン（第10図）を取り付けることによって，がいしや電線からの直接の放電を避け，がいしや電線の破損を防ぐことができる．

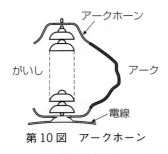

第10図　アークホーン

19　ロ．同じ容量の電力を送電する場合，送電電圧が低いほど送電損失が小さくなる．

　同じ容量の電力を送電するには，送電電圧が低いほど電流が大きくなるため，送電損失が大きくなる．

20　ハ．直接埋設式

　電技解釈第120条（地中電線路の施設）による．

　地中電線路は，電線にケーブルを用いて，次の方式で施設することが規定されている．

　・管路式
　・暗きょ式
　・直接埋設式

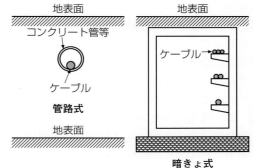

第11図　地中電線路

21　ロ．雷電流により，避雷器内部の限流ヒューズが溶断し，電気設備を保護した．

　避雷器（第12図）の内部には，限流ヒューズは内蔵されていない．避雷器の内部には，酸化亜鉛（ZnO）素子を内蔵したものが一般的になっている．酸化亜鉛素子は，印加電圧が小さい場合は絶縁体として働き，雷のような大きい電圧が加わると導体として働く性質がある．避雷器には，ギャップ付きとギャップレスとがある．

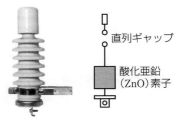

第12図　避雷器（ギャップ付き）

電技解釈第37条（避雷器等の施設）により，高圧架空電線路から電気の供給を受ける受電電力が500 kW以上の需要設備の引込口には，避雷器を施設しなければならない．高圧の電路に施設する避雷器には，A種接地工事を施すことと定められている．

22 ニ．停電作業などの際に，電路を開路しておく装置として用いる．

断路器である．断路器は負荷電流を遮断することができなく，変圧器の一次側の保護装置，遮断器，高圧交流負荷開閉器として使用することはない．

23 イ．高調波電流を抑制する．

直列リアクトルで，高圧進相コンデンサの電源側に施設する．高調波電流が高圧進相コンデンサに流れるのを抑制したり，高圧進相コンデンサ投入時の突入電流を抑制する働きがある．

24 ニ．医用コンセント

医用コンセントは，コンセントの表面に「H」と表示されており，接地線がコンセントに直接接続されている．

25 ロ．インサート

インサートは，第13図のようにコンクリートスラブやデッキプレートを用いたスラブに吊りボルトを取り付けて，照明器具や配管等を固定するのに使用する金具である．インサートには，型枠用（問題の写真右）とデッキプレート用（問題の写真左）があり，コンクリートを流し込む前に，前もって型枠やデッキプレートに金具を装着しておく．型枠用はインサートを型枠に釘で固定し，デッキプレート用はドリル等でデッキプレートに穴をあけて固定する．

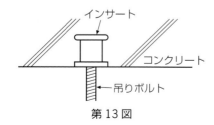

第13図

26 ハ．油圧式パイプベンダ

油圧式パイプベンダは，太い金属管を曲げる工具で，低圧用のCVケーブルやCVTケーブルを接続する作業には使用しない．電工ナイフは，ケーブルのシースや絶縁物のはぎ取りに用いる．油圧式圧着工具は，電線に圧着端子を接続するのに用いる．トルクレンチは，圧着端子を所定のトルクで締め付けるのに用いる．

油圧式パイプベンダ　　　電工ナイフ

油圧式圧着工具　　　トルクレンチ

第14図

27 ロ．ケーブルを造営材の下面に沿って水平に取り付け，その支持点間の距離を3 mにして施設した．

電技解釈第164条（ケーブル工事）による．

ケーブルを造営材の下面に沿って水平に取り付ける場合は，支持点間の距離を2 m以下にしなければならない．

28 イ．低圧屋内配線の使用電圧が200 Vで，かつ，接触防護措置を施したので，ダクトの接地工事を省略した．

電技解釈第163条（バスダクト工事）による．

使用電圧が300 V以下の配線では，バスダクトにD種接地工事を施さなければならない．接触防護措置を施しても，バスダクトのD種接地工事を省略することはできない．

29 ニ．金属管工事により施工し，電動機の端子箱との可とう性を必要とする接続部に金属製可とう電線管を使用した．

電技解釈第176条（可燃性ガス等の存在する場所の施設）による．

可燃性ガスが存在する場所に，金属管工事により施工する場合，電動機に接続する部分で可とう性を必要とする接続部には，耐圧防爆型等のフレキシブルフィッチング（第15図）を使用しなければならない．

第15図　耐圧防爆型フレキシブルフィッチング

30　ハ．電路に短絡が生じた場合，瞬時に電路を遮断する機能を有している．

　地中線用地絡継電装置付き高圧交流負荷開閉器（UGS）（第16図）は，負荷電流を開閉できるが，短絡電流を遮断する機能がない．

第16図　地中線用地絡継電装置付き高圧交流負荷開閉器（UGS）

31　ロ．防水鋳鉄管

　防水鋳鉄管（第17図）は，地中管路が建物の外壁を貫通する部分に用いて，建物に浸水するのを防止する．

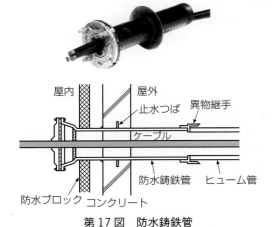

第17図　防水鋳鉄管

32　ニ．高圧進相コンデンサの金属製外箱に施す接地線に，断面積 5.5 mm^2 の軟銅線を使用した．

　電技解釈第17条（接地工事の種類及び施設方法）・第24条（高圧又は特別高圧と低圧との混触による危険防止施設）・第29条（機械器具の金属製外箱等の接地）による．

　ニは A 種接地工事であり，断面積 5.5 mm^2 の軟銅線は直径 2.6 mm 以上の軟銅線に該当するので，適切である．

　イは B 種接地工事であり，接地線の断面積 3.5 mm^2 は直径 2.6 mm 以上の軟銅線に該当しないので，不適切である．

　ロとハは A 種接地工事であり，いずれも接地線が直径 2.6 mm 以上の軟銅線に該当しないので，不適切である．

　高圧用の機械器具の金属製外箱等には，A 種接地工事を施さなければならない．A 種接地工事は，接地抵抗値と接地線について，次のように規定されている．

　①接地抵抗値は，10 Ω 以下であること．
　②接地線は，次に適合するものであること．
　　・故障の際に流れる電流を安全に通じることができるものであること．
　　・固定して使用する機械器具の金属製外箱等に接地工事を施す場合は，引張強さ 1.04 kN 以上の容易に腐食し難い金属線又は直径 2.6 mm 以上の軟銅線であること．

　変圧器の二次側の中性点，低圧側の 1 端子には B 種接地工事を施さなければならない．B 種接地工事で，高圧電路と低圧電路を結合する場合の接地線は，引張強さ 1.04 kN 以上の容易に腐食し難い金属線又は直径 2.6 mm 以上の軟銅線でなければならない．

33　イ．同一のケーブルラックに電灯幹線と動力幹線のケーブルを布設する場合，両者の間にセパレータを設けなければならない．

　電技解釈第167条（低圧配線と弱電流電線等又は管との接近又は交差），内線規程 3165（ビニル外装ケーブル配線，クロロプレン外装ケーブル配線又はポリエチレン外装ケーブル配線）による．

　低圧配線のケーブルと弱電流電線等とは直接接触しないように施設しなければならないが，低圧配線のケーブル相互は接触してもよいので，

両者の間にセパレータを設ける必要はない.

ケーブルラック(第18図)については，内線規程で次のように定められている.

- ・ラックは，ケーブルの重量に十分耐える構造であって，かつ，堅固に施設すること.
- ・使用電圧が300 V以下の場合は，ラックの金属製部分にD種接地工事を施す(金属管工事と同様に省略できる場合がある).
- ・使用電圧が300 Vを超える低圧の場合は，ラックの金属製部分にC種接地工事を施す(接触防護措置を施した場合はD種接地工事にできる).

また，建築基準法により，ケーブルラックが防火区画等を貫通する場合は，法令で規定された工法で耐火処理を施さなければならない.

以上のことから，ロ，ハ，ニはいずれも正しい.

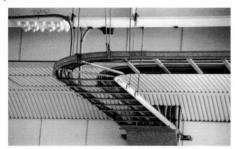

第18図　ケーブルラック

34 ハ．絶縁耐力試験

絶縁耐力試験は竣工時に行い，定期点検のうちの年次点検では通常行わない.

高圧受電設備の竣工検査及び定期点検は，一般的に第2表の検査項目を行う.

第2表　高圧受電設備の検査項目

検査項目	竣工検査	定期点検
外観検査	○	○
接地抵抗測定	○	○
絶縁抵抗測定	○	○
絶縁耐力試験	○	
保護継電器試験	○	○
遮断器試験	○	○
絶縁油試験		○

35 ハ．使用電圧400 Vの冷凍機回路の絶縁抵抗を測定した結果，0.43 MΩであった.

電技第58条(低圧の電路の絶縁性能)，電技解釈第14条(低圧電路の絶縁性能)による.

ハは，使用電圧400 Vの電路で絶縁抵抗値が0.4 MΩ以上なので適合する.

イは0.1 MΩ以上，ロは0.2 MΩ以上の絶縁抵抗値でなければならないので適合しない．ニは，漏えい電流が1 mA以下でなければならないので適合しない.

使用電圧が低圧の電路の電線相互間及び電路と大地との間の絶縁抵抗は，開閉器又は過電流遮断器で区切ることのできる電路ごとに，第3表に掲げる値以上でなければならない.

第3表

電路の使用電圧の区分		絶縁抵抗値
300 V以下	対地電圧が150 V以下	0.1 MΩ
	その他の場合	0.2 MΩ
300 Vを超えるもの		0.4 MΩ

絶縁抵抗測定が困難な場合は，当該電路の使用電圧が加わった状態における漏えい電流が，1 mA以下であればよい.

36 ロ．電力量計　無効電力量計

ある期間の平均力率は，電力量と無効電力量がわかれば，次の計算で求めることができる.

$$平均力率 = \frac{電力量}{\sqrt{電力量^2 + 無効電力量^2}} \times 100 〔\%〕$$

37 ニ．高圧計器用変成器の二次側電路

電技解釈第24条(高圧又は特別高圧と低圧との混触による危険防止施設)・第28条(計器用変成器の2次側電路の接地)・第29条(機械器具の金属製外箱等の接地)による.

高圧計器用変成器の二次側電路にはD種接地工事を施さなければならない.

イの高圧電路に施設する外箱のない変圧器の鉄心はA種接地工事，ロの定格電圧400 Vの電動機の鉄台はC種接地工事，ハの6.6 kV/210 Vの変圧器の低圧側の中性点にはB種接地工事を施さなければならない.

機械器具の金属製外箱等(金属製の台及び外箱，外箱のない変圧器又は計器用変成器にあっては鉄心)は，使用電圧の区分に応じて，第4表によって接地しなければならない.

第4表

使用電圧の区分		接地工事
低圧	300 V 以下	D 種接地工事
	300 V 超過	C 種接地工事
高圧又は特別高圧		A 種接地工事

高圧電路と低圧電路とを結合する変圧器には，次のいずれかの箇所に，B種接地工事を施さなければならない．

・低圧側の中性点
・低圧電路の使用電圧が300 V 以下の場合において，接地工事を低圧側の中性点に施し難いときは，低圧側の1端子
・低圧電路が非接地である場合において，高圧側の巻線と低圧側の巻線との間に設けた金属製の混触防止板

38 ニ．第一種電気工事士試験の合格者には，所定の実務経験がなくても第一種電気工事士免状が交付される．

電気工事士法第4条（電気工事士免状）・第5条（電気工事士等の義務），電気工事士法施行規則第2条の4（実務の経験）による．

第一種電気工事士免状は，第一種電気工事士試験に合格し，かつ，定められた電気工事に関して定められた実務経験を有する者に交付される．

《実務経験の対象にならない電気工事》
①「軽微な工事」及び「軽微な作業」
②「特殊電気工事」
③5万V以上で使用する架空電線路の工事
④保安通信設備の工事
《実務経験の期間》
3年以上

39 イ．低圧検電器

電気工事業法第24条（器具の備付け），電気工事業法施行規則第11条（器具）による．

電気工事業者が，一般用電気工事のみの業務を行う営業所は，次の器具を備え付けなければならない．

・絶縁抵抗計
・接地抵抗計
・抵抗及び交流電圧を測定することができる回路計

したがって，一般用電気工事のみの業務を行う営業所には，低圧検電器は備え付けなくてよい．

40 イ．定格電流60 A の配線用遮断器

電気用品安全法第2条（定義）・第10条（表示），施行令第1条（電気用品）・第1条の2（特定電気用品），施行規則第17条（表示の方法）による．

イの配線用遮断器は，定格電流が100 A 以下なので特定電気用品である．

ロの単相電動機は，出力に関係なく特定電気用品以外の電気用品である．ニの(PS)Eと表示された器具は，特定電気用品以外の電気用品である．ハの進相コンデンサは，定格静電容量に関係なく電気用品に該当しない．

〔問題2・3〕 配線図の解答

41 ニ．漏電遮断器（過負荷保護付）

第19図の複線図で，地絡電流を検出する零相変流器があり，接点が遮断器の図記号から，漏電遮断器（過負荷保護付）と判断できる．

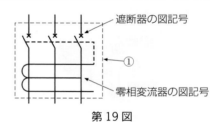

第19図

42 ロ．

限時継電器（TLR）のブレーク接点（第20図）で，設定時間経過後に接点が開いて電磁接触器（MC）の自己保持を解除し，電動機を停止させる．

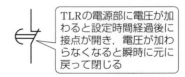

TLRの電源部に電圧が加わると設定時間経過後に接点が開き，電圧が加わらなくなると瞬時に元に戻って閉じる

第20図　TLR のブレーク接点

43 ハ．電磁接触器の自己保持

③の接点はMCのメーク接点で，押しボタンスイッチのメーク接点と並列に接続されている．押しボタンスイッチのメーク接点を押すと閉じて，押しボタンスイッチのメーク接点を離

してもこの接点を通じて電磁接触器MCに電源が供給されるので，電磁接触器MCが動作し続ける．自分自身の接点によって保持することから，自己保持回路（第21図）という．

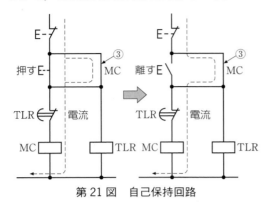

第21図　自己保持回路

44 ニ．

TLRは，限時継電器（タイマ）を表す．
イは電磁継電器，ロは電磁接触器，ハはタイムスイッチである．

45 イ．

ブザー（第22図）の図記号はイで，ハはベルの図記号である．

第22図　ブザー

46 ロ．零相電圧を検出する．

①の図記号で示すものは，高圧負荷開閉器に内蔵されている零相基準入力装置（ZPD）である．零相基準入力装置は，地絡事故時に発生する零相電圧を検出して，制御装置に内蔵される地絡方向継電器（DGR）に送る．

47 ニ．

制御装置（第23図）に内蔵されている地絡方向継電器（DGR）である．
地絡方向継電器は，零相基準入力装置（ZPD）からの零相電圧と零相変流器（ZCT）からの零相電流の位相関係から，構内の地絡事故か構外の地絡事故かを判断して，構内の地絡事故の場合に負荷開閉器を遮断する．

第23図　制御装置

48 イ．

③で示す図記号は，電力受給用計器用変成器（VCT）である．
電力受給用計器用変成器は，高圧電路の電圧，電流を，低圧，小電流に変成するものである．電力量計に接続して，使用電力量を計量する．

49 ロ．不足電圧継電器

④で示す図記号の機器は，不足電圧継電器（第24図）で，電源が停電したり電圧降下した場合に動作する継電器である．
問題の高圧受電設備では，電源が停電した場合に不足電圧継電器が動作して，双投形電磁接触器（MC-DT）を働かせて，非常用予備発電装置から非常電灯と非常動力に電源が供給されるようにしている．

第24図　不足電圧継電器

50 ニ．

⑤で示す部分に設置する機器は，変流器で2台使用する．この部分の複線図は，第25図のようになる．

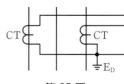

第25図

平成27年度の
問題と
解答・解説

●平成 27 年度問題の解答●

問題1．一 般 問 題									
問い	答え	問い	答え	問い	答え	問い	答え
1	イ	11	ロ	21	ニ	31	ニ
2	ロ	12	ハ	22	ニ	32	ロ
3	ロ	13	ロ	23	ロ	33	イ
4	イ	14	イ	24	ニ	34	ハ
5	ハ	15	イ	25	ニ	35	ニ
6	ハ	16	ロ	26	イ	36	ロ
7	ロ	17	イ	27	ハ	37	ニ
8	ハ	18	ニ	28	ハ	38	ハ
9	ニ	19	イ	29	ロ	39	イ
10	ニ	20	ニ	30	イ	40	ハ

問題2．配 線 図	
問い	答え
41	ハ
42	ロ
43	ロ
44	イ
45	ハ
46	イ
47	ニ
48	ハ
49	ニ
50	ニ

問題1. 一般問題 (問題数40, 配点は1問当たり2点)

次の各問いには4通りの答え（イ，ロ，ハ，ニ）が書いてある。それぞれの問いに対して答えを1つ選びなさい。

問 い	答 え
1　電線の抵抗値に関する記述として，**誤っているもの**は。	イ．周囲温度が上昇すると，電線の抵抗値は小さくなる。 ロ．抵抗値は，電線の長さに比例し，導体の断面積に反比例する。 ハ．電線の長さと導体の断面積が同じ場合，アルミニウム電線の抵抗値は，軟銅線の抵抗値より大きい。 ニ．軟銅線では，電線の長さと断面積が同じであれば，より線も単線も抵抗値はほぼ同じである。
2　図のような回路において，抵抗 ▭ は，すべて2Ωである。a-b間の合成抵抗値[Ω]は。 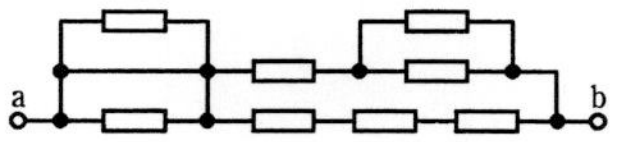 	イ．1　　　　ロ．2　　　　ハ．3　　　　ニ．4
3　図のような直流回路において,抵抗 $R=3.4$ Ωに流れる電流が30 Aであるとき，図中の電流 I_1 [A] は。 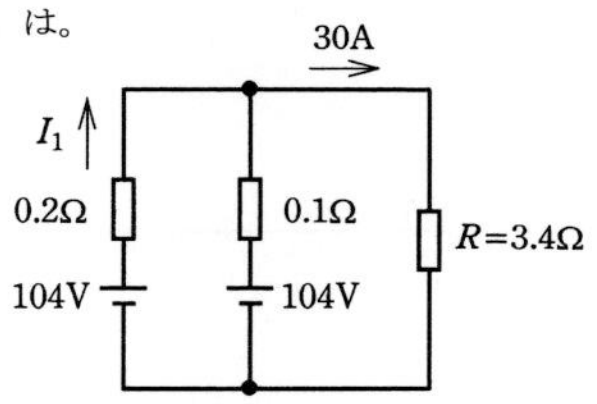 	イ．5　　　　ロ．10　　　　ハ．20　　　　ニ．30
4　図のような交流回路において，電源電圧は200 V，抵抗は20 Ω，リアクタンスは X [Ω]，回路電流は20 Aである。この回路の力率[%]は。 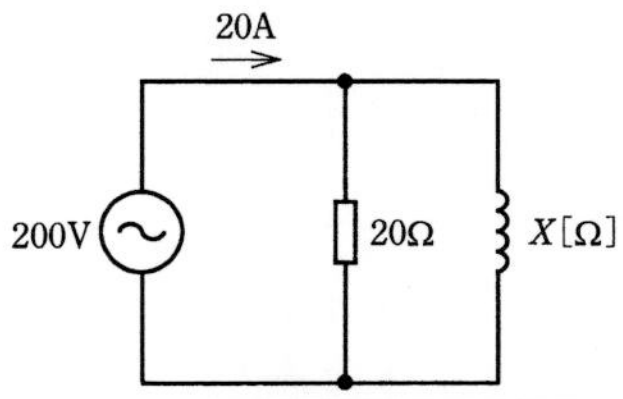 	イ．50　　　　ロ．60　　　　ハ．80　　　　ニ．100
5　図のような三相交流回路において，電源電圧は200 V，抵抗は4 Ω，リアクタンスは3 Ωである。回路の全消費電力[kW]は。 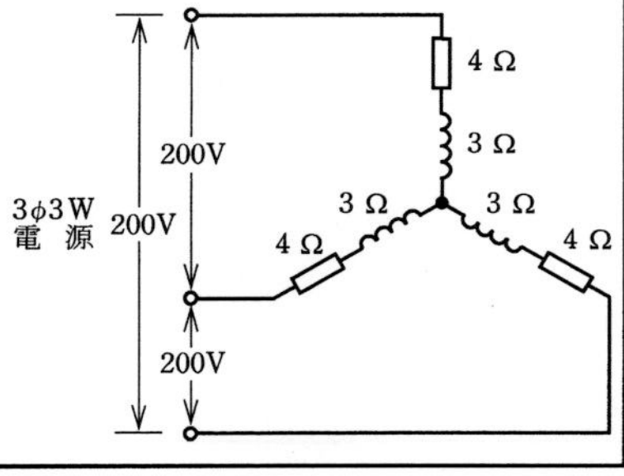 	イ．4.0　　　　ロ．4.8　　　　ハ．6.4　　　　ニ．8.0

問　い	答　え
6　図のような単相 2 線式配電線路において，配電線路の長さは 100 m，負荷は電流 50 A，力率 0.8（遅れ）である。線路の電圧降下（$V_s - V_r$）[V] を 4 V 以内にするための電線の最小太さ（断面積）[mm²] は。 　ただし，電線の抵抗は表のとおりとし，線路のリアクタンスは無視するものとする。	イ．14　　　　ロ．22　　　　ハ．38　　　　ニ．60

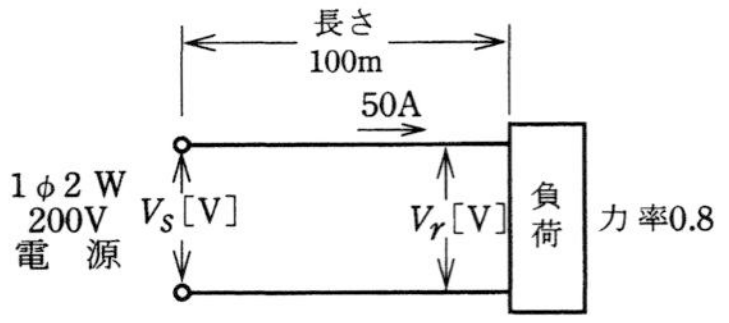

電線太さ [mm²]	1 km当たりの抵抗 [Ω / km]
14	1.30
22	0.82
38	0.49
60	0.30

問　い	答　え
7　図のような，低圧屋内幹線からの分岐回路において，分岐点から配線用遮断器までの分岐回路を 600V ビニル絶縁ビニルシースケーブル丸形（VVR）で配線する。この電線の長さ a と太さ b の組合せとして，**誤っているもの**は。 　ただし，幹線を保護する配線用遮断器の定格電流は 100 A とし，VVR の太さと許容電流は表のとおりとする。	イ．a： 2 m　　ロ．a： 5 m　　ハ．a：7 m　　ニ．a：10 m 　　b：2.0 mm　　b：5.5 mm²　　b：8 mm²　　b：14 mm²

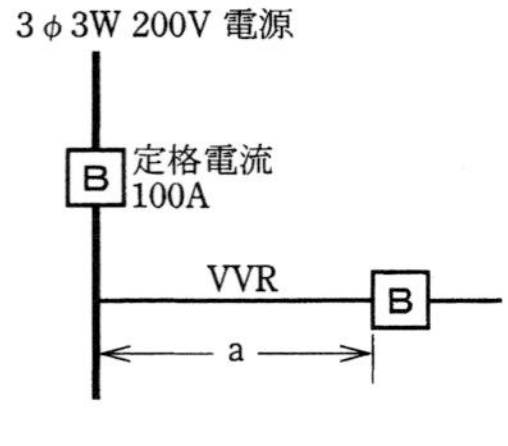

電線太さ b	許容電流
直径 2.0 mm	24 A
断面積 5.5 mm²	34 A
断面積　8 mm²	42 A
断面積 14 mm²	61 A

平成27年度

問　い	答　え

8　図のような単相3線式電路（電源電圧 210 / 105 V ）において，抵抗負荷 A 50 Ω，B 25 Ω，C 20 Ω を使用中に，図中の ✖ 印点 P で中性線が断線した。断線後の抵抗負荷 A に加わる電圧[V]は。

　　ただし，どの配線用遮断器も動作しなかったとする。

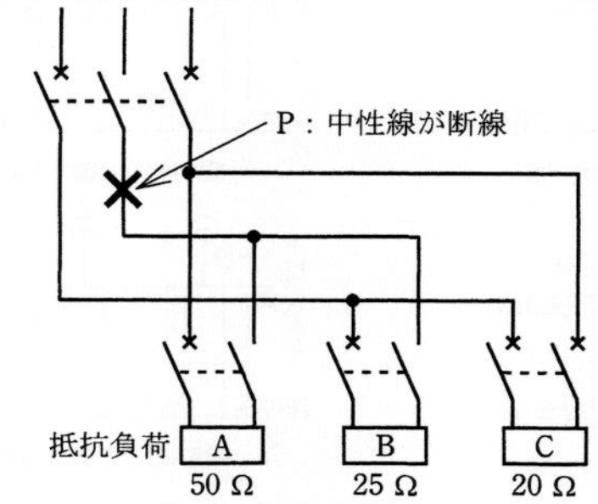

1φ3W 210 / 105V

P：中性線が断線

抵抗負荷　A　B　C
50 Ω　25 Ω　20 Ω

イ．0　　　　ロ．60　　　　ハ．140　　　　ニ．210

9　図のような日負荷率を有する需要家があり，この需要家の設備容量は 375 kW である。

　　この需要家の，この日の日負荷率 a [%] と需要率 b [%] の組合せとして，正しいものは。

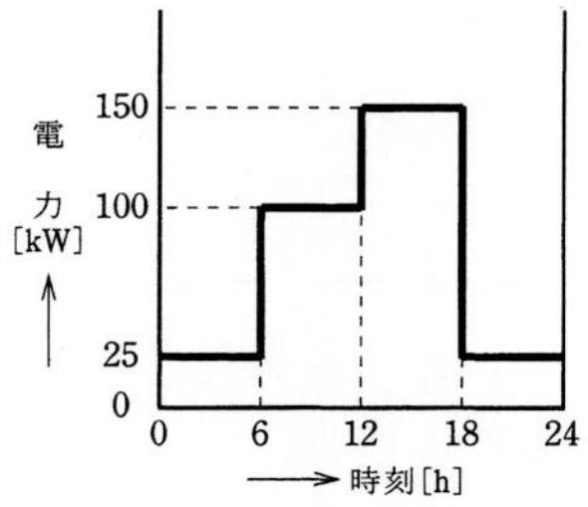

電力[kW]
150
100
25
0
　0　6　12　18　24
　　→ 時刻[h]

イ．a：20　　ロ．a：30　　ハ．a：40　　ニ．a：50
　　b：40　　　b：30　　　b：30　　　b：40

10　LED ランプの記述として，**誤っている**ものは。

イ．LED ランプは，発光ダイオードを用いた照明用光源である。

ロ．白色 LED ランプは，一般に青色の LED と黄色の蛍光体による発光である。

ハ．LED ランプの発光効率は，白熱灯の発光効率に比べて高い。

ニ．LED ランプの発光原理は，ホトルミネセンスである。

11　三相誘導電動機の結線①を②，③のように変更した時，①の回転方向に対して，②，③の回転方向の記述として，**正しい**ものは。

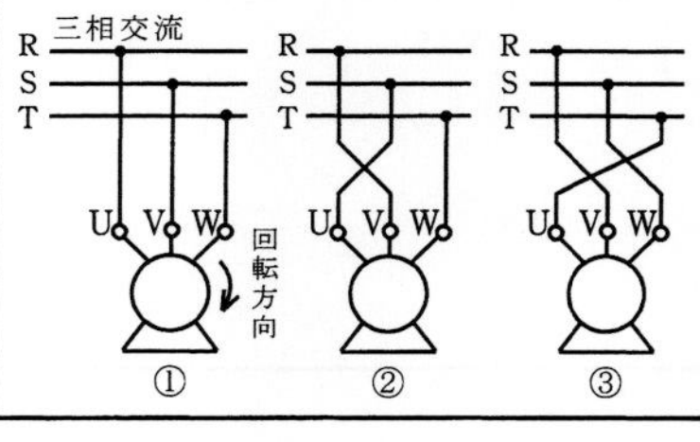

三相交流
R
S
T

U V W
回転方向
①　②　③

イ．③は①と逆に回転をし，②は①と同じ回転をする。

ロ．②は①と逆に回転をし，③は①と同じ回転をする。

ハ．②，③とも①と逆に回転をする。

ニ．②，③とも①と同じ回転をする。

平成27年度

問　い	答　え
12　定格電圧 100 V，定格消費電力 1 kW の電熱器を，電源電圧 90 V で 10 分間使用したときの発生熱量[kJ]は。 　　ただし，電熱器の抵抗の温度による変化は無視するものとする。	イ．292　　　　　ロ．324　　　　　ハ．486　　　　　ニ．540
13　りん酸形燃料電池の発電原理図として，**正しいものは。**	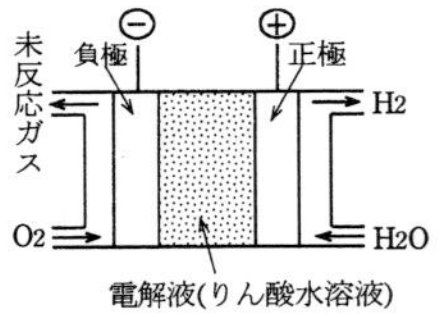 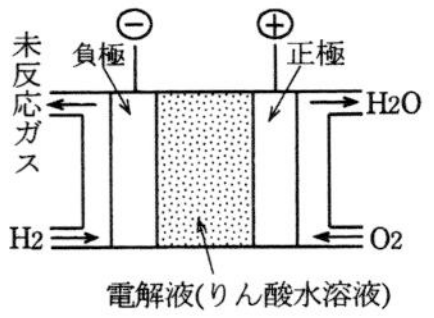 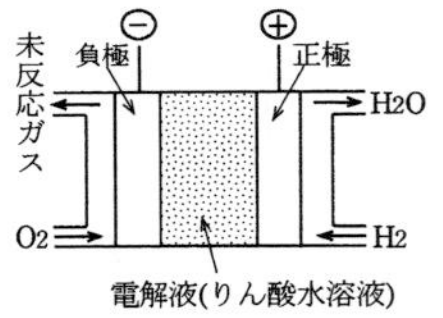 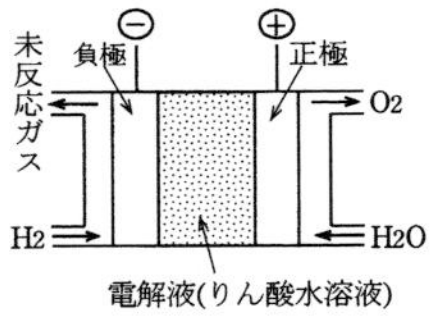
14　写真の照明器具には矢印で示すような表示マークが付されている。この器具の用途として，**適切なものは。**  日本照明工業会 SB・SGI・SG形適合品 	イ．断熱材施工天井に埋め込んで使用できる。 ロ．非常用照明として使用できる。 ハ．屋外に使用できる。 ニ．フライダクトに設置して使用できる。
15　写真で示す電磁調理器の発熱原理は。  	イ．誘導加熱 ロ．抵抗加熱 ハ．誘電加熱 ニ．赤外線加熱
16　図に示すように電線支持点 A と B が同じ高さの架空電線のたるみ D [m]を 2 倍としたときの電線に加わる張力 T [N]は何倍となるか。 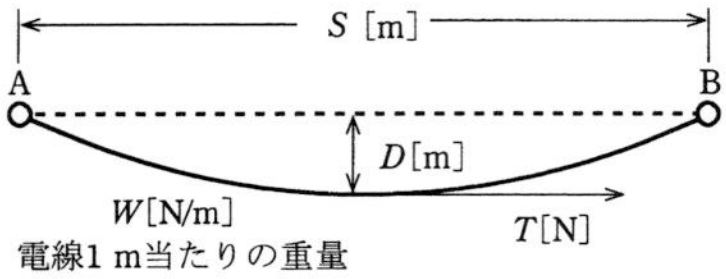 S [m] A　　B D[m] W[N/m]　　T[N] 電線 1 m 当たりの重量	イ．$\dfrac{1}{4}$　　　　ロ．$\dfrac{1}{2}$　　　　ハ．2　　　　ニ．4

問 い	答 え
17 　風力発電に関する記述として，**誤っている**ものは。	イ．一般に使用されているプロペラ形風車は，垂直軸形風車である。 ロ．風力発電装置は，風速等の自然条件の変化により発電出力の変動が大きい。 ハ．風力発電装置は，風の運動エネルギーを電気エネルギーに変換する装置である。 ニ．プロペラ形風車は，一般に風速によって翼の角度を変えるなど風の強弱に合わせて出力を調整することができる。
18 　図は，ボイラの水の循環方式のうち，自然循環ボイラの構成図である。図中の①，②及び③の組合せとして，**正しいもの**は。 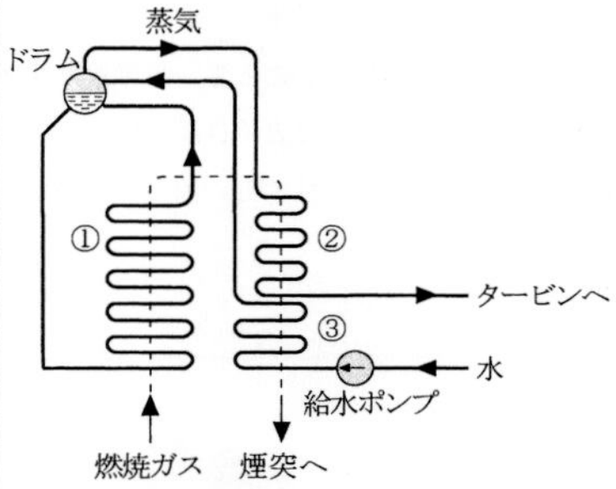 ドラム　蒸気 ① ② →タービンへ ③ →水 給水ポンプ 燃焼ガス　煙突へ	イ．①蒸発管　②節炭器　③過熱器 ロ．①過熱器　②蒸発管　③節炭器 ハ．①過熱器　②節炭器　③蒸発管 ニ．①蒸発管　②過熱器　③節炭器
19 　図のような日負荷曲線をもつ A，B の需要家がある。この系統の不等率は。 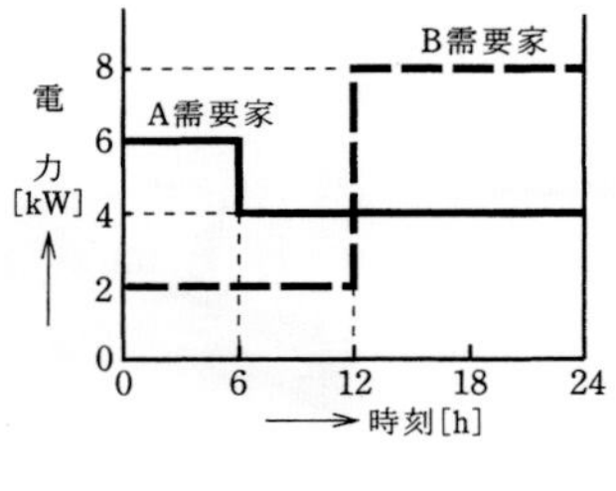 電力[kW] B需要家 A需要家 時刻[h]	イ．1.17 　　　ロ．1.33 　　　ハ．1.40 　　　ニ．2.33
20 　高圧架橋ポリエチレン絶縁ビニルシースケーブルにおいて，水トリーと呼ばれる樹枝状の劣化が生じる箇所は。	イ．銅導体内部 ロ．遮へい銅テープ表面 ハ．ビニルシース内部 ニ．架橋ポリエチレン絶縁体内部
21 　公称電圧 6.6 kV，周波数 50 Hz の高圧受電設備に使用する高圧交流遮断器（定格電圧 7.2 kV，定格遮断電流 12.5 kA，定格電流 600 A）の遮断容量[MV·A]は。	イ．80 　　　ロ．100 　　　ハ．130 　　　ニ．160

問　い	答　え
22 写真に示す品物の名称は。  	イ．直列リアクトル ロ．高圧交流負荷開閉器 ハ．三相変圧器 ニ．電力需給用計器用変成器
23 写真に示す GR 付 PAS を設置する場合の記述として，**誤っているもの**は。  	イ．電気事業用の配電線への波及事故の防止に効果がある。 ロ．自家用の引込みケーブルに短絡事故が発生したとき，自動遮断する。 ハ．自家用側の高圧電路に地絡事故が発生したとき，自動遮断する。 ニ．電気事業者との保安上の責任分界点又はこれに近い箇所に設置する。
24 写真に示す品物のうち，CVT150mm^2 のケーブルを，ケーブルラック上に延線する作業で，一般的に**使用しないもの**は。	イ． 　　　　　　　　　　　　ロ．  ハ． 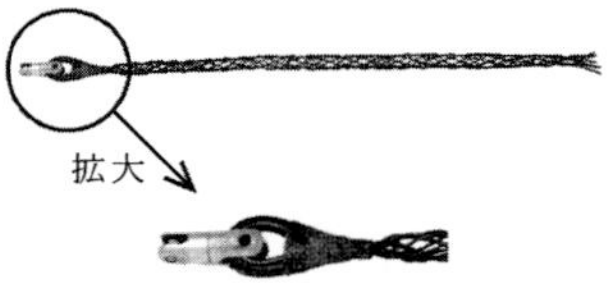　　　　　　　　　　　　ニ．  拡大
25 写真に示す配線器具を取り付ける施工方法の記述として，**誤っているもの**は。  	イ．接地極には D 種接地工事を施した。 ロ．単相 200 V の機器用のコンセントとして取り付けた。 ハ．三相 400 V の機器用のコンセントとしては使用できない。 ニ．定格電流 20 A の配線用遮断器に保護されている電路に取り付けた。

問い	答え
26　600V ビニル絶縁電線の許容電流（連続使用時）に関する記述として，**適切なもの**は。	イ．電流による発熱により，電線の絶縁物が著しい劣化をきたさないようにするための限界の電流値。 ロ．電流による発熱により，絶縁物の温度が 80 ℃となる時の電流値。 ハ．電流による発熱により，電線が溶断する時の電流値。 ニ．電圧降下を許容範囲に収めるための最大の電流値。
27　金属線ぴ工事の記述として，**誤っているもの**は。	イ．電線には絶縁電線（屋外用ビニル絶縁電線を除く。）を使用した。 ロ．電気用品安全法の適用を受けている金属製線ぴ及びボックスその他の附属品を使用して施工した。 ハ．湿気のある場所で，電線を収める線ぴの長さが 12 m なので，D 種接地工事を省略した。 ニ．線ぴとボックスを堅ろうに，かつ，電気的に完全に接続した。
28　絶縁電線相互の接続に関する記述として，**不適切なもの**は。	イ．接続部分には，接続管を使用した。 ロ．接続部分を，絶縁電線の絶縁物と同等以上の絶縁効力のあるもので，十分被覆した。 ハ．接続部分において，電線の電気抵抗が 20 ％増加した。 ニ．接続部分において，電線の引張り強さが 10 ％減少した。
29　地中電線路の施設において，**誤っているもの**は。	イ．地中電線路を暗きょ式で施設する場合に，地中電線を不燃性又は自消性のある難燃性の管に収めて施設した。 ロ．地中電線路に絶縁電線を使用し，車両，その他の重量物の圧力に耐える管に収めて施設した。 ハ．長さが 15 m を超える高圧地中電線路を管路式で施設する場合，物件の名称，管理者名及び電圧を表示した埋設表示シートを，管と地表面のほぼ中間に施設した。 ニ．地中電線路に使用する金属製の電線接続箱に D 種接地工事を施した。

問い30から問い34までは，下の図に関する問いである。

　図は，自家用電気工作物構内の受電設備を表した図である。この図に関する各問いには，4通りの答え（**イ，ロ，ハ，ニ**）が書いてある。それぞれの問いに対して，答えを1つ選びなさい。

〔注〕図において，問いに直接関係のない部分等は，省略又は簡略化してある。

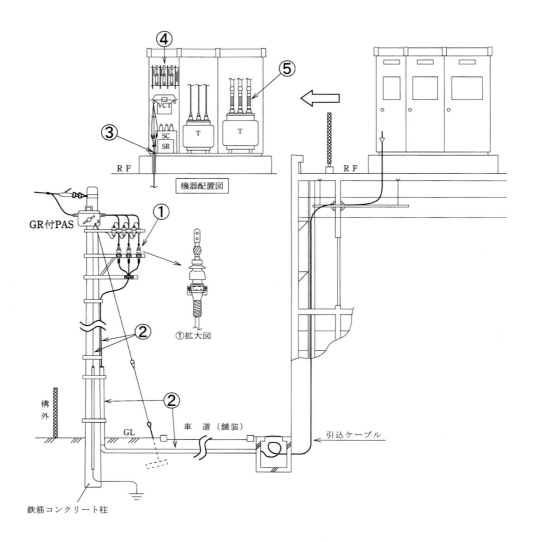

機器配置図

GR付PAS

①拡大図

構外

GL

車道（舗装）

引込ケーブル

鉄筋コンクリート柱

	問　い		答　え
30	①に示す CVT ケーブルの終端接続部の名称は。	イ．	耐塩害屋外終端接続部
		ロ．	ゴムとう管形屋外終端接続部
		ハ．	ゴムストレスコーン形屋外終端接続部
		ニ．	テープ巻形屋外終端接続部
31	②に示す引込柱及び引込ケーブルの施工に関する記述として，**不適切なものは**。	イ．	引込ケーブル立ち上がり部分を防護するため，地表からの高さ 2 m，地表下 0.2m の範囲に防護管（鋼管）を施設し，雨水の浸入を防止する措置を行った。
		ロ．	引込ケーブルの地中埋設部分は，需要設備構内であるので，「電力ケーブルの地中埋設の施工方法（JIS C 3653）」に適合する材料を使用し，舗装下面から 30 cm 以上の深さに埋設した。
		ハ．	地中引込ケーブルは，鋼管による管路式としたが，鋼管に防食措置を施してあるので地中電線を収める鋼管の金属製部分の接地工事を省略した。
		ニ．	引込柱に設置した避雷器に接地するため，接地極からの電線を薄鋼電線管に収めて施設した。
32	③に示すケーブル引込口などに，必要以上の開口部を設けない主な理由は。	イ．	火災時の放水，洪水等で容易に水が浸入しないようにする。
		ロ．	鳥獣類などの小動物が侵入しないようにする。
		ハ．	ケーブルの外傷を防止する。
		ニ．	キュービクルの底板の強度を低下させないようにする。
33	④に示す PF・S 形の主遮断装置として，**必要でないものは**。	イ．	過電流ロック機能
		ロ．	ストライカによる引外し装置
		ハ．	相間，側面の絶縁バリア
		ニ．	高圧限流ヒューズ
34	⑤に示す可とう導体を使用した施設に関する記述として，**不適切なものは**。	イ．	可とう導体を使用する主目的は，低圧母線に銅帯を使用したとき，過大な外力によりブッシングやがいし等の損傷を防止しようとするものである。
		ロ．	可とう導体には，地震による外力等によって，母線が短絡等を起こさないよう，十分な余裕と絶縁セパレータを施設する等の対策が重要である。
		ハ．	可とう導体は，低圧電路の短絡等によって，母線に異常な過電流が流れたとき，限流作用によって，母線や変圧器の損傷を防止できる。
		ニ．	可とう導体は，防振装置との組合せ設置により，変圧器の振動による騒音を軽減することができる。ただし，地震による機器等の損傷を防止するためには，耐震ストッパの施設と併せて考慮する必要がある。

	問　い	答　え
35	一般に B 種接地抵抗値の計算式は， $$\dfrac{150\ \text{V}}{変圧器高圧側電路の 1 線地絡電流 [\text{A}]}\ [\Omega]$$ となる。 　ただし，変圧器の高低圧混触により，低圧側回路の対地電圧が 150 V を超えた場合に，1 秒以下で自動的に高圧側電路を遮断する装置を設けるときは，計算式の 150 V は □ V とすることができる。 　上記の空欄にあてはまる数値は。	イ．300　　　　　ロ．400　　　　　ハ．500　　　　　ニ．600
36	高圧ケーブルの絶縁抵抗の測定を行うとき，絶縁抵抗計の保護端子（ガード端子）を使用する目的として，**正しいもの**は。	イ．絶縁物の表面の漏れ電流も含めて測定するため。 ロ．絶縁物の表面の漏れ電流による誤差を防ぐため。 ハ．高圧ケーブルの残留電荷を放電するため。 ニ．指針の振切れによる焼損を防止するため。
37	CB 形高圧受電設備と配電用変電所の過電流継電器との保護協調がとれているものは。 　ただし，図中①の曲線は配電用変電所の過電流継電器動作特性を示し，②の曲線は高圧受電設備の過電流継電器動作特性＋CB の遮断特性を示す。	
38	電気工事士法及び電気用品安全法において，**正しいもの**は。	イ．電気用品のうち，危険及び障害の発生するおそれが少ないものは，特定電気用品である。 ロ．特定電気用品には，(PS) E と表示されているものがある。 ハ．第一種電気工事士は，電気用品安全法に基づいた表示のある電気用品でなければ，一般用電気工作物の工事に使用してはならない。 ニ．定格電圧が 600 V のゴム絶縁電線（公称断面積 22mm^2）は，特定電気用品ではない。
39	電気工事士法において，自家用電気工作物（最大電力 500 kW 未満の需要設備）に係る電気工事のうち「ネオン工事」又は「非常用予備発電装置工事」に従事することのできる者は。	イ．特種電気工事資格者 ロ．認定電気工事従事者 ハ．第一種電気工事士 ニ．第三種電気主任技術者
40	電気工事業の業務の適正化に関する法律において，主任電気工事士に関する記述として，**正しいもの**は。	イ．第一種電気主任技術者は，主任電気工事士になれる。 ロ．第二種電気工事士は，2 年の実務経験があれば，主任電気工事士になれる。 ハ．主任電気工事士は，一般用電気工事による危険及び障害が発生しないように一般用電気工事の作業の管理の職務を誠実に行わなければならない。 ニ．第一種電気主任技術者は，一般用電気工事の作業に従事する場合には，主任電気工事士の障害発生防止のための指示に従わなくてもよい。

問題2．配線図 (問題数 10，配点は 1 問当たり 2 点)

　図は，高圧受電設備の単線結線図である。この図の矢印で示す 10 箇所に関する各問いには，4 通りの答え（**イ，ロ，ハ，ニ**）が書いてある。それぞれの問いに対して，答えを 1 つ選びなさい。

〔注〕　図において，問いに直接関係のない部分等は，省略又は簡略化してある。

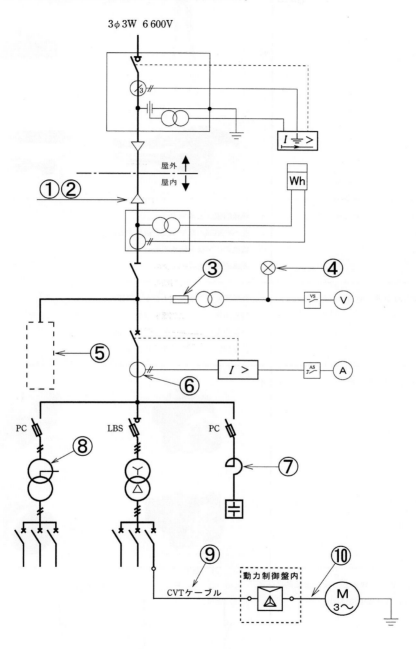

平成27年度

問 い	答 え
41 ①の端末処理の際に，不要なものは。	イ. 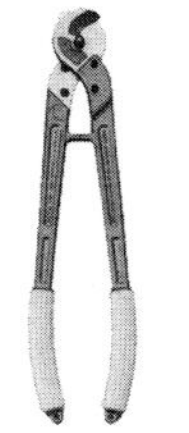 　ロ. 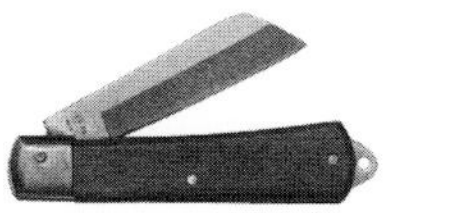 ハ.  　ニ. 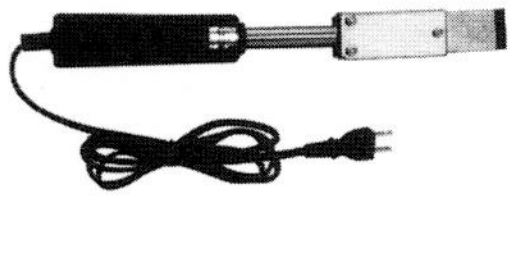
42 ②で示すストレスコーン部分の主な役割は。	イ. 機械的強度を補強する。 ロ. 遮へい端部の電位傾度を緩和する。 ハ. 電流の不平衡を防止する。 ニ. 高調波電流を吸収する。
43 ③で示す装置を使用する主な目的は。	イ. 計器用変圧器を雷サージから保護する。 ロ. 計器用変圧器の内部短絡事故が主回路に波及することを防止する。 ハ. 計器用変圧器の過負荷を防止する。 ニ. 計器用変圧器の欠相を防止する。
44 ④に設置する機器は。	イ.  　ロ.  ハ.  　ニ. 
45 ⑤に設置する機器として，一般的に使用されるものの図記号は。	イ.  　ロ.  　ハ.  　ニ. 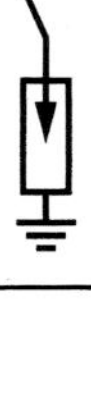

平成27年度

問　い	答　え
46　⑥で示す部分に施設する機器の複線図として，**正しいもの**は。	イ. 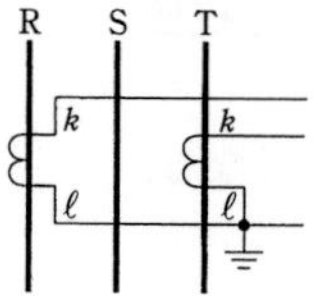 　　ロ. 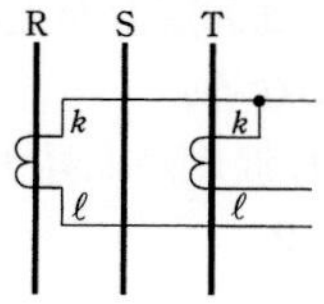 ハ. 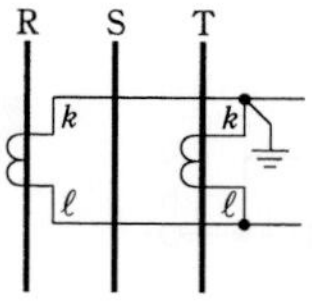　　ニ. 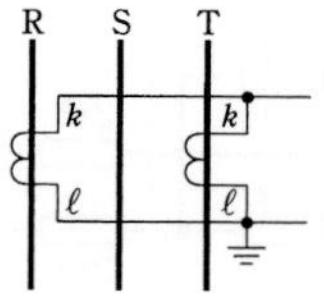
47　⑦で示す機器の役割として，**誤っている**ものは。	イ. コンデンサ回路の突入電流を抑制する。 ロ. 第5調波等の高調波障害の拡大を防止する。 ハ. 電圧波形のひずみを改善する。 ニ. コンデンサの残留電荷を放電する。
48　⑧で示す部分に使用できる変圧器の最大容量[kV·A]は。	イ. 100　　　　ロ. 200　　　　ハ. 300　　　　ニ. 500
49　⑨で示す部分に使用するCVTケーブルとして，**適切なもの**は。	イ. 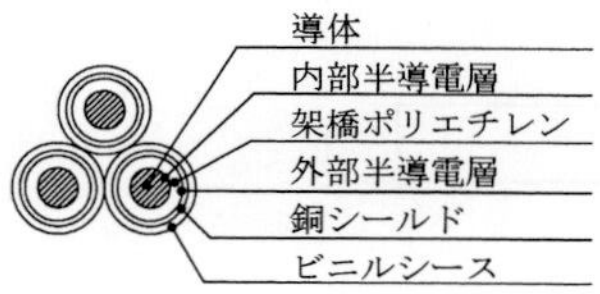　　ロ. 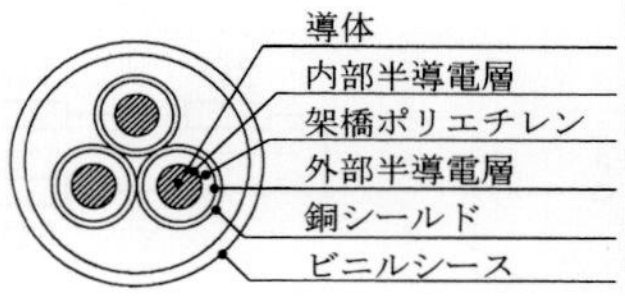 ハ. 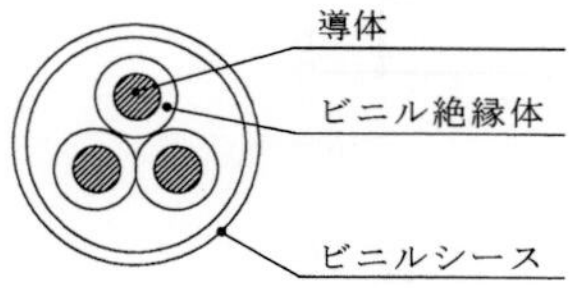　　ニ. 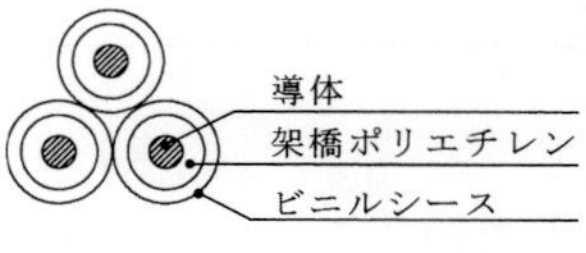
50　⑩で示す動力制御盤内から電動機に至る配線で，必要とする電線本数（心線数）は。	イ. 3　　　　ロ. 4　　　　ハ. 5　　　　ニ. 6

1 イ．周囲温度が上昇すると，電線の抵抗値は小さくなる．

金属は，温度が上昇すると抵抗値が大きくなる．

2 ロ．2

次の第1図のような手順で解く．

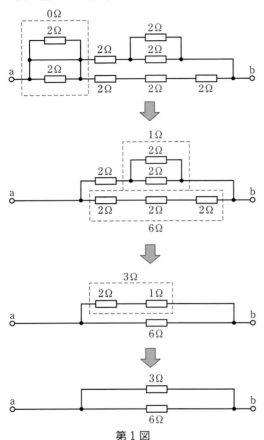

第1図

したがって，a−b間の合成抵抗値 R〔Ω〕は，

$$R = \frac{6 \times 3}{6 + 3} = \frac{18}{9} = 2\,〔Ω〕$$

3 ロ．10

第2図の閉回路に，キルヒホッフの第2法則を適用して解く．

破線で示した矢印の方向を正方向として式を立てる．

$$0.2I_1 + 3.4 \times 30 = 104$$
$$0.2I_1 = 104 - 102 = 2$$
$$I_1 = \frac{2}{0.2} = 10\,〔A〕$$

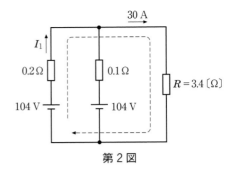

第2図

4 イ．50

第3図で，抵抗20 Ωに流れる電流 I_R〔A〕は，

$$I_R = \frac{200}{20} = 10\,〔A〕$$

電源の電圧を V，抵抗に流れる電流を I_R，誘導性リアクタンスに流れる電流を I_L とすると，ベクトル図は第4図のようになる．

力率 $\cos\theta$〔%〕は，

$$\cos\theta = \frac{I_R}{I} \times 100 = \frac{10}{20} \times 100 = 50\,〔%〕$$

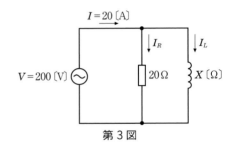

第3図

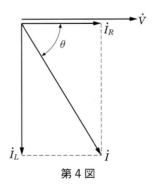

第4図

5 ハ．6.4

第5図において，1相に加わる電圧 V〔V〕は，

$$V = \frac{200}{\sqrt{3}}\,〔V〕$$

1相のインピーダンス Z〔Ω〕は，

$$Z = \sqrt{4^2 + 3^2} = \sqrt{16 + 9} = \sqrt{25} = 5\,〔Ω〕$$

回路に流れる電流 I〔A〕は,

$$I = \frac{\frac{200}{\sqrt{3}}}{5} = \frac{200}{5\sqrt{3}} = \frac{40}{\sqrt{3}} \text{〔A〕}$$

電力を消費するのは抵抗だけであるので, 全消費電力 P〔kW〕は,

$$P = 3I^2 R \times 10^{-3} = 3 \times \left(\frac{40}{\sqrt{3}}\right)^2 \times 4 \times 10^{-3}$$
$$= 3 \times \frac{1\,600}{3} \times 4 \times 10^{-3} = 6\,400 \times 10^{-3}$$
$$= 6.4 \text{〔kW〕}$$

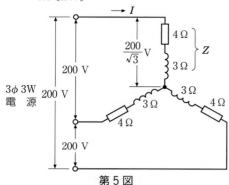

第5図

6 ハ. 38

負荷電流が $50\,\mathrm{A}$, 負荷の力率が 0.8 の場合で, 電圧降下 $4\,\mathrm{V}$ になるときの電線の抵抗 r〔Ω〕は,

$$2I(r \cos\theta + x \sin\theta)$$
$$= 2 \times 50 \times (r \times 0.8 + 0 \times 0.6) = 4$$
$$100 \times 0.8r = 4$$
$$r = \frac{4}{80} = 0.05 \text{〔Ω〕}$$

これは, 長さ $100\,\mathrm{m}$ の抵抗値であり, 長さ 1〔km〕に換算すると $0.05 \times 1\,000/100 = 0.5$〔Ω〕になる.

電圧降下を $4\,\mathrm{V}$ 以内にするための電線の最小太さは, 表から $38\,\mathrm{mm}^2$ になる.

7 ロ. a：5 m, b：5.5 mm²

幹線から分岐回路を施設する場合は, 電技解釈第 149 条(低圧分岐回路等の施設)により, 第6図のようにして施設しなければならない.

ロは, a の長さが②の $3\,\mathrm{m}$ を超えて $8\,\mathrm{m}$ 以下に該当する. 電線の許容電流 I_W〔A〕は, 幹線を保護する過電流遮断器の定格電流の 35% 以上でなければならない.

$$I_W \geq 0.35 I_B = 0.35 \times 100 = 35 \text{〔A〕}$$

表から許容電流が $35\,\mathrm{A}$ 以上の電線は, 断面積 $8\,\mathrm{mm}^2$ 以上のものある. したがって, ロは

誤りである.

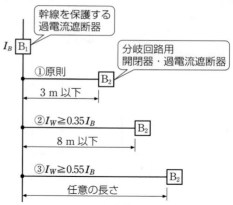

I_B：幹線を保護する過電流遮断器の定格電流
I_W：分岐回路の電線の許容電流
第6図

8 ハ. 140

問題の図を書き直すと第7図のようになる.

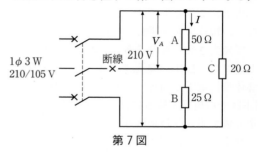

第7図

断線時に抵抗負荷 A $50\,\Omega$ に流れる電流 I〔A〕は,

$$I = \frac{210}{50 + 25} = \frac{210}{75} = 2.8 \text{〔A〕}$$

抵抗負荷 A $50\,\Omega$ に加わる電圧 V_A〔V〕は,

$$V_A = 2.8 \times 50 = 140 \text{〔V〕}$$

9 ニ. a：50, b：40

日負荷曲線(第8図)から, 最大需要電力は $150\,\mathrm{kW}$ である.

平均需要電力は,

平均需要率

$$= \frac{25 \times 6 + 100 \times 6 + 150 \times 6 + 25 \times 6}{24}$$
$$= \frac{150 + 600 + 900 + 150}{24} = \frac{1\,800}{24} = 75 \text{〔kW〕}$$

日負荷率 a〔%〕は,

$$a = \frac{\text{平均需要電力}}{\text{最大需要電力}} \times 100 = \frac{75}{150} \times 100 = 50 \text{〔%〕}$$

需要率 b 〔%〕は,

$$b = \frac{\text{最大需要電力}}{\text{設備容量}} \times 100 = \frac{150}{375} \times 100 = 40 \text{〔%〕}$$

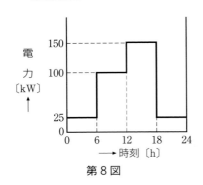
第8図

10 ニ．LED ランプの発光原理は，ホトルミネセンスである．

LED ランプの発光原理は，エレクトロルミネセンスである．

ホトルミネセンスは，蛍光灯のように蛍光体などの物質に光を照射して別の波長の光に変換して発光させるものである．エレクトロルミネセンスは，LED（発光ダイオード）のように半導体等に電圧を加えて発光させるものである．LED で白色光を得るには，青色 LED と黄色の蛍光体を組み合わせる方式が効率が高く一般的に利用されている．

11 ロ．②は①と逆に回転をし，③は①と同じ回転をする．

三相誘導電動機は，3線のうち2線を入れ替えて結線する回転方向が変わる．3線を入れ替えて結線すると回転方向は変わらない．

したがって，②は①と回転方向が逆になり，③と①は同じ回転方向となる．

12 ハ．486

電熱器の抵抗 R 〔Ω〕は，

$P = \dfrac{V^2}{R}$ 〔W〕から，

$R = \dfrac{V^2}{P} = \dfrac{10\,000}{1\,000} = 10$ 〔Ω〕

10 Ω の抵抗を 90 V の電源に接続したときの電力 P 〔kW〕は，

$P = \dfrac{V^2}{R} \times 10^{-3} = \dfrac{90^2}{10} \times 10^{-3} = 0.81$ 〔kW〕

10分使用したときの発生熱量 Q 〔kJ〕は，

$$Q = 3\,600Pt = 3\,600 \times 0.81 \times \frac{10}{60}$$
$$= 600 \times 0.81 = 486 \text{〔kJ〕}$$

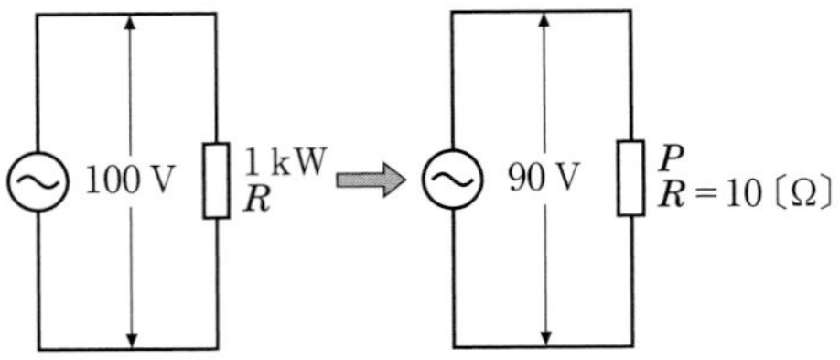

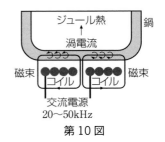
第9図

13 ロ．

リン酸形燃料電池は，リン酸を電解質として使用し，天然ガスから取り出した水素ガスと空気から取り出した酸素とを化学反応させて発電するものである．化学反応を直接電気エネルギーに変えるため，効率が高い．

この発電方式は，発電することによって水（H_2O）を発生するので，炭酸ガス（CO_2）を削減効果がある．

14 イ．断熱材施工天井に埋め込んで使用できる．

写真に示されている表示マークは，建物の施工時において断熱材の施工に対し特別の注意を必要としない S 形埋込み照明器具であることを示す．

15 イ．誘導加熱

電磁調理器（第10図）は，商用電力をインバータにより数十 kHz に変換した交流を電源とする誘導加熱を利用したものである．

コイルに交流電流を流して，磁束の変化による電磁誘導で，鍋等の金属に生ずる渦電流によってジュール熱を発生させたり，磁性体に生じるヒステリシス損を利用したものである．

第10図

16 ロ．1/2

第11図で示される架空配線で，架空電線の

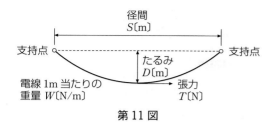

第 11 図

たるみ D〔m〕と，それに加わる張力 T〔N〕は，次式で示される．

$$D = \frac{WS^2}{8T} \text{〔m〕}$$

$$T = \frac{WS^2}{8D} \text{〔N〕}$$

たるみ D〔m〕を 2 倍の $2D$〔m〕にすると，張力 T〔N〕は，

$$T = \frac{WS^2}{8 \times 2D} = \frac{1}{2} \cdot \frac{WS^2}{8D} \text{〔N〕}$$

となって，1/2 倍になる．

17　イ．一般に使用されているプロペラ形風車は，垂直軸形風車である．

　一般に使用されているプロペラ形風車（第12図）は，水平軸形風車である．

第 12 図　プロペラ形風車

18　二．①蒸発管，②過熱器，③節炭器

　節炭器は，効率を高めるために，ボイラや過熱器などから出てくる煙道ガスの余熱を利用して，給水の予熱を行う装置である．

　蒸発管は，降水管からの水を加熱して蒸気にする装置である．

　過熱器は，蒸発管で発生した水分を含んだ飽和蒸気を更に加熱して乾燥した過熱蒸気にする．

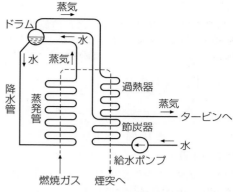

第 13 図　自然循環ボイラ

　自然循環ボイラの水・蒸気の流れは次のようになっている．

　給水設備からドラムに水が入り込んで，ドラムの下のほうに溜まる．水は，ドラム下部の降水管を通じて降水する．更に蒸発管を通って燃料の燃焼によって加熱され，水が蒸気に変わる．蒸気は，蒸発管を進んでドラムに入り込んで，ドラム上部にある管を通じて，過熱器，タービンへと向かう（第13図）．

19　イ．1.17

　不等率は，次式によって求める．

$$\text{不等率} = \frac{\text{需要家の最大需要電力の和}}{\text{合成最大需要電力}} \geqq 1$$

　第14図の負荷曲線から，
　需要家の最大需要電力の和
$$= 6 + 8 = 14 \text{〔kW〕}$$
　合成最大需要電力 $= 4 + 8 = 12$〔kW〕
　不等率は，

$$\text{不等率} = \frac{14}{12} \fallingdotseq 1.17$$

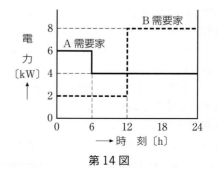

第 14 図

20　二．架橋ポリエチレン絶縁体内部

　水トリーは，絶縁体の架橋ポリエチレン内に

浸入した微量の水等と電界によって，小さな亀裂が樹枝状に広がって劣化が進む現象である．

架橋ポリエチレン
導体
水トリー
第15図　水トリー

㉑　ニ．160

高圧交流遮断器の遮断容量〔MV·A〕は，次のようにして求める．

$$遮断容量 = \sqrt{3} \times 定格電圧〔kV〕$$
$$\times 定格遮断電流〔kA〕$$
$$= \sqrt{3} \times 7.2 \times 12.5 \fallingdotseq 156〔MV·A〕$$

から，直近上位の160 MV·Aとする．

㉒　ニ．電力需給用計器用変成器

電力需給用計器用変成器は，高圧電路の電圧・電流を低圧の電圧・電流に変成して，電力量計に接続する．

㉓　ロ．自家用の引込みケーブルに短絡事故が発生したとき，自動遮断する．

GR付PASは，短絡電流を遮断する能力がないので，短絡事故の場合にはロックされて動作しない．

㉔　ニ．

ニは油圧式ベンダで，太い金属管を曲げるときに用いるもので，ケーブルを延線する作業には使用しない．

イはケーブルジャッキで，ケーブルを巻いてあるドラムを支持して回転するようにする．ロは延線ローラで，ケーブルを延線する際にケーブルをローラに通して，スムーズに延線することができるようにするものである．ハは延線グリップとより返し（戻し）金物で，ケーブルを延線する際にケーブルを固定し，ねじれないようにするものである．

㉕　ニ．定格電流20 Aの配線用遮断器に保護されている電路に取り付けた．

写真のコンセントは，単相200 V用2極接地極付30 A 250 V引掛形コンセントである．

電技解釈第149条（分岐回路等の施設）により，定格電流20 Aの配線用遮断器で保護されている分岐回路に取り付けることができるコン

セントは20 A以下のものである．

配線用遮断器を用いた分岐回路に接続できる電線（軟銅線）の太さとコンセントの定格電流を，第1表に示す．

第1表

分岐回路の種類	電線の太さ	コンセント
20 A 配線用遮断器	1.6 mm 以上	20 A 以下
30 A 配線用遮断器	2.6 mm（5.5 mm²）以上	20 A 以上 30 A 以下
40 A 配線用遮断器	8 mm² 以上	30 A 以上 40 A 以下
50 A 配線用遮断器	14 mm² 以上	40 A 以上 50 A 以下

㉖　イ．電流による発熱により，電線の絶縁物が著しい劣化をきたさないようにするための限界の電流値．

電線に電流が流れると電線の抵抗によってジュール熱が発生する．その熱で，絶縁被覆に使用されている絶縁物が，著しく劣化しないで連続して流せる電流が許容電流である．電線が同じ太さでも，絶縁物の最高許容温度によって許容電流が異なる．

㉗　ハ．湿気のある場所で，電線を収める線ぴの長さが12 mなので，D種接地工事を省略した．

電技解釈第161条（金属線ぴ工事）による．

金属線ぴのD種接地工事を省略できるのは，次の場合である．

① 線ぴの長さが4 m以下の場合

② 対地電圧が150 V以下の場合で線ぴの長さが8 m以下のものに，簡易接触防護措置を施すとき又は乾燥した場所に施設するとき

以上のことから，湿気のある場所で，長さが12 mの線ぴのD種接地工事は省略できない．

㉘　ハ．接続部分において，電線の電気抵抗が20%増加した．

電技解釈第12条（電線の接続法）による．

電線を接続する場合，電気抵抗を増加させてはならない．

絶縁電線相互を接続する場合は，次によらなければならない．

① 電線の電気抵抗を増加させない.

② 電線の引張強さを20%以上減少させない.

③ 接続部には，接続管その他の器具を使用するか，ろう付けをする.

④ 接続部分の絶縁電線の絶縁物と同等以上の絶縁効力のある接続器を使用する場合を除き，接続部分を絶縁電線の絶縁物と同等以上の絶縁効力のあるもので十分被覆する.

㉙　ロ．地中電線路に絶縁電線を使用し，車両，その他の重量物の圧力に耐える管に収めて施設した．

電技解釈第120条（地中電線路の施設）・第123条（地中電線の被覆金属体等の接地）による.

地中電線路は，電線にケーブルを使用しなければならい.

㉚　イ．耐塩害屋外終端接続部

①に示すCVTケーブルの終端接続部の名称は，耐塩害屋外終端接続部（第16図）である.耐塩害屋外終端接続部は，塩分の付着が予想される地域等で使用される.

第16図　耐塩害屋外終端接続部

㉛　ニ．引込柱に設置した避雷器に接地するため，接地極からの電線を薄鋼電線管に収めて施設した．

電技解釈第17条（接地工事の種類及び施設方法）・第123条（地中電線の被覆金属体等の接地），高圧受電設備規程1120-3（高圧地中引込線の施設）による.

避雷器の接地工事はA種接地工事であり，人が触れるおそれがある場所に施設する場合は，接地線の地下75cmから地表2mまでの部分を，電気用品安全法の適用を受ける合成樹脂管（厚さ2mm未満の合成樹脂製電線管及びCD管を除く）等で覆わなければならない（第17図）.

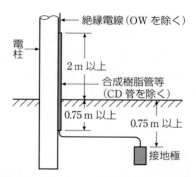

第17図　人が触れるおそれのあるA・B接地工事

㉜　ロ．鳥獣類などの小動物が侵入しないようにする．

キュービクルの内部にネズミなどの小動物が侵入すると，停電事故や波及事故が発生するので，必要以上の開口部を設けてはならない.

高圧受電設備規程1130-4（屋外に設置するキュービクルの施設）に，屋外に施設するキュービクルの基礎の開口部から小動物が侵入するおそれがある場合は，開口部に網などを設けるように定めている.

㉝　イ．過電流ロック機能

高圧受電設備規程1240-6（限流ヒューズ付き高圧交流負荷開閉器）により，PF・S形主遮断装置（第18図）に用いる限流ヒューズ付き高圧交流負荷開閉器は，次に適合するものでなければならない.

① ストライカによる引外し方式であること.

② 相間及び側面には，絶縁バリアが取り付けてあること.

過電流ロック機能は，過電流が流れたとき，負荷開閉器が開路しないようにする機能で，

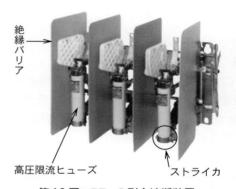

第18図　PF・S形主遮断装置

PF・S形の主遮断装置には必要としない.

34 ハ. 可とう導体は,低圧電路の短絡等によって,母線に異常な過電流が流れたとき,限流作用によって,母線や変圧器の損傷を防止できる.

可とう導体(第19図)は,地震時等に変圧器のブッシングやがいし等に加わる外力によって損傷しないように使用するものである.

第19図 可とう導体

35 ニ. 600

電技解釈第17条(接地工事の種類及び施設方法)による.

B種接地工事の接地抵抗値は,変圧器の高圧側の電路と低圧側の電路が混触により,低圧側の電路の対地電圧が150 Vを超えた場合に,1秒以下で自動的に高圧側電路を遮断する装置を設ける場合は,次式の値以下とする.

$$接地抵抗値 \leqq \frac{600}{1\,線地絡電流}\,[\Omega]$$

36 ロ. 絶縁物の表面の漏れ電流による誤差を防ぐため.

絶縁抵抗計の保護端子(ガード端子)(第20図)は,高圧ケーブルの絶縁抵抗を測定する際に,絶縁物の表面を流れる漏れ電流による誤差を防止するために使用する.

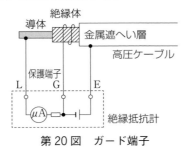

第20図 ガード端子

37 ニ.

CB形高圧受電設備と配電用変電所の過電流継電器の保護協調を取るには,高圧受電設備のCBが遮断する時間が,配電用変電所の過電流継電器が動作する時間より速くなければならない.

38 ハ. 第一種電気工事士は,電気用品安全法に基づいた表示のある電気用品でなければ,一般用電気工作物の工事に使用してはならない.

電気用品安全法第2条(定義)・第10条(表示)・第28条(使用の制限),施行令第1条の2(特定電気用品),施行規則第17条(表示の方法)による.

特定電気用品は,構造又は使用方法その他の使用状況からみて特に危険又は障害の発生するおそれが多い電気用品である.特定電気用品には,◇又は〈PS〉Eが表示されている.定格電圧が600 Vのゴム絶縁電線は,公称断面積が100 mm² 以下のものが特定電気用品である.

39 イ. 特種電気工事資格者

電気工事士法第2条(用語の定義)・第3条(電気工事等),施行規則第2条の2(特殊電気工事)による.

自家用電気工作物(最大電力500 kW未満の需要設備)に係る電気工事のうち「ネオン工事」又は「非常用予備発電装置工事」は,特殊電気工事に該当し,特種電気工事資格者でなければ従事できない.

40 ハ. 主任電気工事士は,一般用電気工事による危険及び障害が発生しないように一般用電気工事の作業の管理の職務を誠実に行わなければならない.

電気工事業法第19条(主任電気工事士の設置)・第20条(主任電気工事士の職務等)による.

主任電気工事士になれる者は,次のとおりである.

① 第一種電気工事士
② 第二種電気工事士で3年以上の実務経験を有する者

一般用電気工事に従事する者は,主任電気工事士がその職務を行うために必要があると認めてする指示には従わなければならない.第一種電気主任技術者でもその指示に従わなければならない.

〔問題2〕 配線図の解答

41 ハ.

ハは硬質塩化ビニル電線管を切断する工具で,高圧ケーブルの端末処理には使用しない.

42 ロ. 遮へい端部の電位傾度を緩和する.

ストレスコーンは,遮へい銅テープ端部への

電界集中を防止し，電気力線を分散させることによって絶縁破壊を防止する役割がある．

43 **ロ．計器用変圧器の内部短絡事故が主回路に波及することを防止する．**

③は計器用変圧器に付属している限流ヒューズ（第21図）である．

限流ヒューズ

第21図

44 **イ．**

図記号⊗は，表示灯である．

45 **ハ．**

断路器と避雷器である（第22図）．

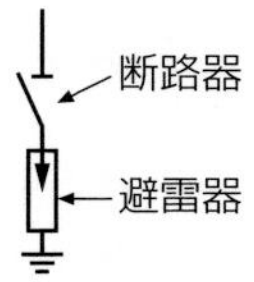

断路器

避雷器

第22図

46 **イ．**

2台の変流器の端子 l 相互を接続する．R相に設置した変流器の端子 k をR相とし，T相に設置した変流器の端子 k をT相として過電流継電器及び電流計用切換開閉器に接続する．

変流器の二次側のD種接地工事は端子 l に施す．

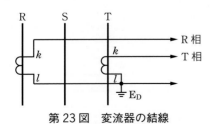

第23図　変流器の結線

47 **ニ．コンデンサの残留電荷を放電する．**

図記号⌐は，直列リアクトル（第24図）である．

第24図　直列リアクトル

コンデンサの残留電荷を放電するのは，放電抵抗又は放電コイルである．

48 **ハ．300**

⑧で示す変圧器の開閉器には，高圧カットアウト（PC）が使用されており，高圧受電設備規程 1150-8（変圧器）により，使用できる変圧器の容量は 300 kV·A 以下である．

49 **ニ．**

⑨で示す部分は変圧器の二次側の配線で，使用する CVT は 600 V トリプレックス形架橋ポリエチレン絶縁ビニルシースケーブルである．

600 V トリプレックス形架橋ポリエチレン絶縁ビニルシースケーブルは，絶縁材料に架橋ポリエチレン，シースにビニルが使用されている単心ケーブルを3本より合わせた構造をしている．

イは，銅シールドが用いられているので高圧用の CVT である．

50 **ニ．6**

図記号△はスターデルタ始動器を表し，動力制御盤内にはスターデルタ始動器がある．したがって，電動機の端子 U，V，W 及び端子 X，Y，Z への配線6本（第25図）である．

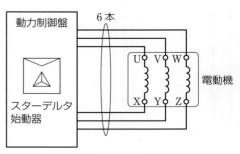

第25図

高圧受電設備機器等の文字記号・用語

機器	文字記号	用　　語	文字記号に対応する外国語
変圧器・計器用変成器類	T	変圧器	Transformer
	VCT	電力需給用計器用変成器	Combined Voltage and Current Transformer
	VT	計器用変圧器	Voltage Transformer
	CT	変流器	Current Transformer
	ZCT	零相変流器	Zero-phase-sequence Current Transformer
	ZPD	零相基準入力装置	Zero-Phase Potential Device
	SC	進相コンデンサ	Static Capacitor
	SR	直列リアクトル	Series Reactor
開閉器・遮断器類	S	開閉器	Switch
	VS	真空開閉器	Vacuum Switch
	AS	気中開閉器	Air Switch
	CB	遮断器	Circuit Breaker
	OCB	油遮断器	Oil Circuit Breaker
	VCB	真空遮断器	Vacuum Circuit Breaker
	LBS	高圧交流負荷開閉器	Load Break Switch
	PAS	柱上気中開閉器	Pole Air Switch
	PC	高圧カットアウト	Primary Cutout switch
	F	ヒューズ	Fuse
	PF	高圧限流ヒューズ	Power Fuse
	DS	断路器	Disconnecting Switch
	MCCB	配線用遮断器	Molded Case Circuit Breaker
計器類	A	電流計	Ammeter
	V	電圧計	Voltmeter
	Wh	電力量計	Watt-hour meter
	PF	力率計	Power-Factor meter
	F	周波数計	Frequency meter
	AS	電流計切換スイッチ	Ammeter change-over Switch
	VS	電圧計切換スイッチ	Voltmeter change-over Switch
継電器類	OCR	過電流継電器	Over-Current Relay
	GR	地絡継電器	Ground Relay
	DGR	地絡方向継電器	Directional Ground Relay
	UVR	不足電圧継電器	Under-Voltage Relay
	OVR	過電圧継電器	Over-Voltage Relay
その他	LA	避雷器	Lightning Arrester
	M	電動機	Motor
	G	発電機	Generator
	CH	ケーブルヘッド	Cable Head
	TC	引き外しコイル	Trip Coil
	TT	試験端子	Testing Terminal
	E	接地	Earthing
	ET	接地端子	Earth Terminal

平成26年度の
問題と
解答・解説

●平成 26 年度問題の解答●

問題1．一 般 問 題										問題2・3．配線図	
問い	答え	問い	答え	問い	答え	問い	答え			問い	答え
1	イ	11	イ	21	ハ	31	ニ			41	ハ
2	ハ	12	ハ	22	イ	32	イ			42	ロ
3	ハ	13	ニ	23	ハ	33	ニ			43	イ
4	ニ	14	ロ	24	ニ	34	イ			44	ロ
5	イ	15	イ	25	ニ	35	ハ			45	ハ
6	イ	16	ニ	26	ロ	36	ハ			46	イ
7	ロ	17	ロ	27	イ	37	ロ			47	ロ
8	ロ	18	ロ	28	ニ	38	ニ			48	ニ
9	ニ	19	ニ	29	ハ	39	ハ			49	イ
10	ハ	20	ハ	30	ロ	40	ロ			50	ニ

問題1．一般問題 (問題数40、配点は1問当たり2点)

次の各問いには4通りの答え（イ、ロ、ハ、ニ）が書いてある。それぞれの問いに対して答えを1つ選びなさい。

問　い	答　え
1　図のように、鉄心に巻かれた巻数Nのコイルに、電流Iが流れている。鉄心内の磁束Φは。 ただし、漏れ磁束及び磁束の飽和は無視するものとする。 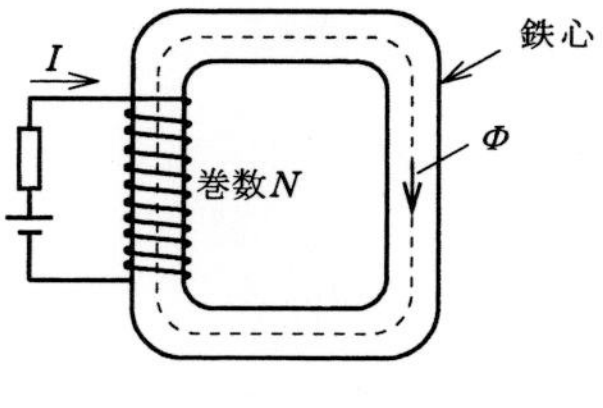 	イ．NIに比例する。 ロ．N^2Iに比例する。 ハ．NI^2に比例する。 ニ．N^2I^2に比例する。
2　図のような直流回路において、抵抗3〔Ω〕には4〔A〕の電流が流れている。抵抗Rにおける消費電力〔W〕は。 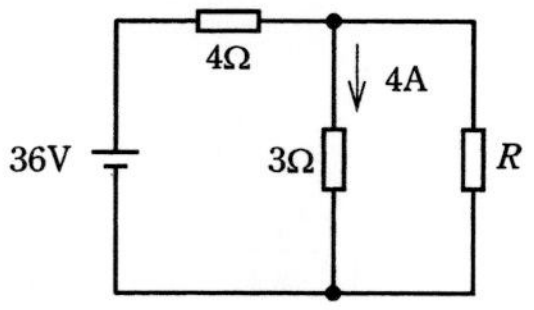 	イ．6　　　　ロ．12　　　　ハ．24　　　　ニ．36
3　図のような正弦波交流電圧がある。波形の周期が20〔ms〕（周波数50〔Hz〕）であるとき、角速度ω〔rad/s〕の値は。 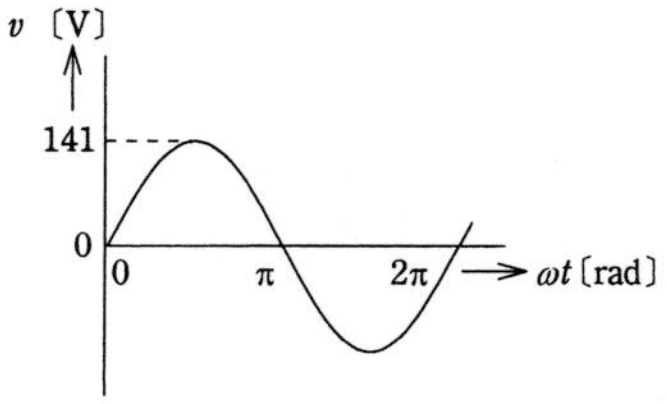 	イ．50　　　　ロ．100　　　　ハ．314　　　　ニ．628
4　図のような交流回路において、抵抗$R=15$〔Ω〕、誘導性リアクタンス$X_L=10$〔Ω〕、容量性リアクタンス$X_C=2$〔Ω〕である。この回路の消費電力〔W〕は。 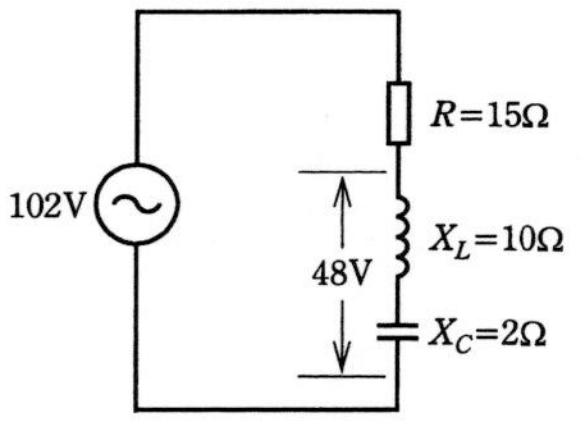 	イ．240　　　　ロ．288　　　　ハ．505　　　　ニ．540

問　い	答　え
5　図のような三相交流回路において、電源電圧は V〔V〕、抵抗 $R=5$〔Ω〕、誘導性リアクタンス $X_L=3$〔Ω〕である。回路の全消費電力〔W〕を示す式は。 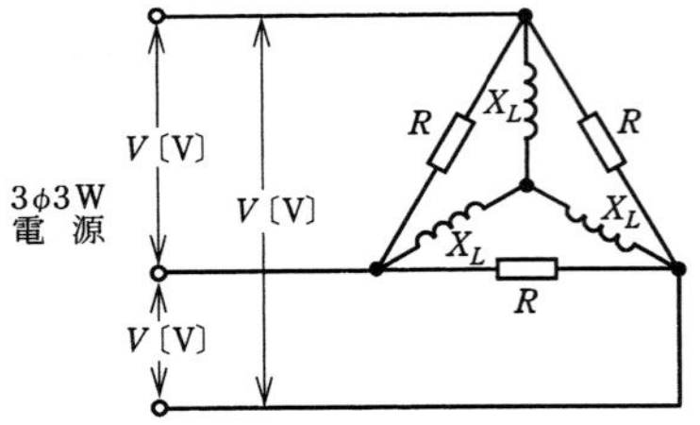	イ． $\dfrac{3V^2}{5}$　　ロ． $\dfrac{V^2}{3}$　　ハ． $\dfrac{V^2}{5}$　　ニ． V^2
6　図のように、定格電圧 V〔V〕、消費電力 P〔W〕、力率 $\cos\phi$（遅れ）の三相負荷に電気を供給する配電線路がある。この配電線路の電力損失〔W〕を示す式は。 　　ただし、配電線路の電線 1 線当たりの抵抗は r〔Ω〕とし、配電線路のリアクタンスは無視できるものとする。 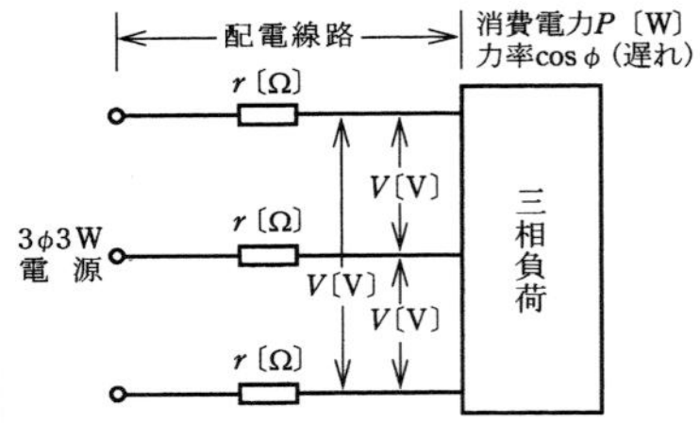	イ． $\dfrac{P^2\cdot r}{V^2\cos^2\phi}$　　ロ． $\dfrac{P\cdot r}{V\cos\phi}$　　ハ． $\dfrac{P^2\cdot r}{V^2\cos\phi}$　　ニ． $\dfrac{P\cdot r^2}{V\cos^2\phi}$
7　図のような単相 3 線式配電線路において、負荷抵抗は 10〔Ω〕一定である。スイッチ A を閉じ、スイッチ B を開いているとき、図中の電圧 V は 100〔V〕であった。この状態からスイッチ B を閉じた場合、電圧 V はどのように変化するか。 　　ただし、電源電圧は一定で、電線 1 線当たりの抵抗 r〔Ω〕は 3 線とも等しいものとする。 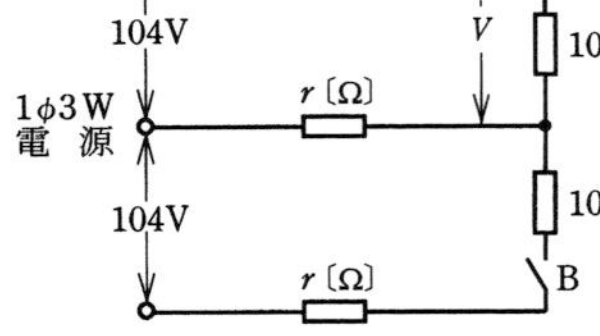	イ．約 2〔V〕下がる。 ロ．約 2〔V〕上がる。 ハ．変化しない。 ニ．約 1〔V〕上がる。

問　い	答　え

8　定格容量 150〔kV・A〕、定格一次電圧 6 600〔V〕、定格二次電圧 210〔V〕、百分率インピーダンス 5〔%〕の三相変圧器がある。一次側に定格電圧が加わっている状態で、二次側端子間における三相短絡電流〔kA〕は。 　ただし、変圧器より電源側のインピーダンスは無視するものとする。 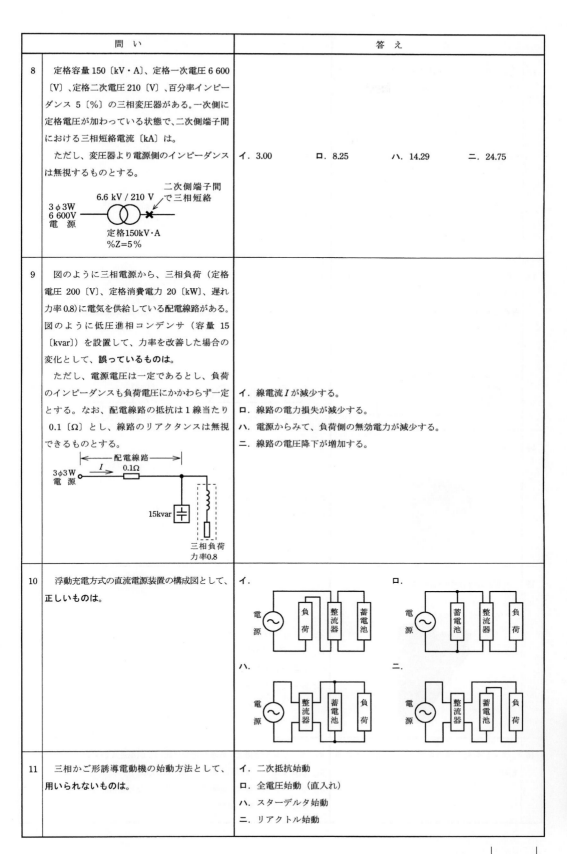 イ．3.00　　　ロ．8.25　　　ハ．14.29　　　ニ．24.75

9　図のように三相電源から、三相負荷（定格電圧 200〔V〕、定格消費電力 20〔kW〕、遅れ力率 0.8）に電気を供給している配電線路がある。図のように低圧進相コンデンサ（容量 15〔kvar〕）を設置して、力率を改善した場合の変化として、**誤っているもの**は。 　ただし、電源電圧は一定であるとし、負荷のインピーダンスも負荷電圧にかかわらず一定とする。なお、配電線路の抵抗は 1 線当たり 0.1〔Ω〕とし、線路のリアクタンスは無視できるものとする。	イ．線電流 I が減少する。 ロ．線路の電力損失が減少する。 ハ．電源からみて、負荷側の無効電力が減少する。 ニ．線路の電圧降下が増加する。

10　浮動充電方式の直流電源装置の構成図として、**正しいもの**は。

11　三相かご形誘導電動機の始動方法として、**用いられないもの**は。

イ．二次抵抗始動

ロ．全電圧始動（直入れ）

ハ．スターデルタ始動

ニ．リアクトル始動

問　い	答　え

12 図の Q 点における水平面照度が 8 〔lx〕で
あった。点光源 A の光度 I〔cd〕は。

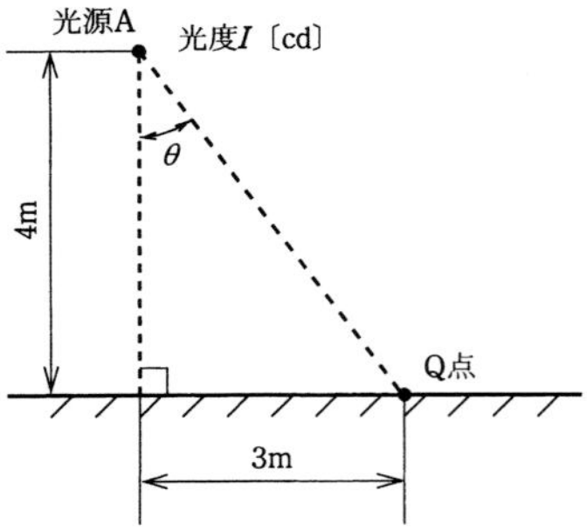

光源A　　光度I〔cd〕

4m

θ

3m

Q点

イ. 50　　　　ロ. 160　　　　ハ. 250　　　　ニ. 320

---

13 図に示すサイリスタ（逆阻止 3 端子サイリ
スタ）回路の出力電圧 v_0 の波形として、
得ることのできない波形は。
ただし、電源電圧は正弦波交流とする。

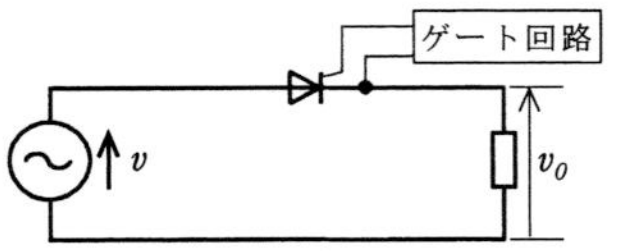

ゲート回路

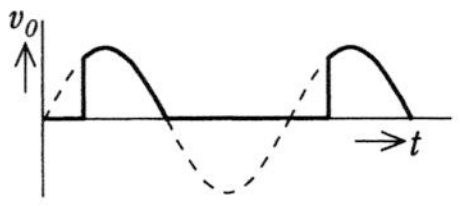

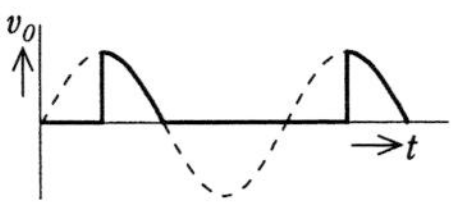

v　　v_0

イ.

v_0　　　　t

ロ.

v_0　　　　t

ハ.

v_0　　　　t

ニ.

v_0　　　　t

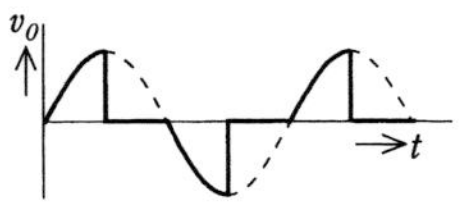

14 写真に示す品物の名称は。

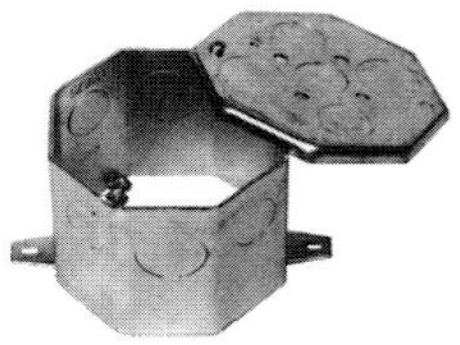

イ. アウトレットボックス
ロ. コンクリートボックス
ハ. フロアボックス
ニ. スイッチボックス

---

15 写真に示す品物の名称は。

イ. シーリングフィッチング
ロ. カップリング
ハ. ユニバーサル
ニ. ターミナルキャップ

---

16 タービン発電機の記述として、**誤っている
もの**は。

イ. タービン発電機は、水車発電機に比べて回転速度が高い。
ロ. 回転子は、円筒回転界磁形が用いられる。
ハ. タービン発電機は、駆動力として蒸気圧などを利用している。
ニ. 回転子は、一般に縦軸形が採用される。

問 い	答 え
17　架空送電線路に使用されるアーマロッドの記述として、**正しいものは**。	イ．がいしの両端に設け、がいしや電線を雷の異常電圧から保護する。 ロ．電線と同種の金属を電線に巻きつけ補強し、電線の振動による素線切れなどを防止する。 ハ．電線におもりとして取付け、微風により生じる電線の振動を吸収し、電線の損傷などを防止する。 ニ．多導体に使用する間隔材で強風による電線相互の接近・接触や負荷電流、事故電流による電磁吸引力のための素線の損傷を防止する。
18　コージェネレーションシステムに関する記述として、**最も適切なものは**。	イ．受電した電気と常時連系した発電システム ロ．電気と熱を併せ供給する発電システム ハ．深夜電力を利用した発電システム ニ．電気集じん装置を利用した発電システム
19　同一容量の単相変圧器を並行運転するための条件として、**必要でないものは**。	イ．各変圧器の極性を一致させて結線すること。 ロ．各変圧器の変圧比が等しいこと。 ハ．各変圧器のインピーダンス電圧が等しいこと。 ニ．各変圧器の効率が等しいこと。
20　次の文章は、電気設備の技術基準で定義されている調相設備についての記述である。 「調相設備とは、□□□を調整する電気機械器具をいう。」 　上記の空欄にあてはまる語句として、**正しいものは**。	イ．受電電力 ロ．最大電力 ハ．無効電力 ニ．皮相電力
21　次の機器のうち、高頻度開閉を目的に使用されるものは。	イ．高圧交流負荷開閉器 ロ．高圧交流遮断器 ハ．高圧交流電磁接触器 ニ．高圧断路器
22　写真に示す機器の略号（文字記号）は。 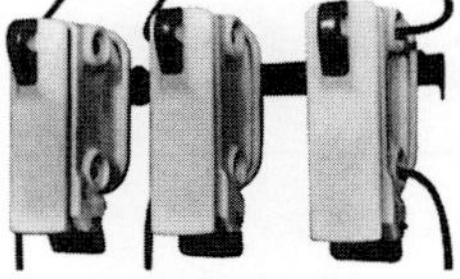	イ．PC ロ．CB ハ．LBS ニ．DS
23　写真の矢印で示す部分の主な役割は。 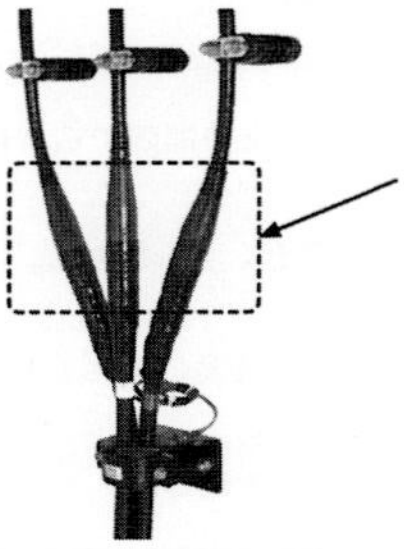	イ．水の浸入を防止する。 ロ．電流の不平衡を防止する。 ハ．遮へい端部の電位傾度を緩和する。 ニ．機械的強度を補強する。

	問 い	答 え
24	人体の体温を検知して自動的に開閉するスイッチで、玄関の照明などに用いられるスイッチの名称は。	イ．遅延スイッチ ロ．自動点滅器 ハ．リモコンセレクタスイッチ ニ．熱線式自動スイッチ
25	引込柱の支線工事に使用する材料の組合せとして、**正しいもの**は。 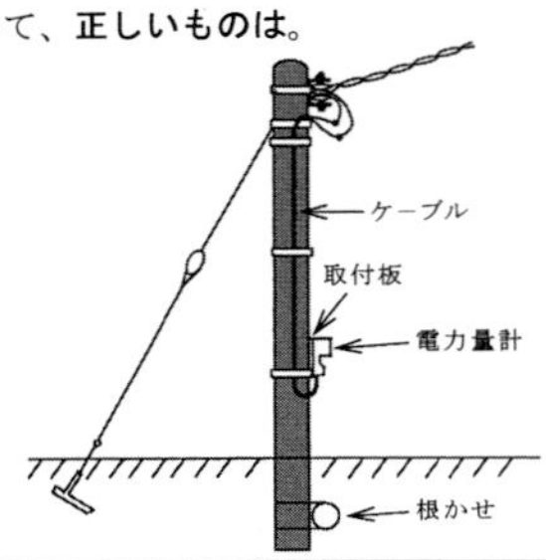 	イ．巻付グリップ、スリーブ、アンカ ロ．耐張クランプ、玉がいし、亜鉛めっき鋼より線 ハ．耐張クランプ、巻付グリップ、スリーブ ニ．亜鉛めっき鋼より線、玉がいし、アンカ
26	写真に示す工具の名称は。 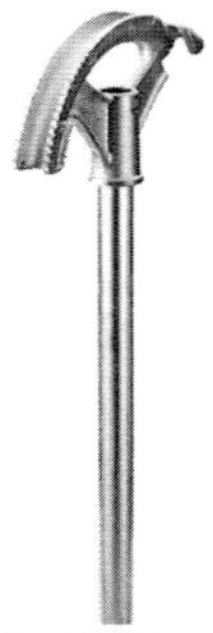 	イ．ケーブルジャッキ ロ．パイプベンダ ハ．延線ローラ ニ．ワイヤストリッパ
27	接地工事に関する記述として、**不適切な**ものは。	イ．人が触れるおそれのある場所で、B種接地工事の接地線を地表上2〔m〕までCD管で保護した。 ロ．D種接地工事の接地極をA種接地工事の接地極（避雷器用を除く）と共用して、接地抵抗を10〔Ω〕以下とした。 ハ．地中に埋設する接地極に大きさが900〔mm〕×900〔mm〕×1.6〔mm〕の銅板を使用した。 ニ．接触防護措置を施していない400〔V〕低圧屋内配線において、電線を収めるための金属管にC種接地工事を施した。
28	高圧屋内配線を、乾燥した場所であって展開した場所に施設する場合の記述として、**不適切な**ものは。	イ．高圧ケーブルを金属管に収めて施設した。 ロ．高圧ケーブルを金属ダクトに収めて施設した。 ハ．接触防護措置を施した高圧絶縁電線をがいし引き工事により施設した。 ニ．高圧絶縁電線を金属管に収めて施設した。
29	ライティングダクト工事の記述として、**誤っているもの**は。	イ．ライティングダクトを1.5〔m〕の支持間隔で造営材に堅ろうに取り付けた。 ロ．ライティングダクトの終端部を閉そくするために、エンドキャップを取り付けた。 ハ．ライティングダクトの開口部を人が容易に触れるおそれがないので、上向きに取り付けた。 ニ．ライティングダクトにD種接地工事を施した。

問い30から問い34までは、下の図に関する問いである。

図は、自家用電気工作物構内の受電設備を表した図である。この図に関する各問いには、4通りの答え（イ、ロ、ハ、ニ）が書いてある。それぞれの問いに対して、答えを1つ選びなさい。

〔注〕図において、問いに直接関係のない部分等は、省略又は簡略化してある。

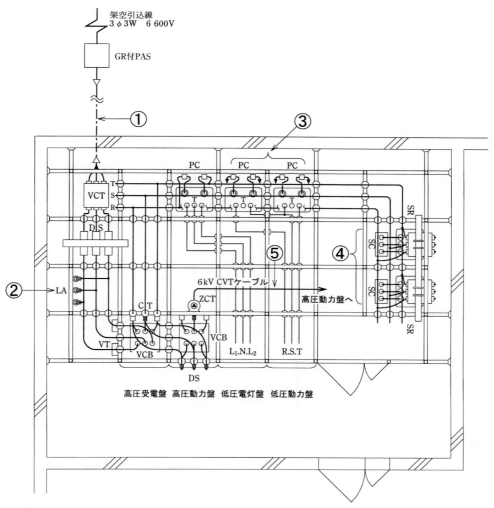

	問 い		答 え
30	①に示す高圧引込ケーブルに関する施工方法等で、**不適切なものは**。	イ．	ケーブルには、トリプレックス形6 600V架橋ポリエチレン絶縁ビニルシースケーブルを使用して施工した。
		ロ．	施設場所が重汚損を受けるおそれのある塩害地区なので、屋外部分の終端処理はゴムとう管形屋外終端処理とした。
		ハ．	電線の太さは、受電する電流、短時間耐電流などを考慮し、電気事業者と協議して選定した。
		ニ．	ケーブルの引込口は、水の浸入を防止するためケーブルの太さ、種類に適合した防水処理を施した。

問 い	答 え
31 ②に示す避雷器の設置に関する記述として、**不適切なものは。**	イ．受電電力 500〔kW〕未満の需要場所では避雷器の設置義務はないが、雷害の多い地区であり、電路が架空電線路に接続されているので、引込口の近くに避雷器を設置した。 ロ．保安上必要なため、避雷器には電路から切り離せるように断路器を施設した。 ハ．避雷器の接地は A 種接地工事とし、サージインピーダンスをできるだけ低くするため、接地線を太く短くした。 ニ．避雷器には電路を保護するため、その電源側に限流ヒューズを施設した。
32 ③に示す変圧器は、単相変圧器 2 台を使用して三相 200〔V〕の動力電源を得ようとするものである。この回路の高圧側の結線として、**正しいものは。**	イ． 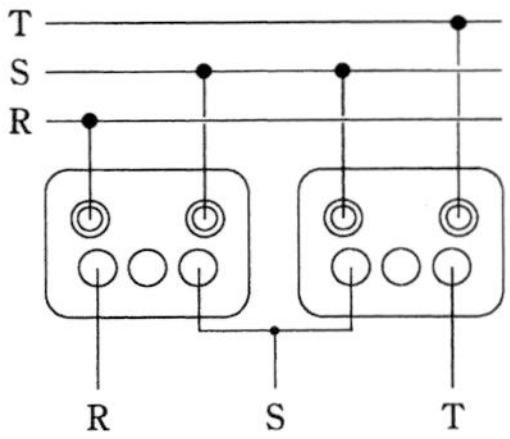 ロ． 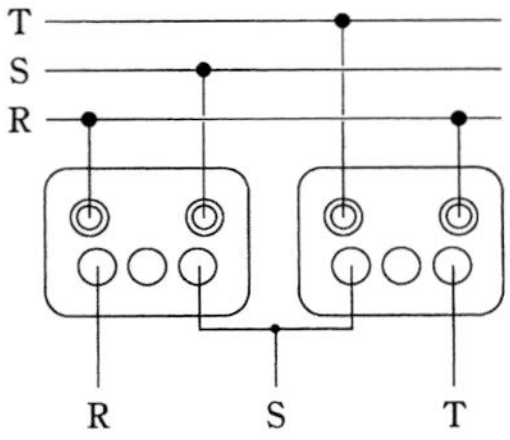 ハ． 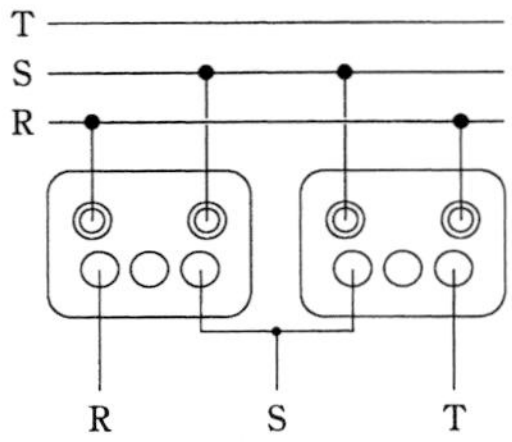 ニ． 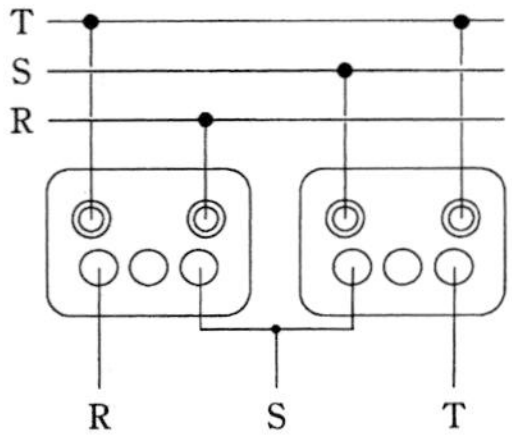
33 ④に示す高圧進相コンデンサ設備は、自動力率調整装置によって自動的に力率調整を行うものである。この設備に関する記述として、**不適切なものは。**	イ．負荷の力率変動に対してできるだけ最適な調整を行うよう、コンデンサは異容量の 2 群構成とした。 ロ．開閉装置は、開閉能力に優れ自動で開閉できる、高圧交流真空電磁接触器を使用した。 ハ．進相コンデンサの一次側には、限流ヒューズを設けた。 ニ．進相コンデンサに、コンデンサリアクタンスの 5〔%〕の直列リアクトルを設けた。
34 ⑤に示す高圧ケーブル内で地絡が発生した場合、確実に地絡事故を検出できるケーブルシールドの接地方法として、**正しいものは。**	イ． 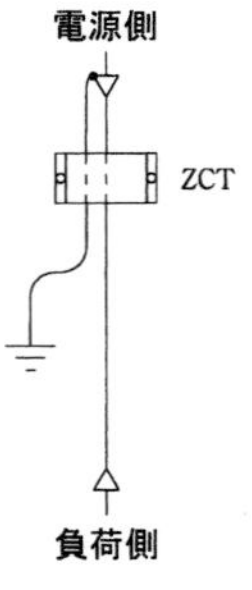 ロ． 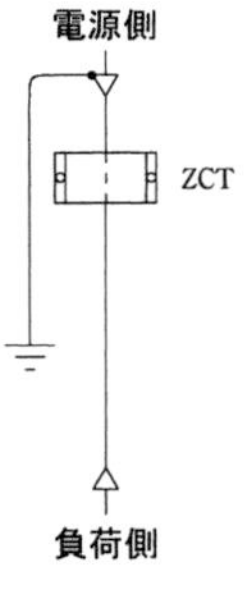 ハ． 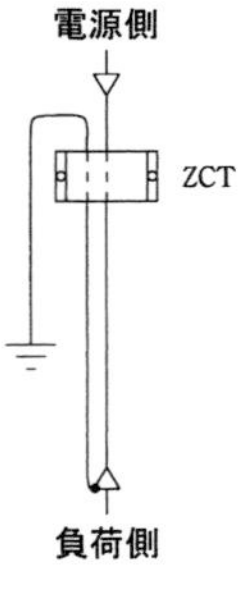 ニ． 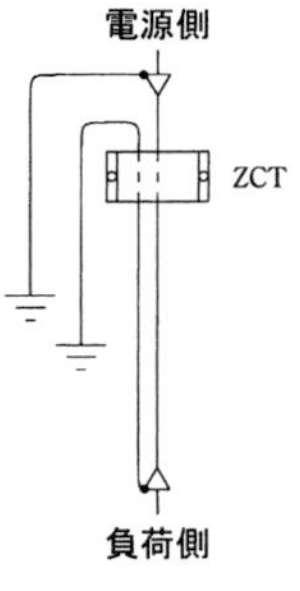

問い	答え
35 電気設備の技術基準の解釈において、停電が困難なため低圧屋内配線の絶縁性能を、漏えい電流を測定して判定する場合、使用電圧が 100〔V〕の回路の漏えい電流の上限値として、**適切なものは**。	イ. 0.1〔mA〕　　ロ. 0.2〔mA〕　　ハ. 1.0〔mA〕　　ニ. 2.0〔mA〕
36 電気設備の技術基準の解釈において、D 種接地工事に関する記述として、**誤っているものは**。	イ. 接地抵抗値は、100〔Ω〕以下であること。 ロ. 接地抵抗値は、低圧電路において、地絡を生じた場合に 0.5 秒以内に当該電路を自動的に遮断する装置を施設するときは、500〔Ω〕以下であること。 ハ. D 種接地工事を施す金属体と大地との間の電気抵抗値が 10〔Ω〕以下でなければ、D 種接地工事を施したものとみなされない。 ニ. 接地線は故障の際に流れる電流を安全に通じることができるものであること。
37 公称電圧 6.6〔kV〕で受電する高圧受電設備の遮断器、変圧器などの高圧側機器（避雷器を除く）を一括で絶縁耐力試験を行う場合、試験電圧〔V〕の計算式は。	イ. $6\,600 \times 1.5$ ロ. $6\,600 \times \dfrac{1.15}{1.1} \times 1.5$ ハ. $6\,600 \times 1.5 \times 2$ ニ. $6\,600 \times \dfrac{1.15}{1.1} \times 2$
38 電気工事業の業務の適正化に関する法律において、**正しいものは**。	イ. 電気工事士は、電気工事業者の監督の下で、電気用品安全法の表示が付されていない電気用品を電気工事に使用することができる。 ロ. 電気工事業者が、電気工事の施工場所に二日間で完了する工事予定であったため、代表者の氏名等を記載した標識を掲げなかった。 ハ. 電気工事業者が、電気工事ごとに配線図等を帳簿に記載し、3 年経ったので廃棄した。 ニ. 一般用電気工事の作業に従事する者は、主任電気工事士がその職務を行うため必要があると認めてする指示に従わなければならない。
39 電気用品安全法の適用を受けるもののうち、特定電気用品でないものは。	イ. 差込み接続器（定格電圧 125〔V〕、定格電流 15〔A〕） ロ. タイムスイッチ（定格電圧 125〔V〕、定格電流 15〔A〕） ハ. 合成樹脂製のケーブル配線用スイッチボックス ニ. 600V ビニル絶縁ビニルシースケーブル（導体の公称断面積が 8〔mm²〕、3 心）
40 電気事業法において、電線路維持運用者が行う一般用電気工作物の調査に関する記述として、**適切でないものは**。	イ. 電線路維持運用者は、調査を登録調査機関に委託することができる。 ロ. 一般用電気工作物が設置された時に調査が行われなかった。 ハ. 一般用電気工作物の調査が 4 年に 1 回以上行われている。 ニ. 登録点検業務受託法人に点検が委託されている一般用電気工作物についても調査する必要がある。

問題２．配線図１ （問題数5、配点は1問当たり2点）

　図は、三相誘導電動機を、押しボタンスイッチの操作により正逆運転させる制御回路である。この図の矢印で示す5箇所に関する各問いには、4通りの答え（イ、ロ、ハ、ニ）が書いてある。それぞれの問いに対して、答えを1つ選びなさい。

　〔注〕　図において、問いに直接関係のない部分等は、省略又は簡略化してある。

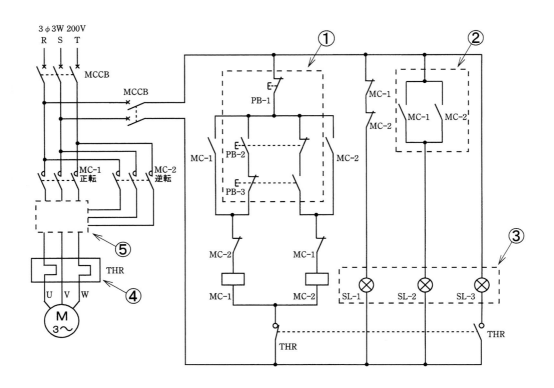

	問　い	答　え
41	①で示す押しボタンスイッチの操作で、停止状態から正転運転した後、逆転運転までの手順として、正しいものは。	イ．PB-3 → PB-2 → PB-1 ロ．PB-3 → PB-1 → PB-2 ハ．PB-2 → PB-1 → PB-3 ニ．PB-2 → PB-3 → PB-1
42	②で示す回路の名称として、正しいものは。	イ．AND 回路 ロ．OR 回路 ハ．NAND 回路 ニ．NOR 回路
43	③で示す各表示灯の用途は。	イ．SL-1 停止表示　　SL-2 運転表示　　SL-3 故障表示 ロ．SL-1 運転表示　　SL-2 故障表示　　SL-3 停止表示 ハ．SL-1 正転運転表示　　SL-2 逆転運転表示　　SL-3 故障表示 ニ．SL-1 故障表示　　SL-2 正転運転表示　　SL-3 逆転運転表示

	問　い	答　え
44	④で示す図記号の機器は。	イ. 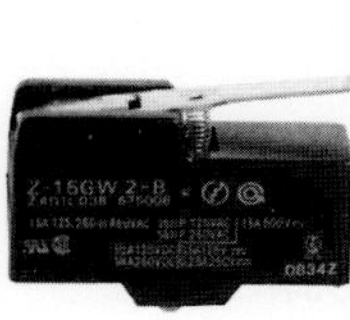 　ロ.  　ハ.  　ニ. 
45	⑤で示す部分の結線図で、**正しいもの**は。	イ. 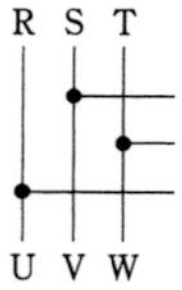 ロ. 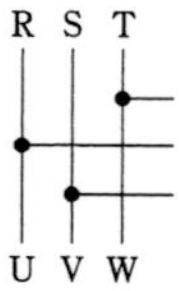 ハ. 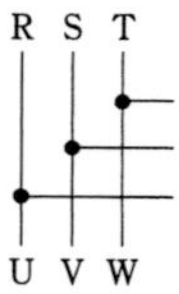 ニ. 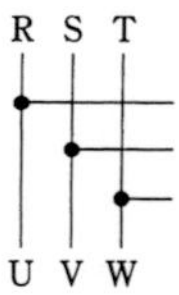

　図は、高圧受電設備の単線結線図である。この図の矢印で示す５箇所に関する各問いには、４通りの答え（**イ、ロ、ハ、ニ**）が書いてある。それぞれの問いに対して、答えを１つ選びなさい。

〔注〕　図において、問いに直接関係のない部分等は、省略又は簡略化してある。

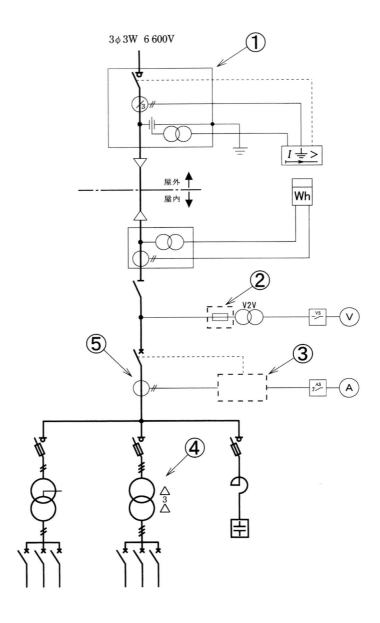

3φ3W　6 600V

屋外
屋内

Wh

V2V

問　い	答　え
46　①で示す機器の役割は。	イ．需要家側電気設備の地絡事故を検出し、高圧交流負荷開閉器を開放する。 ロ．電気事業者側の地絡事故を検出し、高圧断路器を開放する。 ハ．需要家側電気設備の地絡事故を検出し、高圧断路器を開放する。 ニ．電気事業者側の地絡事故を検出し、高圧交流遮断器を自動遮断する。
47　②の部分に施設する機器と使用する本数は。	イ．  （2本）　　ロ． 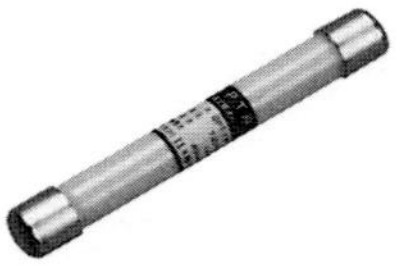 （4本） ハ． 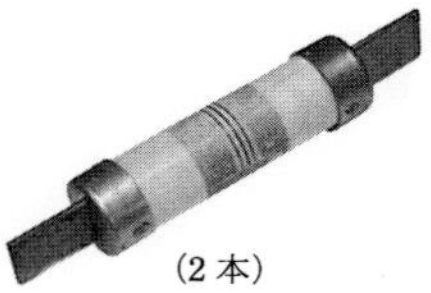 （2本）　　ニ． 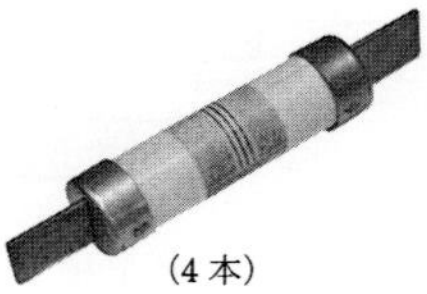 （4本）
48　③で示す部分に設置する機器の図記号と略号（文字記号）の組合せは。	イ． $I \underset{\perp}{=} <$　OCGR　　ロ． $I \underset{\perp}{=} >$　OCGR　　ハ． $I <$　OCR　　ニ． $I >$　OCR
49　④に設置する機器と台数は。	イ．  （3台）　　ロ．  （3台） ハ．  （1台）　　ニ．  （1台）
50　⑤で示す機器の二次側電路に施す接地工事の種類は。	イ．A種接地工事 ロ．B種接地工事 ハ．C種接地工事 ニ．D種接地工事

1 イ．NI に比例する．

第１図に示す磁気回路で，磁束 ϕ〔Wb〕は次式で示される．

$$\phi = \mu \frac{NI}{l} A \text{〔Wb〕}$$

したがって，鉄心内の磁束 ϕ は，NI に比例する．

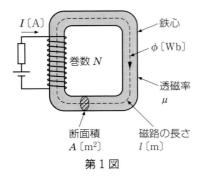

第１図

2 ハ．24

3 Ω の抵抗に 4 A 流れているので，抵抗 R に加わる電圧は，$V_R = 4 \times 3 = 12$〔V〕である．

4 Ω の抵抗には，$36 - 12 = 24$〔V〕の電圧が加わっており，回路全体に流れている電流は，$24/4 = 6$〔A〕である．

抵抗 R に流れている電流は，$6 - 4 = 2$〔A〕である．抵抗 R における消費電力 P〔W〕は，

$$P = 12 \times 2 = 24 \text{〔W〕}$$

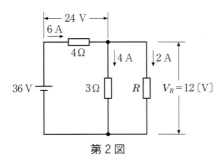

第２図

3 ハ．314

角速度 ω〔rad/s〕は，1 秒間に回転する角度〔rad〕を表す．周波数を f〔Hz〕とすると，次式で表される．

$$\omega = 2\pi f \text{〔rad/s〕}$$

周波数が 50 Hz のときの角速度 ω〔rad/s〕は，

$$\omega = 2 \times 3.14 \times 50 = 314 \text{〔rad/s〕}$$

4 ニ．540

第３図において，リアクタンス X〔Ω〕は，

$$X = X_L - X_C = 10 - 2 = 8 \text{〔Ω〕}$$

回路に流れる電流 I〔A〕は，

$$I = \frac{48}{X} = \frac{48}{8} = 6 \text{〔A〕}$$

回路の消費電力 P〔W〕は，

$$P = I^2 R = 6^2 \times 15 = 36 \times 15 = 540 \text{〔W〕}$$

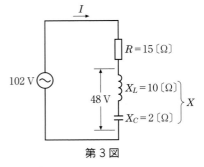

第３図

5 イ．$3V^2/5$

電力を消費するのは抵抗だけである．回路の全消費電力 P〔W〕は，

$$P = 3 \times \frac{V^2}{R} = 3 \times \frac{V^2}{5} = \frac{3V^2}{5} \text{〔W〕}$$

6 イ．$P^2 \cdot r / V^2 \cos^2 \phi$

三相負荷に流れる電流 I〔A〕は，

$$P = \sqrt{3}\, VI \cos \phi \text{〔W〕}$$

$$I = \frac{P}{\sqrt{3}\, V \cos \phi} \text{〔A〕}$$

配電線路の電力損失 P_l〔W〕は，

$$P_l = 3I^2 r = 3 \times \left(\frac{P}{\sqrt{3}\, V \cos \phi} \right)^2 \times r$$

$$= \frac{3P^2 r}{3V^2 \cos^2 \phi} = \frac{P^2 r}{V^2 \cos^2 \phi} \text{〔W〕}$$

7 ロ．約 2〔V〕上がる．

スイッチ A を閉じ，スイッチ B を開いたときの回路は，第４図になる．

流れている電流 I_1〔A〕は，

$$I_1 = \frac{100}{10} = 10 \text{〔A〕}$$

このことから，電線 1 線の抵抗 r〔Ω〕は，

$$2 I_1 r = 104 - 100 = 4$$

$$r = \frac{4}{2 I_1} = \frac{4}{2 \times 10} = \frac{4}{20} = 0.2 \text{〔Ω〕}$$

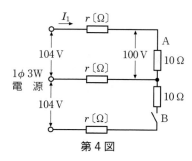

第4図

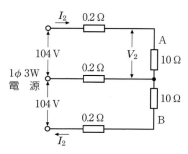

第5図

スイッチAを閉じ，スイッチBを閉じたときの回路は，**第5図**になる．

負荷が平衡しているので，中性線には電流が流れない．

上と下の電線に流れる電流 I_2〔A〕は，

$$I_2 = \frac{104+104}{0.2+10+10+0.2} = \frac{208}{20.4} \fallingdotseq 10.2 \text{〔A〕}$$

このとき上の抵抗 $10\,\Omega$ に加わる電圧 V_2〔V〕は，

$$V_2 = I_2 \times 10 = 10.2 \times 10 = 102 \text{〔V〕}$$

したがって，$102 - 100 = 2$〔V〕上昇する．

8 ロ．8.25

変圧器の二次側の定格電流 I_{2n}〔kA〕は，

$$I_{2n} = \frac{150\,\text{〔kV·A〕}}{\sqrt{3}\times 210\,\text{〔V〕}} \fallingdotseq 0.413 \text{〔kA〕}$$

%Z が5%であるから，二次端子間の三相短絡電流 I_{2S}〔kA〕は，

$$I_{2S} = \frac{I_{2n}}{\%Z} \times 100 = \frac{0.413}{5} \times 100 = 8.26 \text{〔kA〕}$$

この問題は，次のようにして解いてもよい．
三相短絡容量 P_S〔kV·A〕は，

$$P_S = \frac{P_n}{\%Z} \times 100 = \frac{150}{5} \times 100 = 3\,000 \text{〔kV·A〕}$$

三相短絡電流 I_S〔kA〕は，

$$I_S = \frac{P_S}{\sqrt{3}\,V} = \frac{3\,000\,\text{〔kV·A〕}}{\sqrt{3}\times 210\,\text{〔V〕}} \fallingdotseq 8.26 \text{〔kA〕}$$

9 ニ．線路の電圧降下が増加する．

第6図から負荷の皮相電力 S〔kV·A〕は，

$$S = \frac{P}{\cos\theta} = \frac{20}{0.8} = 25 \text{〔kV·A〕}$$

負荷の無効電力 Q〔kvar〕は，

$$\begin{aligned}Q &= S\sin\theta = S\sqrt{1-\cos^2\theta}\\ &= 25\times\sqrt{1-0.8^2} = 25\times 0.6 = 15 \text{〔kvar〕}\end{aligned}$$

$P = 20$〔kW〕 θ $\cos\theta = 0.8$ S〔kV·A〕 Q〔kvar〕

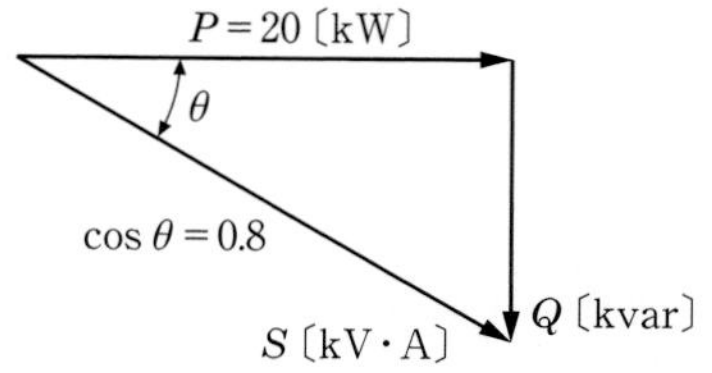

第6図

負荷に加わる電圧を200Vとして，力率を改善する前の配電線路に流れる電流 I_1〔A〕は，

$$\begin{aligned}I_1 &= \frac{P}{\sqrt{3}\,V\cos\theta} = \frac{20\times 10^3}{\sqrt{3}\times 200\times 0.8}\\ &= \frac{125}{\sqrt{3}} \text{〔A〕}\end{aligned}$$

負荷に容量15kvarの低圧進相コンデンサを並列に接続して力率を改善すると，無効電力が $15-15 = 0$〔kvar〕になり，力率は1.0になる．

力率改善後も負荷に200V加わるとして（電線路が抵抗分だけとすると，力率を改善しても電圧降下は変わらない），配電線路に流れる電流 I_2〔A〕は，

$$I_2 = \frac{P}{\sqrt{3}\,V\cos\theta} = \frac{20\times 10^3}{\sqrt{3}\times 200\times 1} = \frac{100}{\sqrt{3}} \text{〔A〕}$$

力率を改善することによって，線電流が $125/\sqrt{3}$〔A〕から $100/\sqrt{3}$〔A〕に減少したので，イは正しい．

線路の電力損失は，線路に流れる電流の2乗に比例する．電流が減少すれば電力損失が減少するので，ロは正しい．

力率改善後は，電源から見て無効電力がなくなる（力率1.0）ので，ハは正しい．

力率改善前の電圧降下 v_1〔V〕は，

$$\begin{aligned}v_1 &= \sqrt{3}\,I(r\cos\theta + x\sin\theta)\\ &= \sqrt{3}\times(125/\sqrt{3})\times 0.1\times 0.8 = 10 \text{〔V〕}\end{aligned}$$

力率改善後の電圧降下 v_2〔V〕は，

$$v_2 = \sqrt{3} \times (100/\sqrt{3}) \times 0.1 \times 1 = 10 \,[\mathrm{V}]$$

電圧降下は変わらないので，ニは誤りである．

10 ハ．

浮動充電方式は，蓄電池を整流器と負荷に対して並列に接続する方式である．負荷及び蓄電池の自己放電を補うのに要する電流を，充電器で常時補給して蓄電池を完全に充電された状態にしている．

11 イ．二次抵抗始動

二次抵抗始動は，巻線形誘導電動機の始動方法である．

三相かご形誘導電動機の始動方法は，全電圧始動(直入れ)，スターデルタ始動，リアクトル始動や始動補償器を用いる方法がある．

12 ハ．250

第7図において，Q点の水平面照度 $E\,[\mathrm{lx}]$ は，次式で求められる．

$$E = \frac{I}{r^2}\cos\theta \,[\mathrm{lx}]$$

点光源からQ点までの距離 $r\,[\mathrm{m}]$ は，
$$r = \sqrt{4^2 + 3^2} = 5\,[\mathrm{m}]$$

$\cos\theta$ は，
$$\cos\theta = \frac{4}{r} = \frac{4}{5} = 0.8$$

したがって，点光源の光度 $I\,[\mathrm{cd}]$ は，
$$I = \frac{Er^2}{\cos\theta} = \frac{8 \times 5^2}{0.8} = 10 \times 25 = 250\,[\mathrm{cd}]$$

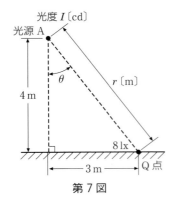

第7図

13 ニ．

サイリスタ(第8図)は，アノードA，カソードK，ゲートGの三つの電極からなっており，小さなゲート電流によって，大きな電流を制御できる．

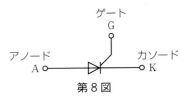

第8図

ゲート回路を調整することにより，カソードに流す電流をイ，ロ，ハのようにコントロールすることができる．

14 ロ．コンクリートボックス

コンクリート天井に埋め込んで施設するもので，ボックスコネクタのロックナットを締め付けやすいように裏蓋(バックプレート)が取り外せるようになっている．

15 イ．シーリングフィッチング

可燃性ガスが存在する場所の金属管工事で，配管の途中に施設して，可燃性ガスが金属管内を通じて他の場所に移っていかないようにする．

16 ニ．回転子は，一般に縦軸形が採用される．

タービン発電機は，蒸気タービンやガスタービンによって駆動される発電機をいう．タービンは高速回転のため，直結される発電機は直径が小さく，軸方向に長い構造になっている．タービン発電機は軸が長いため，回転子は一般に水平軸形が採用されている．

17 ロ．電線と同種の金属を電線に巻きつけ補強し，電線の振動による素線切れなどを防止する．

アーマロッド(第9図)は，振動による素線切れや落雷による電線の溶断を防ぐため，電線支持点の付近に取り付けて電線を補強するものである．

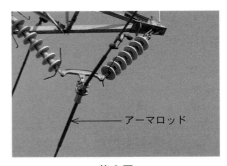

第9図

18 ロ．電気と熱を併せ供給する発電システム

　コージェネレーションシステムは，内燃力発電設備(ディーゼル発電設備，ガスタービン発電設備など)によって発電をする一方，発電時に発生する排熱を回収して冷暖房・給湯に利用する発電システムである．熱電併給システムとも呼ばれ，総合的な熱効率を向上させる発電システムである．

19 ニ．各変圧器の効率が等しいこと．

　同一容量の単相変圧器2台を並行運転するためには，次の条件は必要である．

　(1)極性が合っていること．
　(2)変圧比が等しいこと．
　(3)インピーダンス電圧が等しいこと．

　これらの条件を満足しないと，大きな循環電流が流れて巻線を焼損したり，負荷の分担が半分ずつにならないで，片方の変圧器が過負荷になって焼損する場合がある．

20 ハ．無効電力

　電技第1条(用語の定義)による．

　調相設備は，負荷と並列に接続して電線路に流れる無効電力を調整して，受電端の電圧を調整する設備である．調相設備には，分路リアクトル，電力用コンデンサ，同期調相機がある．

21 ハ．高圧交流電磁接触器

　高圧交流電磁接触器は，高圧回路で開閉をひんぱんに行う開閉器として使用される．

22 イ．PC

　高圧カットアウトで，文字記号はPC(primary cutout switch)である．

23 ハ．遮へい端部の電位傾度を緩和する．

　写真の矢印で示す部分は，ケーブルヘッドのストレスコーンである．遮へい銅テープの端末に電気力線が集中しないようにして，絶縁劣化や絶縁破壊が起きないようにするためのものである．

24 ニ．熱線式自動スイッチ

　熱線式自動スイッチ(第10図)は，玄関などに施設して，人体の熱(赤外線)を検知して自動的に点滅するスイッチである．

25 ニ．亜鉛めっき鋼より線，玉がいし，アンカ

　支線工事に使用する材料は，第11図のとお

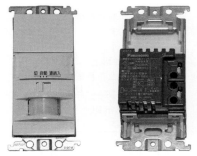

第10図　熱線式自動スイッチ

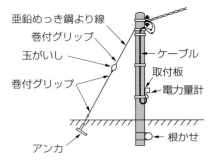

第11図　支線工事

りである．

26 ロ．パイプベンダ

　パイプベンダで，金属管を曲げるときに使用する工具である．

27 イ．人が触れるおそれのある場所で，B種接地工事の接地線を地表上2〔m〕までCD管で保護した．

　電技解釈第17条(接地工事の種類及び施設方法)・第159条(金属管工事)，内線規程1350-7(接地極)，高圧受電設備規程1160-6(共用・連接接地)による．

　A種接地工事及びB種接地工事で，接地極及び接地線を人が触れるおそれのある場所に施設する場合は，第12図のように施設しなければならない．接地線を保護する管には，合成樹脂管(厚さ2mm未満の合成樹脂製電線管及びCDを除く)等を使用しなければならない．

　共用接地における接地抵抗値は，各々の接地工事の接地抵抗値のうち，低い値の接地種別とすることになっている．したがって，ロは正しい．

　地中に接地極として銅板を使用した場合は，厚さ0.7mm以上，大きさ900cm²(片面)以上

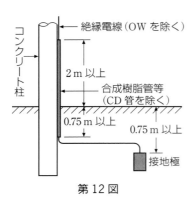

第12図

のものでなければならない．したがって，ハは正しい．

　金属管工事の接地工事で，使用電圧が300 Vを超える場合は，C種接地工事を施さなければならない．接触防護措置を施した場合は，D種接地工事にできる．したがって，ニは正しい．

28　ニ．**高圧絶縁電線を金属管に収めて施設した．**

　電技解釈第168条（高圧配線の施設）による．

　高圧屋内配線は，がいし引き工事（乾燥した展開した場所に限る）かケーブル工事によらなければならない．

　ケーブルを金属管や金属ダクトに収めてもケーブル工事になる．

29　ハ．**ライティングダクトの開口部を人が容易に触れるおそれがないので，上向きに取り付けた．**

　電技解釈第165条（特殊な低圧屋内配線工事）により，ライティングダクトの開口部は，下向きに施設しなければならない．

　ライティングダクト（第13図）の工事の要点は，次のとおりである．

・支持点間は2 m以下．
・開口部の向きは下向きが原則．

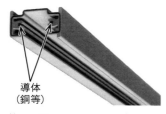

第13図　ライティングダクト

・終端部は閉そくする．
・造営材を貫通して施設してはならない．
・D種接地工事を施す．対地電圧が150 V以下で，ダクトの長さが4 m以下の場合等は省略できる．
・漏電遮断器を施設する．簡易接触防護措置を施した場合は省略できる．

30　ロ．**施設場所が重汚損を受けるおそれのある塩害地区なので，屋外部分の終端処理はゴムとう管形屋外終端処理とした．**

　重汚損を受けるおそれのある塩害地区では，耐塩害屋外終端接続部（第14図）によらなければならない．ゴムとう管形屋外終端接続部は，軽汚損・中汚損地区に使用する．

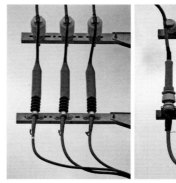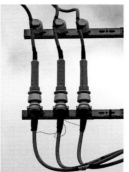

ゴムとう管形屋外終端　　耐塩害屋外終端接続部
接続部

第14図

31　ニ．**避雷器には電路を保護するため，その電源側に限流ヒューズを施設した．**

　避雷器（第15図）にヒューズを施設してはならない．ヒューズが溶断すると，避雷器の役割を果たせなくなる．

第15図　避雷器

32 イ.

単相変圧器(第16図)2台を使用して三相200 V を得るには，高圧側及び低圧側を V 結線(第17図)にしなければない．正しい結線はイだけである．

第16図　単相変圧器

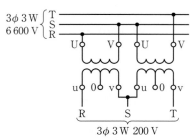

第17図　V 結線

33　ニ.進相コンデンサに，コンデンサリアクタンスの5〔%〕の直列リアクトルを設けた.

高圧受電設備規程1150-9（進相コンデンサ及び直列リアクトル）による(第18図参照).

高調波電流による障害防止及びコンデンサ回路開閉による突入電流抑制のために取り付ける直列リアクトルの容量は，コンデンサリアクタンスの6%または13%にすることになっている.

高圧進相コンデンサ　　直列リアクトル

第18図

34　イ.

イの場合(第19図)は，ZCT を通る地絡電流が $I_g - I_g + I_g = I_g$ で，地絡事故を検出できる．

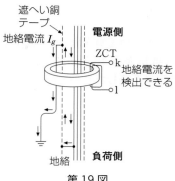

第19図

ロの場合(第20図)は，ZCT を通る地絡電流が $I_g - I_g = 0$ で，地絡事故を検出できない．

ハの場合(第21図)は，ZCT を通る地絡電流が $I_g - I_g = 0$ で，地絡事故を検出できない．

ニの場合は，ケーブルヘッドの両端を接地し，両接地線に流れる地絡電流を ZCT で検出できない配線のため，地絡事故を検出できない．

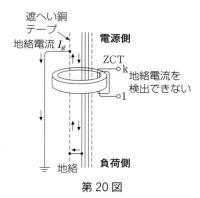

第20図

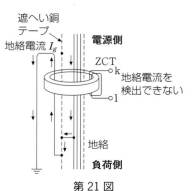

第21図

35 ハ．1.0〔mA〕

電技解釈第14条(低圧電路の絶縁性能)により，絶縁抵抗測定が困難な場合においては，使用電圧が加わった状態における漏えい電流が，1 mA以下であればよい．

36 ハ．D種接地工事を施す金属体と大地との間の電気抵抗値が10〔Ω〕以下でなければ，D種接地工事を施したものとみなされない．

電技解釈第17条(接地工事の種類及び施設方法)による．

D種接地工事を施す金属体と大地との間の電気抵抗値が100 Ω以下の場合は，D種接地工事を施したものとみなされる．

D種接地工事は，次のように施設しなければならない．

・接地抵抗値は，100 Ω以下(低圧電路において，地絡を生じた場合に0.5秒以内に当該電路を自動的に遮断する装置を施設するときは，500 Ω以下)であること．
・接地線は，故障の際に流れる電流を安全に通じることができるものであること．
・接地線は，直径1.6 mm以上の軟銅線であること．

37 ロ．6 600×(1.15/1.1)×1.5

電技解釈第1条(用語の定義)・第16条(機械器具等の電路の絶縁性能)による．

最大使用電圧は，次のように定義されている．

$$最大使用電圧 = 公称電圧 \times \frac{1.15}{1.1}$$
$$= 6\,600 \times \frac{1.15}{1.1} \,〔V〕$$

試験電圧は，最大使用電圧の1.5倍の交流電圧であるから，

$$交流試験電圧 = 6\,600 \times \frac{1.15}{1.1} \times 1.5 \,〔V〕$$

38 ニ．一般用電気工事の作業に従事する者は，主任電気工事士がその職務を行うため必要があると認めてする指示に従わなければならない．

電気工事業法第20条(主任電気工事士の職務等)・第23条(電気用品の使用の制限)・第25条(標識の掲示)・第26条(帳簿の備付け等)，

施行規則第13条(帳簿)による．

電気工事業者は，電気用品安全法の表示が付されている電気用品でなければ，電気工事に使用してはならない．

電気工事業者は，施工期間にかかわらず，営業所及び施工場所に代表者の氏名等を記載した標識を掲げなければならない．

電気工事業者は，営業所ごとに帳簿を備え，電気工事の種類，施工場所，施工年月日，配線図を記載して，5年間保存しなければならない．

39 ハ．合成樹脂製のケーブル配線用スイッチボックス

ケーブル配線用スイッチボックスは，特定電気用品以外の電気用品である．

定格電圧100 V以上300 V以下で，定格電流50 A以下の差込み接続器，定格電流30 A以下のタイムスイッチは特定電気用品である．

また，定格電圧100 V以上600 V以下のケーブルは，導体の公称断面積が22 mm²以下，線心が7本以下，外装がゴム又は合成樹脂のものは特定電気用品である．

40 ロ．一般用電気工作物が設置された時に調査が行われなかった．

電気事業法第57条(調査の義務)・第57条の2(調査業務の委託)，施行規則第96条(一般用電気電気工作物の調査)による．

電線路維持運用者は，電気を供給する一般用電気工作物が電気設備技術基準に適合しているかどうかを調査しなければならない．調査は，次によって行う．

① 一般用電気工作物が設置された時及び変更の工事が完成した時．
② 一般用電気工作物は，4年に1回以上行う．
③ 登録点検業務受託法人が点検業務を委託されている一般用電気工作物は，5年に1回以上行う．

したがって，ロは適切でない．

〔問題2〕 配線図1の解答

41 ハ．PB-2 → PB-1 → PB-3

正転運転するには，PB-2を押してMC-1を動作させて自己保持をさせる．逆転運転するに

は，PB-1 を押して停止させてから，PB-3 を押さなければならない．MC-2 の電磁コイルの前に MC-1 のブレーク接点が直列に接続されているため，PB-3 を押しても MC-2 は動作しないからである．

正逆運転させる制御回路に使用される押しボタンスイッチ（第 22 図）は，正転と逆転の押しボタンスイッチを同時に押したら，どちらの電磁接触器も動作しないような接点構成になっている．

MC-2 が動作したときに，第 23 図のように 2 線が入れ換わるようにする．

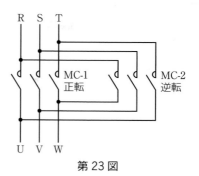

第 23 図

第 22 図　正逆転用押しボタンスイッチ

42　ロ．OR 回路

②で示す回路は，MC-1 と MC-2 のメーク接点が並列に接続されており，MC-1 か MC-2 のどちらかのメーク接点が閉じたら SL-2 が点灯する回路で，OR 回路という．

43　イ．**SL-1 停止表示，SL-2 運転表示，SL-3 故障表示**

SL-1 には MC-1 と MC-2 のブレーク接点が直列に接続されており，MC-1 と MC-2 の両方が動作していないときに点灯するので，停止時に点灯する．

SL-2 には MC-1 と MC-2 のメーク接点が並列に接続されており，MC-1 と MC-2 のどちらかが動作しているときに点灯するので，運転時に点灯する．

SL-3 は，電動機が過負荷運転して熱動継電器が動作すると接点が閉じて点灯するので，故障時に点灯する．

44　ロ．

THR（thermal relay）は熱動継電器である．

45　ハ．

〔問題 3〕　配線図 2 の解答

46　イ．需要家側電気設備の地絡事故を検出し，高圧交流負荷開閉器を開放する．

地絡方向継電装置付き高圧交流負荷開閉器である．

47　ロ．

②は計器用変圧器（第 24 図）で，2 台を V 結線にして使用するので，ヒューズは 4 本である．

第 24 図　計器用変圧器

48　ニ．

過電流継電器（OCR）である．

49　イ．

④の図記号は，単相変圧器を 3 台使用して△－△結線することを示している．

50　ニ．

電技解釈第 28 条（計器用変成器の二次側電路の接地）により，⑤の変流器の二次側電路には，D 種接地工事を施す．

第一種電気工事士試験受験者数等の推移

〔単位：人〕

項目 / 年度	申込者			学科試験			技能試験		
	学科申込者	学科免除者	小計	申込者*	受験者	合格者	受験有資格者**	受験者	合格者
平成 13 年度	29 367	5 119	34 486	29 367	25 838	11 398	16 517	15 555	5 349
平成 14 年度	30 289	7 571	37 860	30 289	26 310	11 093	18 664	17 517	10 188
平成 15 年度	31 929	5 201	37 130	31 929	27 242	11 350	16 551	15 504	7 357
平成 16 年度	30 882	6 198	37 080	30 882	26 009	10 756	16 954	15 767	10 624
平成 17 年度	30 951	3 847	34 798	30 951	25 999	11 370	15 217	14 539	10 333
平成 18 年度	31 069	3 781	34 850	31 069	26 421	10 966	14 747	14 253	10 119
平成 19 年度	30 789	3 725	34 514	30 789	26 658	11 034	14 759	14 220	8 134
平成 20 年度	33 266	5 252	38 518	33 266	29 114	11 422	16 674	16 096	10 188
平成 21 年度	40 966	4 696	45 662	40 966	35 924	16 194	20 890	20 183	13 631
平成 22 年度	41 820	4 922	46 742	41 820	36 670	15 665	20 587	19 907	12 527
平成 23 年度	39 821	6 484	46 305	39 821	34 465	14 633	21 117	20 215	17 104
平成 24 年度	40 557	2 908	43 465	40 557	35 080	14 927	17 835	16 988	10 218
平成 25 年度	42 362	6 231	48 593	42 362	36 460	14 619	20 850	19 911	15 083
平成 26 年度	45 126	3 963	49 089	45 126	38 776	16 649	20 612	19 645	11 404
平成 27 年度	43 611	6 782	50 393	43 611	37 808	16 153	22 935	21 739	15 419
平成 28 年度	45 054	5 149	50 203	45 054	39 013	19 627	24 776	23 677	14 602
平成 29 年度	44 379	7 594	51 973	44 379	38 427	18 076	25 670	24 188	15 368
平成 30 年度	42 288	6 536	48 824	42 288	36 048	14 598	21 134	19 815	12 434
令和元年度	43 991	4 915	48 906	43 991	37 610	20 350	25 265	23 816	15 410
令和 2 年度	35 262	6 438	41 700	35 262	30 520	15 876	22 314	21 162	13 558
令和 3 年度	46 144	5 431	51 575	46 144	40 244	21 542	26 973	25 751	17 260
令和 4 年度	43 059	6 577	49 636	43 059	37 247	21 686	28 263	26 578	16 672
令和 5 年度	38 399	＊＊＊	＊＊＊	38 399	33 035	20 361	＊＊＊	＊＊＊	＊＊＊

(注)　＊：学科免除者を除く
　　＊＊：学科免除者＋学科合格者
　＊＊＊：令和 5 年度の結果は一般財団法人 電気技術者試験センターのホームページで
　　　　ご確認ください.

◎カバーデザイン：萩原弦一郎 (256) https://www.256inc.co.jp/
◎カバーイラスト：百舌まめも https://twitter.com/mozumamemo

2024 年版
第一種電気工事士学科試験 完全解答

2024 年 1 月 25 日　　第 1 版第 1 刷発行

編　　集　オーム社
発 行 者　村 上 和 夫
発 行 所　株式会社 オーム社
　　　　　郵便番号　101-8460
　　　　　東京都千代田区神田錦町 3-1
　　　　　電話　03(3233)0641(代表)
　　　　　URL　https://www.ohmsha.co.jp/

© オーム社 2024

組版　アトリエ渋谷　　印刷・製本　三美印刷
ISBN978-4-274-23156-8　Printed in Japan

本書の感想募集 https://www.ohmsha.co.jp/kansou/
本書をお読みになった感想を上記サイトまでお寄せください．
お寄せいただいた方には，抽選でプレゼントを差し上げます．